原油储运水热力过程数值仿真

宇 波 袁 庆 韩东旭 李 旺 王军防 向 月 著

科 学 出 版 社
北 京

内 容 简 介

本书介绍了笔者及研究团队近 20 年来在原油储运水热力过程数值仿真方面的若干科研成果，包括原油管道和原油储罐的水热力过程数值仿真。其中，原油管道水热力过程数值仿真又细分为数学模型与离散求解方法、加速技术、多种输送工况水热力特性、在线仿真技术、运行优化和国产液体管道运行仿真软件等。

本书可供油气行业高等院校和科研单位的研究生、工程技术人员与研究人员参考，也可作为油气储运工程、能源与动力工程等专业相关课程的参考用书。

图书在版编目（CIP）数据

原油储运水热力过程数值仿真/ 宇波等著. -- 北京：科学出版社，2024.12. -- ISBN 978-7-03-080800-4

Ⅰ. TE8-39

中国国家版本馆 CIP 数据核字第 2024XM0566 号

责任编辑：万群霞　崔元春 / 责任校对：王萌萌
责任印制：师艳茹 / 封面设计：无极书装

科学出版社出版
北京东黄城根北街 16 号
邮政编码：100717
http://www.sciencep.com
北京建宏印刷有限公司印刷
科学出版社发行　各地新华书店经销
*
2024 年 12 月第 一 版　开本：787×1092 1/16
2024 年 12 月第一次印刷　印张：17 1/4
字数：406 000
定价：170.00 元
（如有印装质量问题，我社负责调换）

序

石油，被誉为现代工业的"血液"，在全球能源结构中占据着举足轻重的地位。油气资源不仅是重要的能源矿产，更是战略性资源，对国民经济和社会发展具有深远的影响。在当前国际形势多变、逆全球化思潮和地缘政治博弈日益激烈的背景下，我国能源安全面临的挑战日益严峻，能源安全已上升到国家战略的新高度。在这样的大背景下，原油储运系统的高效、安全运行显得尤为重要，它不仅关系到能源供应的稳定性，也是衡量一个国家能源战略布局和能源利用效率的重要指标。

随着计算机软硬件、数据采集与监视控制系统（SCADA）、PI（Plant Information）数据库的飞速发展，数值仿真技术已经成为原油储运系统设计与运行优化的重要支撑技术，对于提高原油储运的经济性、工作效率和安全管理水平具有重要意义。我国原油管道数值仿真长期依赖于 SPS（Synergi pipeline simulator）、TLNET 和 VariSim 等国外商业管道仿真软件，存在管道运行数据泄露和"卡脖子"风险，以及对我国易凝高黏原油管输工况适应性不足等问题。

为了解决这些问题，宇波教授团队在国家石油天然气管网集团东部原油储运有限公司的支持下，提出了适用于我国原油特性的长输管道高效高精度水力热力仿真方法，并基于浏览器/服务器（B/S）架构开发了具备完整自主知识产权的国产云仿真软件平台 CloudLPS（cloud-based liquid pipeline simulator）。该平台可实现在线仿真、离线优化、在线优化和数据分析等，摆脱了我国管道仿真长期依赖于国外商业软件的现况，标志着我国在管道仿真领域迈出了重要的一步。

宇波教授长期致力于流动传热数值模拟方法的研究，包括网格生成、离散格式、速度压力耦合求解算法、代数方程组多重网格求解技术、最佳正交分解（POD）快速求解技术等，开发了完全自主的计算流体力学（CFD）仿真平台 Alioth，在数值计算基础理论方面具有深厚造诣。在 CloudLPS 软件顺利通过验收之际，宇波教授及其团队系统梳理了近 20 年来在原油储运水热力过程数值仿真方面的科研成果，撰写了《原油储运水热力过程数值仿真》一书。该书内容丰富，涵盖了从基础理论到实际应用的各个方面，包括原油管道水热力过程的数学模型、加速技术、在线仿真、运行优化，差温顺序输送、双管并行敷设输送、停输再启动等原油管道输送工况的水热力特性，以及基于 B/S 架构开发的国产液体管道运行仿真软件等，为油气储运行业的科研人员、工程技术人员及学生提供了宝贵的知识和经验。

随着大数据、人工智能、数字孪生等技术的飞速发展，油气储运行业的数字化转型、智能化升级正在加速。油品管道仿真技术将围绕融合大数据、人工智能技术、数字孪生技术、国产化技术应用等方向发展。期待宇波教授及其团队能置身其中，继续深耕此领域，做出更多更好的成果，助力构建以管道智能化自控与仿真模拟技术为基础的智慧管道生态系统，为油气储运行业的可持续发展贡献智慧和力量。

2024 年 5 月

前　言

　　原油储运是保障能源供应的重要环节，关乎国民经济和社会发展。随着现代化原油储运设施的飞速发展，原油管道和储罐的规模越来越大，其水热力过程越来越复杂，要实现原油储运设施的经济、安全、高效运行，难度巨大。数值仿真技术通过计算机模拟再现原油储运设施内部原油的压力、流量、温度等运行参数及流动传热规律，为原油管道和储罐的设计与运行提供了强有力的工具，极大地提高了原油储运的工作效率与管理水平。本书主要总结了笔者及研究团队近 20 年来在原油储运水热力过程数值仿真方面的若干科研成果，希望能给读者提供一些参考。

　　本书共分为 7 章，前 6 章主要讨论原油管道水热力过程数值仿真，第 7 章主要介绍原油储罐水热力过程数值仿真。具体内容如下：第 1 章讲述了正常输送、停输、再启动、双管并行敷设输送、冻土地区管道输送等原油管道水热力过程数学模型与离散求解方法。第 2 章主要围绕原油管道水热力过程仿真的若干加速技术进行了研究，包括"分而治之"方法、自适应仿真方法、图形处理单元(GPU)并行计算加速技术、热油管道 POD 快速仿真方法等。第 3 章主要分析原油管道多种输送工况的水热力特性，主要包括预热投产、间歇输送、差温顺序输送、双管并行敷设输送、冻土地区管道输送、停输再启动等工况。第 4 章主要对原油管道水热力过程在线仿真技术进行研讨。第 5 章介绍了原油管道运行优化模型、智能优化算法及典型原油管道能耗优化结果等。第 6 章介绍了笔者在国家石油天然气管网集团东部原油储运有限公司资助下基于 B/S 架构开发的国产液体管道云仿真软件。第 7 章讲述了浮顶油罐流动和传热数学模型、传热规律和节能措施等。

　　本书由宇波、袁庆、韩东旭、李旺、王军防和向月撰写。其中，宇波撰写第 1 章，韩东旭、宇波、向月撰写第 2 章，宇波、袁庆、韩东旭撰写第 3 章，袁庆、宇波、王军防撰写第 4 章和第 5 章，宇波、向月、袁庆、王军防撰写第 6 章，李旺、宇波撰写第 7 章，全书由宇波统稿。感谢王凯、孙长征、李伟、柳歆、于鹏飞、禹国军、王敏、李超、姜海滨、赵泽浦、周建、张争伟、石悦、万广、付在国、雷飞、王乾坤、毛珊、张文轲、王岩、曹志柱、王欣然、谢静、赵宇、邵倩倩、刘人玮、张欣雨、张健、汤雅雯、王全宝、章涛、侯昊、王会杰、方丽超、何雨龙、王祺来、陈宇杰、文硕、张敬东、蒋卫鑫、陈志敏等研究生的辛勤工作。衷心感谢孙东亮、王鹏、李敬法、邓雅军等老师提供的宝贵意见。特别感谢张劲军、陈家庆、梁永图教授和李鸿英副教授一直以来的大力支持和帮助！

　　笔者的研究工作一直得到国家自然科学基金委员会、国家石油天然气管网集团有限公司科学技术研究总院分公司、国家石油天然气管网集团有限公司东部原油储运有限公司的大力支持。

　　由于笔者才疏学浅，难免存在疏漏或不当之处，恳请读者不吝批评指正，在此深表谢意！

宇　波

2024 年 6 月于长江大学

E-mail：yubobox@vip.163.com

目　　录

第1章 原油管道水热力过程数学模型与离散求解方法

原油管道水热力过程数值仿真首先需要对原油管道流动传热过程进行合理简化，确定控制方程和定解条件，其次采用数值仿真方法进行离散求解。对于不同的原油管道输送过程，数学模型可能存在一定的差异，数值仿真方法往往也会随之发生一定的变化。本章先针对原油管道正常输送过程的数学模型和离散求解方法进行介绍，然后在此基础上介绍停输过程、再启动过程、双管并行敷设输送过程、冻土地区管道输送过程等其他输送过程的数学模型和离散求解方法。

1.1 研究概况

1.1.1 正常输送过程

我国所产原油 80%以上为易凝高黏原油[1]，往往通过加热炉升温后在管道中进行输送。原油加热输送是我国常见的一种原油管道输送工艺，采用这种输送工艺的原油管道通常被称为热油管道。对热油管道进行水热力计算时，往往在一定时间内(如一个月)不考虑环境温度的变化和输油状态的波动，将弱非稳态输送过程简化为稳态输送过程[2]。前人针对简化的管道稳态输送过程开展了大量的理论研究工作，并形成了一系列有代表性的研究成果，用于热力计算的福尔赫盖伊麦尔公式、苏霍夫温降公式和列宾宗温降公式及用于水力计算的达西摩阻公式和列宾宗摩阻公式等[3,4]。这些理论公式对于热油管道稳态输送水热力计算卓有成效。

近年来，随着数值仿真技术的快速发展，热油管道的一些强非稳态输送过程水热力问题逐渐被攻克,如投产预热过程[5]、差温顺序输送过程(或称为冷热油交替输送过程)[6]、间歇输送过程[7]和正反输送[8]等。热油管道的强非稳态输送过程实质上是一种非稳态流动传热过程，不同研究学者针对这类过程的数学描述进行了不同程度的简化，并形成了不同的数学模型。对于水力变化过程而言，目前主要存在三种水力模型：其一是忽略水力瞬态变化，采用稳态计算的摩阻公式[2,9]；其二是忽略原油的热膨胀效应，采用描述等温管道水力瞬态变化的连续性方程和动量方程[10,11]；其三是考虑原油的热膨胀效应，直接采用非等温水力瞬态连续性方程和动量方程[12]。在这三种模型中，第一种模型无法描述由设备操作引起的水力瞬变过程(如水击)；第二种模型由于忽略了原油的热膨胀效应，当非稳态仿真接近稳态时，管道沿线体积输量分布不符合热油管道的一般规律；第三种模型较好地克服了前两种模型的缺陷。绝大多数原油管道均是埋地敷设，这类管道的高精度热力模型构建是目前研究的热点和难点。对于描述这类管道热力变化过程而言，目前存在两种相对主流的热力模型：其一是结合等效圆筒思想和油流能量方程的热力模型[13]；其二是结合管道热力影响区思想和油流能量方程的热力模型[14,15]。第一种模型是通过热阻相等的原则将土壤半无穷大导热问题等效为圆筒导热问题进行简化处理,目前大多数商业管道仿真软件采用的均是该模型;而第二种模型是基于热油管道热力影响范围有限这一现实情况将土壤半无穷大区域导热问题等效为土壤有限区域导热问题进行简化处理。前者在原油管道稳态热力仿真时表现良好,而在原油管道非稳态热力仿真时效果较差。后者能较好地考虑埋地敷设管道实际的吸放热效应,可以更好地描述原油管道非稳态输送热力变化情况。

1.1.2 停输过程

含蜡原油是我国石油资源的重要组成部分,其胶凝特性给我国原油管道输送带来了巨大的安全威胁,尤其是在停输阶段风险最大。由于计划检修和事故抢修等,原油管道一般会经历停输过程。含蜡原油管道一旦发生停输,原本的热平衡将被打破,管内原油温度将逐渐降低,溶解的蜡晶将逐渐析出。这些析出的蜡晶将严重影响原油的流变性,是管道停输安全的一大隐患。当析蜡质量分数达到 1%～2% 时,原油将发生胶凝[16]。随着油温进一步降低,管内原油的胶凝强度将逐渐增强,有可能造成严重的凝管事故,因此必须严格控制停输后的温降幅度。准确计算停输温降幅度、掌握停输温降规律对保障含蜡原油管道的安全运行具有重要意义。

为了应对含蜡原油管道停输所带来的潜在风险,我国科研人员投入了大量时间和精力开展含蜡原油管道停输温降数值仿真研究。含蜡原油埋地管道是主要的研究对象,其停输过程发生的热力变化包括管内原油温降和管外土壤温度场变化。由于 1.1.1 节已对管外土壤温度场的简化思想做了相关介绍,在此不再赘述,这里主要侧重于介绍几种描述管内原油停输温降的数学模型。对于管内原油停输温降而言,目前主要有四种模型,分别为纯导热模型[17-19]、对流换热系数模型[20-22]、当量导热系数模型[23-25]和多孔介质模型[26-28],这些模型在我国一些研究团队均有使用。近年来,在管道停输自然对流传热阶段采用对流换热系数模型、在自然对流与热传导共存阶段采用当量导热系数模型、在纯导热阶段采用纯导热模型已成为管内原油停输温降工程计算的主流方法。但该方法的使用仍然暴露出两个较大的缺陷:其一是大部分学者沿用针对大空间的自然对流换热关联式计算管内原油的自然对流换热系数,而管内原油自然对流换热与大空间自然对流换热存在较大差异[29],采用针对大空间的关联式与实际不完全相符;其二是由于自然对流和导热存在本质不同,采用当量导热系数模型获得的温度场和直接求解自然对流换热所得的温度场往往存在较大差异,采用当量导热系数模型获得的温度场不完全符合管道停输实际温度场的演变规律。而多孔介质模型则认为含蜡原油所涉及的相变并不是一个类似纯物质的、有明显固液相界面的相变,而且胶凝含蜡原油也不是一种真正的固体,而是一种蜡晶对液相原油的包裹结构,将管道停输过程当作多孔介质传热过程进行处理,可统一刻画管道不同停输阶段的传热方式。研究发现,该模型所获得的仿真结果能够较好地描述管道停输过程温度场的演变过程,并且与管道停输温降实验数据吻合良好[26]。

1.1.3 再启动过程

原油管道停输一段时间后,往往需要重新启动管道恢复生产,使管内原油重新流动起来以满足管道下游的生产需求。当管道起端的输油泵启动后，压力波向管道下游传递，管内原油在压力波的作用下逐步发生流动，在向下游传递过程中压力波的能量逐渐衰减，原油黏度越高、屈服应力越大，压力波能量的衰减幅度将越大，若不断衰减的压力波能继续向前传递，使整条管道的原油都流动起来，便成功实现了管道正常再启动，否则管道再启动失败。若管道再启动失败，则须采用中间打孔、分段顶挤等事故应急处理措施[3]，这样会带来巨大的人力、物力和财力损失。因此，准确进行管道再启动流动过程仿真、掌握管道再启动流动规律进而预防凝管，对保障含蜡原油管道的安全运行具有重要意义。

根据流体性质的差异可将再启动数学模型分为两大类：一类是针对液态原油管道的再启动模型[30-32]，另一类是针对胶凝原油管道的再启动模型。对于液态原油管道，目前具有较为成熟的水力摩阻系数经验式可循，因此往往采用较为常规的一维瞬变流方程求解再启动过程。目前国内外广泛使用的商业管道仿真软件大多数是采用这一思路求解再启动过程。而含蜡原油在停输后易发生胶凝，再启动时原油不仅表现出较强的屈服应力，还表现出复杂的触变特性，具有较强的非牛顿流体特征，很难采用常规的瞬态流计算方法求解再启动问题，往往需单独构建适合这类复杂再启动过程的数值仿真模型。考虑管道再启动过程三维求解计算量极大，无法满足工程计算需求，国内外研究学者对这类复杂的再启动问题做了不同程度的简化，提出了二维[33-35]、一维半[36-38]、跨维[39-42]和一维[6,43,44]再启动模型。二维再启动模型忽略了管道周向的物理量变化，采用二维瞬态方程和二维流体本构方程描述再启动过程，然后通过这些方程的耦合求解来实现再启动仿真。一维半再启动模型考虑了管道横截面上轴向速度的不均匀性，但忽略了径向速度，通过求解简化后的二维瞬态方程实现再启动仿真。跨维再启动模型采用了一维瞬态方程，而方程中的关键变量则通过一维和二维变量之间的关系建立联系，然后通过一维瞬态方程与关系式的联立求解实现再启动仿真。一维再启动模型是假设管内流动为一维流动，并同时假设管壁处剪切率处理方法，结合该处理方法确定管壁处的剪切应力，然后通过求解一维瞬态方程实现再启动仿真。这四种简化模型对管道再启动流动过程刻画的精细程度存在差异，其计算量也存在较大区别。现有研究报道的二维和一维半再启动模型[33-38]由于没有考虑流态转变和湍流耗散的影响，仍存在明显的局限性。管道再启动时往往采用热油或者轻质油作为管道再启动的顶挤介质，而管道中的存油有可能是胶凝原油。由于原油性质差别很大，有可能在管道再启动过程中管道上游表现出湍流而管道下游表现出层流，而目前的二维和一维半再启动模型难以描述存在流态转变及有湍流耗散的管道再启动流动过程。另外，在管道再启动初始阶段，管道上游瞬时流速很大，受强烈剪切的上游胶凝原油的流动也可能进入湍流区，而在长时间管道再启动后，管道下游原油胶凝结构有可能完全裂解，此时管道下游的流动可能从层流转变为湍流，而这些管道再启动过程的流动特征均无法采用目前的二维和一维半再启动模型进行刻画。一些研究学者在一维再启动模型中引入摩阻系数经验公式来考虑流态转变和湍流耗散[32,45-47]，然而这种摩阻系数法通常更适用于具有简单流变行为的流体流动仿真，如牛顿流体和幂律流体。一方面，基于简单流动所提出的摩阻系数经验公式实际上并不一定适用于具有触变性复杂流变行为的胶凝原油流动；另一方面，摩阻系数法无法表征原油胶凝结构在管道横截面上的非均匀裂解，因此无法获得细致的流动仿真结果。最近，笔者团队提出了一种改进的跨维度再启动模型[41,42]，该模型将流动守恒定律、触变性理论、普朗特(Prandtl)混合长度理论和流态转换理论耦合在一起，能够较好地表征管道再启动过程中原油胶凝结构的非均匀裂解、流态转变和湍流耗散，与其他模型相比，展现出了更好的优势。

1.1.4 双管并行敷设输送过程

双管并行敷设即将两条管道等距离敷设在间距不大的平行走向管沟中，或者将新建管道沿着过去已敷设管道走向平行敷设。双管并行敷设与单管敷设相比具有以下明显的优势：一是降低了作业带的征地面积，免去二次征地，减少了工程建设费用；二是减少了对植被造成的碾压和破坏，有利于保护当地生态环境；三是有利于工程投产后的运行、维护及管理。双管并行敷设以其独有的优势而备受关注，已成为管道敷设方式一个新的发展方向[48]。在双管并行敷设输送工况中，两管间的传热对管道的运行有一定的影响，掌握两管道间的热力影响规律是实现双管并行敷设管道安全运营和节能降耗的重要基础。

我国双管并行敷设的仿真研究起步于西部原油管道和成品油管道的双管并行敷设工程。针对西部原油加热输送管道和成品油常温输送管道并行敷设输送过程，建立了双管同沟敷设的数学模型，采用非结构化有限容积法对原油和成品油管道复杂的流动与传热问题进行了仿真，并编制了相应的仿真软件[49,50]。随后，采用类似的仿真模型与方法对原油加热输送管道和常温输送管道[51]、两条原油加热输送管道[52]及原油加热输送管道和天然气管道[53]的并行敷设输送过程展开了热力分析研究，为这些管道热力影响规律的掌握及并行敷设管间距的确定提供了有力的技术支撑。

1.1.5 冻土地区管道输送过程

中国是全球第三大冻土分布区，在中国东北、华北和西北等地区广泛分布着季节性和非季节性冻土，尤其是东北地区大兴安岭、小兴安岭、高山地带、松嫩平原北部及青藏高原等地广泛分布着多年冻土[54]。当原油管道沿途经过永冻土、季节性冻土等脆弱地带时，冻土土壤的融沉冻胀特性会严重威胁管道的运行安全。冻土土壤的融沉冻胀特性实际上是土壤水分场、温度场和应力场三场综合作用的结果，掌握冻土土壤水热力三场的耦合机理往往需要借助仿真模拟技术，这可为冻土区管道周围冻土融沉冻胀防治提供一定的指导。

对于冻土地区仿真方面的研究，经历了从单场到水热两场或热力两场耦合，再到水热力三场耦合三个阶段。国内外学者提出了多种冻土区域的两场或三场耦合模型。较早出现的研究多涉及耦合经验模型，即根据现场或室内的实验数据，通过拟合公式而建立数学模型[55,56]。这类半经验模型为冻土区域的理论计算和后续数值仿真研究奠定了量化的基础，但缺点是这些模型只适用于特定的土质和环境条件，通用性较差。随着研究的推进，基于冻土孔隙中未冻水迁移与非饱和土壤中水分迁移类似的理论，提出了水热耦合的概念并推导出了热量传递与水分迁移相互作用的流体动力学模型[57-59]。但此类模型将冻土内部的未冻水含量和土壤温度简单看作彼此的单变量函数，忽略了其他诸多复杂因素的影响，与实际物理过程差异较大。在水热两场耦合模型的基础上，在克劳修斯-

克拉珀龙(Clansius-Clapeyron)方程上结合冰压力模型,把迁移的水分量简化等效为作用在应力场上的附加变形,由此建立准水热力三场耦合模型。通过该模型可以求解出冻结锋线上的水分变化及冻结过程中的土壤应力[60,61]。然而,该耦合模型实际上并不能称为真正意义上的三场耦合模型。随后,基于多孔介质基础理论,考虑冻胀变形对水分场、土壤温度场的影响,在方程中考虑水分驱动力的影响,最终建立了有关冻土土壤骨架的温度、应力及水分场的三场耦合模型[54,62,63],实现了真正的三场耦合。目前,基于多孔介质理论所建立的三场耦合模型被认为是用于冻土地区水热力耦合仿真较为有效的一种模型,被国内外研究学者广泛认可。

1.2　数学模型

1.2.1　正常输送过程

1)流动传热过程描述

原油管道实际上是以系统的形式存在,不仅包含管道,还包含输油泵、加热炉、阀门等各类设备,这些设备与管道共同组成了一个耦合系统[64,65],如图 1.1 所示。在这个系统中,输油泵和加热炉给管道系统提供动力和热量,提升原油的压力和温度,而阀门主要起到截断、调节和控制等作用。这些设备开闭、调节和运行组合使整个管道系统满

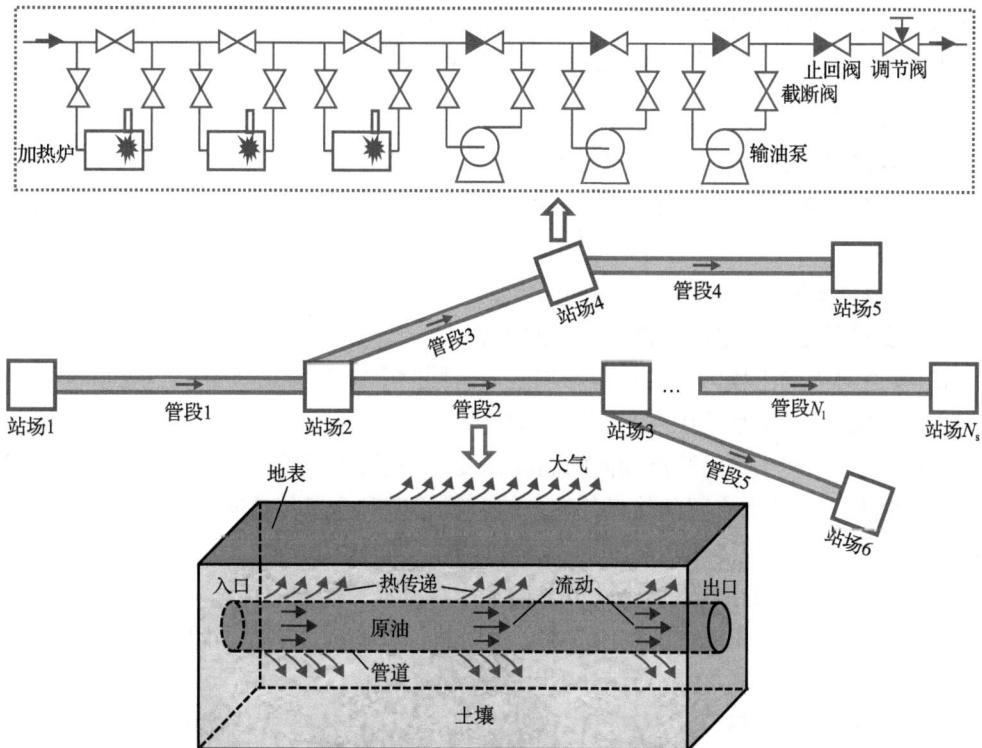

图 1.1　原油管道系统示意图

N_l-管段的总数;N_s-站场总数

足原油管输水力热力要求，即达到计划输量且整个管道系统的压力和温度满足安全管输要求。

原油管道系统的流动传热类型大致可为两类：一类是管道元件的流动传热，另一类是非管道元件的流动传热。管道元件由于空间跨度大，受环境影响明显，水热力特征参数延时性突出，往往需要掌握其流动传热本质才能构建出较为精确的数学模型。而非管道元件则不同，在工程上往往无须掌握其内部复杂的流动传热过程，一般只需通过一定数量的试验便可掌握其进出口水热力变化特性，通过构建简单的特性关系式便可表征非管道元件进出口的参数变化。

在原油管道正常输送过程中，管内原油可能以层流、湍流或者中间过渡流的形式在管内流动。受原油压缩性和膨胀性及管道泊松效应的影响，原油流速沿着管道存在一定差异。此外，受阻力和惯性力等因素的影响，管道沿线压力往往发生变化。同时，管内原油流动过程影响着管内原油自身的传热，并且原油自身的导热、膨胀功效应及摩擦热也会影响管内原油的传热。除了上述影响因素外，原油还与管道内壁接触，通过管道内壁向外散失热量。上述过程大致为管内原油部分的流动传热过程。当管内原油的部分热量通过管道内壁传出热量之后，热量以导热的形式在钢管壁和防腐层中传递，随后热量传递到土壤。由于自然界的土壤是以一种水土共存的多孔介质的形式存在，热量在土壤中以多孔介质传热的形式进行传递。同时土壤受大气温度变化、地表风速和太阳热辐射的影响，其温度也在时刻发生着变化，并且影响着土壤中的热量传递过程。由此可见，在管道元件部分的流动传热过程中，管内原油的流动传热、管壁导热、土壤多孔介质传热及土壤与外界大气的热交换相互耦合、相互影响。

　　2) 流动传热过程简化

原油管道系统耦合性强、空间尺寸跨度大，对其输送过程进行全三维建模和求解并不现实。根据工程实践经验和以往的一些研究成果，原油管道流动传热过程大多可作如下简化。

(1) 管道内部同一横截面上原油的温度、压力和流速按其在管道横截面上的平均值考虑，这些变量只是管道轴向位置和时间的函数。

(2) 管道对周围土壤区域的热力影响区域有限[66]，认为管道竖直中心线左右宽 10m 和深 10m 的矩形区域为管道的热力影响区[67,68]。

(3) 由于管壁和土壤沿管道轴向的温度梯度远小于其沿管道径向的温度梯度，所以忽略相邻管壁和土壤截面之间的热量传递，将三维管壁和土壤传热问题简化为一个个互不影响的二维管壁和土壤传热问题[69]。

(4) 管内原油轴向导热量很小，可忽略不计。

(5) 将管道周围的土壤视为均匀介质，认为其各项物理性质在不同方向上均一致，且将土壤多孔介质传热按照等效导热处理[3]。

(6) 将太阳辐射换热等效为对流换热处理，或者直接忽略太阳辐射的影响。

(7) 不考虑原油在设备内具体的三维流动传热过程，采用简单的特性关系式表征设备进出口的参数变化。

结合上述简化，原油管道简化后的计算区域示意图如图 1.2 所示。

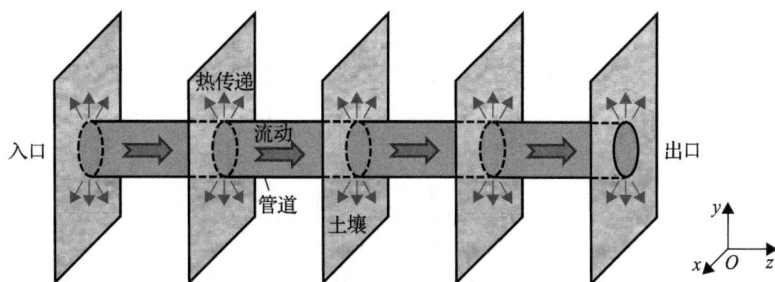

图 1.2　原油管道计算区域示意图

3) 控制方程

管内原油流动传热过程满足质量守恒、动量守恒和能量守恒三大守恒定律，因此可采用连续性方程、动量方程和能量方程进行数学描述。连续性方程的一般形式可写为

$$\frac{\partial \rho}{\partial t} + v\frac{\partial \rho}{\partial z} + \rho\frac{\partial v}{\partial z} = 0 \tag{1.1}$$

式中，ρ 为原油密度，kg/m^3；t 为时间，s；v 为流速，m/s；z 为管道轴向坐标，m。

考虑到原油密度是关于压力和温度的函数，则式 (1.1) 可改写为

$$\frac{\partial \rho}{\partial p}\frac{\partial p}{\partial t} + \frac{\partial \rho}{\partial T}\frac{\partial T}{\partial t} + v\left(\frac{\partial \rho}{\partial p}\frac{\partial p}{\partial z} + \frac{\partial \rho}{\partial T}\frac{\partial T}{\partial z}\right) + \rho\frac{\partial v}{\partial z} = 0 \tag{1.2}$$

式中，p 为压力，Pa；T 为温度，$℃$。

将原油压缩系数的定义式 $\chi = \frac{1}{\rho}\frac{\partial \rho}{\partial p}$ 和膨胀系数的定义式 $\beta_{\mathrm{o}} = -\frac{1}{\rho}\frac{\partial \rho}{\partial T}$ 代入式 (1.2)，可得

$$\chi\frac{\partial p}{\partial t} - \beta_{\mathrm{o}}\frac{\partial T}{\partial t} + v\left(\chi\frac{\partial p}{\partial z} - \beta_{\mathrm{o}}\frac{\partial T}{\partial z}\right) + \frac{\partial v}{\partial z} = 0 \tag{1.3}$$

式中，χ 为原油的压缩系数，Pa^{-1}；β_{o} 为原油的膨胀系数，$℃^{-1}$。

将式 (1.3) 进一步整理可得[12]

$$\chi\left(\frac{\partial p}{\partial t} + v\frac{\partial p}{\partial z}\right) - \beta_{\mathrm{o}}\left(\frac{\partial T}{\partial t} + v\frac{\partial T}{\partial z}\right) + \frac{\partial v}{\partial z} = 0 \tag{1.4}$$

χ 实际上是一个综合的压缩系数，既要考虑流体自身的压缩性，又要结合管道的泊松效应，其计算式如式 (1.5) 所示：

$$\chi = \chi_{\mathrm{f}} + \chi_{\mathrm{p}} = \chi_{\mathrm{f}} + \frac{d}{E_{\mathrm{p}}\Delta}\left(1 - v_{\mathrm{p}}^2\right) \tag{1.5}$$

式中，χ_{f} 为原油自身的压缩系数，Pa^{-1}；χ_{p} 为由管道泊松效应等效而来的压缩系数，Pa^{-1}；d 为管道直径，m；E_{p} 为钢管的弹性模量，Pa；Δ 为钢管的壁厚，m；v_{p} 为泊松比。

压力波速 a 的计算式为

$$a = \sqrt{\frac{\partial p}{\partial \rho}} = \frac{1}{\sqrt{\rho \chi_f + \rho d \left(1 - v_p^2\right) / \left(E_p \Delta\right)}} \tag{1.6}$$

结合式(1.4)～式(1.6)，可得等温管道的连续性方程：

$$\frac{\partial p}{\partial t} + v \frac{\partial p}{\partial z} + \rho a^2 \frac{\partial v}{\partial z} = 0 \tag{1.7}$$

式(1.7)即等温管道瞬变流常用的连续性方程。值得指出的是，式(1.7)适用于等温管道，而式(1.4)既适用于等温管道，也适用于非等温管道。

对于流动过程的描述而言，除了连续性方程之外，还包括动量方程，其表达式可写为[70]

$$\rho \frac{\partial v}{\partial t} + \rho v \frac{\partial v}{\partial z} = \frac{4\tau_w}{d} - \frac{\partial p}{\partial z} - \rho g \sin \theta \tag{1.8}$$

式中，τ_w 为原油在管道内壁处所受到的剪切应力，Pa；θ 为管道轴线与水平面之间的夹角，上倾管道取正号、下倾管道取负号，rad；g 为重力加速度，m/s^2。

式(1.8)中的剪切应力与水力摩阻系数满足如式(1.9)所示的关系：

$$\tau_w = -\frac{\rho f v |v|}{8} \tag{1.9}$$

式中，f 为水力摩阻系数。

当管内原油为牛顿流体时，水力摩阻系数可按式(1.10)计算[3]：

$$f = \begin{cases} \dfrac{64}{Re}, & 0 < Re \leqslant Re_{C1} \\[3mm] \dfrac{0.3164}{\sqrt[4]{Re}}, & Re_{C1} < Re \leqslant 10^5 \\[3mm] \dfrac{1}{\left(1.8 \lg Re - 1.53\right)^2}, & 10^5 < Re \leqslant Re_{C2} \\[3mm] \dfrac{1}{\left[-2\lg\left(\dfrac{e}{3.7d} + \dfrac{2.51}{Re\sqrt{f}}\right)\right]^2}, & Re_{C2} < Re \leqslant Re_{C3} \\[3mm] \dfrac{1}{\left(1.74 - 2\lg\dfrac{2e}{d}\right)^2}, & Re > Re_{C3} \end{cases} \tag{1.10}$$

式中，Re 为牛顿流体所对应的雷诺数，其定义式为 $Re = \rho d v / \mu$（μ 为原油的动力黏度）；Re_{C1}、Re_{C2}、Re_{C3} 为牛顿流体所对应的 3 个临界雷诺数，取值分别为 2000、59.7/$(2e/d)^{8/7}$

和 $[665-765\lg(2e/d)]/(2e/d)$；$e$ 为管壁的绝对当量粗糙度，m。

当管内原油为非牛顿流体时，水力摩阻系数可按式 (1.11) 计算[3]：

$$f = \begin{cases} \dfrac{64}{Re_{MR}}, & 0 < Re_{MR} \leqslant Re_{MRC} \\ \dfrac{0.0222n^3 - 0.097n^2 + 0.15336n + 0.23432}{Re_{MR}^{-0.03641n^3+0.16521n^2-0.27621n+0.39554}}, & Re_{MR} > Re_{MRC} \end{cases} \tag{1.11}$$

式中，Re_{MR} 为非牛顿流体所对应的梅茨纳-里德 (Metzner-Reed) 雷诺数，其定义式为 $Re_{MR} = 8\rho d^n v^{2-n}[n/(6n+2)]^n / K$（$K$ 表示稠度系数，n 表示流动特性指数）；Re_{MRC} 为非牛顿流体所对应的临界 Metzner-Reed 雷诺数，可取值为 2000。

除了对流动过程的描述之外，若还需描述传热过程，则需要增加能量方程。对于管内流动的原油，其能量方程如式 (1.12) 所示[41]，该能量方程考虑了热对流、膨胀功、热交换和摩擦热对油温的影响，但忽略了原油热传导对温度的影响。对于管壁和土壤，其能量方程为纯导热方程，如式 (1.13) 所示。

$$\rho c_p \left(\frac{\partial T}{\partial t} + v\frac{\partial T}{\partial z} \right) - \beta_o (T + 273.15)\left(\frac{\partial p}{\partial t} + v\frac{\partial p}{\partial z} \right) = -\frac{4q}{d} - \frac{4\tau_w v}{d} \tag{1.12}$$

式中，c_p 为原油的定压比热容，J/(kg·℃)；q 为热流密度，W/m²。

$$\frac{\partial(\rho_I c_I T)}{\partial t} = \frac{\partial}{\partial x}\left(\lambda_I \frac{\partial T}{\partial x} \right) + \frac{\partial}{\partial y}\left(\lambda_I \frac{\partial T}{\partial y} \right) \tag{1.13}$$

式中，I=1、2、3，分别表示钢管层、防腐层、土壤（若存在结蜡层和保温层，则还需要增加结蜡层和保温层所对应的层编号）；ρ_I 为第 I 种物质的密度，kg/m³；c_I 为第 I 种物质的比热容，J/(kg·℃)；λ_I 为第 I 种物质的导热系数，W/(m·℃)；x 和 y 为直角坐标系中两个不同坐标轴方向的坐标，m。

若压缩系数 $\chi \neq 0$，将连续性方程 (1.4) 代入能量方程 (1.12)，方程 (1.12) 可进一步变形为[41]

$$\left[\rho c_p - \frac{\beta_o^{\,2}(T+273.15)}{\chi} \right]\left(\frac{\partial T}{\partial t} + v\frac{\partial T}{\partial z} \right) = -\frac{4q}{d} - \frac{4\tau_w v}{d} - \frac{\beta_o(T+273.15)}{\chi}\frac{\partial v}{\partial z} \tag{1.14}$$

上述针对管道元件部分的流动传热控制方程实质上是非稳态方程，更适合对原油管道非稳态输送过程的描述。而对于原油管道稳态输送过程的描述，其控制方程只需简单地去掉非稳态项即可。

原油管道系统沿线有较多设备，影响流动传热过程的主要设备包括输油泵、加热炉和阀门，这些设备进出口参数的关系可基于设备特性确定，如式 (1.15)~式 (1.20) 所示：

$$\left(p_p \right)_{outlet} = \left(p_p \right)_{inlet} + \rho g H_p \tag{1.15}$$

式中，$\left(p_p \right)_{inlet}$ 和 $\left(p_p \right)_{outlet}$ 分别为输油泵的进口压力和出口压力，Pa；H_p 为泵的扬程，m。

$$(T_p)_{outlet} = (T_p)_{inlet} + \frac{gH_p}{c_p}\left(\frac{1}{\eta_p} - 1\right) \tag{1.16}$$

式中，$(T_p)_{inlet}$ 和 $(T_p)_{outlet}$ 分别为输油泵的进口温度和出口温度，℃；η_p 为输油泵的效率。

$$(p_h)_{outlet} = (p_h)_{inlet} - \frac{\rho\xi_h v^2}{2} \tag{1.17}$$

式中，$(p_h)_{inlet}$ 和 $(p_h)_{outlet}$ 分别为加热炉的进口压力和出口压力，Pa；ξ_h 为加热炉的阻力系数。

$$(T_h)_{outlet} = (T_h)_{inlet} + \frac{W_h\eta_h}{\rho c_p Q} \tag{1.18}$$

式中，$(T_h)_{inlet}$ 和 $(T_h)_{outlet}$ 分别为加热炉的进口温度和出口温度，℃；W_h 为加热炉的加热功率，W；η_h 为加热炉的加热效率；Q 为体积流量，m^3/s。

$$(p_v)_{outlet} = (p_v)_{inlet} - \frac{\rho\xi_v v^2}{2} \tag{1.19}$$

式中，$(p_v)_{inlet}$ 和 $(p_v)_{outlet}$ 分别为阀门的进口压力和出口压力，Pa；ξ_v 为阀门的阻力系数。

$$(T_v)_{outlet} = (T_v)_{inlet} + \frac{\xi_v v^2}{2c_p} \tag{1.20}$$

式中，$(T_v)_{inlet}$ 和 $(T_v)_{outlet}$ 分别为阀门的进口温度和出口温度，℃。

4) 定解条件

现场的原油管道系统实际上是一个压力控制系统，即原油管道系统进出口压力给定，流量将会被动地去适应管道和设备特性及沿线的设备运行状态。另外，为了便于输送方案设计和校核及水热力特性研究，常常也会用到流量边界。然而，若整个管道系统的进出口全为流量边界，容易因为边界条件设置不满足质量守恒定律而出现仿真失败的情况。因此，应尽量避免将所有边界条件设置为流量边界条件。

除了对流动过程的描述之外，若还需描述传热过程，则需要增加温度边界条件。原油管道系统进口一般直接给定温度，而在出口可将原油流动所采用的能量方程直接作为出口温度边界条件。除了原油管道系统进出口温度边界条件之外，还需要增加管壁和管道热力影响区的温度边界条件。考虑管壁和管道热力影响区具有对称性，计算区域可仅取一半，此时管壁和管道热力影响区所组成计算区域的边界条件如图 1.3 所示[14,71]，其中，管道内壁处的温度边界条件也很好地反映了式(1.13)和式(1.14)之间的关系。

对于原油管道非稳态输送过程，除了边界条件之外，还需补充初始条件。对于大多数原油管道非稳态输送过程，可将稳态输送过程的仿真结果作为其初始条件。

上述控制方程和定解条件可用于描述原油管道的正常输送过程，包括稳态输送、准稳态输送、瞬态水击、热油投产预热、原油差温顺序输送、间歇输送和正反输送等。定解条件由初始条件和边界条件构成，相对比较简单，往往根据实际情况设置即可，故在后面不再对定解条件作单独介绍。

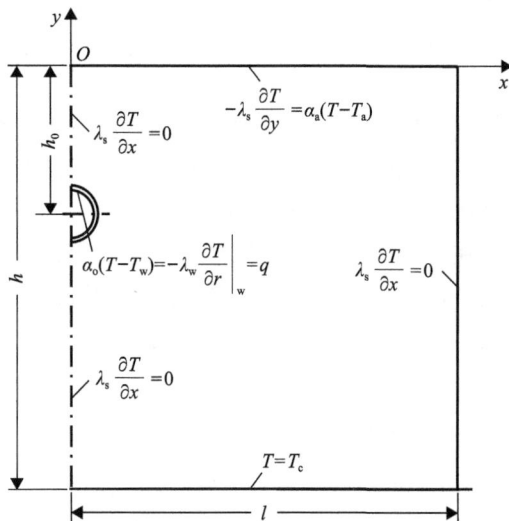

图 1.3　管壁和管道热力影响区的边界条件

h-管道热力影响区的高度；h_0-管道的埋深；α_o-原油与管内壁之间的对流换热系数；λ_w-管内壁的导热系数；λ_s-土壤的导热系数；α_a-大气与地表之间的对流换热系数；l-管道中心到管道热力影响区右边界的距离；T_w-管道内壁的温度；T_a-气温；T_c-土壤恒温层的温度

1.2.2　停输过程

含蜡原油管道停输温降过程实质上是一个涉及复杂相变、流体非牛顿性、固液相间作用的复杂非稳态自然对流换热过程。根据停输温降过程传热机理的不同，可将停输温降过程细分为如图 1.4 所示的四个阶段，不同阶段对应不同的传热特点[26,28]。

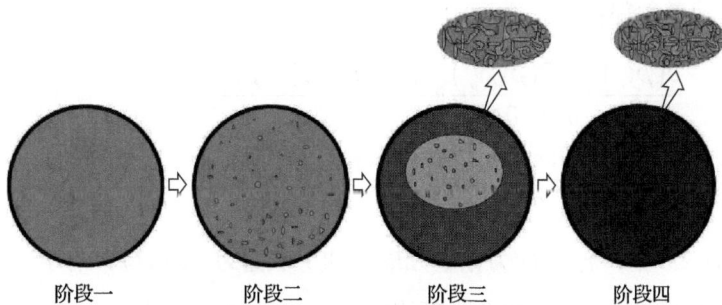

图 1.4　含蜡原油停输温降的四个阶段

阶段一：在管道停输初始阶段，管内的原油温度高于析蜡点，原油以纯液态的形式存在，换热方式以纯自然对流为主导。

　　阶段二：当原油的温度降到析蜡点时，开始有细小的蜡晶析出来分布在液相原油中，并随着液相原油一起以相同的速度对流流动(蜡晶密度非常接近液态原油的密度)。随着温度的降低，蜡晶含量越来越多。该过程为固液分散体系对流换热。

　　阶段三：随着蜡晶的增多，在温度较低的管壁处开始有蜡晶相互间发生交联，将液态原油包裹在里面，形成一种多孔介质结构。随着温度的降低，包裹体的范围逐渐向管中心移动。这一阶段的传热方式为多孔介质对流换热与固液分散体系对流换热共同主导的对流换热。

　　阶段四：当温度降低到一定程度时，管内的蜡晶均已发生交联，没有随液相一起对流的蜡晶颗粒。整个管道截面已经形成了一个蜡晶骨架对液态原油的包裹体。我们把这一阶段的传热过程称为多孔介质对流换热。

　　结合多孔介质理论，在综合考虑相变和流体非牛顿性等重要影响因素的基础上，建立能够统一描述管内原油各传热阶段换热形式的含蜡原油管道停输温降控制方程，主要由柱坐标下的连续性方程、动量方程和能量方程组成，如式(1.21)~式(1.24)所示[27]。

　　(1) 连续性方程：

$$\frac{1}{r}\frac{\partial(\rho v_\theta)}{\partial\theta}+\frac{1}{r}\frac{\partial(r\rho v_r)}{\partial r}=0 \tag{1.21}$$

式中，v_θ 和 v_r 分别为速度在 θ 方向和 r 方向的分量，$v_\theta=(1-g_s)v_{\theta,l}+g_s v_{\theta,s}$，$v_r=(1-g_s)v_{r,l}+g_s v_{r,s}$，其中下标 s 和 l 分别代表固相和液相，$g_s$ 为固相的体积分数；$\rho=g_s\rho_s+(1-g_s)\rho_l$。

　　(2) θ 方向动量方程：

$$\frac{\partial(\rho v_\theta)}{\partial t}+\frac{1}{r}\frac{\partial(\rho v_\theta v_\theta)}{\partial\theta}+\frac{1}{r}\frac{\partial(r\rho v_r v_\theta)}{\partial r}+\frac{\rho v_r v_\theta}{r}$$
$$=-\frac{1}{r}\frac{\partial p}{\partial\theta}+\left[\frac{1}{r^2}\frac{\partial(r^2\tau_{r\theta})}{\partial r}+\frac{1}{r}\frac{\partial\tau_{\theta\theta}}{\partial\theta}\right]-\rho g\cos\theta-\frac{\mu_l}{K_d}(v_\theta-v_{\theta,s}) \tag{1.22}$$

　　(3) r 方向动量方程：

$$\frac{\partial(\rho v_r)}{\partial t}+\frac{1}{r}\frac{\partial(\rho v_\theta v_r)}{\partial\theta}+\frac{1}{r}\frac{\partial(r\rho v_r v_r)}{\partial r}-\frac{\rho v_\theta v_\theta}{r}$$
$$=-\frac{\partial p}{\partial r}+\left[\frac{1}{r}\frac{\partial(r\tau_{rr})}{\partial r}+\frac{1}{r}\frac{\partial\tau_{r\theta}}{\partial\theta}-\frac{\tau_{\theta\theta}}{r}\right]-\rho g\sin\theta-\frac{\mu_l}{K_d}(v_r-v_{r,s}) \tag{1.23}$$

式(1.22)和式(1.23)中，τ_{ij} 为应力张量分量(i 和 j 取值为 r 和 θ)，对于牛顿流体，$\tau_{ij}=\mu(2S_{ij})$，而对于幂律模型描述的非牛顿流体，$\tau_{ij}=\mu_a(2S_{ij})$，其中 μ_a 为表观黏度，S_{ij} 为变形速率张量分量；μ_l 为液相黏度；K_d 为渗透率，可采用科泽尼-卡尔曼(Kozeny-Carman)方程定义式计算，即 $K_d=K_0(1-g_s)^3/g_s^2$，其中 K_0 为基于两相区结构的一个常数，与蜡晶形态有关，可结合实验数据反算。

（4）能量方程：

$$\frac{\partial}{\partial t}(\rho c_p T) + \frac{1}{r}\frac{\partial(r\rho v_r cT)}{\partial r} + \frac{1}{r}\frac{\partial(\rho v_\theta c_p T)}{\partial \theta} = \frac{1}{r}\frac{\partial}{\partial \theta}\left(\lambda_o \frac{1}{r}\frac{\partial T}{\partial \theta}\right) + \frac{1}{r}\frac{\partial}{\partial r}\left(r\lambda_o \frac{\partial T}{\partial r}\right)$$

$$-\frac{1}{r}\frac{\partial\left[r\rho(v_r - v_{r,s})\Delta H\right]}{\partial r} - \frac{1}{r}\frac{\partial\left[\rho(v_\theta - v_{\theta,s})\Delta H\right]}{\partial \theta} - \frac{\partial(\rho\Delta H)}{\partial t}$$

(1.24)

式中，ΔH 为潜热，J/kg；λ_o 为原油的导热系数，W/(m·℃)。

管内原油的流动传热过程是通过耦合三大守恒方程进行数学描述，因此无须单独引入带经验性质的对流换热系数，此时需要将图 1.3 管道内壁处温度边界条件中出现的牛顿冷却公式换为傅里叶导热公式。上述控制方程式(1.21)~式(1.24)主要用于数学描述管内原油流动传热过程，而管壁和管道热力影响区传热过程可直接采用导热方程描述，在正常输送过程部分已经对其进行了介绍，在此不再赘述。后面其他小节若与 1.2.1 节有相同之处，同样也不再赘述，并且不再单独给出说明。

1.2.3　再启动过程

含蜡原油管道再启动过程是一个复杂的非稳态流动传热过程，如图 1.5 所示。在管道未发生胶凝之前，管内原油往往表现出牛顿流体特性或者幂律流体特性(一种非牛顿流体

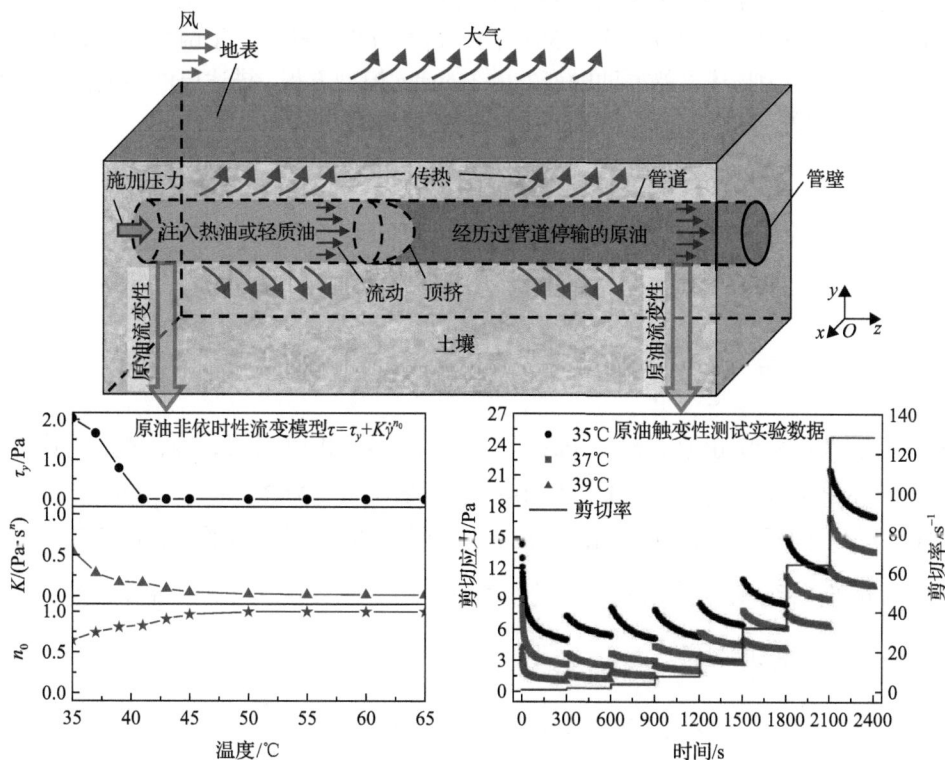

图 1.5　含蜡原油管道再启动过程的流动传热示意图

特性)，此时再启动数学模型与一般非稳态流动的数学模型没有任何差别，流动阻力可采用较为成熟的水力摩阻系数经验式或者范宁系数经验式确定。而当管道发生胶凝之后，管内原油表现出屈服应力，管内原油形成的胶凝结构受剪切作用的影响有可能发生动态裂解效应，此时管内原油表现出触变特性，原油的屈服应力和表观黏度随着剪切时间动态发生变化。原油表现触变性的管道再启动摩阻计算目前没有成熟的经验式可循，往往需要借助流体本构方程和湍流方程联立求解获得壁面剪切应力，代替式(1.9)的计算，从而使再启动过程涉及的守恒方程封闭[42]。赫-巴(Herschel-Bulkley)模型是一种具有代表性的流变模型，其表达式为 $\tau = \tau_y + K\dot{\gamma}^{n_0}$ [72](τ_y 为屈服应力；K 为稠度系数；$\dot{\gamma}$ 为剪切率；n_0 为流动特性指数)。Herschel-Bulkley 模型是一个较为通用的模型，可用于描述含蜡原油的多种流变特性。当 τ_y =0 时，Herschel-Bulkley 模型可退化为幂律流体模型；当 τ_y =0 且 n_0=1 时，Herschel-Bulkley 模型可退化为牛顿流体模型；当考虑屈服应力和稠度系数与结构参数相关时，Herschel-Bulkley 模型可进一步变形为一些常用的触变性模型，如豪斯卡(Houska)模型[73]和双结构参数模型[74,75]等。

这里介绍一种改进的跨维度模型，可较好地描述胶凝含蜡原油管道的再启动过程。该模型的守恒方程仍采用 1.2.1 节所介绍的一维形式，而动量方程中涉及的关键变量 τ_w 则采用二维计算区域上的一些其他方程联立获得。该模型将流动守恒定律、触变性理论、普朗特混合长度理论和流态转换理论耦合在一起，能够较好地表征管道再启动过程中原油胶凝结构的非均匀裂解、流态转变和湍流耗散。除 1.2.1 节所介绍的守恒方程外，该模型采用的其他方程如式(1.25)~式(1.30)所示。这些方程的核心在于两个模型方程和一个参数的应用，分别为描述含蜡原油触变性的 Houska 模型方程、描述原油湍流流动的普朗特混合长度模型方程和描述流态转变的流动稳定性参数。

$$\tau_w = \frac{R}{r}\tau_{rz} \tag{1.25}$$

式中，τ_{rz} 为剪切应力分量，Pa；R 为管道的半径，m。

$$\tau_{rz} = \begin{cases} (\tau_{rz})_v, & Z_{max} \leqslant Z_c \text{ 或 } (Z_{max} > Z_c \text{ 且 } r \geqslant R-\delta_c) \\ (\tau_{rz})_v + (\tau_{rz})_t, & Z_{max} > Z_c \text{ 且 } r < R-\delta_c \end{cases} \tag{1.26}$$

式中，$(\tau_{rz})_v$ 为黏性剪切应力分量，Pa；$(\tau_{rz})_t$ 为湍流剪切应力分量，Pa；Z_{max} 为管道横截面上流动稳定性参数的最大值，其中流动稳定性参数被定义为 $Z = R\rho v/\tau_w(\partial v/\partial r)$ [76,77]，这里的 v 表示不同径向位置处的轴向速度，它与管道横截面上的平均轴向速度满足 $\bar{v} = 2/R^2\int_0^R rv dr$ 的关系；Z_c 为层流和湍流转变的临界稳定性参数；δ_c 为一临界距离，其定义式为 $\delta_c = C\mu/(\rho|\tau_w|)^{1/2}$ [78]。

$$(\tau_{rz})_v = \left[\tau_{y0} + \tau_{y1}\lambda + (K+\Delta K\lambda)\dot{\gamma}^{n_0}\right]\frac{\partial v/\partial r}{|\partial v/\partial r|} \tag{1.27}$$

式中，τ_{y0} 为结构完全裂降后的屈服应力，Pa；τ_{y1} 为与结构相关的屈服应力，Pa；λ 为

结构参数，取值范围为[0, 1]；K 为稠度系数，$Pa \cdot s^n$；ΔK 为与结构相关的稠度系数修正量，$Pa \cdot s^n$；$\dot{\gamma}$ 为剪切率，其定义式为 $\dot{\gamma} = |\partial v/\partial r|$，$s^{-1}$；$n_0$ 为流动特性指数。

$$\frac{\partial \lambda}{\partial t} + v\frac{\partial \lambda}{\partial z} = a_\lambda(1-\lambda) - b_\lambda \dot{\gamma}^m \lambda \tag{1.28}$$

式中，a_λ 为结构建立速率常数，s^{-1}；b_λ 为结构裂降速率常数，s^{m-1}；m 为结构裂降指数。

$$\left(\tau_{rz}\right)_t = \rho\left(-\overline{u'v'}\right) = \rho l_m^2 \frac{\partial v}{\partial r}\left|\frac{\partial v}{\partial r}\right| \tag{1.29}$$

式中，u' 和 v' 为径向和轴向上的湍流脉动速度，m/s；l_m 为混合长度，其计算式如式(1.30)所示，m。

$$l_m = \begin{cases} k_m(R-r), & r \geqslant R - \lambda_m R/k_m \\ \lambda_m R, & r < R - \lambda_m R/k_m \end{cases} \tag{1.30}$$

式中，k_m 和 λ_m 为混合长度理论的两个经验常数[79,80]。

1.2.4　双管并行敷设输送过程

在双管并行敷设输送过程中，两管间的传热对管道的运行有一定的影响。对于加热输送原油管道和常温输送成品油管道的并行敷设输送(图 1.6)，成品油管道的输送一般会加剧原油管道的沿线温降；而对于两条加热输送原油管道的并行敷设输送，两条原油管道的输送均对彼此的沿线温降起抑制作用。

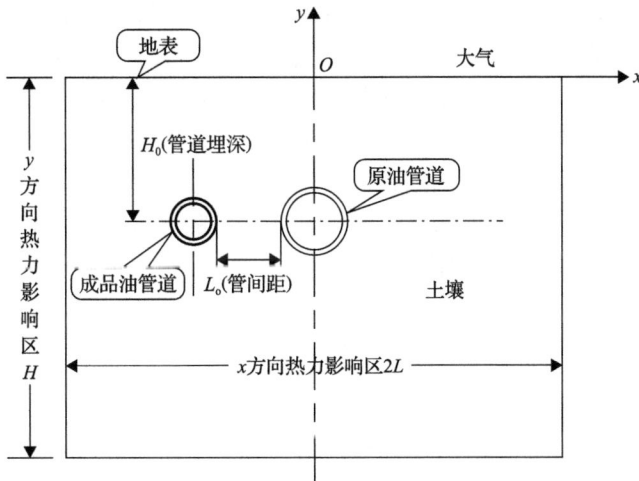

图 1.6　原油管道和成品油管道并行敷设示意图

相较于单管敷设输送数学模型，双管敷设输送数学模型的不同主要体现在两个方面：一方面，采用两套与单管敷设输送数学模型形式相同的控制方程和定解条件来描述双管中管内的流动传热过程。另一方面，管壁与土壤温度场仿真的边界条件更为复杂，管道内壁处存在两个第三类边界条件，且管壁与土壤组成的计算区域无法做简化的对称化处理[51]。

1.2.5　冻土地区管道输送过程

由于原油管道输送温度往往高于周围冻土温度，热量从管道介质传递至冻土，冻土温度升高，从而导致冻土孔隙中的冰吸热液化，液态水从土壤孔隙中流出，孔隙中的未冻水迁移会使土壤骨架发生一定的变形，导致土壤密度和孔隙度发生相应变化，影响土壤的弹性模量、泊松比等力学性能，进而影响冻土土壤的应力分布，使得冻土发生不同程度的融沉冻胀。同时，在这个过程中伴随的固液相变和未冻水的流动也会改变冻土土壤的温度场和水分场分布。冻土温度的变化也会使冻土孔隙中的冰、未冻水及土壤骨架发生不同程度的膨胀和变形，进而导致冻土土壤产生一定的热应力。此外，土壤含水量的变化反过来也能够影响土壤导热系数、比热容等热物性参数。因此，冻土区管道周围土壤的融沉冻胀是一个土壤温度场、水分场、应力场三场相互影响、相互耦合的过程。

由于土壤含水量的变化影响土壤的各项热力学参数，如比热容、导热系数等，并且水分迁移会以混合对流的形式与周围介质进行热交换。因此，冻土土壤中的水分场分布对温度场分布影响较大，充分考虑土壤孔隙内含水量和水分迁移的作用，可采用如式(1.31)所示的能量方程[81,82]：

$$\frac{\partial}{\partial t}\left[(\rho c)_{\mathrm{c}} T_{\mathrm{s}}\right] + (\rho c)_{\mathrm{w}} \phi \varphi \left[\frac{\partial(u T_{\mathrm{s}})}{\partial x} + \frac{\partial(v T_{\mathrm{s}})}{\partial y}\right]$$
$$= \frac{\partial}{\partial x}\left(\lambda_{\mathrm{c}} \frac{\partial T_{\mathrm{s}}}{\partial x}\right) + \frac{\partial}{\partial y}\left(\lambda_{\mathrm{c}} \frac{\partial T_{\mathrm{s}}}{\partial y}\right) + \phi H_{\mathrm{i}} \rho_{\mathrm{i}} \frac{\partial(1-\varphi)}{\partial t} \tag{1.31}$$

式中，下标 s、w 和 i 分别代表土壤、水和冰；$(\rho c)_{\mathrm{c}}$ 为土壤的综合热容，其计算式为 $(\rho c)_{\mathrm{c}} = (1-\phi)(\rho c)_{\mathrm{s}} + \phi(1-\varphi)(\rho c)_{\mathrm{i}} + \phi\varphi(\rho c)_{\mathrm{w}}$；$T_{\mathrm{s}}$ 为土壤的温度，℃；ϕ 为土壤孔隙度；φ 为土壤孔隙中含水率；λ_{c} 为土壤的综合导热系数，其计算式为 $\lambda_{\mathrm{c}} = (1-\phi)\lambda_{\mathrm{s}} + \phi(1-\varphi)\lambda_{\mathrm{i}} + \phi\varphi\lambda_{\mathrm{w}}$，W/(m·℃)；$H_{\mathrm{i}}$ 为冰-水相变所释放的潜热，J/kg；ε 为 ϕ 与 φ 之积，即 $\varepsilon = \phi\varphi$。

在考虑水分场的影响下建立的冻土土壤温度场数学模型中，式(1.31)等号左侧的第二项为水分迁移对土壤温度场的影响。需要补充如下的连续性方程式(1.32)、动量方程式(1.33)和式(1.34)求解未冻水流速分布：

$$\frac{\partial u}{\partial x} + \frac{\partial v}{\partial y} = 0 \tag{1.32}$$

$$\frac{\rho_{\mathrm{w}}}{\varepsilon}\left[\frac{\partial u}{\partial t} + \frac{1}{\varepsilon}\frac{\partial(uu)}{\partial x} + \frac{1}{\varepsilon}\frac{\partial(uv)}{\partial y}\right] = \frac{1}{\varepsilon}\frac{\partial}{\partial x}\left(\mu_{\mathrm{w}} \frac{\partial u}{\partial x}\right) + \frac{1}{\varepsilon}\frac{\partial}{\partial y}\left(\mu_{\mathrm{w}} \frac{\partial u}{\partial y}\right) - \frac{\partial p_{\mathrm{s}}}{\partial x} - \left(\frac{\mu_{\mathrm{w}}}{k_{\mathrm{s}}} + \frac{\rho_{\mathrm{w}} C}{\sqrt{k_{\mathrm{s}}}}|u|\right)u \tag{1.33}$$

$$\frac{\rho_{\mathrm{w}}}{\varepsilon}\left[\frac{\partial v}{\partial t} + \frac{1}{\varepsilon}\frac{\partial(vu)}{\partial x} + \frac{1}{\varepsilon}\frac{\partial(vv)}{\partial y}\right] = \frac{1}{\varepsilon}\frac{\partial}{\partial x}\left(\mu_{\mathrm{w}} \frac{\partial v}{\partial x}\right) + \frac{1}{\varepsilon}\frac{\partial}{\partial y}\left(\mu_{\mathrm{w}} \frac{\partial v}{\partial y}\right) - \frac{\partial p_{\mathrm{s}}}{\partial y} - \left(\frac{\mu_{\mathrm{w}}}{k_{\mathrm{s}}} + \frac{\rho_{\mathrm{w}} C}{\sqrt{k_{\mathrm{s}}}}|v|\right)v + \rho_{\mathrm{w}} g \beta_{\mathrm{w}} \Delta T_{\mathrm{s}} - \rho_{\mathrm{w}} g$$
$$\tag{1.34}$$

式中，p_{s} 为土壤孔隙压力，Pa；u 和 v 分别为未冻水在 x 方向和 y 方向的速度，m/s；μ_{w}

为未冻水的动力黏度，$Pa·s$；k_s 为土壤渗透率，m^2；ρ_w 为未冻水的密度，kg/m^3；C 为惯性参数；β_w 为未冻水的热膨胀系数，$℃^{-1}$。

当冻土土壤的温度场和水分场发生变化时，土壤孔隙中的冰和未冻水都会产生体积和物性上的改变。同时，温度场和水分场的变化也会对土壤的力学性能和应力场的分布造成相应的影响。冻土可视为一种弹塑性材料，但弹塑性力学求解的是非线性问题。为此，这里采用增量形式将载荷分作若干增量段，并对每一增量段进行线性化处理，从而逼近实际的非线性应力-应变关系曲线。考虑弹塑性材料特性和由热载荷引起的热应变和热应力，冻土应力、应变的增量形式可写为[54]

$$\mathrm{d}\boldsymbol{\sigma} = \boldsymbol{D}^{\mathrm{ep}}\mathrm{d}\boldsymbol{\varepsilon} - \frac{E}{1-2\nu}\mathrm{d}\boldsymbol{\varepsilon}^{\mathrm{th}} \tag{1.35}$$

$$\mathrm{d}\boldsymbol{\varepsilon} = \boldsymbol{B}\mathrm{d}\boldsymbol{\delta} \tag{1.36}$$

式中，$\boldsymbol{\sigma}$、$\boldsymbol{\varepsilon}$、$\boldsymbol{\delta}$ 分别为应力矩阵、应变矩阵、节点位移矩阵；$\boldsymbol{B}$ 为几何转换矩阵；$\boldsymbol{D}$ 为对应不同材料性质的整体材料系数矩阵，弹塑性刚度矩阵 $\boldsymbol{D}^{\mathrm{ep}}$ 可作如式 (1.37)～式 (1.39) 所示的分解；E 为弹性模量，Pa；ν 为材料的泊松比；$\boldsymbol{\varepsilon}^{\mathrm{th}}$ 为由热载荷引起的热应变。

$$\boldsymbol{D}^{\mathrm{ep}} = \boldsymbol{D}^{\mathrm{e}} - \boldsymbol{D}^{\mathrm{p}} \tag{1.37}$$

式中，$\boldsymbol{D}^{\mathrm{e}}$ 为弹性刚度矩阵；$\boldsymbol{D}^{\mathrm{p}}$ 为塑性刚度矩阵。

$$\boldsymbol{D}^{\mathrm{e}} = \frac{E(1-\nu)}{(1+\nu)(1-2\nu)}\begin{bmatrix} 1 & \dfrac{\nu}{1-\nu} & 0 \\[2mm] \dfrac{\nu}{1-\nu} & 1 & 0 \\[2mm] 0 & 0 & \dfrac{1-2\nu}{2(1-\nu)} \end{bmatrix} \tag{1.38}$$

$$\boldsymbol{D}^{\mathrm{p}} = \frac{1}{S_0}\begin{bmatrix} S_1^2 & & \\ S_1 S_2 & S_2^2 & \\ S_1 S_3 & S_2 S_3 & S_3^2 \end{bmatrix} \tag{1.39}$$

式中，$S_0 = S_1\dfrac{\partial F}{\partial\sigma_x} + S_2\dfrac{\partial F}{\partial\sigma_y} + S_3\dfrac{\partial F}{\partial\tau_{xy}}$；$S_1 = \dfrac{\partial F}{\partial\sigma_x} + \dfrac{\nu}{1-\nu}\dfrac{\partial F}{\partial\sigma_y}$；$S_2 = \dfrac{\partial F}{\partial\sigma_y} + \dfrac{\nu}{1-\nu}\dfrac{\partial F}{\partial\sigma_x}$；$S_3 = \dfrac{1-2\nu}{2(1-\nu)}\dfrac{\partial F}{\partial\tau_{xy}}$，$F$ 为塑性函数。

1.3 离散求解方法

1.3.1 正常输送过程

针对原油管道水热力数学模型，水力热力仿真求解的一般步骤如下：首先通过网格生成方法将连续的计算空间变为离散的计算空间；其次通过有限差分法或者有限容积法等控制方程离散方法将针对连续空间的偏微分控制方程转化为针对离散空间的代数方程组；最后通过离散方程求解方法获得代数方程组的数值解。

1) 网格生成方法

原油管道系统一般是由多个站场和多条管道构成。对于站场内的各设备，重点关注设备进出口状态，因此可将设备处理为进出口两个离散点。对于管道系统内的各条管道，可采用最简单的等间距的一维均分网格生成网格点，如图 1.7 所示。

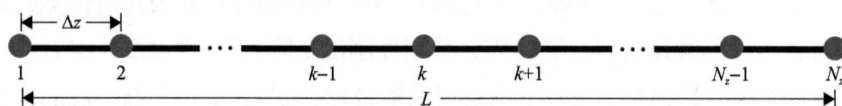

图 1.7　原油管道沿线均分网格

Δz-相邻网格点之间的距离，m；k-网格点编号；N_z-网格点的总数

对于管壁和管道热力影响区所组成的计算区域，管壁是一个规则的圆弧区域，可采用简单的极坐标网格生成网格点，而热力影响区是一个不规则区域，需要采用特殊的网格生成方法，如非结构化网格和贴体网格。非结构化网格是指网格区域内部节点不一定具有相同的毗邻单元结构的网格，图 1.8(a) 和 (b) 是分别采用德洛奈(Delaunay)三角化方法[83]和铺砌法[84]生成的非结构化三角形网格和非结构化四边形网格。而贴体网格是指选择与计算区域边界相重合或者平行的贴体坐标系通过坐标变换的思想生成的结构化网格，图 1.8(c) 是采用微分方程法生成的结构化贴体网格[15]。对于这两类网格而言，非结构化网格更为灵活，适用于复杂度高的计算区域，且易实现网格局部加密；而结构化贴体网格生成效率更高，形成的代数方程组结构规律、带宽小，其计算效率通常更高。由于管道热力影响区计算区域并不十分复杂，采用贴体网格便可较好地满足管道热力影

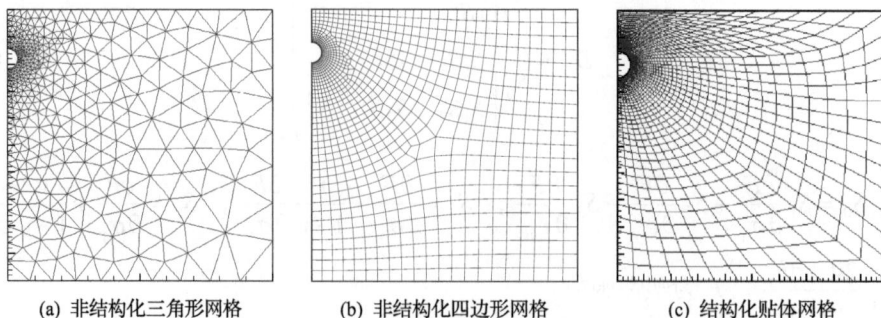

(a) 非结构化三角形网格　　　　(b) 非结构化四边形网格　　　　(c) 结构化贴体网格

图 1.8　采用不同网格生成方法获得的管道热力影响区网格

响区的仿真需求。同时，管壁的极坐标网格也可看作一种贴体网格。因此，管壁和管道热力影响区的网格可以完美地统一起来，采用统一的网格点编号便可实现对所有网格点的顺序编号。

贴体网格实际上是在贴体坐标系的基础上生成的网格，其基本思想是通过一定的变换关系或法则，将不规则计算区域变换成规则区域，建立变换后规则区域上的点与变换前不规则区域上的点之间的对应关系，由此生成变换前后两个区域上的网格，如图 1.9 所示。目前有多种方法来确定两个区域上点的对应关系，主要包括保角变换法、代数法和微分方程法，其中微分方程法使用最为广泛[85]。微分方程法常采用的微分方程为拉普拉斯(Laplace)方程和泊松(Poisson)方程。对于微分方程法：首先需要通过链式法则将微分方程变形到变换后的规则区域上[如变形后的 Laplace 方程如式(1.40)所示]；其次设定变换前后两个区域上边界网格分布及其对应关系，并同时设定变换后规则区域上的所有内部网格分布；最后通过对微分方程的离散和求解获得变换前不规则区域上的网格分布，图 1.8(c) 即通过上述流程最终获得的网格分布。

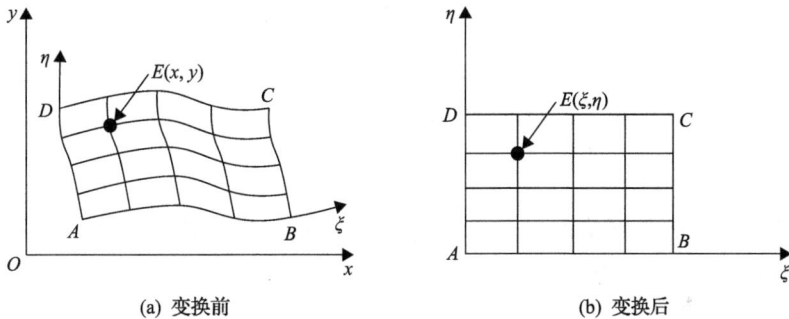

(a) 变换前　　　　　　　　(b) 变换后

图 1.9　变换前后的计算区域和网格示意图

$$\begin{cases} \alpha x_{\xi\xi} - 2\beta x_{\eta\xi} + \gamma x_{\eta\eta} = 0 \\ \alpha y_{\xi\xi} - 2\beta y_{\eta\xi} + \gamma y_{\eta\eta} = 0 \end{cases} \tag{1.40}$$

式中，ξ 和 η 分别为贴体坐标系的横坐标和纵坐标；x_{ξ}、x_{η} 分别为 x 对 ξ、η 的偏导数；y_{ξ}、y_{η} 分别为 y 对 ξ、η 的偏导数；α 为 η 方向的度规系数，按公式 $\alpha = x_{\eta}^2 + y_{\eta}^2$ 计算；β 为反映物理平面上网格正交性的系数，按公式 $\beta = x_{\xi}x_{\eta} + y_{\xi}y_{\eta}$ 计算；γ 为 ξ 方向的度规系数，按公式 $\gamma = x_{\xi}^2 + y_{\xi}^2$ 计算。

2) 控制方程离散方法

对于原油管道而言，水力过程的瞬态变化是一个快瞬变过程，而热力过程的瞬态变化是一个慢瞬变过程，二者瞬态变化速率相差较大。为了提高水热力仿真效率，水力过程控制方程和热力过程控制方程采用不同的时间步长进行离散，前者采用较小的时间步长，而后者采用较大的时间步长[32,41]。

原油管道水力过程控制方程几乎均是非线性方程，若直接采用非线性方程组求解方法，其求解过程将会涉及反复迭代的问题，求解效率相对较低。采用线性化的控制方程离散方法可以较好地解决方程非线性问题，避免非线性求解过程中的反复迭代问题，从而加快原油管道数值仿真求解过程[86]。下面以连续性方程为例介绍非线性方程的线性化过程。

对于原油管道水力过程而言，在连续性方程中压力和流速是待求变量，而温度不作为待求变量，且将原油这种微可压缩流体的压缩系数和膨胀系数考虑为仅是温度的函数，因此在连续性方程中仅 $v\partial p/\partial z$ 这一项是非线性项，基于时域上的泰勒展开，这一项的非线性化过程如式(1.41)所示：

$$v\frac{\partial p}{\partial z} = \overline{v\frac{\partial p}{\partial z}} + \frac{\overline{\partial\left(v\frac{\partial p}{\partial z}\right)}}{\partial t}\Delta t_{\mathrm{H}} = \overline{v\frac{\partial p}{\partial z}} + \left[\overline{\frac{\partial\left(\frac{\partial p}{\partial z}\right)}{\partial t}} + \overline{\frac{\partial p}{\partial z}\frac{\partial v}{\partial t}}\right]\Delta t_{\mathrm{H}} = \overline{v\frac{\partial p}{\partial z}} + \overline{\frac{\partial p}{\partial z}}\left(v - \overline{v}\right) \quad (1.41)$$

式中，上划线修饰的表达式代表上一时层的状态量；Δt_{H} 为水力过程仿真所用的时间步长，s。

将式(1.41)代入连续性方程，并采用有限差分法对线性化后的连续性方程进行离散，得到的离散方程如式(1.42)所示：

$$\chi\left[\frac{p_{k'} - \overline{p_{k'}}}{\Delta t_{\mathrm{H}}} + \overline{v_k}\frac{p_{k',\mathrm{e}} - p_{k',\mathrm{w}}}{\Delta z_{k'}} + \frac{\overline{p_{k',\mathrm{e}} - p_{k',\mathrm{w}}}}{\Delta z_{k'}}\left(v_{k'} - \overline{v_{k'}}\right)\right] - \beta_{\mathrm{o}}\left(\frac{T_{k'} - \overline{T_{k'}}}{\Delta t_{\mathrm{H}}} + \overline{v_{k'}}\frac{\overline{T_{k',\mathrm{e}} - T_{k',\mathrm{w}}}}{\Delta z_{k'}}\right) + \frac{v_{k',\mathrm{e}} - v_{k',\mathrm{w}}}{\Delta z_{k'}} = 0$$

$$(1.42)$$

式中，k' 为管道轴向相邻网格点(k 和 $k+1$ 网格点)之间的微元管段编号；下标 e 和 w 分别表示微元管段的东侧和西侧端点。

考虑到水力仿真的时间步长往往较小，在这个微小的时间步长下油温变化很小，因此可忽略式(1.42)带有温度变量的非稳态项。由于微元管段上整体的压力、速度可认为等于微元管段的东侧和西侧端点上压力、速度的平均值，将式(1.42)进行整理可以写成如式(1.43)所示形式：

$$a_{\mathrm{w},v}v_{k',\mathrm{w}} + a_{\mathrm{e},v}v_{k',\mathrm{e}} + a_{\mathrm{w},p}p_{k',\mathrm{w}} + a_{\mathrm{e},p}p_{k',\mathrm{e}} = b \quad (1.43)$$

式中，$a_{\mathrm{w},v} = \chi\frac{\overline{p_{k',\mathrm{e}} - p_{k',\mathrm{w}}}}{2\Delta x_{k'}} - \beta_{\mathrm{o}}\frac{\overline{T_{k',\mathrm{e}} - T_{k',\mathrm{w}}}}{2\Delta z_{k'}} - \frac{1}{\Delta z_{k'}}$ ；$a_{\mathrm{e},v} = \chi\frac{\overline{p_{k',\mathrm{e}} - p_{k',\mathrm{w}}}}{2\Delta x_{k'}} - \beta_{\mathrm{o}}\frac{\overline{T_{k',\mathrm{e}} - T_{k',\mathrm{w}}}}{2\Delta z_{k'}} +$

$\frac{1}{\Delta x_{k'}}$ ；$a_{\mathrm{w},p} = \chi\left(\frac{1}{2\Delta t_{\mathrm{H}}} - \frac{\overline{v_{k',\mathrm{w}} + v_{k',\mathrm{e}}}}{2\Delta z_{k'}}\right)$ ；$a_{\mathrm{e},p} = \chi\left(\frac{1}{2\Delta t_{\mathrm{H}}} + \frac{\overline{v_{k',\mathrm{w}} + v_{k',\mathrm{e}}}}{2\Delta z_{k'}}\right)$ ；$b = \chi\left[\frac{\overline{p_{k',\mathrm{w}} + p_{k',\mathrm{e}}}}{2\Delta t_{\mathrm{H}}} + \right.$

$\left.\frac{\overline{p_{k',\mathrm{e}} - p_{k',\mathrm{w}}}}{2\Delta z_{k'}}\left(\overline{v_{k',\mathrm{w}} + v_{k',\mathrm{e}}}\right)\right]$。

通过类似的线性化过程，可得到管道部分水力仿真动量方程及非管道元件控制方程的线性化离散方程，在此不再赘述。

管内油温与管壁和土壤温度耦合，整个温度场隐式求解计算量很大，因此采用显式方法离散原油能量方程，实现管内油温与管壁和土壤温度的有效解耦。此外，考虑水力仿真和热力仿真的时间步长不一致，需要将水力仿真获得的参数在时间上进行积分，使

其完全适用于热力仿真。最终，原油能量方程的离散式可写为

$$
\left[\rho c_p - \frac{\beta_0^2\left(\overline{T}_k + 273.15\right)}{\chi}\right]\left[T_k - \overline{T}_k + \max\left(\int_t^{t+\Delta t_T} v_k \mathrm{d}t, 0\right)\frac{\overline{T}_k - \overline{T}_{k-1}}{\Delta z_{k-1}} + \min\left(\int_t^{t+\Delta t_T} v_k \mathrm{d}t, 0\right)\frac{\overline{T}_{k+1} - \overline{T}_k}{\Delta z_k}\right]
$$

$$
= -\frac{4\alpha_o\left(\overline{T}_k - \overline{T}_{w,k}\right)\Delta t_T}{d} - \frac{4\int_t^{t+\Delta t_T}\tau_{w,k}v_k\mathrm{d}t}{d} - \frac{\beta_o\left(\overline{T}_k + 273.15\right)}{\chi}\frac{\int_t^{t+\Delta t_T}\left(v_{k+1} - v_{k-1}\right)\mathrm{d}t}{\Delta z_{k-1} + \Delta z_k}
$$

$$(1.44)$$

式中，Δt_T 为热力过程仿真所用的时间步长，s。

对于管壁和土壤导热方程，由于采用了基于坐标变换思想的贴体网格，原始的导热方程也需要经过坐标变换。根据链导法则及函数导数与反函数导数之间的关系，经过坐标变换后的导热方程可写为[85]

$$
J\frac{\partial(\rho_I c_I T)}{\partial t} = \frac{\partial}{\partial \xi}\left[\frac{\lambda_I}{J}\left(\alpha\frac{\partial T}{\partial \xi} - \beta\frac{\partial T}{\partial \eta}\right)\right] + \frac{\partial}{\partial \eta}\left[\frac{\lambda_I}{J}\left(\gamma\frac{\partial T}{\partial \eta} - \beta\frac{\partial T}{\partial \xi}\right)\right] \tag{1.45}
$$

式中，J 为雅可比(Jacobi)因子，按公式 $J = x_\xi y_\eta - x_\eta y_\xi$ 计算。

式(1.45)是守恒型方程，采用有限容积法能更好地保证离散方程的守恒性，以节点 P 所在的控制容积为研究对象，如图 1.10 所示，对式(1.45)在微元时间和控制容积上积分可得

$$
\int_{t-\Delta t_T}^t\int_w^e\int_s^n\frac{\partial(\rho_I c_I T)}{\partial t}J\mathrm{d}\eta\mathrm{d}\xi\mathrm{d}t = \int_{t-\Delta t_T}^t\int_w^e\int_s^n\left\{\frac{\partial}{\partial \xi}\left[\frac{\lambda_I}{J}\left(\alpha\frac{\partial T}{\partial \xi} - \beta\frac{\partial T}{\partial \eta}\right)\right]\right\}\mathrm{d}\eta\mathrm{d}\xi\mathrm{d}t
$$

$$
+ \int_{t-\Delta t_T}^t\int_w^e\int_s^n\left\{\frac{\partial}{\partial \eta}\left[\frac{\lambda_I}{J}\left(\gamma\frac{\partial T}{\partial \eta} - \beta\frac{\partial T}{\partial \xi}\right)\right]\right\}\mathrm{d}\eta\mathrm{d}\xi\mathrm{d}t
$$

$$(1.46)$$

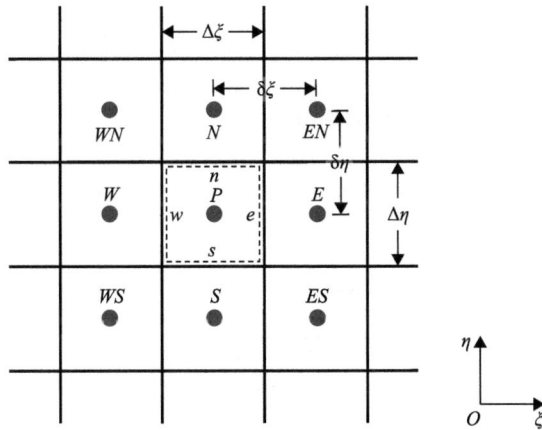

图 1.10　贴体坐标系下的网格和节点分布

$\Delta \xi$ 为控制容积在 ξ 方向的长度；$\Delta \eta$ 为控制容积在 η 方向的长度；$\delta \xi$ 为两相邻控制节点在 ξ 方向的距离；$\delta \eta$ 为两相邻控制节点在 η 方向的距离

对式(1.46)作进一步推导和整理可以写成如下形式：

$$a_P T_P = a_W T_W + a_E T_E + a_S T_S + a_N T_N + a_{WS} T_{WS} + a_{ES} T_{ES} + a_{WN} T_{WN} + a_{EN} T_{EN} + b \quad (1.47)$$

式中，T_P 为控制点 P 处的温度，℃；T_W、T_E、T_S、T_N、T_{WS}、T_{ES}、T_{WN}、T_{EN} 为控制点周围邻点处的温度，℃；a_P、a_W、a_E、a_S、a_N、a_{WS}、a_{ES}、a_{WN}、a_{EN} 为离散方程的系数；b 为离散方程的源项。

上述离散过程实际上是非稳态水热力仿真的离散过程。而对于稳态水热力仿真，其离散过程是存在一定差异的。由于稳态仿真的控制方程不存在非稳态项，控制方程离散后实际上不存在时间步长和上下时层变量之分。结合稳态仿真和非稳态仿真控制方程之间的区别，一般只需在非稳态仿真控制方程的基础上将时间步长设置为无穷大且上下时层变量统一为一个层次即可。而由于热力仿真控制方程采用时间积分的方式进行离散，将其转为稳态仿真控制方程离散式需要先将等式两侧同时除以时间步长，然后再设置无穷大时间步长和统一变量层次即可。

3）离散方程求解方法

由于原油管道水力瞬变和热力瞬变的瞬态变化速率相差较大，水热力整体耦合求解计算量很大，并且也没有必要。为了解决这一问题，采用水热力去耦求解策略是一种较好的选择。水热力去耦求解是将原油管道仿真的求解过程分解成两个部分，即水力部分和热力部分，先求解水力方程得到压力和流速等水力参数，再根据已得到的水力参数求解热力方程得到温度参数，其求解流程如图 1.11 所示。这种求解策略不仅在一定程度上

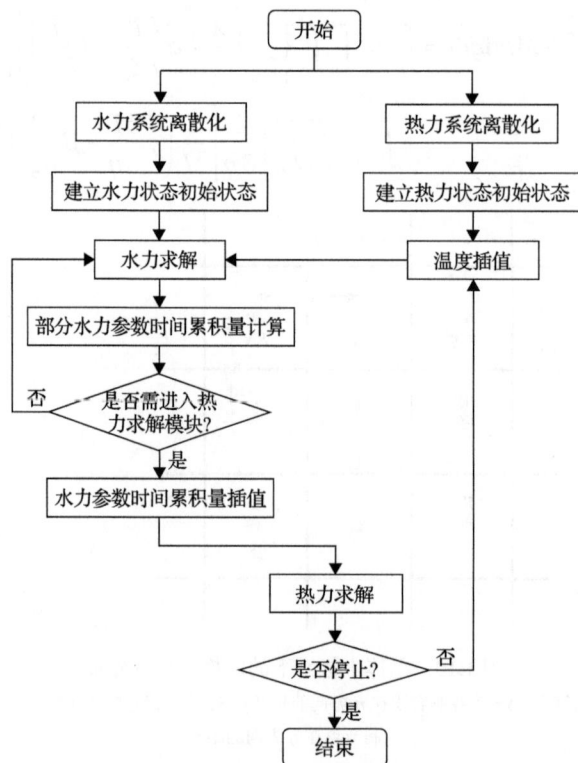

图 1.11　水热力去耦求解流程图

减小了复杂水力条件下热力参数对水力参数的影响，提高了仿真的稳定性，而且水力方程和热力方程的求解无须同步进行，慢瞬变的热力变化过程采用更大的时间步长进行仿真，可大幅度提升原油管道的仿真效率[32,41]。

　　除了原油管道水热力耦合之外，水力仿真和热力仿真各自也存在自身的耦合。水力仿真和热力仿真均需要管道与非管道元件水力参数和热力参数之间的耦合，此外，水力仿真还需要解决压力和流速之间的耦合，而热力仿真还需要解决管内原油、管壁和土壤温度之间的耦合。

　　为了克服整个原油管网管道元件与非管道元件之间水力参数和热力参数整体求解计算量大的问题，这里推荐一种"分而治之"的计算方法[87]，即管道元件和非管道元件分别整体求解。这种求解方法不仅可有效降低待求解方程的矩阵规模，而且还可有效降低大型稀疏方程特性的复杂度，加快方程的求解。该求解方法具体的实现过程将在后面章节详细介绍，在此不再赘述。对于水力仿真中压力和流速之间的耦合，可采用方程组联立求解方法，即将压力和速度均看为待求变量进行整体求解，其中管道元件离散方程采用三对角矩阵（TDMA）解法[88]，而非管道元件离散方程采用预条件共轭梯度法[89]。对于热力仿真中管内原油、管壁和土壤温度之间的耦合，可采用显式计算方法、预估-校正方法和预条件共轭梯度法相结合的方法求解所有热力方程离散式，如图 1.12 所示。其中，显式计算方法用于建立管内油温与管壁、土壤温度场之间的关系，预估-校正方法用于不断地校正原油对流换热系数，预条件共轭梯度法用于计算温度场求解的五对角离散方程

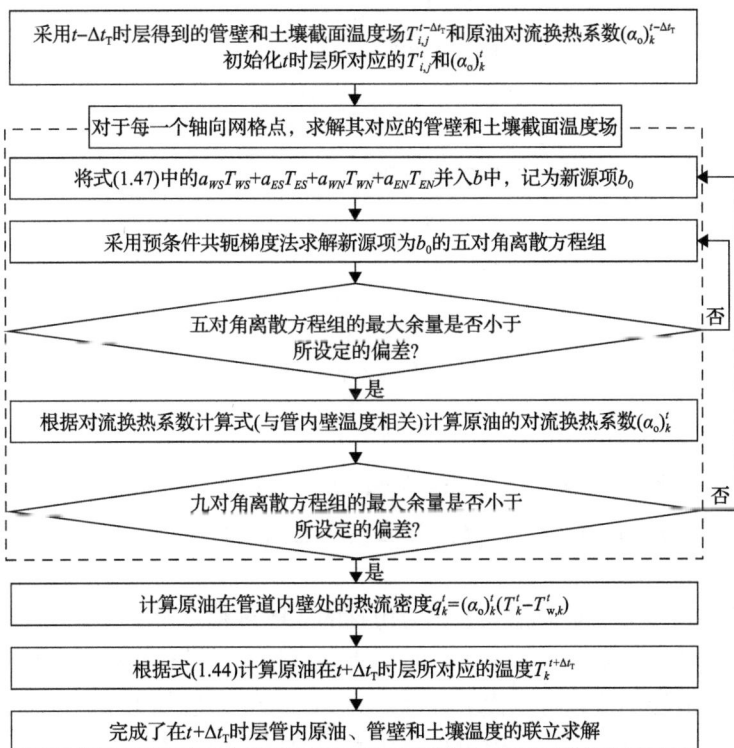

图 1.12　一个时层下管内原油、管壁和土壤温度的联立求解流程图

组。在图 1.12 的求解流程中,预条件共轭梯度法没有直接用于九对角离散方程组的求解,而是用于五对角离散方程组的求解,原因在于五对角之外的其他四对角方程系数对求解结果影响较小,但对求解效率影响较大,且临时对流换热系数计算结果下的温度场精确求解是没有必要的。

在图 1.12 所示的求解流程中,导热方程离散表达式是在贴体网格上离散得到的,其系数矩阵为非对称矩阵。因此,该离散方程的求解不能直接采用共轭梯度法求解,而需要采用预条件共轭梯度法。这里推荐一种使用较为广泛、稳定性较好且计算效率较高的预条件共轭梯度法——稳定双共轭梯度法(Bi-CGSTAB)[90,91]。该方法的实施流程如下:

(1)设定初场 $\boldsymbol{\phi}^0$;

(2)计算余量 $\boldsymbol{r}^0 = \boldsymbol{b} - \boldsymbol{A}\boldsymbol{\phi}^0$;

(3)赋初始值,令 $\boldsymbol{p}^0 = \boldsymbol{v}^0 = \boldsymbol{0}$, $\rho^0 = \alpha = \omega = 1$;

(4)For $k = 0, 1, 2, \cdots$, until $|\boldsymbol{r}^k| <$ tolerance(即余量<允许值)

$$
\begin{cases}
\rho^{k+1} = \left(\boldsymbol{r}^0, \boldsymbol{r}^k\right) \\
\beta = \left(\rho^{k+1}/\rho^k\right)(\alpha/\omega) \\
\boldsymbol{p}^{k+1} = \boldsymbol{r}^k + \beta\left(\boldsymbol{p}^k - \omega\boldsymbol{v}^k\right) \\
\boldsymbol{M}\boldsymbol{y} = \boldsymbol{p}^{k+1} \\
\boldsymbol{v}^{k+1} = \boldsymbol{A}\boldsymbol{y} \\
\alpha = \rho^{k+1}/\left(\boldsymbol{r}^0, \boldsymbol{v}^{k+1}\right) \\
\boldsymbol{s} = \boldsymbol{r}^k - \alpha\boldsymbol{v}^{k+1} \\
\boldsymbol{M}\boldsymbol{z} = \boldsymbol{s} \\
\boldsymbol{t} = \boldsymbol{A}\boldsymbol{z} \\
\omega = (\boldsymbol{t}, \boldsymbol{s})/(\boldsymbol{t}, \boldsymbol{t}) \\
\boldsymbol{\phi}^{k+1} = \boldsymbol{\phi}^k + \alpha\boldsymbol{y} + \omega\boldsymbol{z} \\
\boldsymbol{r}^{k+1} = \boldsymbol{s} - \omega\boldsymbol{t}
\end{cases}
\tag{1.48}
$$

式中,$\boldsymbol{\phi}$ 为待求变量矢量;$\boldsymbol{r}$ 为方程余量矢量;$\boldsymbol{b}$ 为方程源项矢量;$\boldsymbol{A}$ 为方程系数的矩阵;$\boldsymbol{M}$ 为预条件矩阵;$\boldsymbol{p}$、$\boldsymbol{v}$、$\boldsymbol{y}$、$\boldsymbol{s}$、$\boldsymbol{z}$、$\boldsymbol{t}$ 为算法实施过程中的中间矢量;ρ、α、ω、β 为算法实施过程中的中间参数。

上述求解过程实际上是非稳态水热力仿真的求解过程。对于稳态水热力仿真,其求解过程存在一定差异。对于稳态水力仿真而言,可将上一迭代步的待求变量值看作非稳态水力仿真上一时层的值进行迭代求解[92]。另外,对于稳态热力仿真而言,非稳态热力仿真的显式计算方法并不适用,但可以采用类似的显式计算方法。非稳态热力仿真是采用上一时层管内原油与管壁之间的热流密度代替当前时层管内原油与管壁之间的热流密度，而稳态热力仿真可采用上游相邻网格节点处管内原油与管壁之间的热流密度代替当前网格节点处管内原油与管壁之间的热流密度。稳态水热力仿真的其他求解过程几乎与非稳态水热力仿真类似，在此不再赘述。

1.3.2　停输过程

原油管道停输过程仿真会涉及管内温降的精细计算，因为需要单独对管内区域进行网格划分，对该区域采用极坐标网格生成方法所生成的网格如图 1.13 所示。

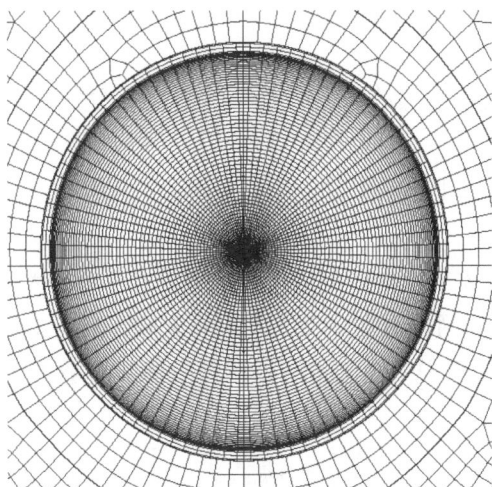

图 1.13　在管内区域生成的极坐标网格

描述原油管道停输过程所采用的控制方程属于守恒型方程，推荐采用有限容积法离散。控制方程离散后，可采用求解压力耦合方程组的半隐式算法（SIMPLE）耦合求解离散化后的连续性方程、动量方程和能量方程，SIMPLE 算法实施过程的基本步骤如下[85]：

(1) 给定一个速度分布 $u_{\theta 0}$、u_{r0}，以及温度分布 T_0，计算能量方程的系数及源项；

(2) 求解能量方程得到 T^*；

(3) 假设压力场 p^*，并结合 $u_{\theta 0}$、u_{r0} 和 T^* 求解动量方程的系数及源项；

(4) 求解动量方程得到 u_θ^*、u_r^*；

(5) 求解压力修正方程得到 p'；

(6) 根据 p' 修正速度和压力；

(7) 采用更新后的速度再次计算能量方程的系数和源项，进入下一轮循环，直到收敛。

1.3.3　再启动过程

原油管道再启动热力模型的求解与正常输送热力模型的求解相同，在此不再赘述。而表现出原油胶凝特性的原油管道再启动水力模型的求解与正常输送水力模型的求解存在很大差别，在此进行单独介绍。

对于再启动水力模型的求解，在轴向推荐采用交错网格，在径向推荐采用非均分网格，网格示意图如图 1.14 所示。在轴向采用交错网格的主要目的是避免求解而得的压力出现锯齿状分布[85]；在径向采用非均分网格的主要目的是提高水力模型求解的计算效率，因为当湍流流动存在时，层流底层物理量变化幅度较大，加密管壁附近的网格并适当放宽湍流核心区的网格密度，可以在保证计算精度的同时有效降低计算量。因此，求解水力模型采用了两套网格，分别为一维交错网格和二维非均分网格。一维变量 p、$\bar{v}$ 和 τ_w 及原油的物性参数置于一维交错网格上；二维变量 v、$\dot{\gamma}$、λ 和 τ_{rz} 置于二维非均分网格上。一维交错网格的网格点坐标易于确定，在此不给出计算式，而二维非均分网格的网格点坐标可按式(1.49)获得[93,94]。

$$\begin{cases} r_j = \dfrac{R}{\varsigma}\tanh\left[\dfrac{1}{2}\left(1-\dfrac{N_r-j}{N_r-1}\right)\ln\dfrac{1+\varsigma}{1-\varsigma}\right] \\ z_k = \dfrac{k-1}{N_z-1}L \end{cases} \tag{1.49}$$

式中，j 和 k 分别为水力模型求解所用网格的网格点在 r 和 z 方向的编号；r_j 和 z_k 分别为水力模型求解所用网格的网格点在 r 和 z 方向的坐标，m；N_r 和 N_z 分别为二维非均分网格在 r 和 z 方向的网格点总数；ς 为网格调整参数，可取值为 0.95[93,94]；L 为管道长度，m。

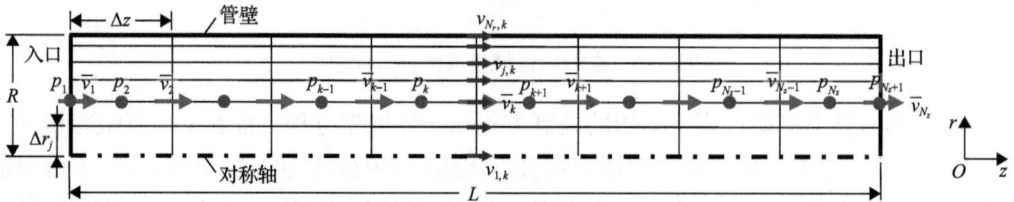

图 1.14　管内区域网格示意图

原油管道再启动水力模型所用到的偏微分方程为非守恒型方程，推荐采用有限差分方法离散。控制方程离散后，可采用试算与预估-校正相结合的方法求解再启动水力模型所涉及的离散方程，该方法实施过程的基本步骤如下[42]：

(1)令 t=0，并根据实际初始条件初始化待求变量 p_k^t、$\bar{v}_k^t$、$v_{j,k}^t$、$\lambda_{j,k}^t$。此外，管道沿线的流态被认为是层流。

(2)令 t=t+Δt，采用 $t-\Delta t$ 时层的待求变量初始化 t 时层的待求变量 p_k^t、$\bar{v}_k^t$、$v_{j,k}^t$、$\lambda_{j,k}^t$，作为 t 时层的预估值，这些值被认为是临时值。此外，采用 $t-\Delta t$ 时层的管道沿线流态分布初始化 t 时层的管道沿线流态分布，作为 t 时层的预估流态分布，这个分布被认为是临时分布。

(3)基于平均流速 $\bar{v}_k^t$ 的临时值，将压力作为待求变量求解连续性方程，更新压力 p_k^t 的临时值。

(4)基于平均流速 $\bar{v}_k^t$ 和压力 p_k^t 的临时值，采用动量方程计算获得管壁处的剪切应力

$\left(\tau_{\mathrm{w}}\right)_k^t$。

(5)基于所获得的管壁剪切应力$\left(\tau_{\mathrm{w}}\right)_k^t$，根据$\left(\tau_{\mathrm{w}}\right)_k^t$和$\left(\tau_{rz}\right)_{j,k}^t$之间的关系获得管道横截面上的剪切应力$\left(\tau_{rz}\right)_{j,k}^t$。

(6)基于管道横截面上速度$v_{j,k}^t$的临时值，求解触变性模型的速率方程以更新结构参数$\lambda_{j,k}^t$的临时值。

(7)基于更新后的结构参数$\lambda_{j,k}^t$，计算屈服应力$\tau_{y0}+\tau_{y1}\lambda_{j,k}^t$。

(8)基于屈服应力$\tau_{y0}+\tau_{y1}\lambda_{j,k}^t$和剪切应力$\left(\tau_{rz}\right)_{j,k}^t$，计算剪切率$\dot{\gamma}_{j,k}^t$。

(9)采用剪切率$\dot{\gamma}_{j,k}^t$和$\dot{\gamma}_{j+1,k}^t$与流速$v_{j,k}^t$和$v_{j+1,k}^t$之间的关系$\left(v_{j+1,k}^t-v_{j,k}^t\right)/\left(r_{j+1}-r_j\right)=0.5\left(\dot{\gamma}_{j+1,k}^t+\dot{\gamma}_{j,k}^t\right)$，更新管道横截面上速度$v_{j,k}^t$。

(10)重复步骤(6)～(9)，直到相邻两轮所获得$v_{j,k}^t$几乎不发生变化。

(11)基于管道横截面上速度$v_{j,k}^t$的临时值，更新平均流速$\bar{v}_k^t$的临时值。

(12)重复步骤(3)～(11)，直到连续性方程和动量方程的余量满足预设的偏差要求。

(13)计算管道横截面上的稳定性参数$Z_{j,k}^t$，并获得管道横截面上的最大稳定性参数$\left(Z_{\max}\right)_k^t$。

(14)通过比较获得管道横截面最大稳定性参数在管道沿线层流范围内的最大值$\left[\left(Z_{\max}\right)_k^t\right]_{\max}$，判定该最大值$\left[\left(Z_{\max}\right)_k^t\right]_{\max}$与临界稳定性参数$Z_{\mathrm{c}}$之间的大小关系。若前者更大，则相应网格点处的流动从层流变为湍流，并且重复步骤(3)～(14)，否则，相应网格点处的流动保持层流，进入步骤(15)。

(15)通过比较获得管道横截面最大稳定性参数在管道沿线湍流范围内的最小值$\left[\left(Z_{\max}\right)_k^t\right]_{\min}$。假设相应网格点处的流动从湍流变为层流，并重复步骤(3)～(15)。若该网格点所对应的管道横截面最大稳定性小于临界稳定性参数Z_{c}，则假设成立，该网格点所对应的流动应该为层流，然后继续假设下一个网格点所对应流态从湍流变为层流，重复步骤(3)～(15)。若相应网格点处的管道横截面最大稳定性大于临界稳定性参数Z_{c}，则假设不成立，该网格点所对应的流动应该保持湍流。通过上述步骤便可获得t时层所应对的沿线流态分布和待求变量最终值。

(16)重复步骤(2)～(15)，直到管道再启动时间达到预设的时间。

步骤(3)～(12)用于确定待求变量p_k^t、$\bar{v}_k^t$、$\left(\tau_{\mathrm{w}}\right)_k^t$、$\left(\tau_{rz}\right)_{j,k}^t$、$\lambda_{j,k}^t$、$\dot{\gamma}_{j,k}^t$和$v_{j,k}^t$的值，它们不涉及任何关于流态转变的判断。步骤(14)用于识别从层流到湍流的转变，而步骤(15)用于识别由湍流到层流的转变。步骤(3)～(12)属于内部循环，实际上是一个预估-校正过程，而步骤(14)和(15)属于外循环，它们可以被认为是一个试算过程。当通过步骤(14)和(15)确定管道沿线的流态分布后，通过步骤(3)～(12)可获得与该流态分布所对应的待求变量值。

1.3.4 双管并行敷设输送过程

相较于单管敷设管道而言，双管并行敷设管道的热力影响区更不规则，但仍可采用贴体网格和非结构化网格对计算区域进行离散。但由于管道热力影响区的不规则性增强，推荐采用适应性更强、网格质量更易控制的非结构化网格生成方法。图 1.15 展示了采用非结构化三角形网格离散的土壤计算区域[51]。双管敷设输送数学模型求解所用到的其他方法实际上与单管敷设输送几乎相同，在此不再赘述。

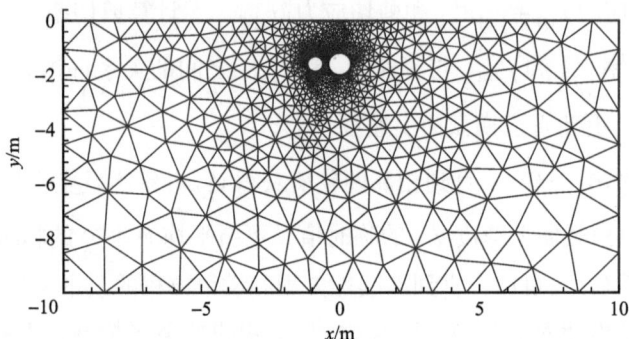

图 1.15　针对双管并行敷设管道热力影响区所生成的非结构化三角形网格

1.3.5 冻土地区管道输送过程

描述冻土流动传热过程的能量方程、连续性方程和动量方程为守恒型方程，可采用有限容积法离散，而应力应变方程可采用有限元方法处理，然后采用 SIMPLE 算法耦合求解离散化方程。针对冻土水热力三场耦合仿真 SIMPLE 算法的实施过程与 1.3.2 节提及的针对停输过程仿真的 SIMPLE 算法实施过程类似，除了耦合能量方程求解之外，还需耦合应力应变方程的求解。

1.4　小　结

本章结合管内流体传热传质三大守恒方程、管壁和土壤导热方程、设备特性方程及定解条件构建了针对稳态输送、准稳态输送、瞬态水击、热油投产预热、原油差温顺序输送、间歇输送和正反输送等正常输送过程的数学模型，并提出了从网格生成到控制方程离散求解的一整套数值仿真方法。此外，从一些管道特殊输送过程与管道正常输送过程的区别出发，阐释了管道停输过程、再启动过程、双管并行敷设输送过程、冻土地区管道输送过程的数学模型和离散求解方法。

参 考 文 献

[1] 苗青, 张劲军, 徐波, 等. 原油管道流动安全评价方法及体系[J]. 油气储运, 2018, 37(11): 1218-1223.

[2] Yuan Q, Wu Z, Li W, et al. Comparative study on atmospheric temperature models for the buried hot oil pipeline[C]. The 12th

International Pipeline Conference, Calgary, 2018.

[3] 杨筱蘅. 输油管道设计与管理[M]. 东营: 中国石油大学出版社, 2006.

[4] 阿卡帕金, 克里沃舍因, 尤芬. 原油和油品管道的热力与水力计算[M]. 罗塘湖, 译. 北京: 中国石油工业出版社, 1986.

[5] 张健. 原油管道预热投产与冷热交替输送热力研究[D]. 北京: 中国石油大学(北京), 2015.

[6] 宇波, 徐诚, 张劲军. 冷热原油交替输送停输再启动研究[J]. 油气储运, 2009, 28(11): 4-16.

[7] 柳歆, 张劲军, 宇波. 热油管道间歇输送热力水力特性[J]. 油气储运, 2011, 30(6): 419-422.

[8] Zhang J, Wang Y, Wang X R, et al. Study on optimizing operation of preheating commissioning for waxy crude oil pipelines[J]. Advances in Mechanical Engineering, 2014, 6: 894256.

[9] 崔秀国. 冷热油交替输送管道非稳态水力-热力耦合问题分析及其应用[D]. 北京: 中国石油大学(北京), 2005.

[10] 王凯. 原油管道差温顺序输送工艺数值研究[D]. 北京: 中国石油大学(北京), 2009.

[11] 王凯, 张劲军, 宇波. 原油管道差温顺序输送水力-热力耦合计算模型[J]. 油气储运, 2013, 32(2): 143-151.

[12] Chen Z M, Yuan Q, Jiang W X, et al. Thermo-hydraulic characteristics of non-isothermal batch transportation pipeline system with different inlet oil temperature[J]. Journal of Thermal Science, 2023, 32(3): 965-981.

[13] Archer R A, O'Sullivan M J. Models for heat transfer from a buried pipe[J]. SPE Journal, 1997, 2(2): 186-193.

[14] Wang K, Zhang J J, Yu B, et al. Numerical simulation on the thermal and hydraulic behaviors of batch pipelining crude oils with different inlet temperatures[J]. Oil & Gas Science and Technology, 2009, 64(4): 503-520.

[15] Yuan Q, Wu C, Yu B, et al. Study on the thermal characteristics of crude oil batch pipelining with differential outlet temperature and inconstant flow rate[J]. Journal of Petroleum Science and Engineering, 2018, 160: 519-530.

[16] Kane M, Djabourov M, Volle J L, et al. Morphology of paraffin crystals in waxy crude oils cooled in quiescent conditions and under flow[J]. Fuel, 2003, 82(2): 127-135.

[17] 樊启蕴. 架空输油管停输冷却规律研究[J]. 油气储运, 1985, 4(1): 14-27.

[18] 李长俊, 李丙文. 热油管道停输数值模拟[J]. 油气储运, 2001, 20(7): 28-31.

[19] 南发学, 亢春, 张海, 等. 热油管道停输温降数值模拟[J]. 天然气与石油, 2009(1): 7-10.

[20] 王漱芳. 热油管线的停输温降和安全停输时间的计算[J]. 油气储运, 1990, 9(3): 9-15.

[21] 赵晓东, 张立新, 陶平, 等. 铁秦管道停输再启动过程模拟[J]. 油气储运, 2002, 21(1): 1-4.

[22] 蒋新国, 刘爱兜, 丁启敏. 热油管道停输再启动过程[J]. 天然气与石油, 2005, 23(2): 25-27.

[23] 安家荣, 李才, 刘云龙. 水下和架空原油管道停输温降规律研究[J]. 中国石油大学学报(自然科学版), 1995(4): 70-73.

[24] 宇波, 付在国, 李伟, 等. 热油管道大修期间停输与再启动的数值模拟[J]. 科技通报, 2011, 27(6): 890-894.

[25] Liu X, Yu B, Zhou J, et al. Temperature drop characteristics of crude oils after shutdown of a pipeline for a batchwise transportation system[J]. Heat Transfer Engineering, 2013, 34(4): 385-397.

[26] 禹国军. 含蜡原油管道停输温降的数值计算方法及规律研究[D]. 北京: 中国石油大学(北京), 2015.

[27] Yu G J, Yu B, Liang Y T, et al. A new general model for phase-change heat transfer of waxy crude oil during the ambient-induced cooling process[J]. Numerical Heat Transfer, Part A: Applications, 2017, 71(5): 511-527.

[28] Yu G J, Yu B, Liang Y T, et al. Further study on the thermal characteristic of a buried waxy crude oil pipeline during its cooling process after a shutdown[J]. Numerical Heat Transfer, Part A: Applications, 2017, 71(2): 137-152.

[29] 李才, 刘云龙, 苏仲勋. 管内含蜡原油降温过程中的放热问题[J]. 油气田地面工程, 1994, 13(1): 18-31.

[30] 王兵, 李长俊, 邓青, 等. 热油管道停输后再启动数值模拟[J]. 石油天然气学报, 2007, 29(3): 476-478.

[31] 袁庆, 吴浩, 马华伟, 等. 长距离大落差重油管道停输再启动研究[J]. 油气田地面工程, 2017, 36(11): 66-70.

[32] Yuan Q, Yu B, Li J F, et al. Study on the restart algorithm for a buried hot oil pipeline based on wavelet collocation method[J]. International Journal of Heat and Mass Transfer, 2018, 125: 891-907.

[33] Vinay G, Wachs A, Agassant J F. Numerical simulation of non-isothermal viscoplastic waxy crude oil flows[J]. Journal of Non-Newtonian Fluid Mechanics, 2005, 128(2-3): 144-162.

[34] Vinay G, Wachs A, Agassant J F. Numerical simulation of weakly compressible Bingham flows: the restart of pipeline flows of waxy crude oils[J]. Journal of Non-Newtonian Fluid Mechanics, 2006, 136(2-3): 93-105.

[35] Kumar L, Skjæraasen O, Hald K, et al. Nonlinear rheology and pressure wave propagation in a thixotropic elasto-viscoplastic fluids, in the context of flow restart[J]. Journal of Non-Newtonian Fluid Mechanics, 2016, 231: 11-25.

[36] Wachs A, Vinay G, Frigaard I. A 1.5D numerical model for the start up of weakly compressible flow of a viscoplastic and thixotropic fluid in pipelines[J]. Journal of Non-Newtonian Fluid Mechanics, 2009, 159(1-3): 81-94.

[37] 侯昊. 基于增广拉格朗日方法的原油管道再启动数值模拟研究[D]. 北京: 中国石油大学(北京), 2016.

[38] 包有权. 胶凝含蜡原油结构特性及其对管道启动流影响的研究[D]. 北京: 中国石油大学(北京), 2017.

[39] Negrão C O R, Franco A T, Rocha L L V. A weakly compressible flow model for the restart of thixotropic drilling fluids[J]. Journal of Non-Newtonian Fluid Mechanics, 2011, 166(23-24): 1369-1381.

[40] Bao Y Q, Zhang J J. Restart behavior of gelled waxy crude oil pipeline based on an elasto-viscoplastic thixotropic model: a numerical study[J]. Journal of Non-Newtonian Fluid Mechanics, 2020, 284: 104377.

[41] Yuan Q, Jiang W X, Guo M Y, et al. GPU-accelerated transient thermo-hydraulic simulation of weakly compressible restart flow of a non-Newtonian fluid in a long-buried hot oil pipeline[J]. Applied Thermal Engineering, 2023, 227: 120299.

[42] Yuan Q, Li J F, Chen B, et al. Cross-dimensional isothermal model for transient restart of weakly compressible laminar/turbulent flow of thixotropic fluid in a long crude oil pipeline[J]. Journal of Non-Newtonian Fluid Mechanics, 2023, 319: 105077.

[43] 李才, 乔明乾. 热含蜡原油管道停输再启动压力研究[J]. 油气储运, 1998, 17(1): 10-14.

[44] 孙长征, 宇波, 孙昌赞, 等. 含蜡原油管道停输再启动数值模拟触变流体的简化方法[J]. 油气储运, 2010, 29(6): 417-418.

[45] Chang C, Nguyen Q D, Rønningsen H P. Isothermal start-up of pipeline transporting waxy crude oil[J]. Journal of Non-Newtonian Fluid Mechanics, 1999, 87(2-3): 127-154.

[46] Davidson M R, Nguyen Q D, Chang C, et al. A model for restart of a pipeline with compressible gelled waxy crude oil[J]. Journal of Non-Newtonian Fluid Mechanics, 2004, 123(2-3): 269-280.

[47] Davidson M R, Nguyen Q D, Rønningsen H P. Restart model for a multi-plug gelled waxy oil pipeline[J]. Journal of Petroleum Science and Engineering, 2007, 59(1-2): 1-16.

[48] 王乾坤, 张争伟, 石悦, 等. 埋地油气管道并行敷设技术发展现状[J]. 油气储运, 2011, 30(1):1-4.

[49] 宇波, 凌霄, 张劲军, 等. 成品油管道与热原油管道同沟敷设技术研究[J]. 石油学报, 2007, 28(5): 149.

[50] Yu B, Wang Y, Zhang J J, et al. Thermal impact of the products pipeline on the crude oil pipeline laid in one ditch—The effect of pipeline interval[J]. International Journal of Heat and Mass Transfer, 2008, 51(3-4): 597-609.

[51] 凌霄, 王艺, 宇波, 等. 新大线同沟敷设热力分析[J]. 工程热物理学报, 2009, 30(2): 299-301.

[52] 石悦. 长距离并行敷设输油管道的热力影响研究[D]. 北京: 中国石油大学(北京), 2009.

[53] 王乾坤, 宇波, 孙长征, 等. 油气管道并行敷设热力影响[J]. 石油学报, 2012, 33(2): 320-326.

[54] 赵宇. 冻土区埋地热油管道周围土壤水热力三场耦合的数值模拟研究[D]. 北京: 中国石油大学(北京), 2014.

[55] Takashi T, Yamamoto H, Ohrai T, et al. Effect of penetration rate of freezing and confining stress on the frost heave ratio of soil[C]. Proceedings of 3rd International Conference on Permafrost, Edmonton, 1978: 736-743.

[56] Zhang S, Zhu Q. A study of the calculation of frost heaving[C]. Proceedings of 4th International Conference on Permafrost, Fairbanks, 1983: 783-788.

[57] Harlan R L. Analysis of coupled heat-fluid transport in partially frozen soil[J]. Water Resources Research, 1973, 9(5): 1314-1322.

[58] Bronfenbrener L, Korin E. Thawing and refreezing around a buried pipe[J]. Chemical Engineering and Processing, 1999, 38: 239-247.

[59] Lai Y M, Liu S Y, Wu Z W, et al. Numerical simulation for the coupled problem of temperature and seepage fields in cold region dams[J]. Journal of Hydraulic Research, 2002, 40(5): 631-635.

[60] Shen M, Branko L. Modeling of coupled heat, moisture and stress field in freezing soil[J]. Cold Regions Science and Technology, 1987, 14: 237-246.

[61] Hopke S W. A model for frost heave including overburden[J]. Cold Regions Science and Technology, 1980, 3(2): 275-291.

[62] 李宁, 陈波, 陈飞熊. 寒区复合地基的温度场, 水分场与变形场三场耦合模型[J]. 土木工程学报, 2004, 36(10): 66-71.

[63] 方丽超. 采用热棒技术的漠大线冻土区管道周围土壤水热力三场耦合数值模拟研究[D]. 北京: 中国石油大学(北京), 2017.

[64] Yuan Q, Gao Y Y, Luo Y Y, et al. Study on the optimal operation scheme of a heated oil pipeline system under complex industrial conditions[J]. Energy, 2023, 272(19): 127139.

[65] Yuan Q, Chen Z M, Wang X R, et al. Investigation and improvement of intelligent evolutionary algorithms for the energy cost optimization of an industry crude oil pipeline system[J]. Engineering Optimization, 2022, 55: 1-20.

[66] 吴国忠, 庞丽萍, 卢丽冰, 等. 埋地输油管道热力计算数值求解结果分析[J]. 油气田地面工程, 2001, 20(2): 1-2.

[67] 崔秀国, 张劲军. 埋地热油管道稳定运行条件下热力影响区的确定[J]. 石油大学学报(自然科学版), 2004, 28(2): 75-78.

[68] 刘晓燕, 赵军, 石成, 等. 土壤恒温层温度及深度研究[J]. 太阳能学报, 2007, 28(5): 494-498.

[69] Yuan Q, Luo Y, Shi T, et al. Investigation into the heat transfer models for the hot crude oil transportation in a long-buried pipeline[J]. Energy Science & Engineering, 2023, 11(6): 2169-2184.

[70] 张国忠. 管道瞬变流动分析[M]. 青岛: 中国石油大学出版社, 1994.

[71] Yu B, Li C, Zhang Z W, et al. Numerical simulation of a buried hot crude oil pipeline under normal operation[J]. Applied Thermal Engineering, 2010, 30(17-18): 2670-2679.

[72] Bao Y Q, Zhang J J, Wang X Y, et al. Applicability of quasi-steady assumption during the numerical simulation of the start-up of weakly compressible Herschel-Bulkley fluids in pipelines[J]. Journal of Petroleum Science and Engineering, 2018, 167: 202-215.

[73] Houska M. Engineering aspects of the rheology of thixotropic liquids[D]. Prague: Czech Technical University, 1981.

[74] 张劲军, 国丽萍. 基于滞回环的含蜡原油触变模型评价[J]. 石油学报, 2010, 31(3): 494-500.

[75] 袁庆, 杨洋, 侯昊, 等. 含蜡原油双结构参数模型参数回归的稳定性[J]. 油气储运, 2018, 37(3): 269-275.

[76] Ryan N W, Johnson M M. Transistion from laminar to turbulent flow in pipes[J]. AIChE Journal, 1959, 5(4): 433-435.

[77] Hanks R W, Christiansen E B. The laminar-turbulent transition in nonisothermal flow of pseudoplastic fluids in tubes[J]. AIChE Journal, 1962, 8(4): 467-471.

[78] Pezzinga G. Quasi-2D model for unsteady flow in pipe networks[J]. Journal of Hydraulic Engineering, 1999, 125(7): 676-685.

[79] Andersen P S, Kays W M, Moffat R J. Experimental results for the transpired turbulent boundary layer in an adverse pressure gradient[J]. Journal of Fluid Mechanics, 1975, 69(2): 353-375.

[80] Cebeci T, Bradshaw P. Momentum Transfer in Boundary Layers[M]. Washington D C: Hemisphere Publishing Corp, 1977.

[81] Zhao Y, Yu B, Yu G J, et al. Study on the water-heat coupled phenomena in thawing frozen soil around a buried oil pipeline[J]. Applied Thermal Engineering, 2014, 73(2): 1477-1488.

[82] Fang L C, Yu B, Li J F, et al. Numerical analysis of frozen soil around the Mohe-Daqing crude oil pipeline with thermosyphons[J]. Heat Transfer Engineering, 2018, 39(7-8): 630-641.

[83] Yu B, Lin M J, Tao W Q. Automatic generation of unstructured grids with Delaunay triangulation and its application[J]. Heat and mass transfer, 1999, 35(5): 361-370.

[84] Zhao Y, Yu B, Tao W Q. An improved paving method of automatic quadrilateral mesh generation[J]. Numerical Heat Transfer, Part B: Fundamentals, 2013, 64(3): 218-238.

[85] 陶文铨. 数值传热学[M]. 2 版. 西安: 西安交通大学出版社, 2001.

[86] Wang P, Yu B, Deng Y J, et al. Comparison study on the accuracy and efficiency of the four forms of hydraulic equation of a natural gas pipeline based on linearized solution[J]. Journal of Natural Gas Science and Engineering, 2015, 22: 235-244.

[87] 宇波, 王鹏, 王丽燕, 等. 基于分而治之思想的天然气管网仿真方法[J]. 油气储运, 2017, 36(1): 75-84.

[88] Xiang Y, Wang P, Yu B, et al. GPU-accelerated hydraulic simulations of large-scale natural gas pipeline networks based on a two-level parallel process[J]. Oil & Gas Science and Technology, 2020, 75: 86.

[89] 陶文铨. 计算传热学的近代进展[M]. 北京: 科学出版社, 2000.

[90] van der Vorst H A. Bi-CGSTAB: A fast and smoothly converging variant of Bi-CG for the solution of nonsymmetric linear systems[J]. SIAM Journal on Scientific and Statistical Computing, 1992, 13(2): 631-644.

[91] 宇波, 李敬法, 孙东亮, 等. 数值传热学实训——NHT/CFD 原理与应用[M]. 2 版. 北京: 科学出版社, 2024.

[92] 陆金甫, 关治. 偏微分方程数值解法[M]. 2 版. 北京: 清华大学出版社, 2004.

[93] Yu B, Kawaguchi Y. Direct numerical simulation of viscoelastic drag-reducing flow: a faithful finite difference method[J]. Journal of Non-Newtonian Fluid Mechanics, 2004, 116(2-3): 431-466.

[94] 李凤臣, 宇波, 魏进家, 等. 表面活性剂湍流减阻(英文版)[M]. 北京: 高等教育出版社, 2012.

第2章　原油管道水热力过程仿真加速技术

原油长输管道通常成百上千千米，在原油管道的规划设计、运行优化、流动保障方案制定和流动安全评估时，需要对大量的设计方案或者运行方案进行仿真验证，计算量巨大，亟须开发高效的原油管道水热力过程仿真加速技术。此外，对于在线仿真来说，需要实现实时的状态感知和态势预测，对仿真计算的效率也提出了更高的要求。本章首先针对相关研究概况进行综述，其次对笔者在原油管道水热力过程仿真加速技术方面的一些研究成果进行介绍。

2.1　研　究　概　况

原油管道水热力过程仿真的核心在于构建和求解大规模方程组。为了提升计算效率，可以从减小方程组的规模和优化矩阵求解性能两个方面入手来设计加速算法。目前，原油管道水热力过程仿真加速技术的研究主要集中在以下三个关键领域。

2.1.1　计算规模缩减技术

在保证计算精度的前提下，为实现计算规模的缩减，可以从非稳态仿真迭代步数和每次迭代计算的方程组规模两个方面着手来降低计算量。

在减少仿真迭代步数方面，可以采用高阶时间积分方法[1,2]、自适应时间步长[3-7]等方法实现时间步长的放大。高阶时间积分方法是指在非稳态项的离散上，采用更高阶的数值计算格式，如龙格-库塔(Runge-Kutta)高阶隐式格式、亚当斯-巴什福思-莫尔顿(Adams-Bashforth-Moulton)多步法等，这种格式的采用允许适当地对迭代时间步长进行放大，不过总体来说对计算性能的提升不算太明显；自适应时间步长技术是指在仿真工况变化比较剧烈的时段对时间网格进行加密，在仿真工况变化缓慢的时候放大迭代的时间步长，这种处理方式可以在确保计算精度的前提下，充分实现计算资源的"按需分配"，从而有效提高数值仿真效率。

在降低单次迭代计算的方程组规模方面，有很多相关的研究方向，其中包括将模型进行降阶，采用低阶或者简化后的模型对原始物理问题进行描述，从而使方程组的规模下降，主要的实现技术包括最佳正交分解(POD)低阶模型[8,9]、帕德(Padé)逼近[10,11]等；参考自适应时间步长的方法，对空间网格的离散同样采用自适应技术[12-14]，对物理量变化梯度较高的区域采用更密的网格，对物理量变化平缓的区域采用稀疏的网格，从而提高计算效率；对管网中的节点、设备进行聚合等效处理，如对节点上的压力方程进行合并[15]、对增压站内的串并联泵或者阀门的特性曲线进行合并等，这些方法都可以在一定程度上降低单次求解的方程组规模，从而提高计算效率。

2.1.2　矩阵求解加速算法

将原油管道的水热力控制方程离散后，可得到其对应的代数方程组（$A\phi=b$）。代数方程组的求解速度直接关系到原油管道水力仿真的效率。代数方程组的求解方法可分为直接解法和迭代法两大类。经典的直接解法为高斯（Gauss）消元法、上下（lower-upper, LU）三角分解方法和 TDMA 方法等，其中 TDMA 方法仅能用于三对角矩阵方程的求解；经典的迭代方法有雅可比（Jacobi）迭代、高斯-赛德尔（Gauss-Seidel）迭代、交替方向隐式（ADI）迭代和共轭梯度法等。

早期的研究中，研究人员主要采用自己编写或者调用相应的库函数来实现热油管道仿真过程中的代数方程组求解，如文献[16]采用高斯消元法对热油管道停输温降离散后的线性方程进行了求解；文献[17]和[18]则采用 Gauss-Seidel 迭代方法对这一问题进行了求解。但是随着方程规模增大，经典的求解方法的计算耗时急剧增长。为了提高计算效率，研究人员将多重网格求解方法引入了热油管道仿真过程代数方程组的求解中，其核心思想是采用不同疏密的网格来快速消除不同频率的误差分量，达到促进迭代收敛速度的效果。当采用贴体网格对管道横截面进行离散时可采用几何多重网格方法实现加速；而采用非结构化网格时，则需要采用代数多重网格进行加速求解，如采用 Fluent 软件进行输油管道模拟时其内部求解通常均采用代数多重网格方法[19-21]。

上述研究主要针对单根原油管道，对于原油管网，传统的求解算法一般是将所有元器件的数值方程联立形成一个大规模的方程组，然后采用上述矩阵求解方法进行求解。但是这种方法存在占用内存大、计算效率有待提升和并行性能差等问题。为此，笔者团队根据原油管网特性进行了针对性的优化，提出了"分而治之"求解方法[22-24]，其主要思想在于将大规模的原油管网原始水热力方程组按照一定原则拆分为若干小规模的方程组，每个小方程组的内部计算是相互独立的，仅需要通过各方程组之间的耦合边界量实现信息的交换。这种处理方法减小了每次求解矩阵的规模，使计算过程更加稳定和高效，且并行性好。该方法最初用于天然气管网的仿真中，本书在 2.2 节对其在输油管网中的应用进行了详细介绍。

2.1.3　高性能计算技术

高性能计算（high performance computing, HPC）指使用高性能计算芯片和并行计算技术来解决复杂的计算问题。HPC 系统通过整合大量处理器和内存资源，能够在相对短的时间内完成大规模的仿真计算任务，目前已经在众多领域的数值计算场景中得到广泛应用，包括气象科学、流体力学、石油与天然气工程等。常见的高性能计算技术主要包括中央处理器（CPU）多核并行计算、图形处理单元（GPU）异构并行计算和现场可编程门阵列（FPGA）逻辑加速计算，下面分别对其进行介绍。

CPU 多核并行计算是指利用具有多个处理核心（core）的 CPU 来同时执行多个计算任务，其中 CPU 可以是一个或者多个，当存在多个 CPU 时，还需要考虑跨计算节点的通信和任务协同，这种计算架构常用消息传递接口+开放式双处理（MPI+OpenMP）的并行计算工具来实现。在原油管道仿真计算方面，当进行大规模管网水热力方程组求解时，可以考虑将目标矩阵进行分块，交由不同的 CPU 核心进行处理，并适时交换数据。对于目标矩阵的分块方法，可以参考"分而治之"的方法[22-24]。

　　GPU 异构并行计算是指利用 GPU 与 CPU 共同进行计算任务，从而提升处理性能的一种计算模式。在这种模式下，CPU 负责处理一般的、控制类的任务，而 GPU 则用于处理大规模的、并行度高的计算任务。对于原油管道水热力仿真计算而言，可以将矩阵求解计算过程中涉及的矩阵运算操作(向量乘积、向量求和等)交给 GPU 执行，对于这种细粒度的并行计算任务，GPU 的加速效果非常明显。在 2.4 节中笔者会介绍利用 GPU 加速仿真计算的实施方案。

　　FPGA 逻辑加速计算是利用 FPGA 芯片的可编程性，通过硬件描述语言(如 VHDL、Verilog)设计专用加速器电路，实现计算任务加速的一种技术。编写和调试 FPGA 上的硬件描述语言代码需要相对复杂的设计和开发过程，周期也较长，目前还未在原油管道水热力仿真中应用的先例。但笔者认为，未来随着在线仿真、控制器半实物仿真等工程需求的增多，对仿真计算实时性的要求越来越高，FPGA 由于其独特的优势，将会发挥用武之地。

2.2　"分而治之"方法

　　传统的原油管网仿真模型求解算法通常将涉及所有元件的数值方程合并，形成一个大规模方程组，并对其进行求解，而所谓"分而治之"方法，其主要思想在于将大规模的原油管网原始水热力方程组按照一定原则拆分为若干小规模的方程组，每个小方程组的内部计算是相互独立的，仅需要通过各方程组之间的耦合边界量实现信息的交换。这种处理方法减小了每次求解矩阵的规模，使计算过程更加稳定和高效。以下先介绍原油管网仿真"分而治之"方法的思想，然后再介绍其实施步骤，再给出"分而治之"求解过程所采用的矩阵求解方法，最后通过一个较复杂的原油管网算例说明"分而治之"方法计算性能的优越性。

2.2.1　算法概述与原理

　　正如前面所说，"分而治之"的核心思想是将管网原始水热力方程组拆分为若干小方程组，而拆分的原则可以有多种，比如：①从数学模型出发，先将所有方程组按排列顺序平均分成若干组，再通过分析提取各组方程之间的耦合边界量，最后实现各小方程组的独立求解及其之间的信息交换，这样处理的好处在于过程简单易于实现，缺点在于小方程组内部的结构可能不太规则，不能应用一些针对性的方程组求解算法。②从管网拓扑结构角度出发，以管网元件为单位进行方程组的划分，从而实现各元件方程组的独立计算和信息交换。这种方法构造出的方程组往往具有规则的结构(如对角阵)，可以使用一些高效的方程组求解算法(如追赶法)来提高计算效率，但是实现起来比较复杂。本节我们将主要讨论第二种方法，介绍如何使用"分而治之"的方法来进行原油管网的仿真求解。

　　由图 2.1 可知，原油管网仿真"分而治之"的求解过程包括两部分：第一部分是进行管网中节点方程组的求解，从而获得源汇、管道元件和非管道元件两端的水热力参数；第二部分是根据管道元件两端的水热力参数求解管道内部各节点的水热力参数。对于图 2.1 所示的简单原油管网，由 9 个节点和 12 段管道构成，假设每段管道在空间上都有 N 个网格，则以水力计算为例，此时可以写出共计 $2 \times (9+12N)$ 的管网水力方程组，而"分而治之"的目的就在于将这些方程组拆分为 1 个规模为 2×9 的节点方程组和 12 个规模为 $2 \times N$ 的管道离散方程组分别进行求解。对于实际的大型原油管网，管道数目庞大，因此"分而治之"方法可以用众多小规模的方程组代替一个原本规模巨大的管网水热力方程组，提高了求解效率。

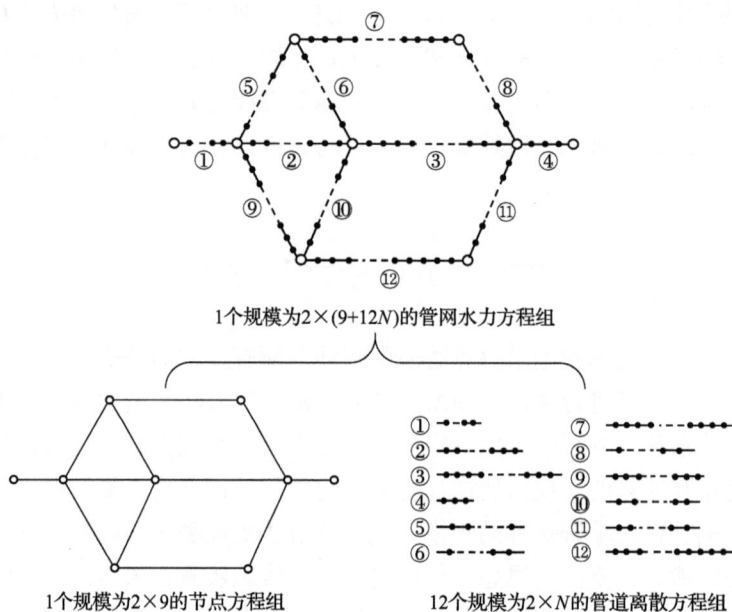

图 2.1　管网仿真"分而治之"求解示意图

　　上述所说的节点方程组通常包括源汇的边界条件、连接点处的水热力方程（质量守恒、压力平衡、能量守恒）等，如果存在阀门、泵等非管道元件，也可以将其特性方程纳入节点方程组中进行考虑。此时，节点方程组仍然不是封闭可独立求解的，需要补充各管道元件首、末节点的水热力关系方程才能实现节点方程组的封闭求解，即前面所述的"信息交换"，每个补充关系式的形式可以通俗表示为式（2.1）：

$$f_i \left(Q_{1,i}, p_{1,i}, Q_{N,i}, p_{N,i} \right) = 0 \tag{2.1}$$

式中，下标 i 为第 i 根管道；Q_1、p_1 及 Q_N、p_N 分别为首、末节点处的流量及压力变量。在完成节点方程组的求解后，可将获得的各管道首、末节点水热力变量结果回代至管道内部的离散方程组中，从而进一步求解获得各管道内部的水热力状态。上述"信息交换"过程可能需要来回迭代直至收敛，而是否需要进行迭代主要取决于管道离散方程组是否具备非线性的特征。

2.2.2　算法实施步骤

如何构造管道补充方程组是"分而治之"思想的关键。对非线性和线性的管道方程组来说，其构造补充方程及"信息交换"的方法有所差异，为方便读者理解，本书中主要以水力仿真过程为研究对象，讨论当管道方程组为线性方程时构造补充方程的方法和步骤。

1)步骤 1：管道的预处理

如 1.3 节中所描述的管道水力控制方程离散方法，对一个空间网格数量为 N 的管道而言，可以离散形成 $2N$–2 个管道水力方程，对应一共有 $2N$ 个水力变量，因此水力方程组此时是处于非满秩的状态，不存在唯一解。为获得管道首、末节点水力参数之间的关系式，可以借助线性代数中的通解概念，以管道起点压力 p_1 和管道终点流量 Q_N 作为基础解析，求解获得该方程组的通解表达式：

$$[p_1, Q_1, \cdots, p_N, Q_N]^{\mathrm{T}} = p_1\alpha + Q_N\beta + \gamma \tag{2.2}$$

式中，α 和 β 分别为 $[p_1, Q_N] = [1,0]$ 和 $[p_1, Q_N] = [0,1]$ 时原方程组对应的齐次方程组的解；γ 为 $[p_1, Q_N] = [0,0]$ 时原方程组的解。

由式(2.2)容易得到每根管道的两个补充方程[式(2.3)和式(2.4)]，即水力边界方程组所需的补充方程。

$$Q_1 = \alpha_{Q_1} p_1 + \beta_{Q_1} Q_N + \gamma_{Q_1} \tag{2.3}$$

$$p_N = \alpha_{p_N} p_1 + \beta_{p_N} Q_N + \gamma_{p_N} \tag{2.4}$$

值得一提的是，按照本书离散法所获得的管道水力方程组由于呈现三对角特性，可以利用 TDMA 方法实现快速直接求解，从而进一步提高计算效率。

2)步骤 2：水力边界方程组的求解

将管道补充方程[式(2.3)和式(2.4)]与已知的节点方程组联立，可求解出该节点方程组的唯一解，从而得到每根管道两端的水力参数。

3)步骤 3：管道内部节点的求解

在求得两端的水力参数后，将其代入式(2.2)即可得到每根管道内部每个节点上的水力参数。

2.2.3　案例验证

本小节首先设计了一个复杂管网算例，对比在直接求解联立方程组和使用"分而治之"方法的情况下两者的非稳态水力计算精度，再通过对比不同管网规模下的计算耗时来考察"分而治之"方法的求解效率及对管网规模的适应性。

1)计算精度对比

所研究的管网拓扑模型如图 2.2 所示，该算例在液体管道国产仿真软件中进行搭建。管网全长 555km，共有 1 个源点、3 个汇点、4 个泵站和 1 个热泵站。仿真开始的时候各

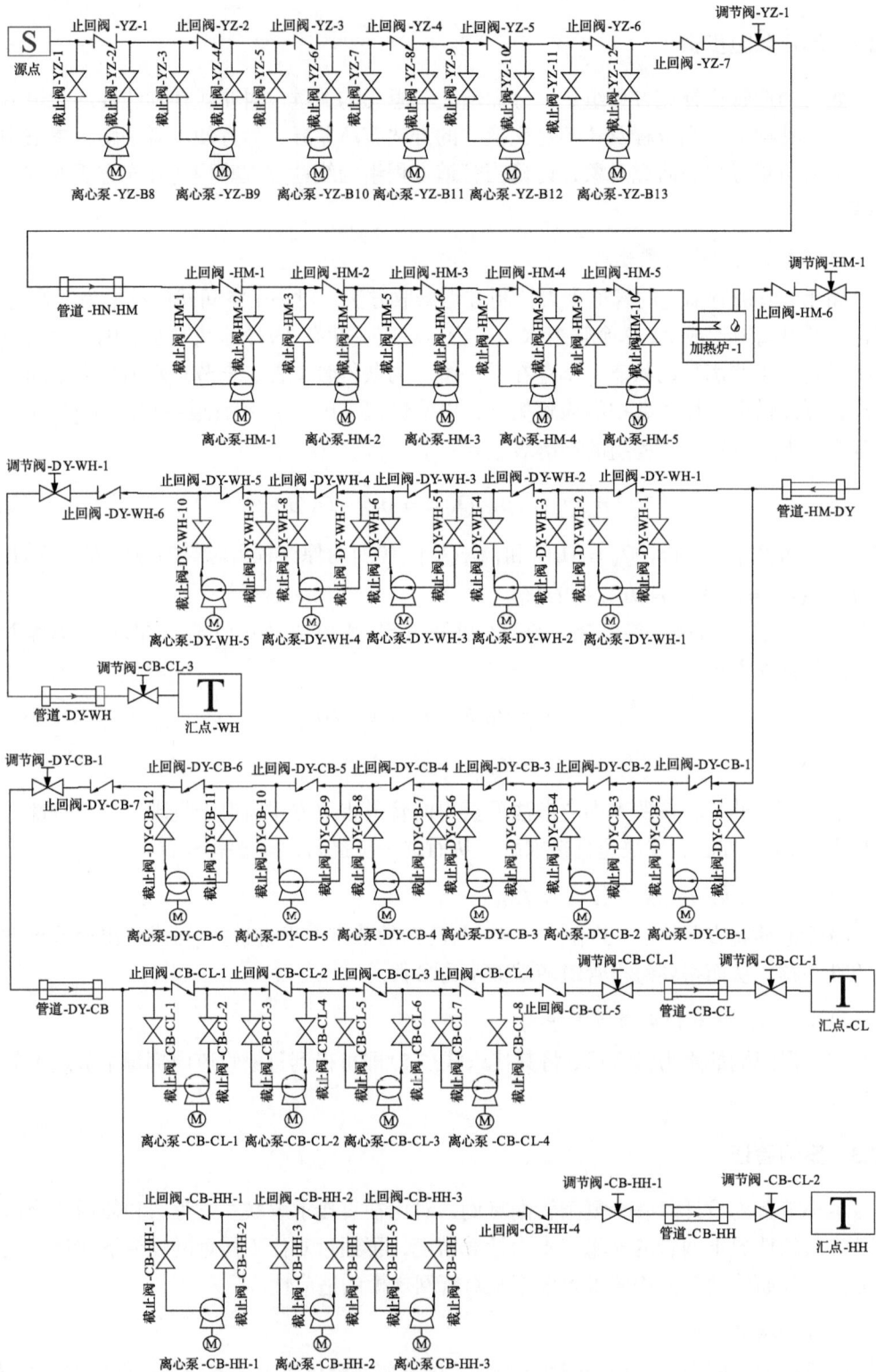

图 2.2　管网拓扑模型图

进出站阀门关闭,此时全线流量为 0m³/h,5min 后各阀门打开,各汇点按照固定流量向外输送,对应起点压力为 0.82MPa,中间各泵站和热泵站也按照一定策略打开部分离心泵,整个仿真周期为 30min。

下面将对比直接求解联立方程组和采用"分而治之"方法下仿真结果的差异,此时所使用的仿真时间步长为 2s,管道空间步长为 1km。图 2.3～图 2.6 给出了两种方法所得

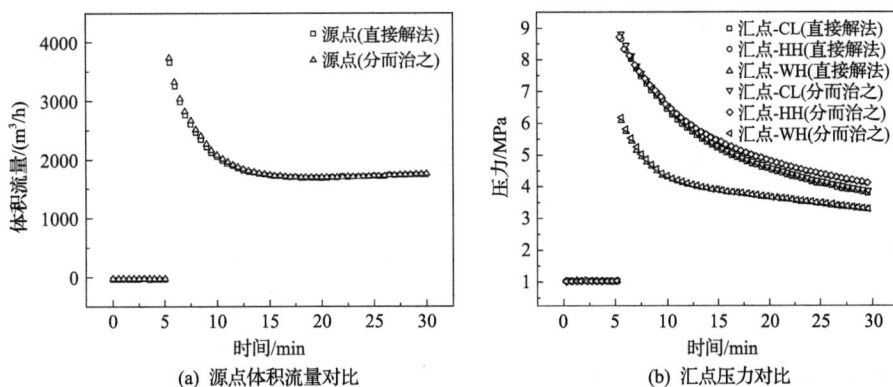

(a) 源点体积流量对比　　　　　　　　　(b) 汇点压力对比

图 2.3　源点及汇点的水力参数对比

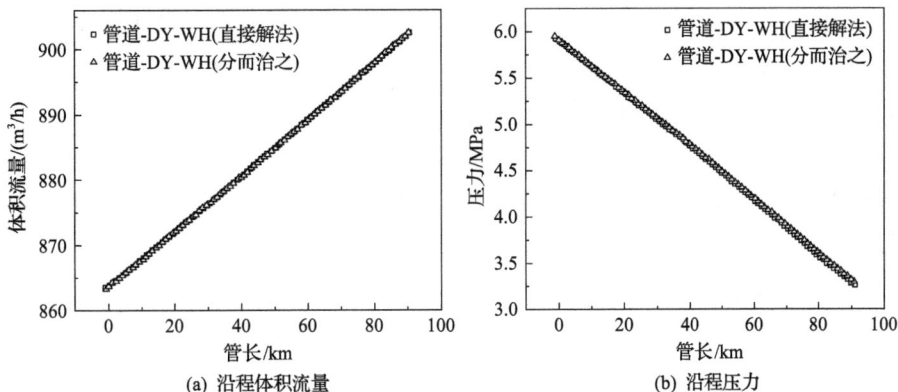

(a) 沿程体积流量　　　　　　　　　(b) 沿程压力

图 2.4　管道 DY-WH 的沿程水力参数对比

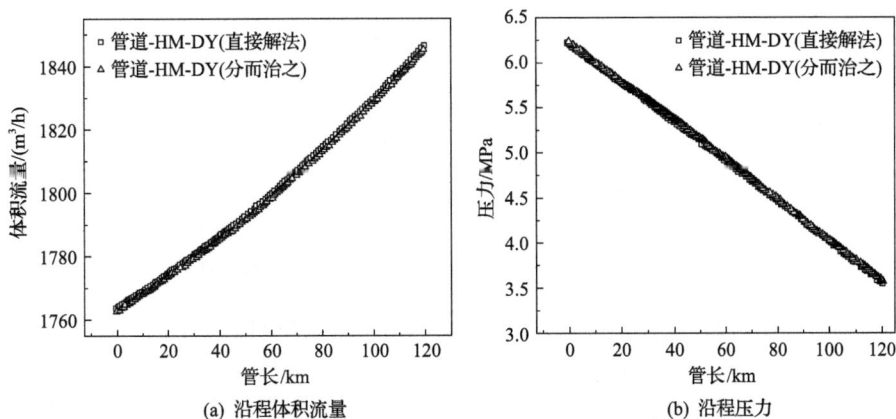

(a) 沿程体积流量　　　　　　　　　(b) 沿程压力

图 2.5　管道 HM-DY 的沿程水力参数对比

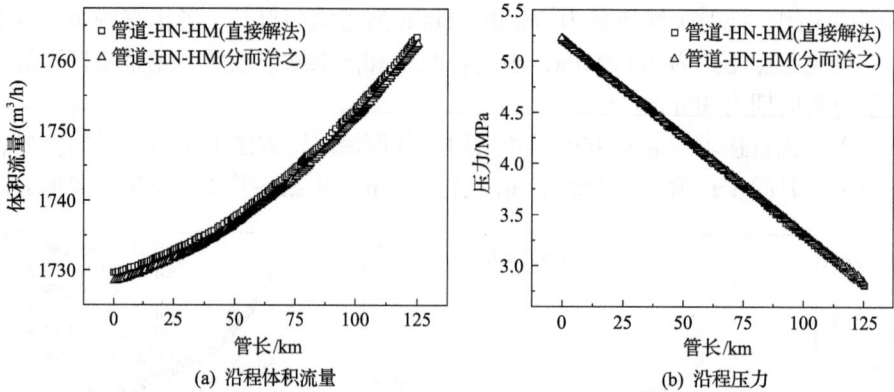

(a) 沿程体积流量   (b) 沿程压力

图 2.6 管道 HN-HM 的沿程水力参数对比

的各汇点及源点水力参数对比，以及最后时刻部分管道的沿程水力参数对比结果。从图 2.3～图 2.6 中的结果可以看出"分而治之"求解方法与直接解法的误差总体较小，其中误差最大的是管道 HN-HM 的体积流量，平均达到 0.3%，其主要是由计算机舍入误差导致的通解计算产生的误差，在后续计算及回代过程中不断放大所产生的。

2) 计算速度比较

对上述算例，直接解法的耗时为 22.136s，"分而治之"方法的耗时则为 14.247s，可以看出"分而治之"方法在计算性能上相比直接解法有着更为明显的优势。为进一步定量说明"分而治之"算法与直接解法的性能对比，通过研究二者在原油管网两种变化情况下的计算耗时来对比二者的计算速度：①管网拓扑结构不变，增加管道的离散节点数；②管网总的离散节点数不变，增加管网的元件的数量。"分而治之"方法和直接解法计算耗时对比结果如图 2.7 所示。

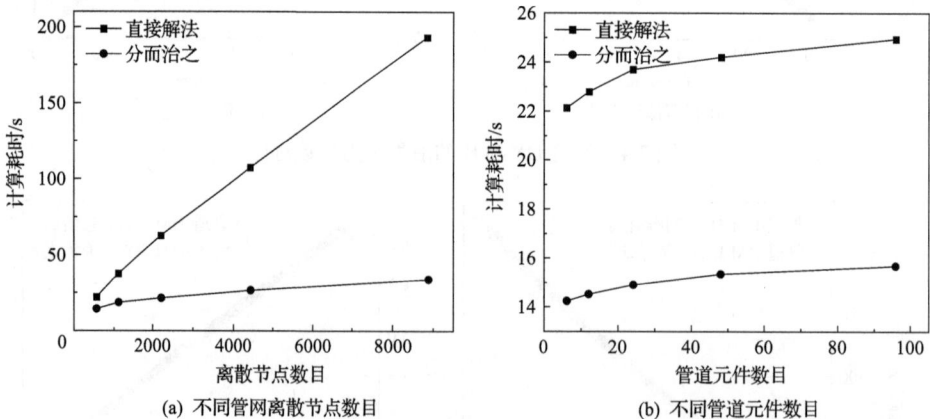

(a) 不同管网离散节点数目   (b) 不同管道元件数目

图 2.7 "分而治之"方法和直接解法计算耗时对比

从图 2.7 中可以看出，在两种情况下，直接解法所需的计算时间均大于"分而治之"求解方法，同时两种方法的计算耗时与离散节点数目、管道元件数量基本上都呈线性相关的关系，但总体而言"分而治之"方法的变化斜率要小于直接解法。这说明"分而治之"方法的计算效率更高，且对管网规模的适应性相比直接解法更强。

2.3　自适应仿真方法

　　传统的仿真方法通常采用固定时间步长和空间网格系统，在同时存在快瞬变和慢瞬变的运行工况中，为获得准确的计算结果，需要采用较小的时间步长和较密的空间网格系统，从而造成在慢瞬变时段计算资源被极大地浪费。原油管网自适应仿真方法能够根据管网内原油工质流动传热变化的剧烈程度，自适应地优化配置时间步长和空间网格，可充分实现计算资源的"按需分配"，提高数值仿真效率。

　　目前，鲜有对油气管网自适应仿真方面的研究，仅有的研究成果也主要是针对天然气管网且基于显式方法。油气管道显式自适应方法时空步长相互关联，灵活性较差。为克服显式自适应方法的缺点，笔者分别采用"当地时层误差控制"和"多层次网格系统"原理来控制时间步长和空间网格系统，在隐式差分法中实现了时空网格系统的自适应过程相互独立，提高了原油管网仿真的计算效率。以下分别对原油管网仿真的时间步长自适应和空间网格系统自适应过程进行介绍，然后通过数值实验考察原油管网自适应仿真方法的计算效率。

2.3.1　时间步长自适应

　　下面先对时间步长自适应的原理和实施方法进行介绍，然后给出时间步长自适应的应用效果。

　　假设原油管道的水热力参数统一用向量 U 进行表示，然后将原油管道的水热力控制方程的非稳态项保留在等式左边，其他项挪至等式右边，此时在空间网格确定的情况下 U 可以写成一个只关于时间 t 的函数 $U(t)$，因此实际上该问题等效为一个初值问题，初值问题一般可以用式(2.5)进行描述：

$$\begin{cases} U'(t) = f[t, U(t)], \ a \leqslant t \leqslant b \\ U(a) = U_0 \end{cases} \tag{2.5}$$

　　初值问题的数值解是指在[a, b]区间内若干离散点 $a=t_0<t_1<\cdots<t_n<\cdots<t_N=b$ 上求出函数 $U(t)$ 的近似值 U_0, U_1, $\cdots$, U_n, $\cdots$, U_N。文献[25]对采用向前差分格式求解初值问题产生的局部截断误差给出了详细的推导，t_{n+1} 时刻产生的局部截断误差 E_{n+1} 满足式(2.6)：

$$\left\| E_{n+1} \right\| \leqslant \frac{1}{1 - L \Delta t_n} \left\| \frac{\Delta t_n^2}{2} U''(\xi) \right\| \tag{2.6}$$

式中，时间步长 $\Delta t_n = t_{n+1} - t_n$；$L$ 为利普希茨(Lipschitz)常数；$\xi \in (t_n, t_{n+1})$。

　　在定时间步长的情况下，为保证在每个时层内的计算精度，通常需要将时间步长设置得较小，而这显然会在待求变量变化率较小的时间段内带来一些不必要的计算开销。因此根据每个时刻的局部截断误差大小动态地调整 Δt_n 的大小，从而实现时间步长的自适应，这种方法称为"当地时层误差控制"方法。下面对该方法的实施过程进行介绍。

　　式(2.6)中 $U''(\xi)$ 的表达式通常是未知的，因此 $\|E_{n+1}\|$ 的上限通常只能用一些误差估

计器[5]进行近似。误差估计器的选用和局部截断误差的阶数相对应。式(2.7)为一种常见的误差估计器。

$$\varepsilon_{n+1} = \left\| \left(\frac{U^{n+1} - U^n}{\Delta t_n} - \frac{U^n - U^{n-1}}{\Delta t_{n-1}} \right) \frac{\Delta t_n + \Delta t_{n-1}}{2} \right\|_{\infty} \tag{2.7}$$

式中，ε_{n+1} 为 t_{n+1} 时刻估计的局部截断误差。通过将 ε_{n+1} 与允许误差 TOL_t 的大小进行比较，判断 Δt_n 的取值是否合适。如果 $\varepsilon_{n+1} < \mathrm{TOL}_t$ 表示 Δt_n 的取值是合理的，可以根据 Δt_n 预估 Δt_{n+1} 进行下一时层的计算，否则需要将 Δt_n 缩小后重新计算 t_{n+1} 时刻的 U 值。时间步长的具体控制策略如下所述。

(1) $\varepsilon_{n+1} < \mathrm{TOL}_t$ 时 Δt_{n+1} 可以用式(2.8)进行预估：

$$\Delta t_{n+1} = \left(\frac{\mathrm{TOL}_t}{\varepsilon_{n+1}} \right)^{\beta_1} \left(\frac{\mathrm{TOL}_t}{\varepsilon_n} \right)^{\beta_2} \left(\frac{\varepsilon_{n+1}}{\varepsilon_n} \right)^{\beta_3} \Delta t_n \tag{2.8}$$

式中，$\beta_1 = 0.128$；$\beta_2 = 0.125$；$\beta_3 = -0.25$。

(2) $\varepsilon_{n+1} > \mathrm{TOL}_t$ 时可以将 Δt_n 缩小后重新对 $n+1$ 时层的结果进行计算，通常可以取原值的一半：

$$\Delta t_n = \frac{\Delta t_n}{2} \tag{2.9}$$

自适应时间步长中允许误差 TOL_t 一般根据经验设定，且与所仿真的管网规模有很大的关系。由于自适应仿真方法在原油管网中应用较少，到目前为止并没一套成熟的设置准则。笔者参考气象学、地震学和空气动力学等领域的自适应仿真过程，将允许误差设置为 $\mathrm{TOL}_t = \dfrac{\xi \|U\|_2}{\sqrt{N+1}}$，其中 ξ 为一小量(建议取 10^{-3})。

笔者通过数值实验发现，当 U 存在阶跃变化时采用式(2.7)进行误差估计会出现延迟反应的现象，针对这一问题，笔者对局部截断误差的估计式(2.7)进行了改进，见式(2.10)：

$$\varepsilon_{n+1} = \max \left[\left\| \left(\frac{U^{n+1} - U^n}{\Delta t_n} - \frac{U^n - U^{n-1}}{\Delta t_{n-1}} \right) \frac{\Delta t_n + \Delta t_{n-1}}{2} \right\|_{\infty}, \left\| U^{n+1} - U^n \right\|_{\infty} \right] \tag{2.10}$$

2.3.2 空间网格系统自适应

将管道水热力控制方程等式左边除对流项以外的其他项全部移至等式右边，此时在时间步长确定的情况下，U 可以写成一个只关于空间 x 的函数 $U(x)$，由于管道两端都存在边界条件，实际上等效于一个线性化的两点边值问题，并且边界条件是分离的，对于此类边值问题可以用式(2.11)进行描述：

$$\begin{cases} U' = A(x)U + q(x), & c \leqslant x \leqslant d \\ h[U(a)] = 0, g[U(b)] = 0 \end{cases} \tag{2.11}$$

与时间自适应误差分析方法相似，空间网格系统越密集，其计算精度越高，但其计算效率也受到较大影响。空间网格系统的自适应过程是以局部截断误差作为评价网格质量的依据，在误差允许范围内尽可能使用较少的空间网格点，从而减少计算量，提高计算效率。文献[26]对几种自适应网格方法求解边值问题的误差分析和网格选用进行了详细的介绍，感兴趣的读者可以参考。笔者采用的是多层次网格系统进行原油管网仿真空间自适应的研究。所谓多层次网格系统，是指按照不同空间步长将管道均匀划分为多层网格系统，相邻层的空间步长相差 2 倍，网格形式如图 2.8 所示。

图 2.8 中黑点表示网格点，用 x_i^j 表示第 j 层网格第 i 个节点；网格层按照从疏到密进行编号，最密层网格的编号用 J 表示。

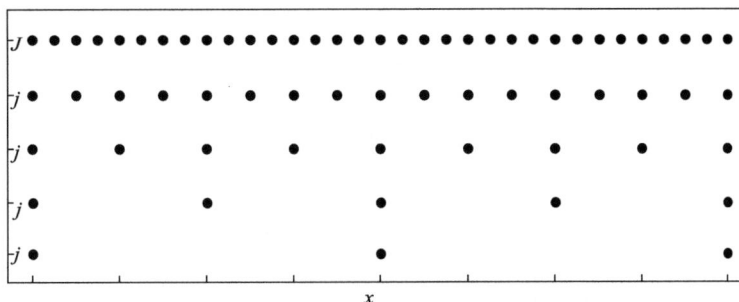

图 2.8　多层次网格系统示意图

在用多层次网格进行自适应仿真时，计算网格被分为两类：第一类是当前时层求解时被采用的网格点，这些网格点的集合记作 V_1，V_1 中各节点的变量值通过求解水热力离散方程组得到；第二类是当前时层仿真时未被采用的网格点，这些网格点的集合记作 V_2，V_2 中各节点待求变量的值可以在 V_1 中各点完成求解后用插值的方式得到。原油管网空间网格系统的自适应实际上是根据空间局部截断误差动态选取 V_1 节点集合的过程，其实施过程如下所述。

首先通过数值求解获得现有 V_1 集合中各点的变量值，其次以插值的方式得到 V_2 集合中各点的值。插值方式有许多种，如拉格朗日插值、样条插值等，这里以小波插值为例进行介绍，见式 (2.12)：

$$U\left(x_i^j\right)=\frac{9}{16}\left[U\left(x_{i-1}^j\right)+U\left(x_{i+1}^j\right)\right]-\frac{1}{16}\left[U\left(x_{i/2-1/2}^{j-1}\right)+U\left(x_{i/2+3/2}^{j-1}\right)\right] \tag{2.12}$$

在完成插值以后需要对 V_1 集合中的所有节点进行误差估计，通过误差估计的结果判断使用的网格系统是否合适。误差估计的方式是先利用 V_2 集合中的节点值同样进行小波插值得到 V_1 集合所有点的估计值 U^*，再与之前得到的计算值 U 相减，得到估计误差 $\varepsilon\left(x_i^j\right)$：

$$\varepsilon\left(x_i^j\right)=\left\|U^*\left(x_i^j\right)-U\left(x_i^j\right)\right\|_{\max} \tag{2.13}$$

通过比较估计误差 $\varepsilon\left(x_i^j\right)$ 与允许误差 TOL_x 的大小可以确定当前使用的网格系统 V_1 是否合适，一般情况下，如果 $\varepsilon\left(x_i^j\right)<\mathrm{TOL}_x$ 则下一时层可以对网格进行适当粗化，否则

下一时层需要加密网格。空间网格系统的自适应控制策略如下。

(1)若 $\varepsilon\left(x_i^j\right) < \beta \cdot \mathrm{TOL}_x$，则将 x_i^j 从 V_1 集合中移至 V_2 集合。

(2)若 $\beta \cdot \mathrm{TOL}_x \leqslant \varepsilon\left(x_i^j\right) \leqslant \mathrm{TOL}_x$，则 x_i^j 保留在 V_1 集合中。

(3)若 $\varepsilon\left(x_i^j\right) > \mathrm{TOL}_x$，则将 x_i^j 继续保留在 V_1 集合中，同时将位于第 j 层和 $j+1$ 层的网格系统上与节点 x_i^j 相邻的节点，即 x_{i-1}^j、x_{i+1}^j、x_{2i-2}^{j+1} 和 x_{2i}^{j+1}，从 V_2 集合再移至 V_1 集合。

其中，β 为可调节参数，$0 < \beta \leqslant 1$，其作用是减缓网格系统变化，允许误差 TOL_x 通常也是根据经验设定，笔者建议采用 $\mathrm{TOL}_x\left[\phi\left(x_j^x\right)\right] = \left|\phi\left(x_j^x\right)\right| \times 10^{-3}$，其中 ϕ 表示通用变量。

图 2.9 为原油管网自适应仿真的流程图。

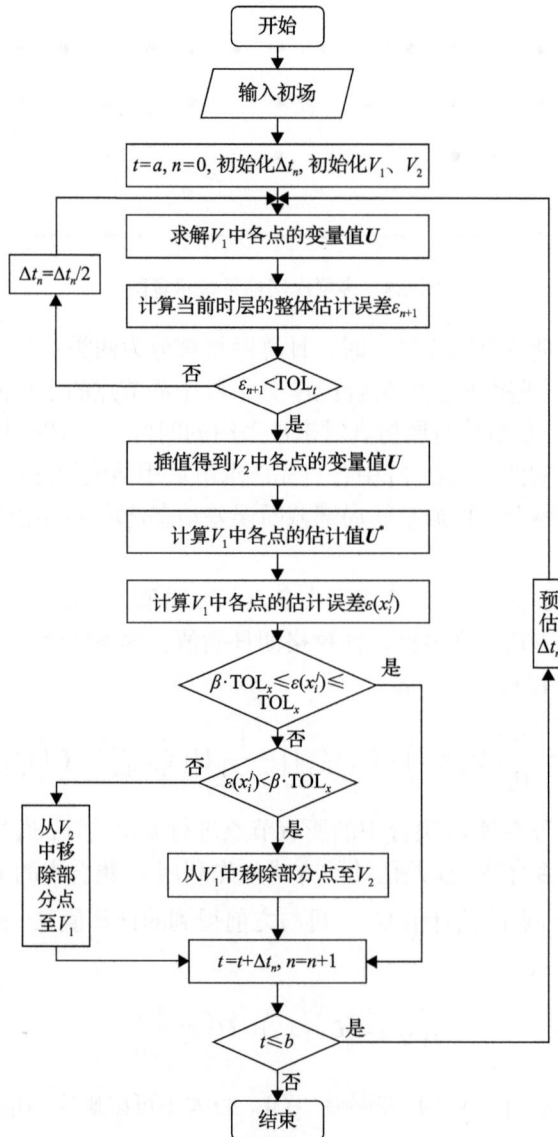

图 2.9　原油管网自适应仿真流程图

2.3.3　数值实验

本节以全长 100km 的单条原油管线作为研究对象，通过分析其进出口流量、压力和温度的变化来比较非自适应方法(固定时间步长和固定空间网格系统)和自适应方法的计算精度与计算速度。管道拓扑图如图 2.10 所示。

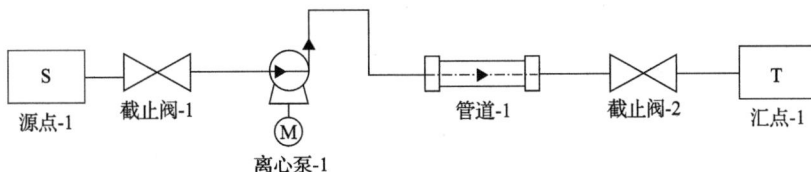

图 2.10　管道拓扑图

该管道初始时刻两端阀门关闭，处于停输状态，压力为 1MPa，温度为 36℃，在初始时刻 5min 之后，阀门和泵开启，泵转速增加至 3000r/min，此时源点体积流量恒定为 2000m³/h，流入油品温度恒定为 40℃，汇点压力恒定为 1MPa；接下来在初始时刻 1h 后，泵转速调整至 3500r/min；最后在初始时刻 2.5h 后，管道两端阀门和泵同时关闭。整个仿真周期为 3h。

1)计算精度比较

图 2.11～图 2.13 展示了自适应仿真与多种固定时空步长仿真的结果对比。从图 2.11～图 2.13 中可以看出，采用大时间步长和稀疏网格进行仿真时，非自适应方法所得结果在快瞬变时刻出现了较大的误差，该误差随着时间步长和空间步长的增大而增大，以本案例中 Δt=20s、Δx=2000m 的情况来说，压力和流量在部分时刻的偏差最高可以达到 20% 左右。而对自适应法来说，其计算结果与网格无关解所对应的数值基本吻合，如果在计算时将误差估计的阈值进一步缩小，可以看出其计算精度将会不断趋近于网格无关解。这表明自适应方法能有效保证数值解的精度，正确描述原油管道仿真过程的瞬变现象。

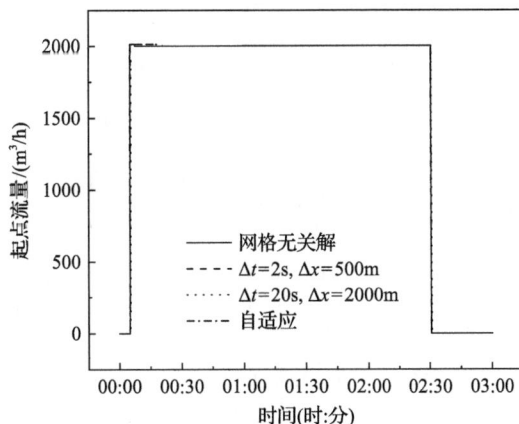

(a) 起点流量随时间变化

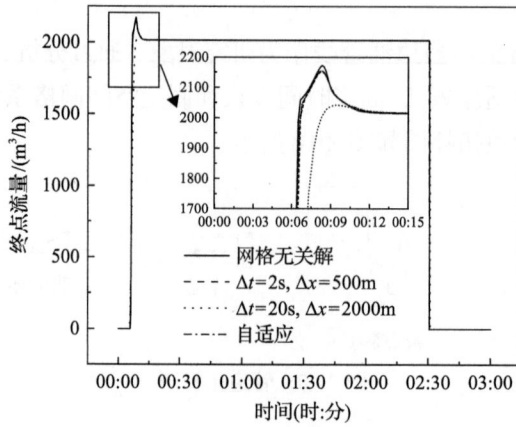

(b) 终点流量随时间变化

图 2.11　管道起、终点流量随时间变化对比

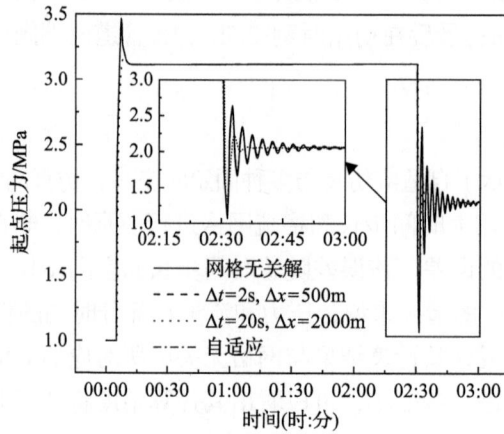

(a) 起点压力随时间变化

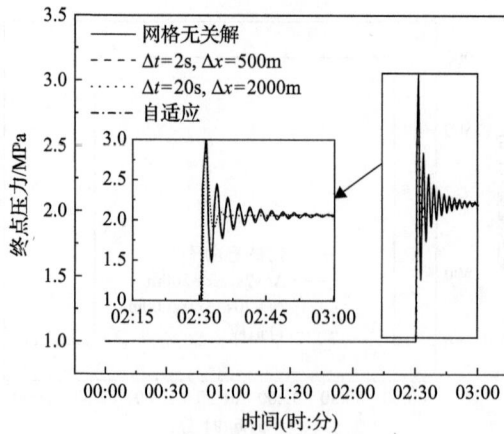

(b) 终点压力随时间变化

图 2.12　管道起、终点压力随时间变化对比

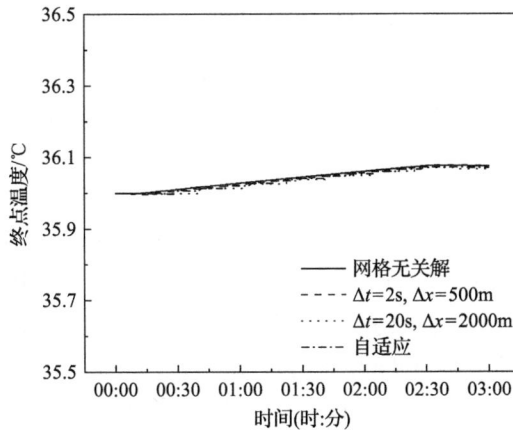

图 2.13　管道终点温度随时间变化对比

2) 计算速度比较

表 2.1 展示了非自适应方法和自适应仿真方法的计算时间对比。通过进一步分析可知,自适应方法所得结果的精度与 Δt=2s 和 Δx=500m 的非自适应仿真方法相当。由表 2.1 可知,自适应仿真方法和 Δt=2s 和 Δx=500m 的非自适应仿真方法的计算耗时之比为 2.01/11.26≈1/5.6,即在本算例中,在精度相同的情况下,自适应方法的计算速度是非自适应方法的 5.6 倍,这说明了原油管道自适应仿真具有较高的计算效率。

表 2.1　自适应和非自适应仿真方法计算时间对比　　　　　　　(单位:s)

参数	Δt=2s	Δt=5s	Δt=10s	Δt=20s	自适应时间步长
Δx=500m	11.26	5.91	4.72	3.92	4.88
Δx=1000m	6.02	3.16	2.56	2.04	2.94
Δx=1500m	3.98	2.24	1.59	1.35	1.99
Δx=2000m	2.87	1.64	1.22	0.95	1.53
自适应空间网格	3.65	2.17	1.35	1.15	2.01

2.4　GPU 并行计算加速技术

2.4.1　GPU 并行计算概述

自 20 世纪 80 年代以来,随着计算机图像学的飞速发展,CPU 的串行处理方式难以负担起巨大的计算量,对此,美国硅图(SGI)公司研发出了首款专门针对图像处理的几何引擎(GE)图像处理器,当时该处理器可快速实现图像渲染过程中的矩阵变化、投影和裁剪等运算[27]。随后,英伟达(NVIDIA)公司于 1999 年推出了具有标志意义的 GeForce 256 图像处理器,并首先提出了 GPU 的概念。紧接着,NVIDIA 公司在 GPU 上又先后引入了可编程的顶点着色器和像素着色器,这为程序员进行图形渲染提供了更好的灵活性。在 2003 年,业界第一次提出了 GPU 通用计算(general-purpose computing on GPU, GPGPU)

的概念，这是最早针对非图形应用程序进行 GPU 并行计算的一次里程碑式的探索。

在早期的 GPGPU 计算中，程序员编写 GPU 通用计算程序需要学习复杂的图像处理知识，因此 GPU 通用计算的编程门槛较高[28]。在 2006 年，NVIDIA 公司发布了一种通用计算平台和编程模型，被称为计算统一设备架构（compute unified device architecture），简称为 CUDA[29]。CUDA 无须借助图像学应用程序接口（API），降低了 GPU 通用计算的编程门槛。CUDA 的出现引爆了 GPU 通用计算的热潮，随后，多款 GPU 通用计算框架被相继发布，包括 OpenCL、OpenACC 和 C++AMP 等，目前 GPU 通用计算框架已逐渐走向成熟。在 2022 年上半年全球超级计算机排行榜 TOP500 榜单上，美国新型超级计算机 Frontier 夺冠，该计算机共拥有 9408 个 CPU 和 37632 个 GPU，大量的 GPU 保障了 Frontier 强大的计算性能。短短数年时间，GPU 在高性能计算领域占据了举足轻重的地位。

相比于 CPU，GPU 生来就是为了处理并行问题，它放弃了以提高时钟频率、预测执行、分支预测和存储转发等为代表的 CPU 厂商认为理所当然的策略，将更多的处理器片上面积留给了处理核心，使处理核心拥有更多的并发线程数，而一个较为一般的 GPU 往往就具有上千个并发线程数。随着 GPU 硬件设备和通用计算框架的快速发展，利用 GPU 大量线程并发计算的优势日益凸显，目前 GPU 并行计算技术已经在工业界得到了广泛的应用，并且取得了非常不错的成果：在计算流体力学领域，基于 GPU 并行计算技术的纳维-斯托克斯（Navier-Stokes，N-S）方程求解[30]、格子玻尔兹曼方法（Lattice Boltzmann Method，LBM）[31]均能取得数十倍甚至数百倍的加速比；在气象和空间科学领域，诸如天气预报[32]、海啸模拟[33]等方面 GPU 技术成果显著；在石油天然气领域，油藏数值模拟[34]、地球物理勘探[35]等计算需求巨大的场合也开始重视使用 GPU 技术。除此之外，在大数据、人工智能、计算金融、计算化学、生命科学、医学影像等方面 GPU 技术也发挥了巨大的作用，可以说，GPU 并行计算技术已经渗透到了人类科学的各个领域。

2.4.2　GPU 并行计算策略

CPU 并行可认为是一种粗粒度、任务型并行方式，而 GPU 并行可认为是一种细粒度、数据型并行方式，这两种并行方式存在着本质区别，适合 CPU 并行的方法并不一定适合 GPU 并行[36]。为了实现原油管道水热力变化过程的 GPU 并行化加速仿真，需要寻求适合 GPU 并行仿真的计算策略。

根据原油管道水热力仿真的一般计算流程，原油管道水热力仿真的求解过程主要可划分为无关联计算、关联计算、累加计算和收敛判断 4 种计算类型。下面将针对这 4 种计算类型展开介绍 GPU 并行计算策略。

1）无关联计算

无关联计算是指某一网格点处待求变量的计算不涉及其他网格点处相应的待求变量。对于这种计算类型，GPU 并行化易于实施。首先需要确定仿真计算所用网格的网格点编号与线程编号之间的对应关系；其次将针对网格点以循环方式表示的串行代码转换为核函数下针对线程以非循环方式表示的并行代码；最后基于定义好的 GPU 网格在主函数上调用核函数便可实现 GPU 并行计算[37]。以稳定性参数 Z 离散式（2.14）的计算为例，

图 2.14 给出了相应的 CPU 串行代码和 GPU 并行代码（为了书写简洁，图 2.14 中省略了在主函数上的变量定义），其中代码中出现的网格点编号和线程编号之间的对应关系如图 2.15 所示。

$$Z_{j,k} = \frac{R v_{j,k} \rho}{\left(\tau_{\mathrm{w}}\right)_k} \dot{\gamma}_{j,k} \tag{2.14}$$

式中，R 为管道的半径，m；v 为不同径向位置处的轴向速度，m/s；ρ 为原油密度，kg/m^3；τ_{w} 为原油在管道内壁处所受到的剪切应力，Pa；$\dot{\gamma}$ 为剪切率，s^{-1}；下标 j 和 k 分别为网格点在 r 和 z 方向的编号。

```
void Z_solve(double **Z, double **w, double **gama, double *tao, double *rou, double R, int Nz,int Nr)
{ //计算稳定性参数Z的函数
    for (int k = 0; k <= Nz -1; k++)
        for (int j = 0; j <= Nr -1; j++) {
        Z[k][j] = R * w[k][j] * rou[k] / (tao[k] + 1e-30) * gama[k][j];
        }
}
int main() { //主函数
    Z_solve(Z, w, gama, tao, rou, R, Nz, Nr); //调用函数
    return 0;
}
```

(a) 利用CPU计算的串行程序

```
__global__ void Z_d_solve(double *Z_d, double *w_d, double *gama_d, double *tao_d, double *rou_d,
double R_d, int Nz_d,int Nr_d, size_t pitch_d) { //计算稳定性参数Z的核函数
    int i = blockIdx.x*blockDim.x + threadIdx.x; //线程在GPU网格x方向上的编号
    int j = blockIdx.y*blockDim.y + threadIdx.y; //线程在GPU网格y方向上的编号
    if (i <= Nz_d -1 && j <= Nr_d -1){
        double *w_d_ = (double *)(((char *)w_d) + (j * pitch_d));
        double *gama_d_ = (double *)(((char *)gama_d) + (j * pitch_d));
        double *Z_d_ = (double *)(((char *)Z_d) + (j * pitch_d));
        Z_d_[i] = R_d * w_d_[i] * rou_d[i] / (tao_d[i] + 1e-30) * gama_d_[i];
    }
}
int main() {//主函数
    dim3 threads(16, 16), //定义GPU的一个线程块所包含的线程总数
    dim3 blocks((Nz + threads.x - 1) / threads.x, (Nr + threads.y - 1) / threads.y); //定义GPU的一个网格所包
    含的线程块总数
    Z_d_solve <<<blocks, threads>>> (Z_d, w_d, gama_d, tao_d, rou_d, R, Nz, Nr, pitch); //调用核函数
    return 0;
}
```

(b) 利用GPU计算的并行程序

图 2.14　计算稳定性参数 Z 所对应的串行程序和并行程序

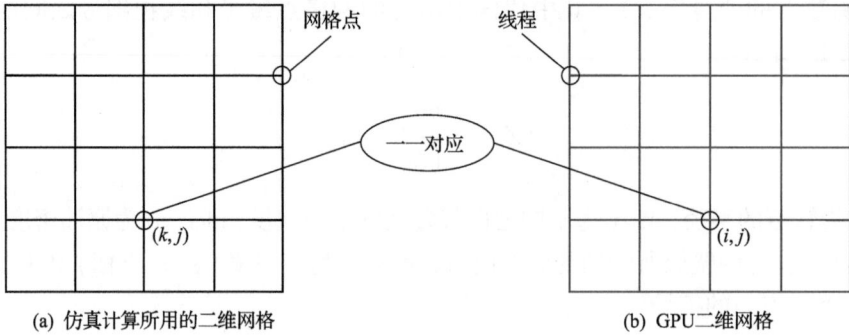

(a) 仿真计算所用的二维网格　　　　　　　　(b) GPU二维网格

图 2.15　仿真计算网格点与线程之间的对应关系

2) 关联计算

关联计算是指某一网格点处待求变量的计算会涉及其他网格点处相应的待求变量，如原油结构参数离散式(2.15)及管壁和土壤导热方程离散式(2.16)的求解。对于这种类型的计算，GPU 并行计算的实现并不易实现，需要设计一些特殊的并行策略。对于不同类型的关联计算，GPU 并行策略也可能存在着差异。

$$\frac{\lambda_{j,k}^{t+\Delta t_{\mathrm{H}}} - \lambda_{j,k}^{t}}{\Delta t_{\mathrm{H}}} + w_{k,j}^{t+\Delta t_{\mathrm{H}}} \frac{\lambda_{j,k}^{t+\Delta t_{\mathrm{H}}} - \lambda_{j,k-1}^{t+\Delta t_{\mathrm{H}}}}{\Delta z_{\mathrm{H}}} = a_{\lambda}\left(1 - \lambda_{j,k}^{t+\Delta t_{\mathrm{H}}}\right) - b_{\lambda}\left(\dot{\gamma}_{j,k}^{t+\Delta t_{\mathrm{H}}}\right)^{m_{1}} \lambda_{j,k}^{t+\Delta t_{\mathrm{H}}} \quad (2.15)$$

$$a_{P}T_{m,n}^{t+\Delta t_{\mathrm{T}}} = a_{W}T_{m-1,n}^{t+\Delta t_{\mathrm{T}}} + a_{E}T_{m+1,n}^{t+\Delta t_{\mathrm{T}}} + a_{S}T_{m,n-1}^{t+\Delta t_{\mathrm{T}}} + a_{N}T_{m,n+1}^{t+\Delta t_{\mathrm{T}}} + b \quad (2.16)$$

式(2.15)和式(2.16)中，λ 为结构参数；Δt_{H} 为水力过程仿真所用的时间步长，s；Δz_{H} 为水力过程仿真所用的空间步长，m；a_{λ} 为结构建立速率常数，s^{-1}；b_{λ} 为结构裂降速率常数，$\mathrm{s}^{m_{1}-1}$；m_{1} 为结构裂降指数；a_{P}、a_{W}、a_{E}、a_{S}、a_{N} 为离散方程的系数；b 为离散方程的源项；Δt_{T} 为热力过程仿真所用的时间步长，s；下标 m 和 n 分别为控制点在 ξ、η 方向的编号。

式(2.15)所对应的方程组类型为两对角方程组。对于这种类型的方程组，在 CPU 上实施串行计算只需根据网格点编号从小到大依次求解便可实现，而这种简单的求解方式并不能在 GPU 上实施并行计算。为实现两对角方程组的 GPU 并行化求解，这里介绍一种具有并行性的递归循环约化法[38]，它属于一种递归算法。在递归计算的第一步，对方程组中的所有方程和待求变量进行编号，对所有编号为 k 的方程，通过方程 $k-1$ 和 k 的线性变换约去编号为偶数(若方程编号 k 为奇数)或奇数(若方程编号 k 为偶数)的变量，然后将编号分别为奇数和偶数的方程组成两个新的方程组并在新方程组中对方程重新编号，接着重复这种约化操作直至每个方程只存在一个变量。以包含 8 个未知量的两对角方程组为例，图 2.16 展示了递归循环约化法的实施流程。除了两对角方程组的求解，三对角方程组的 GPU 并行化求解也可按照类似的思想实施[39]。

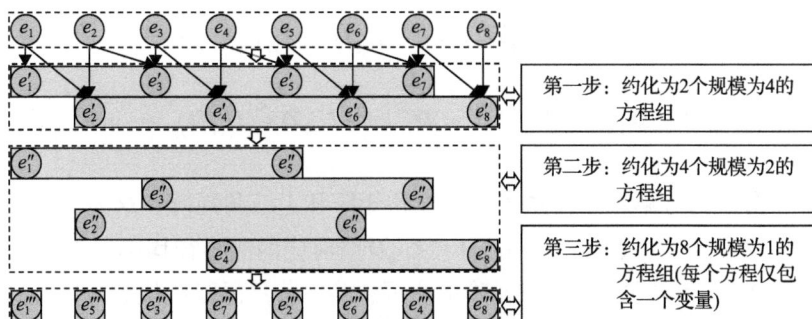

图 2.16　递归循环约化法的实施流程

e_1-第 1 个原始方程；e_1'-第 1 次约化变换后所获得的第 1 个方程；e_1''-第 2 次约化变换后所获得的第 1 个方程；e_1'''-第 3 次约化变换后所获得的第 1 个方程；$e_2\sim e_8$、$e_2''\sim e_8''$、$e_2''\sim e_8''$ 含义同前

式 (2.16) 所对应的方程组类型为五对角方程组。对于这种类型的方程组，常采用迭代法求解，如 Jacobi 迭代法、Gauss-Seidel 迭代法、ADI 方法和预条件共轭梯度法。相较于其他迭代方法，预条件共轭梯度法往往具有更高的求解效率。在预条件共轭梯度法中，预条件矩阵的计算至关重要，目前 Jacobi 预条件[40]、对称超松弛 (SSOR) 预条件[41]及不完全 LU 分解 (ILU) 预条件[42]是三种常见的预条件处理方法。若采用 Jacobi 预条件，则在预条件共轭梯度法的实施流程中涉及预条件矩阵的方程组求解是一种无关联计算，这种计算类型容易实施 GPU 并行计算；若采用 SSOR 预条件或者 ILU 预条件，则涉及预条件矩阵的方程组求解是一种关联计算，它属于一种不易并行的向前和向后秩序化计算，此时需要寻求合适的 GPU 并行计算策略。而矩阵近似逆方法可较好地解决 SSOR 预条件或者 ILU 预条件方法不易实施 GPU 并行计算的难题。诺伊曼 (Neumann) 级数展开是矩阵近似逆方法的核心思想，SSOR 和 ILU 的预条件矩阵的诺伊曼级数展开表达式可写成如下形式。

（1）SSOR：

$$M^{-1} = \left(M_1 M_2\right)^{-1} = M_2^{-1} M_1^{-1} \tag{2.17}$$

$$M_1^{-1} = (2-\omega)\left(I + \omega L_A D_A^{-1}\right)^{-1} = (2-\omega)\left[I - \omega L_A D_A^{-1} + \omega^2 \left(L_A D_A^{-1}\right)^2 + \cdots\right] \tag{2.18}$$

$$M_2^{-1} = \omega D_A^{-1}\left(I + \omega U_A D_A^{-1}\right)^{-1} = \omega D_A^{-1}\left[I - \omega U_A D_A^{-1} + \omega^2 \left(U_A D_A^{-1}\right)^2 + \cdots\right] \tag{2.19}$$

式中，M 为预条件矩阵；M_1 和 M_2 为预条件矩阵的两个分解矩阵；ω 为松弛系数；I 为单位矩阵；L_A 为矩阵 A 的下三角元素所构成的下三角矩阵；U_A 为矩阵 A 的上三角元素所构成的上三角矩阵。

（2）ILU：

$$M^{-1} = (LU)^{-1} = U^{-1} L^{-1} \tag{2.20}$$

$$L^{-1} = \left(I + L_A D\right)^{-1} = I - L_A D + \left(L_A D\right)^2 + \cdots \tag{2.21}$$

$$U^{-1} = D^{-1}\left(I + U_A D\right)^{-1} = D^{-1}\left[I - U_A D + \left(U_A D\right)^2 + \cdots\right] \tag{2.22}$$

式中，L 和 U 分别为分解预条件矩阵的下三角矩阵和上三角矩阵；D 为对角矩阵。

若矩阵之积 $L_A D_A^{-1}$、$U_A D_A^{-1}$、$L_A D$ 和 $U_A D$ 所对应的谱半径均小于 1，则式 (2.18)、式 (2.19)、式 (2.21) 和式 (2.22) 中的高阶项便可忽略。若只保留单位矩阵项和一阶项，则将相应的预条件方法称为 SSOR 一阶近似逆 (SSOR-AI1) 和 ILU 一阶近似逆 (ILU-AI1) 预条件方法；若保留单位矩阵项、一阶项及二阶项，则将相应的预条件方法称为 SSOR 二阶近似逆 (SSOR-AI2) 和 ILU 二阶近似逆 (ILU-AI2) 预条件方法。保留的阶数越高，近似矩阵越接近矩阵 M^{-1}，但计算近似矩阵的计算量就越大，所需的存储空间也越大。而通过近似逆方法，可将 SSOR 和 ILU 不易并行的向前和向后秩序化计算转变为便于并行的矩阵乘法计算，较好地实现五对角方程组的 GPU 并行化求解。

3）累加计算

累加计算是原油管道水热力仿真过程中常遇到的一个问题，如管道横截面平均流速的计算 [式 (2.23)]、管道内壁热流密度的计算及预条件共轭梯度法实施过程中向量积的计算。对于 GPU 并行计算研究领域，常采用递归求和法处理这个问题。在递归计算的第一步，对需要累加的所有数据进行两两组合，并将两两组合所涉及的数据进行相加，这样的操作会使得数据总数减半，接着重复这种相加操作，使数据总数不断地二分直至数据总数为 1。以 8 个数据为例，图 2.17 展示了递归求和法的实施流程。

$$\bar{v}_k = \frac{2}{R^2}\sum_{j=2}^{N_r}\left[\frac{r_j + r_{j-1}}{2}\frac{v_{j-1,k} + v_{j,k}}{2}\left(r_j - r_{j-1}\right)\right] \tag{2.23}$$

式中，$\bar{v}$ 为管道横截面上的平均轴向速度，m/s；N_r 为二维非均分网格在 r 方向的网格总数；r_j 为水力模型求解所用网格的 j 网格点在 r 方向的坐标，m。

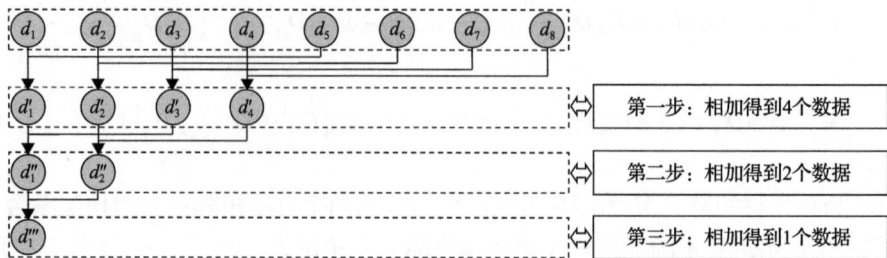

图 2.17　递归求和法的实施流程
d 表示数据 (data)

4）收敛判断

采用离散方程余量的最大值小于某一预设偏差是数值仿真常采用的一种收敛判断，

如式 (2.24) 所示。对于串行程序而言，涉及最大值的收敛判断一般是按照先求最大值再进行判断的思路进行处理，尽管多个方程余量的最大值计算可同样按照递归求和法的思想进行并行计算，但这种处理方法对于收敛判断问题而言并不是一种较好的处理方法。这里介绍一种非常适合并行的处理方法，这种处理方法的思想是先将每个方程余量数据与已给定的临界参数(某一预设偏差)进行比较，并且这种比较不区分方程余量数据的先后顺序，若存在一个方程余量数据满足条件，则认为条件成立，否则认为条件不成立。以 8 个数据为例，图 2.18 展示了两种处理方法的实施流程。

$$\max_{\substack{m=1,n=1}}^{\substack{m\leqslant N_\xi,n\leqslant N_\eta}} \left| a_P T_{m,n}^{t+\Delta t_{\mathrm{T}}} - a_W T_{m-1,n}^{t+\Delta t_{\mathrm{T}}} - a_E T_{m+1,n}^{t+\Delta t_{\mathrm{T}}} - a_S T_{m,n-1}^{t+\Delta t_{\mathrm{T}}} - a_N T_{m,n+1}^{t+\Delta t_{\mathrm{T}}} - b \right| < \varepsilon \qquad (2.24)$$

式中，N_ξ 和 N_η 分别为控制点在 ξ 和 η 方向的总数；ε 为某一预设偏差。

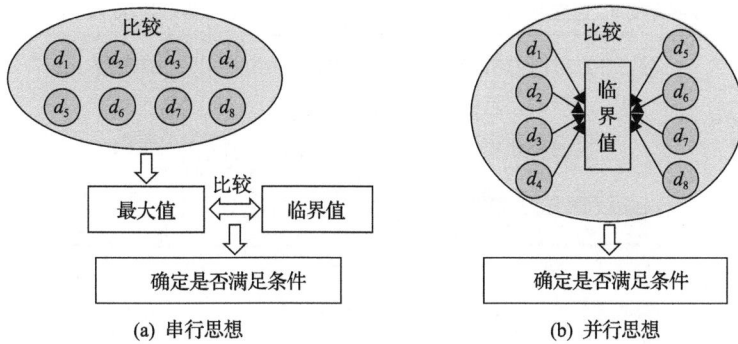

图 2.18　收敛判断的实施流程

上述 GPU 并行策略实际上涉及了从网格映射到离散方程求解再到收敛判断等多个方面，可较好地将原油管道水热力仿真的 CPU 串行计算转化为 GPU 并行计算，使原油管道水热力仿真的整个过程得到有效的并行化。

2.4.3　GPU 加速效果分析

胶凝原油管道的再启动过程是一个复杂的水热力瞬态变化过程。在再启动过程中，管内原油胶凝结构和管外土壤温度场往往会发生较为剧烈的变化，往往需要采用较为精细的仿真来刻画再启动过程的水热力变化。由于再启动仿真计算量较大，采用 GPU 并行计算实现加速仿真对停输再启动方案的设计和快速评估具有重要意义。

以长距离埋地热油管道的再启动过程为研究对象，再启动仿真所用的一些基础参数如图 2.19 所示。经历过停输的原油温度已低于显触点，这类原油发生流动后将表现出触变性。

埋地热油管道再启动过程的初始场来自管道停输。由于停输时间较长，原油的结构已完全建立起来了，即结构参数等于 1。管道停输结束时(或管道再启动开始时)的温度场如图 2.20 所示，该温度场低于管道正常输送过程的温度场。

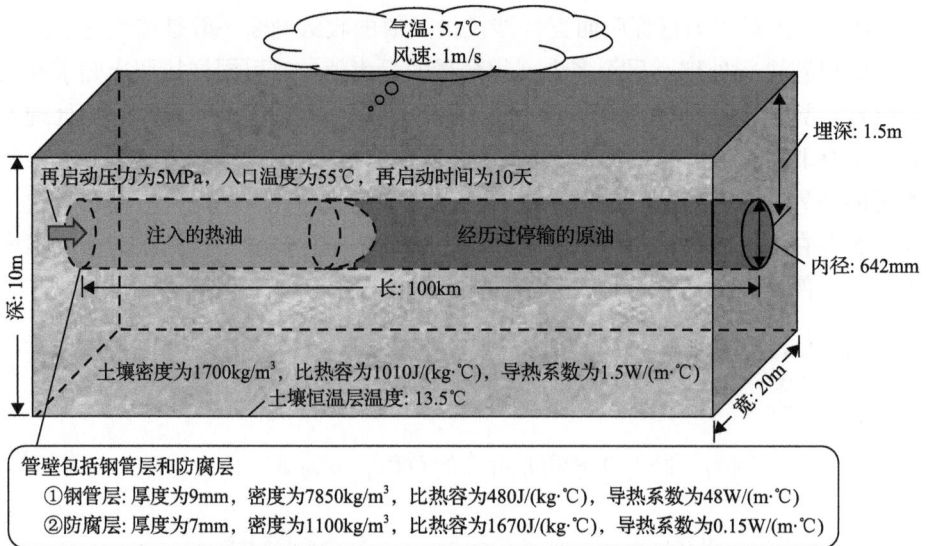

图 2.19 埋地热油管道再启动仿真所用的一些基础参数

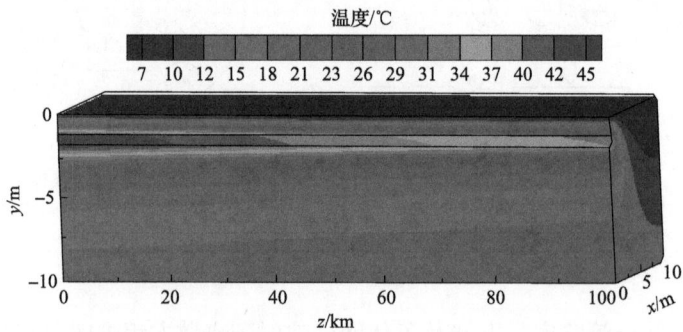

图 2.20 管道停输结束时的温度场(扫封底二维码见彩图)

　　图 2.21 展示了在 CPU 串行计算和 GPU 并行计算下埋地热油管道再启动过程水热力仿真的计算耗时。由图 2.21 可知，基于 CPU 串行计算的原油管道再启动水力仿真在再启动过程早期阶段花费了很长时间，这意味着在原油触变行为和流态演变(两者通常在再启动过程的早期阶段表现出来)下再启动仿真计算耗时长、收敛速度慢。然而，触变行为和流态演变对热力仿真计算耗时的影响并没有像对水力仿真计算耗时的影响那么敏感。此外，与 CPU 串行计算相比，GPU 并行计算的耗时明显缩短。当再启动时间达到 10d 时，基于 GPU 并行计算的原油管道再启动水力仿真仅需 6.5min，与 CPU 串行计算的耗时(151.1min)相比，加速比达到 23.2；基于 GPU 并行计算的原油管道再启动热力仿真仅需 2.3min，与 CPU 串行计算的耗时(34.3min)相比，加速比达到 14.9。综上可知，原油管道再启动水热力仿真的总耗时从 185.4min 减少到 8.8min，加速比达到 21.1。这些比较表明，GPU 并行计算在埋地热油管道再启动过程的瞬态水热力仿真中具有良好的加速效果。由于管道的最大允许停输时间是事先不可预测的，需要在不同停输时间条件下进行多次再启动仿真试验，以完成停输和再启动方案的设计和评估。由于多次试算，基于 CPU 串行计算的再启动仿真的耗时实际上将大大增加，可能达到数千分钟甚至数万分钟。然

而，在 GPU 并行计算下，单次仿真的耗时不超过 10min，有利于长距离埋地热油管道停输再启动方案的设计和快速评估。

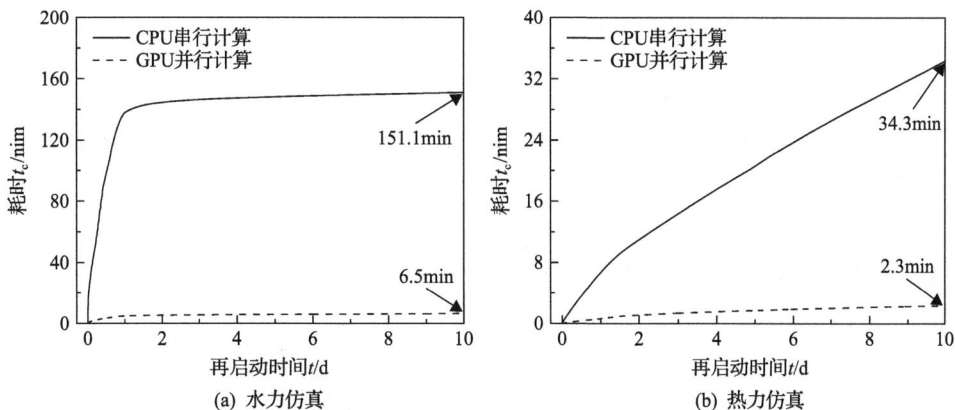

图 2.21　在 CPU 串行计算和 GPU 并行计算下埋地热油管道再启动过程水热力仿真的计算耗时

2.5　热油管道 POD 快速仿真方法

热油管道基于可靠性的流动安全评价和优化设计均需要对大量具有类似特征的工况进行热力数值仿真。传统的有限容积法(FVM)等方法未知数较多导致计算速度慢，仿真耗时较大，不利于热油管道的流动安全评价。POD 低阶模型是一种强大的提高计算速度的方法，其可以在少量算例直接数值仿真的基础上，通过从历史计算数据中提取 POD 基函数实现物理问题的低阶描述，从而大幅提高计算速度。本节将首先介绍 POD 方法的基本理论，其次分别介绍非结构化网格和贴体网格 POD 低阶模型构建及其在热油管道中的应用。

2.5.1　POD 基本理论

POD 的目的是获得最能准确描述某物理问题的一系列基函数。这些基函数类似于有限元分析基础理论中的全局试函数，与之不同的是，此处的基函数是通过采用 POD 对历史仿真数据分解得到的离散形式函数。其获取方法主要包含两种，即奇异值分解(SVD)方法和西罗维奇(Sirovich)方法，其求解过程总结如下。

SVD 方法：

(1)建立历史数据样本矩阵 $\boldsymbol{F}_{N_t \times N}$；

(2)求得矩阵 $\boldsymbol{R}_{N_t \times N_t} = \dfrac{1}{N} \boldsymbol{F}_{N_t \times N} \left(\boldsymbol{F}_{N_t \times N} \right)^{\mathrm{T}}$；

(3)由正交分解矩阵 $\boldsymbol{R}_{N_t \times N_t}$ 得到一系列特征向量 $\boldsymbol{w}_i$ ($i = 1, 2, \cdots, N_t$)，并将其按照其对应的特征值由大到小排列；

(4)基函数向量 $\boldsymbol{\Phi}_i = \boldsymbol{w}_i$；

(5)将基函数向量按照其所对应特征值由大到小排列可得基函数矩阵 $\boldsymbol{\Phi} = \left[\boldsymbol{\Phi}_1 \right.$

$\boldsymbol{\Phi}_2 \quad \cdots \quad \boldsymbol{\Phi}_{N_t} \Big]$。

Sirovich 方法：

（1）建立历史样本数据矩阵 $\boldsymbol{F}_{N_t \times N}$；

（2）求得矩阵 $\boldsymbol{Q}_{N \times N} = \dfrac{1}{N}\left(\boldsymbol{F}_{N_t \times N}\right)^{\mathrm{T}} \boldsymbol{F}_{N_t \times N}$；

（3）由正交分解矩阵 $\boldsymbol{Q}_{N \times N}$ 得到一系列特征向量 $\boldsymbol{q}_i$（$i = 1, 2, \cdots, N_t$），并将其按照其对应的特征值由大到小排列；

（4）基函数向量 $\boldsymbol{\Phi}_i = \boldsymbol{F}\boldsymbol{q}_i$；

（5）将基函数向量按照其所对应特征值由大到小排列可得基函数矩阵 $\boldsymbol{\Phi} = \begin{bmatrix} \boldsymbol{\Phi}_1 & \boldsymbol{\Phi}_2 & \cdots & \boldsymbol{\Phi}_N \end{bmatrix}$。

由于 SVD 方法需要分解的矩阵 $\boldsymbol{R}$ 维度与网格点的个数相同，而 Sirovich 方法中需要分解的矩阵 $\boldsymbol{Q}$ 与样本向量的个数相同。因此，当网格点数 $N_t < N$ 时，建议采用 SVD 方法求取基函数，而当 $N_t > N$ 时宜采用 Sirovich 方法求取基函数。

通过上述方法获取的 POD 基函数具有如下特性。

（1）POD 基函数向量的正交性：

$$\left(\boldsymbol{\Phi}_i, \boldsymbol{\Phi}_j\right) = \delta_{ij} \tag{2.25}$$

式中，δ_{ij} 为克罗内克符号。

（2）POD 基函数的能量：

$E_i = \dfrac{1}{2}C_i$ 表示第 i 个基函数所包含的能量，那么第 i 个基函数的能量贡献度和前 i 个基函数的总能量贡献度可分别定义为式（2.26）和式（2.27）。

$$\zeta_i = C_i \Big/ \sum_{k=1}^{N} C_k \tag{2.26}$$

式中，C 为特征值。

$$\bar{\omega}_i = \sum_{k=1}^{i} C_k \Big/ \sum_{k=1}^{N} C_k \tag{2.27}$$

（3）获得基函数后，则原物理场向量可以表示为

$$\boldsymbol{f}(\boldsymbol{x}, t) \approx \sum_{k=1}^{M} a_k(t) \boldsymbol{\Phi}_k(\boldsymbol{x}) \tag{2.28}$$

其对应的连续函数形式为

$$f(x, t) \approx \sum_{k=1}^{M} a_k(t) \phi_k(x) \tag{2.29}$$

式中，ϕ 为基函数的连续函数形式；M 为用来描述 $f(x, t)$ 的基函数个数，由于通常位于

前面的几个或十几个基函数占据了总能量的绝大多数，M 的值通常远小于基函数的总个数，一般情况下 M 的值越大对原物理场的逼近越准确；$a_k(t)$ 为谱系数或者权重系数，对于样本条件下其值可以直接根据样本向量和基函数向量求得

$$a_k(t) = \left[\boldsymbol{f}(\boldsymbol{x},t), \boldsymbol{\varPhi}_k(\boldsymbol{x}) \right] \tag{2.30}$$

在非样本条件下则需要构建一个谱系数 $a_k(k=1,2,\cdots,M)$ 的方程组来求取谱系数。其方程组构建的过程，本质上是获取一组谱系数使函数 $f(x,t)$ 在最小二乘意义上得到逼近，即

$$\boldsymbol{a} \in \arg\min \left(\left\| f(x,t) - \sum_{k=1}^{M} a_k(t)\phi_k(x) \right\| \right) \tag{2.31}$$

式中，$\arg\min(\cdot)$ 为括号中式子取得最小值时参数的值；$\|\cdot\|$ 为 L^2 范数（$\|v\| = \left(\int_{\Omega} v^2 \mathrm{d}\Omega \right)^{\frac{1}{2}}$，$\Omega$ 为计算区域；v 为任意变量）。类比有限元基础理论求取全局试函数权重系数的方式，同样可以采用伽辽金（Galerkin）投影方法构建谱系数 $a_k(k=1,2,\cdots,M)$ 的方程组，即 POD 低阶模型，具体过程将在 2.5.2 节中进行介绍。

2.5.2　基于 Galerkin 投影方法的 POD 低阶模型构建

热油管道的热力计算的关键在于管道横截面温度场的计算；提高热力计算速度的关键在于提高管道横截面导热温度场的计算。本节将介绍非结构化网格和贴体网格下导热方程 POD 低阶模型的构建和离散求解方法，后者的最大优势是贴体坐标的计算平面可以建立起不同埋深、管径的埋地管道的关系，从而实现其统一快速求解，而前者只能使用于固定几何参数下管道的快速计算。

1. 基于非结构化网格的导热 POD 低阶模型构建及求解

1) 基于非结构化网格的导热 POD 低阶模型构建

在非结构化网格中无源项非稳态导热问题的控制方程为

$$\rho c_p \frac{\partial T}{\partial t} = \nabla \cdot (\lambda \nabla T) \tag{2.32}$$

式中，ρ 为密度，$\mathrm{kg/m^3}$；λ 为导热系数，$\mathrm{W/(m \cdot ℃)}$；T 为温度，$℃$。

由式(2.29)可知，温度场可以写成：

$$T(x,y,t) = \sum_{k=1}^{M} a_k(t)\phi_k(x,y) \tag{2.33}$$

式中，谱系数 a 为时间的函数；基函数 ϕ 为空间的函数。将式(2.33)代入式(2.32)得

$$\rho c_p \frac{\partial}{\partial t}\left(\sum_{k=1}^{M} a_k \phi_k\right) = \nabla \cdot \left[\lambda \nabla \left(\sum_{k=1}^{M} a_k \phi_k\right)\right] \tag{2.34}$$

考虑谱系数仅与时间有关，而基函数仅与空间坐标相关，式(2.34)转化为

$$\rho c_p \left(\sum_{k=1}^{M} \frac{\mathrm{d}a_k}{\mathrm{d}t} \phi_k\right) = \sum_{k=1}^{M} a_k \nabla \cdot (\lambda \nabla \phi_k) \tag{2.35}$$

为了得到谱系数演化方程，将式(2.35)向前 M 个 POD 基函数张成的子空间进行 Galerkin 投影。

式(2.35)中非稳态项向第 $i(i = 1, 2, \cdots, M)$ 个基函数的投影为

$$\left(\rho c_p \sum_{k=1}^{M} \phi_k \frac{\mathrm{d}a_k}{\mathrm{d}t}, \phi_i\right) = \rho c_p \sum_{k=1}^{M} \frac{\mathrm{d}a_k}{\mathrm{d}t}(\phi_k, \phi_i) \tag{2.36}$$

式中，$(f, g) = \int_{\Omega} fg\mathrm{d}\Omega$，其中 Ω 为整个求解域。

同理，扩散项向第 i 个基向量空间的投影为

$$\begin{aligned}
&\sum_{k=1}^{M} a_k \left[\nabla \cdot (\lambda \nabla \phi_k), \phi_i\right] \\
&= \sum_{k=1}^{M} a_k \int_{\Omega} \nabla \cdot (\lambda \nabla \phi_k) \phi_i \mathrm{d}\Omega \\
&= \sum_{k=1}^{M} a_k \int_{\Omega} \nabla \cdot (\lambda \nabla \phi_k) \phi_i + \nabla \phi_i \cdot \lambda \nabla \phi_k - \nabla \phi_i \cdot \lambda \nabla \phi_k \mathrm{d}\Omega \\
&= \sum_{k=1}^{M} a_k \int_{\Omega} \nabla \cdot (\phi_i \lambda \nabla \phi_k) - \nabla \phi_i \cdot \lambda \nabla \phi_k \mathrm{d}\Omega \\
&= \int_{\Omega} \nabla \cdot (\phi_i \lambda \nabla T) \mathrm{d}\Omega - \sum_{k=1}^{M} a_k \int_{\Omega} \nabla \phi_i \cdot \lambda \nabla \phi_k \mathrm{d}\Omega
\end{aligned} \tag{2.37}$$

由高斯定理可得

$$\sum_{k=1}^{M} a_k \left[\nabla \cdot (\lambda \nabla \phi_k), \phi_i\right] = \int_{\Gamma} \phi_i \lambda \nabla T \cdot \boldsymbol{n} \mathrm{d}\Gamma - \sum_{k=1}^{M} a_k \int_{\Omega} \nabla \phi_i \cdot \lambda \nabla \phi_k \mathrm{d}\Omega \tag{2.38}$$

式中，Γ 为求解区域 Ω 的边界；$\boldsymbol{n}$ 为指向外法线的单位向量。考虑到 $\lambda \nabla T \cdot \boldsymbol{n} = \lambda \dfrac{\partial T}{\partial n} = -q_n$，式(2.38)可以写为

$$\sum_{k=1}^{M} a_k \left[\nabla \cdot (\lambda \nabla \phi_k), \phi_i\right] = -\int_{\Gamma} q_n \phi_i \mathrm{d}\Gamma - \sum_{k=1}^{M} a_k \int_{\Omega} \nabla \phi_i \cdot \lambda \nabla \phi_k \mathrm{d}\Omega \tag{2.39}$$

式中，q_n 为边界处垂直于边界的热流密度。

综上可得，非结构化网格下导热问题的谱系数演化方程，即 POD 低阶模型为

$$\rho c_p \sum_{k=1}^{M} \frac{\mathrm{d}a_k}{\mathrm{d}t}(\phi_k,\phi_i) = -\int_{\Gamma} \phi_i q_n \mathrm{d}\Gamma - \sum_{k=1}^{M} a_k(t) H_{ik}, \quad i=1,2,\cdots,M \quad (2.40)$$

式中，$H_{ik}=\int_{\Omega} \nabla\phi_i \cdot \lambda \nabla\phi_k \mathrm{d}\Omega$；$\rho$ 和 c_p 分别为不同坐标处材料的密度和定压比热容；q_n 为边界处垂直于边界的热流密度，这样边界条件的影响就以热流密度的形式引入低阶模型中。对于稳态问题，只要令方程(2.40)中等号左边的非稳态项等于零即可。

2) 基于非结构化网格的导热 POD 低阶模型求解

当 $i=1,2,\cdots,M$ 时，式(2.40)等价为一个由 M 个方程组成的代数方程组，可以转换成一个矩阵方程进行求解。方程(2.40)中的非稳态项为

$$\rho c_p \sum_{k=1}^{M} \frac{\mathrm{d}a_k}{\mathrm{d}t}(\phi_k,\phi_i) = \mathbf{A}_1 \begin{bmatrix} \dfrac{\mathrm{d}a_1}{\mathrm{d}t} \\ \dfrac{\mathrm{d}a_2}{\mathrm{d}t} \\ \vdots \\ \dfrac{\mathrm{d}a_M}{\mathrm{d}t} \end{bmatrix} \quad (2.41)$$

式中，

$$\mathbf{A}_1 = \rho c_p \begin{bmatrix} (\phi_1,\phi_1) & (\phi_2,\phi_1) & \cdots & (\phi_M,\phi_1) \\ (\phi_1,\phi_2) & (\phi_2,\phi_2) & \cdots & (\phi_M,\phi_2) \\ \vdots & \vdots & & \vdots \\ (\phi_1,\phi_{N_{tot}}) & (\phi_2,\phi_{N_{tot}}) & \cdots & (\phi_M,\phi_{N_{tot}}) \end{bmatrix}$$

对于第一类边界条件，式(2.40)中等号右边的第一项为

$$\begin{aligned} -\int_{\Gamma} q_n \phi_i \mathrm{d}\Gamma &= \int_{\Gamma} \frac{\lambda}{d}\left[T(N_1)-T(N_0)\right]\cdot\phi_i \mathrm{d}\Gamma \\ &= \int_{\Gamma}\left[\frac{\lambda(N_1)}{d(N_1)}T(N_1)-\frac{\lambda(N_1)}{d(N_1)}\sum_{k=1}^{M}a_k(t)\phi_k(N_0)\right]\phi_i(N_1)\mathrm{d}\Gamma \\ &= \int_{\Gamma}\frac{\lambda(N_1)}{d(N_1)}T(N_1)\cdot\phi_i(N_1)\mathrm{d}\Gamma - \int_{\Gamma}\sum_{k=1}^{M}a_k(t)\frac{\lambda(N_1)}{d(N_1)}\phi_k(N_0)\cdot\phi_i(N_1)\mathrm{d}\Gamma \end{aligned} \quad (2.42)$$

式中，N_1 为第一类边界上的网格的编号；N_0 为与 N_1 相邻的内部网格的编号；$d(N_1)$ 为边界上的网格与相邻的内部网格节点的距离。式(2.42)的推导过程中假定了边界点和边

界邻点的连线垂直于边界，若不垂直则还会包含一项交叉项，此处不再详述。

将式(2.42)写成矩阵的形式：

$$-\int_{\Gamma} \phi_i q_{\mathrm{n}} \mathrm{d}\Gamma = \boldsymbol{B} - \boldsymbol{A}_2 \begin{bmatrix} a_1(t) \\ a_2(t) \\ \vdots \\ a_M(t) \end{bmatrix} = \begin{bmatrix} B_1(x,y) \\ B_2(x,y) \\ \vdots \\ B_M(x,y) \end{bmatrix} - \boldsymbol{A}_2 \begin{bmatrix} a_1(t) \\ a_2(t) \\ \vdots \\ a_M(t) \end{bmatrix} \tag{2.43}$$

式中，

$$B_i(x,y) = \int_{\Gamma} \frac{\lambda(N_1)}{d(N_1)} T(N_1) \cdot \phi_i(N_1) \Gamma$$

其中，(x,y) 为节点 N_1 的坐标。

矩阵 $\boldsymbol{A}_2$ 为

$$\boldsymbol{A}_2 = \begin{bmatrix} \int_{\Gamma} \frac{\lambda(N_1)}{d(N_1)} \phi_1(N_0) \cdot \phi_i(N_1) \mathrm{d}\Gamma & \int_{\Gamma} \frac{\lambda(N_1)}{d(N_1)} \phi_2(N_0) \cdot \phi_i(N_1) \mathrm{d}\Gamma & \cdots & \int_{\Gamma} \frac{\lambda(N_1)}{d(N_1)} \phi_M(N_0) \cdot \phi_i(N_1) \mathrm{d}\Gamma \\ \int_{\Gamma} \frac{\lambda(N_1)}{d(N_1)} \phi_1(N_0) \cdot \phi_2(N_1) \mathrm{d}\Gamma & \int_{\Gamma} \frac{\lambda(N_1)}{d(N_1)} \phi_2(N_0) \cdot \phi_2(N_1) \mathrm{d}\Gamma & \cdots & \int_{\Gamma} \frac{\lambda(N_1)}{d(N_1)} \phi_M(N_0) \cdot \phi_2(N_1) \mathrm{d}\Gamma \\ \vdots & \vdots & & \vdots \\ \int_{\Gamma} \frac{\lambda(N_1)}{d(N_1)} \phi_1(N_0) \cdot \phi_M(N_1) \mathrm{d}\Gamma & \int_{\Gamma} \frac{\lambda(N_1)}{d(N_1)} \phi_2(N_0) \cdot \phi_M(N_1) \mathrm{d}\Gamma & \cdots & \int_{\Gamma} \frac{\lambda(N_1)}{d(N_1)} \phi_M(N_0) \cdot \phi_M(N_1) \mathrm{d}\Gamma \end{bmatrix}$$

对于第二类边界条件：

$$-\int_{\Gamma} q_{\mathrm{n}} \phi_i(x,y) \mathrm{d}\Gamma = \boldsymbol{E} = \begin{bmatrix} E_1(x,y) \\ E_2(x,y) \\ \vdots \\ E_M(x,y) \end{bmatrix} = \begin{bmatrix} -q_{\mathrm{n}} \phi_1(x,y) \\ -q_{\mathrm{n}} \phi_2(x,y) \\ \vdots \\ -q_{\mathrm{n}} \phi_M(x,y) \end{bmatrix} \tag{2.44}$$

对于第三类边界条件：

$$\begin{aligned} -\int_{\Gamma} \phi_i q_{\mathrm{n}}(N_1) \mathrm{d}\Gamma &= -\int_{\Gamma} h_{\mathrm{f}} \left[T_{\mathrm{f}} - T(N_1) \right] \cdot \phi_i(N_1) \mathrm{d}\Gamma \\ &= \int_{\Gamma} \left[h_{\mathrm{f}} T_{\mathrm{f}} - h_{\mathrm{f}} \sum_{k=1}^{M} a_k(t) \phi_k(N_1) \right] \cdot \phi_i(N_1) \mathrm{d}\Gamma \\ &= -\int_{\Gamma} h_{\mathrm{f}} T_{\mathrm{f}} \cdot \phi_i(N_1) \mathrm{d}\Gamma + h_{\mathrm{f}} \int_{\Gamma} \sum_{k=1}^{M} a_k(t) \phi_k(N_1) \cdot \phi_i(N_1) \mathrm{d}\Gamma \end{aligned} \tag{2.45}$$

式(2.45)写成矩阵的形式：

$$\int_{\Gamma} q_{\mathrm{n}} \phi_i(x,y)\mathrm{d}\Gamma = \boldsymbol{D} - \boldsymbol{A}_3 \begin{bmatrix} c_1(t) \\ c_2(t) \\ \vdots \\ c_M(t) \end{bmatrix} = \begin{bmatrix} D_1(x,y) \\ D_2(x,y) \\ \vdots \\ D_M(x,y) \end{bmatrix} - \boldsymbol{A}_3 \begin{bmatrix} c_1(t) \\ c_2(t) \\ \vdots \\ c_M(t) \end{bmatrix} \tag{2.46}$$

式中，

$$D_i(x,y) = -\int_{\Gamma} h_{\mathrm{f}} T_{\mathrm{f}} \cdot \phi_i(x,y)\mathrm{d}\Gamma$$

其中，(x,y) 为位于第三类边界上点 N_1 的坐标；h_{f} 为对流换热系数，$\mathrm{W/(m^2 \cdot {}^\circ\!C)}$；$T_{\mathrm{f}}$ 为流体的温度，${}^\circ\!C$。

$\boldsymbol{A}_3$ 的表达式为

$$\boldsymbol{A}_3 = -h_{\mathrm{f}} \begin{bmatrix} \int_{\Gamma} \phi_1(N_1) \cdot \phi_1(N_1)\mathrm{d}\Gamma & \int_{\Gamma} \phi_2(N_1) \cdot \phi_1(N_1)\mathrm{d}\Gamma & \cdots & \int_{\Gamma} \phi_M(N_1) \cdot \phi_1(N_1)\mathrm{d}\Gamma \\ \int_{\Gamma} \phi_1(N_1) \cdot \phi_2(N_1)\mathrm{d}\Gamma & \int_{\Gamma} \phi_2(N_1) \cdot \phi_2(N_1)\mathrm{d}\Gamma & \cdots & \int_{\Gamma} \phi_M(N_1) \cdot \phi_2(N_1)\mathrm{d}\Gamma \\ \vdots & \vdots & & \vdots \\ \int_{\Gamma} \phi_1(N_1) \cdot \phi_M(N_1)\mathrm{d}\Gamma & \int_{\Gamma} \phi_2(N_1) \cdot \phi_M(N_1)\mathrm{d}\Gamma & \cdots & \int_{\Gamma} \phi_M(N_1) \cdot \phi_M(N_1)\mathrm{d}\Gamma \end{bmatrix} \begin{bmatrix} c_1(t) \\ c_2(t) \\ \vdots \\ c_M(t) \end{bmatrix}$$

因此，谱系数演化方程可以写成如式 (2.47) 所示的矩阵方程的形式：

$$\boldsymbol{A}_1 \begin{bmatrix} \dfrac{\mathrm{d}a_1(t)}{\mathrm{d}t} \\ \dfrac{\mathrm{d}a_2(t)}{\mathrm{d}t} \\ \vdots \\ \dfrac{\mathrm{d}a_M(t)}{\mathrm{d}t} \end{bmatrix} = \boldsymbol{B} + \boldsymbol{D} + \boldsymbol{E} - \boldsymbol{A}_2 \begin{bmatrix} a_1(t) \\ a_2(t) \\ \vdots \\ a_M(t) \end{bmatrix} - \boldsymbol{A}_3 \begin{bmatrix} a_1(t) \\ a_2(t) \\ \vdots \\ a_M(t) \end{bmatrix} - \boldsymbol{H} \begin{bmatrix} a_1(t) \\ a_2(t) \\ \vdots \\ a_M(t) \end{bmatrix} \tag{2.47}$$

式中，$\boldsymbol{B}$、$\boldsymbol{D}$、$\boldsymbol{E}$ 为向量；$\boldsymbol{H}$ 为中间矩阵。

(1) 当边界条件只有第一类边界条件时，$\boldsymbol{A}_3 = 0$，$\boldsymbol{D} = \boldsymbol{E} = 0$。

(2) 当边界条件只有第二类边界条件时，$\boldsymbol{A}_2 = 0$，$\boldsymbol{A}_3 = 0$，$\boldsymbol{D} = \boldsymbol{B} = 0$。

(3) 当边界条件只有第三类边界条件时，$\boldsymbol{A}_2 = 0$，$\boldsymbol{B} = \boldsymbol{E} = 0$。

在 Δt 时间步长下，采用全隐格式，方程 (2.47) 可以离散为

$$\boldsymbol{A}_1 \begin{bmatrix} \dfrac{a_1(t) - a_1(t-\Delta t)}{\Delta t} \\ \dfrac{a_2(t) - a_2(t-\Delta t)}{\Delta t} \\ \vdots \\ \dfrac{a_M(t) - a_M(t-\Delta t)}{\Delta t} \end{bmatrix} + \boldsymbol{H} \begin{bmatrix} a_1(t) \\ a_2(t) \\ \vdots \\ a_M(t) \end{bmatrix} + \boldsymbol{A}_2 \begin{bmatrix} a_1(t) \\ a_2(t) \\ \vdots \\ a_M(t) \end{bmatrix} + \boldsymbol{A}_3 \begin{bmatrix} a_1(t) \\ a_2(t) \\ \vdots \\ a_M(t) \end{bmatrix} = \boldsymbol{B} + \boldsymbol{D} + \boldsymbol{E} \quad (2.48)$$

整理可得

$$\left(\frac{\boldsymbol{A_1}}{\Delta t}+\boldsymbol{A_2}+\boldsymbol{A_3}+\boldsymbol{H}\right)\begin{bmatrix} a_1(t) \\ a_2(t) \\ \vdots \\ a_M(t) \end{bmatrix}=\boldsymbol{B}+\boldsymbol{D}+\boldsymbol{E}+\frac{\boldsymbol{A_1}}{\Delta t}\begin{bmatrix} a_1(t-\Delta t) \\ a_2(t-\Delta t) \\ \vdots \\ a_M(t-\Delta t) \end{bmatrix} \qquad (2.49)$$

根据已知条件 $a_k(0)=[\boldsymbol{T}(\boldsymbol{x},0),\boldsymbol{\Phi}_k(\boldsymbol{x})]$（$\boldsymbol{T}$ 为温度向量），求解以上矩阵方程得到不同时刻的谱系数 $a_k(t)$，不同边界条件下的温度场就可以由式(2.49)重构得到。

2. 基于贴体网格的导热 POD 低阶模型构建及求解

1）基于贴体网格的 POD 低阶模型构建

基于贴体坐标的无热源稳态导热控制方程为

$$\frac{\partial}{\partial \xi}\left[\frac{\lambda}{J}\left(\alpha T_\xi-\beta T_\eta\right)\right]+\frac{\partial}{\partial \eta}\left[\frac{\lambda}{J}\left(\gamma T_\eta-\beta T_\xi\right)\right]=0 \qquad (2.50)$$

式中，α 为 η 方向的度规系数；β 为反映物理平面上网格正交性系数；γ 为 ξ 方向上的度规系数；J 为雅可比(Jacobi)因子。

由 POD 基函数性质可知，计算平面上的温度场可写成一组基函数和其对应的谱系数线性叠加的形式：

$$T(\xi,\eta)=\sum_{k=1}^{M}a_k(t)\phi_k(\xi,\eta) \qquad (2.51)$$

式中，ξ、η 分别为贴体坐标系的横、纵坐标；ϕ_k 为第 k 个温度基函数；a_k 为其相应的谱系数；M 为用来描述温度场的基函数总个数。

将式(2.51)代入式(2.50)得

$$\frac{\partial}{\partial \xi}\left\{\frac{\lambda}{J}\left[\alpha\frac{\partial}{\partial \xi}\left(\sum_{k=1}^{M}a_k\phi_k\right)-\beta\frac{\partial}{\partial \eta}\left(\sum_{k=1}^{M}a_k\phi_k\right)\right]\right\}$$
$$+\frac{\partial}{\partial \eta}\left\{\frac{\lambda}{J}\left[\gamma\frac{\partial}{\partial \eta}\left(\sum_{k=1}^{M}a_k\phi_k\right)-\beta\frac{\partial}{\partial \xi}\left(\sum_{k=1}^{M}a_k\phi_k\right)\right]\right\}=0 \qquad (2.52)$$

由于基函数 ϕ_k 为空间的函数而谱系数 a_k 与空间无关，式(2.52)可以写为

$$\sum_{k=1}^{M}a_k\left\{\frac{\partial}{\partial \xi}\left[\frac{\lambda}{J}\left(\alpha\frac{\partial \phi_k}{\partial \xi}-\beta\frac{\partial \phi_k}{\partial \eta}\right)\right]\right\}+\sum_{k=1}^{M}a_k\left\{\frac{\partial}{\partial \eta}\left[\frac{\lambda}{J}\left(\gamma\frac{\partial \phi_k}{\partial \eta}-\beta\frac{\partial \phi_k}{\partial \xi}\right)\right]\right\}=0 \qquad (2.53)$$

将式(2.53)向任意一个温度基函数投影得

$$\sum_{k=1}^{M}a_k\left\{\frac{\partial}{\partial \xi}\left[\frac{\lambda}{J}\left(\alpha\frac{\partial \phi_k}{\partial \xi}-\beta\frac{\partial \phi_k}{\partial \eta}\right)\right],\phi_i\right\}+\sum_{k=1}^{M}a_k\left\{\frac{\partial}{\partial \eta}\left[\frac{\lambda}{J}\left(\gamma\frac{\partial \phi_k}{\partial \eta}-\beta\frac{\partial \phi_k}{\partial \xi}\right)\right],\phi_i\right\}=0 \qquad (2.54)$$

式 (2.54) 左端第一项为

$$\sum_{k=1}^{M} a_k \left\{ \frac{\partial}{\partial \xi} \left[\frac{\lambda}{J} \left(\alpha \frac{\partial \phi_k}{\partial \xi} - \beta \frac{\partial \phi_k}{\partial \eta} \right) \right], \phi_i \right\}$$
$$= \sum_{k=1}^{M} a_k \int_{\Omega} \frac{\partial}{\partial \xi} \left[\frac{\lambda}{J} \left(\alpha \frac{\partial \phi_k}{\partial \xi} - \beta \frac{\partial \phi_k}{\partial \eta} \right) \right] \phi_i \mathrm{d}\Omega \tag{2.55}$$

式中，Ω 为计算平面上的计算区域；$\int_{\Omega} f \mathrm{d}\Omega$ 为函数 f 在计算区域上的面积分。对式 (2.55) 进一步推导得

$$\sum_{k=1}^{M} a_k \int_{\Omega} \frac{\partial}{\partial \xi} \left[\frac{\lambda}{J} \left(\alpha \frac{\partial \phi_k}{\partial \xi} - \beta \frac{\partial \phi_k}{\partial \eta} \right) \right] \phi_i \mathrm{d}\Omega$$
$$= \sum_{k=1}^{M} a_k \left\{ \int_{\Omega} \frac{\partial}{\partial \xi} \left[\frac{\lambda}{J} \left(\alpha \frac{\partial \phi_k}{\partial \xi} - \beta \frac{\partial \phi_k}{\partial \eta} \right) \phi_i \right] - \frac{\lambda}{J} \left(\alpha \frac{\partial \phi_k}{\partial \xi} - \beta \frac{\partial \phi_k}{\partial \eta} \right) \frac{\partial \phi_i}{\partial \xi} \mathrm{d}\Omega \right\} \tag{2.56}$$
$$= \sum_{k=1}^{M} a_k \int_{\Omega} \frac{\partial}{\partial \xi} \left[\frac{\lambda}{J} \left(\alpha \frac{\partial \phi_k}{\partial \xi} - \beta \frac{\partial \phi_k}{\partial \eta} \right) \phi_i \right] \mathrm{d}\Omega - \sum_{k=1}^{M} a_k \int_{\Omega} \frac{\lambda}{J} \left(\alpha \frac{\partial \phi_k}{\partial \xi} - \beta \frac{\partial \phi_k}{\partial \eta} \right) \frac{\partial \phi_i}{\partial \xi} \mathrm{d}\Omega$$

考虑到贴体网格的计算平面区域通常为人为规定的计算区域，由格林公式可得式 (2.56) 右端第一项：

$$\sum_{k=1}^{M} a_k \int_{\Omega} \frac{\partial}{\partial \xi} \left[\frac{\lambda}{J} \left(\alpha \frac{\partial \phi_k}{\partial \xi} - \beta \frac{\partial \phi_k}{\partial \eta} \right) \phi_i \right] \mathrm{d}\Omega$$
$$= \sum_{k=1}^{M} a_k \oint \frac{\lambda}{J} \left(\alpha \frac{\partial \phi_k}{\partial \xi} - \beta \frac{\partial \phi_k}{\partial \eta} \right) \phi_i \mathrm{d}\eta \tag{2.57}$$
$$= \oint \frac{\lambda}{J} \left(\alpha \frac{\partial T}{\partial \xi} - \beta \frac{\partial T}{\partial \eta} \right) \phi_i \mathrm{d}\eta$$

考虑到贴体坐标下边界处法向导数表达式：

$$\sum_{k=1}^{M} a_k \int_{\Omega} \frac{\partial}{\partial \xi} \left[\frac{\lambda}{J} \left(\alpha \frac{\partial \phi_k}{\partial \xi} - \beta \frac{\partial \phi_k}{\partial \eta} \right) \phi_i \right] \mathrm{d}\Omega$$
$$= \oint \sqrt{\alpha} \lambda \frac{\partial T}{\partial n^{(\xi)}} \phi_i \mathrm{d}\eta \tag{2.58}$$
$$= -\oint \sqrt{\alpha} q^{(\xi)} \phi_i \mathrm{d}\eta$$

式中，$q^{(\xi)} = -\lambda \frac{\partial T}{\partial n^{(\xi)}}$，其值与热流密度 q 的大小相同，但是在左边界 $q^{(\xi)} = -q$，在右边界 $q^{(\xi)} = q$。

综合式 (2.56)～式 (2.58)，可知式 (2.54) 左端第一项：

$$\sum_{k=1}^{M} a_k \left(\frac{\partial}{\partial \xi} \left[\frac{\lambda}{J} \left(\alpha \frac{\partial \phi_k}{\partial \xi} - \beta \frac{\partial \phi_k}{\partial \eta} \right) \right], \phi_i \right)$$

$$= -\oint \sqrt{\alpha} q^{(\xi)} \phi_i \mathrm{d}\eta - \sum_{k=1}^{M} a_k \int_{\Omega} \frac{\lambda}{J} \left(\alpha \frac{\partial \phi_k}{\partial \xi} - \beta \frac{\partial \phi_k}{\partial \eta} \right) \frac{\partial \phi_i}{\partial \xi} \mathrm{d}\Omega \quad (2.59)$$

同理可得式(2.54)左端第二项：

$$\sum_{k=1}^{M} a_k \left(\frac{\partial}{\partial \eta} \left[\frac{\lambda}{J} \left(\gamma \frac{\partial \phi_k}{\partial \eta} - \beta \frac{\partial \phi_k}{\partial \xi} \right) \right], \phi_i \right)$$

$$= \oint \sqrt{\gamma} q^{(\eta)} \phi_i \mathrm{d}\xi - \sum_{k=1}^{M} a_k \int_{\Omega} \frac{\lambda}{J} \left(\gamma \frac{\partial \phi_k}{\partial \eta} - \beta \frac{\partial \phi_k}{\partial \xi} \right) \frac{\partial \phi_i}{\partial \eta} \mathrm{d}\Omega \quad (2.60)$$

式中，$q^{(\eta)} = -\lambda \frac{\partial T}{\partial n^{(\eta)}}$，在下边界处 $q^{(\eta)} = -q$，在上边界处 $q^{(\eta)} = q$。

将式(2.59)和式(2.60)代入式(2.54)得

$$-\left(\oint \sqrt{\alpha} q^{(\xi)} \phi_i \mathrm{d}\eta - \sqrt{\gamma} q^{(\eta)} \phi_i \mathrm{d}\xi \right) = \sum_{k=1}^{M} a_k H_{ik}, \quad i = 1, 2, \cdots, M \quad (2.61)$$

式中，

$$H_{ik} = \int_{\Omega} \left[\frac{\lambda}{J} \left(\alpha \frac{\partial \phi_k}{\partial \xi} - \beta \frac{\partial \phi_k}{\partial \eta} \right) \frac{\partial \phi_i}{\partial \xi} + \frac{\lambda}{J} \left(\gamma \frac{\partial \phi_k}{\partial \eta} - \beta \frac{\partial \phi_k}{\partial \xi} \right) \frac{\partial \phi_i}{\partial \eta} \right] \mathrm{d}\Omega$$

式(2.61)即基于贴体坐标的无源稳态导热 POD 低阶模型，其中式(2.61)右端只与求解域内点相关，边界条件则由式(2.61)左端以热流密度的形式引入。

2) 基于贴体网格的 POD 低阶模型求解

在 POD 低阶模型[式(2.61)]的离散求解过程中最关键的是对边界条件引入项 $-\left(\oint \sqrt{\alpha} q^{(\xi)} \phi_i \mathrm{d}\eta - \sqrt{\gamma} q^{(\eta)} \phi_i \mathrm{d}\xi \right)$ 的处理，将该项沿求解域边界展开得

$$-\left(\oint \sqrt{\alpha} q^{(\xi)} \phi_i \mathrm{d}\eta - \sqrt{\gamma} q^{(\eta)} \phi_i \mathrm{d}\xi \right)$$

$$= -\left(\int_{\Gamma_1+\Gamma_2+\Gamma_3+\Gamma_4} \sqrt{\alpha} q^{(\xi)} \phi_i \mathrm{d}\eta - \int_{\Gamma_1+\Gamma_2+\Gamma_3+\Gamma_4} \sqrt{\gamma} q^{(\eta)} \phi_i \mathrm{d}\xi \right) \quad (2.62)$$

由于在积分曲线 Γ_1 和 Γ_3 上 $\mathrm{d}\xi$ 为 0，在积分曲线 Γ_2 和 Γ_4 上 $\mathrm{d}\eta$ 为 0，则式(2.62)可改写为

$$-\left(\oint \sqrt{\alpha} q^{(\xi)} \phi_i \mathrm{d}\eta - \sqrt{\gamma} q^{(\eta)} \phi_i \mathrm{d}\xi \right)$$

$$= -\left(\int_{\Gamma_1} \sqrt{\alpha} q^{(\xi)} \phi_i \mathrm{d}\eta + \int_{\Gamma_3} \sqrt{\alpha} q^{(\xi)} \phi_i \mathrm{d}\eta - \int_{\Gamma_2} \sqrt{\gamma} q^{(\eta)} \phi_i \mathrm{d}\xi - \int_{\Gamma_4} \sqrt{\gamma} q^{(\eta)} \phi_i \mathrm{d}\xi \right) \quad (2.63)$$

$$= -\left(\int_{\Gamma_1} \sqrt{\alpha} q \phi_i \mathrm{d}\eta - \int_{\Gamma_3} \sqrt{\alpha} q \phi_i \mathrm{d}\eta + \int_{\Gamma_2} \sqrt{\gamma} q \phi_i \mathrm{d}\xi - \int_{\Gamma_4} \sqrt{\gamma} q \phi_i \mathrm{d}\xi \right)$$

下面以式 (2.63) 中的 $\int_{\Gamma_1} \sqrt{\alpha}\, q\phi_i \mathrm{d}\eta$ 为例介绍如何通过热流密度将物理问题的边界条件引入低阶模型中。

为了将三类边界条件统一起来，Γ_1 边界处的热流密度可以写成：

$$q = b_1\lambda \frac{\alpha T_\xi - \beta T_\eta}{J\sqrt{\alpha}} + b_2 q_{\mathrm{w}} + b_3 h_{\mathrm{f}}\left(T_{\mathrm{w}} - T_{\mathrm{f}}\right) \tag{2.64}$$

式中，b_1、b_2、b_3 分别为第一、二、三类边界条件前的系数；当为第一类边界条件时，$b_1=1$，$b_2=0, b_3=0$；当为第二类边界条件时，$b_1=0, b_2=1, b_3=0$；当为第三类边界条件时，$b_1=0, b_2=0, b_3=1$；T_{w} 为壁面温度，℃。

通过推导可以将式 (2.64) 分为含有待求变量(谱系数)的未知项和不含待求变量的已知项，如式 (2.65) 所示：

$$
\begin{aligned}
q &= b_1\lambda \frac{\alpha T_\xi - \beta T_\eta}{J\sqrt{\alpha}} + b_2 q_{\mathrm{w}} + b_3 h_{\mathrm{f}}\left(T_{\mathrm{w}} - T_{\mathrm{f}}\right) \\
&= -b_1\lambda \frac{\beta T_\eta}{J\sqrt{\alpha}} + b_2 q_{\mathrm{w}} - b_3 h_{\mathrm{f}} T_{\mathrm{f}} + b_3 h_{\mathrm{f}} T(N_0) + b_1\lambda \frac{\alpha\left[T(N_0)-T(N_1)\right]}{Jd\sqrt{\alpha}} \\
&= \left[-b_1\lambda \frac{\beta T_\eta}{J\sqrt{\alpha}} + b_2 q_{\mathrm{w}} - b_3 h_{\mathrm{f}} T_{\mathrm{f}} + b_1\lambda \frac{\sqrt{\alpha}}{Jd} T(N_0)\right] \\
&\quad + \left[b_3 h_{\mathrm{f}} T(N_0) - b_1\lambda \frac{\sqrt{\alpha}}{Jd} T(N_1)\right] \\
&= \left[-b_1\lambda \frac{\beta T_\eta}{J\sqrt{\alpha}} + b_2 q_{\mathrm{w}} - b_3 h_{\mathrm{f}} T_{\mathrm{f}} + b_1\lambda \frac{\sqrt{\alpha}}{Jd} T(N_0)\right] \\
&\quad + \sum_{k=1}^{M} a_k\left[b_3 h_{\mathrm{f}}\phi_k(N_0) - b_1\lambda \frac{\sqrt{\alpha}}{Jd}\phi_k(N_1)\right]
\end{aligned}
\tag{2.65}
$$

式中，N_0 为边界点；N_1 为与 N_0 相邻的内点；d 为边界点和其相应内点之间的距离。

将式 (2.65) 代入 $\int_{\Gamma_1} \sqrt{\alpha}\, q\phi_i \mathrm{d}\eta$ 得

$$\int_{\Gamma_1} \sqrt{\alpha}\, q\phi_i \mathrm{d}\eta = B_i^{\Gamma_1} + \sum_{k=1}^{M} a_k A_{ik}^{\Gamma_1}, \quad i=1,2,\cdots,M \tag{2.66}$$

式中，

$$B_i^{\Gamma_1} = \int_{\Gamma_1} \sqrt{\alpha}\left[-b_1\lambda \frac{\beta T_\eta}{J\sqrt{\alpha}} + b_2 q_{\mathrm{w}} - b_3 h_{\mathrm{f}} T_{\mathrm{f}} + b_1\lambda \frac{\sqrt{\alpha}}{Jd} T(N_0)\right]\phi_i \mathrm{d}\eta$$

$$A_{ik}^{\Gamma_1} = \int_{\Gamma_1} \sqrt{\alpha}\left[b_3 h_{\mathrm{f}}\phi_k(N_0) - b_1\lambda \frac{\sqrt{\alpha}}{Jd}\phi_k(N_1)\right]\phi_i \mathrm{d}\eta$$

式 (2.66) 中 $B_i^{\Gamma_1}$、$A_{ik}^{\Gamma_1}$ 的值均可采用数值积分计算得到。

同理可得

$$\int_{\Gamma_3} \sqrt{\alpha} q \phi_i \mathrm{d}\eta = B_i^{\Gamma_3} + \sum_{k=1}^{M} a_k A_{ik}^{\Gamma_3}, \quad i = 1, 2, \cdots, M \tag{2.67}$$

$$\int_{\Gamma_2} \sqrt{\gamma} q \phi_i \mathrm{d}\xi = B_i^{\Gamma_2} + \sum_{k=1}^{M} a_k A_{ik}^{\Gamma_2}, \quad i = 1, 2, \cdots, M \tag{2.68}$$

$$\int_{\Gamma_4} \sqrt{\gamma} q \phi_i \mathrm{d}\xi = B_i^{\Gamma_4} + \sum_{k=1}^{M} a_k A_{ik}^{\Gamma_4}, \quad i = 1, 2, \cdots, M \tag{2.69}$$

式 $(2.67) \sim$ 式 (2.69) 中，

$$B_i^{\Gamma_3} = \int_{\Gamma_3} \sqrt{\alpha} \left[b_1 \lambda \frac{\beta T_\eta}{J\sqrt{\alpha}} + b_2 q_{\mathrm{w}} - b_3 h_{\mathrm{f}} T_{\mathrm{f}} - b_1 \lambda \frac{\sqrt{\alpha}}{Jd} T(N_0) \right] \phi_i \mathrm{d}\eta$$

$$B_i^{\Gamma_2} = \int_{\Gamma_2} \sqrt{\gamma} \left[-b_1 \lambda \frac{\beta T_\xi}{J\sqrt{\gamma}} + b_2 q_{\mathrm{w}} - b_3 h_{\mathrm{f}} T_{\mathrm{f}} + b_1 \lambda \frac{\sqrt{\gamma}}{Jd} T(N_0) \right] \phi_i \mathrm{d}\xi$$

$$B_i^{\Gamma_4} = \int_{\Gamma_4} \sqrt{\gamma} \left[b_1 \lambda \frac{\beta T_\xi}{J\sqrt{\gamma}} + b_2 q_{\mathrm{w}} - b_3 h_{\mathrm{f}} T_{\mathrm{f}} - b_1 \lambda \frac{\sqrt{\gamma}}{Jd} T(N_0) \right] \phi_i \mathrm{d}\xi$$

$$A_{ik}^{\Gamma_3} = \int_{\Gamma_3} \sqrt{\alpha} \left[b_3 h_{\mathrm{f}} \phi_k(N_0) + b_1 \lambda \frac{\sqrt{\alpha}}{Jd} \phi_k(N_1) \right] \phi_i \mathrm{d}\eta$$

$$A_{ik}^{\Gamma_2} = \int_{\Gamma_2} \sqrt{\gamma} \left[b_3 h_{\mathrm{f}} \phi_k(N_0) - b_1 \lambda \frac{\sqrt{\gamma}}{Jd} \phi_k(N_1) \right] \phi_i \mathrm{d}\xi$$

$$A_{ik}^{\Gamma_4} = \int_{\Gamma_4} \sqrt{\gamma} \left[b_3 h_{\mathrm{f}} \phi_k(N_0) + b_1 \lambda \frac{\sqrt{\gamma}}{Jd} \phi_k(N_1) \right] \phi_i \mathrm{d}\xi$$

将式 $(2.66) \sim$ 式 (2.69) 代入式 (2.63) 得

$$-\left(\oint \sqrt{\alpha} q^{(\xi)} \phi_i \mathrm{d}\eta - \sqrt{\gamma} q^{(\eta)} \phi_i \mathrm{d}\xi \right) = \boldsymbol{A} \begin{bmatrix} a_1 \\ a_2 \\ \vdots \\ a_M \end{bmatrix} + \boldsymbol{B}, \quad i = 1, 2, \cdots, M \tag{2.70}$$

式中，矩阵 $\boldsymbol{A} \in \mathbf{R}^{M \times M}$，矩阵中元素 $A_{ik} = -\left(A_{ik}^{\Gamma_1} - A_{ik}^{\Gamma_3} + A_{ik}^{\Gamma_2} - A_{ik}^{\Gamma_4} \right)$；向量 $\boldsymbol{B} \in \mathbf{R}^{M \times 1}$，向量中元素 $B_i = -\left(B_i^{\Gamma_1} - B_i^{\Gamma_3} + B_i^{\Gamma_2} - B_i^{\Gamma_4} \right)$。

通过上述过程，将边界条件引入低阶模型中，然后将式 (2.70) 代入式 (2.61) 得

$$(\boldsymbol{H} - \boldsymbol{A}) \begin{bmatrix} a_1 \\ a_2 \\ \vdots \\ a_M \end{bmatrix} = \boldsymbol{B} \tag{2.71}$$

式中，矩阵 H 的元素 H_{ik} 的表达式见式(2.61)，采用 LU 分解或其他线性方程组求解方法即可求得式(2.71)的解。关于非稳态导热问题的 POD 低阶模型，仅需在上述推导过程中增加非稳态项即可，此处不再详述。

2.5.3　POD 低阶模型在热油管道中的应用

稳态正常输送工况、冷热油交替输送和投产工况是流动状态热油管道的典型工况，其中稳态工况相对较为简单。为了验证上述两个 POD 低阶模型的精度和效率，分别将二者应用于热力变化规律比较复杂的冷热油交替和投产工况的热力计算中。

1. 基于非结构化网格 POD 低阶模型的冷热油交替快速热力计算

研究一个站间的非稳态热力情况，站间距离 50km，管径 Φ813mm×11mm，管道埋深 1.5m，分批次输送两种油品 A 和 B。首先针对一个界面采用有限容积法，计算某界面的非稳态(表 2.2)温度场，并选取代表性时刻的温度场作为样本，组成样本矩阵。

表 2.2　样本计算参数

样本编号	出站油温/℃	气温/℃	管内壁对流换热系数/[W/(m²·K)]
1	20.0	0.0	60.0
2	60.0	−20.0	100.0
3	30.0	−10.0	60.0
4	50.0	−10.0	80.0

采用 SVD 方法对样本矩阵进行最佳正交分解，得到低阶模型所需的基函数。将所得到的基函数按其能量贡献度从大到小的顺序进行排列，基函数能量累积贡献度分布见图 2.22。从图 2.22 中可以看出，前六个基函数的能量累积贡献度就已经接近 100%，图 2.23 给出了其基函数的云图。

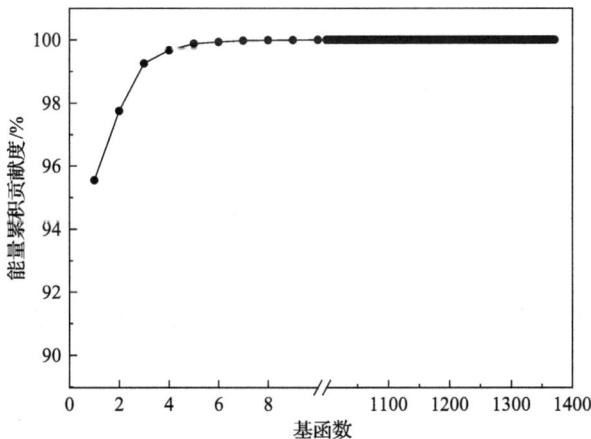

图 2.22　基函数的能量累积贡献度分布

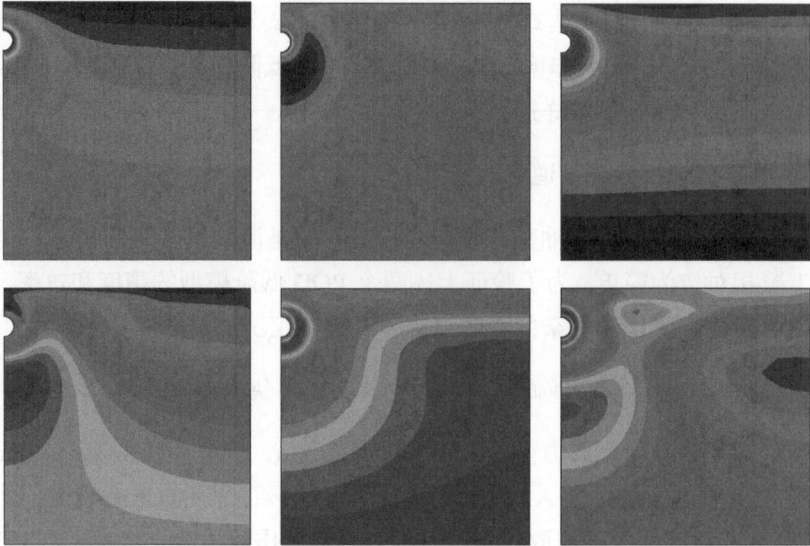

图 2.23　前六个基函数的云图(扫封底二维码见彩图)

　　冷热交替过程的边界条件不像样本边界条件一样是固定的，沿线的油温和气温随时间变化。为了测试 POD 低阶模型，设计了周期性的出站温度变化过程，如图 2.24 所示：油品 A 和 B 的输量均为 2800m³/h，油品 A 输送 2d，油品 B 输送 2d，输送温度分别为 60℃和 20℃，两种油品交替输送。

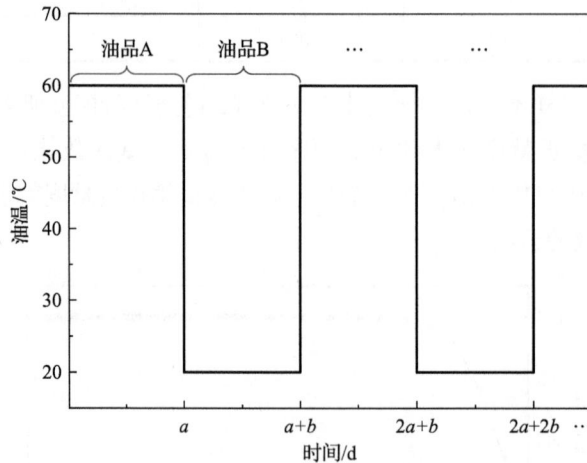

图 2.24　交替输送过程出站油温随时间的变化

　　图 2.25 给出了分别采用 POD-Galerkin 低阶模型和传统的 FVM 方法计算所得不同时刻的沿线油温分布，从图中可以看出，POD 低阶模型计算结果与数值计算结果吻合良好。

　　采用式(2.72)和式(2.73)计算了 POD 低阶模型结果与 FVM 结果之间的偏差。计算结果表明，沿线油温最大偏差为 1.2℃，平均偏差为 0.3℃；由于 POD 低阶模型法捕获的是物理过程的主要信息，将一些"噪声"过滤了，因此，在冷热油交替的地方由于存在温度的波动(相当于噪声),在这些位置计算误差会相对大一些,但最大误差仅为 1.2℃,但该误差仅发生在某一个油温突变的点。

$$E_{\max} = \max\left[T(i) - \hat{T}(i)\right] \tag{2.72}$$

$$E_{\mathrm{av}} = \frac{\sum_{i=1}^{N}\left|T(i) - \hat{T}(i)\right|}{N} \tag{2.73}$$

式中,$E_{\max}$ 为最大偏差;E_{av} 为平均偏差;$T(i)$ 和 $\hat{T}(i)$ 分别为节点 i 处油温的数值计算结果和 POD 低阶模型计算结果;N 为计算节点总数。

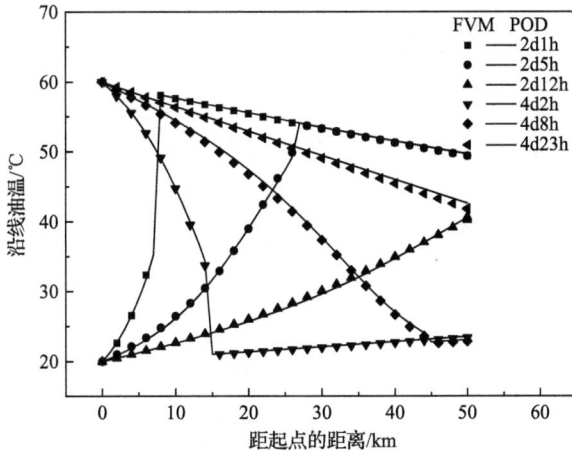

图 2.25　FVM 和低阶模型计算所得的不同时刻的沿线油温分布

图 2.26 和图 2.27 还给出了管道的中间点和末点的油温随时间的变化趋势。图 2.26 是分别采用两种方法计算得到的管道中间点的油温随时间的变化趋势结果的对比情况;图 2.27 是管道末点油温的对比情况。图 2.26 和图 2.27 中左侧的纵坐标代表沿线油温,

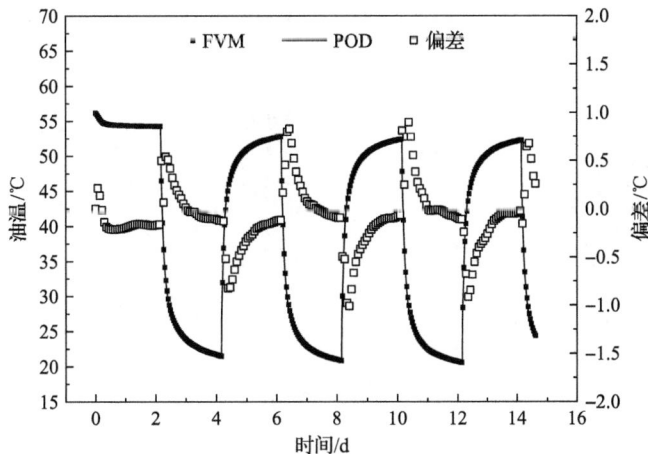

图 2.26　管道中间点油温随时间的变化及计算误差

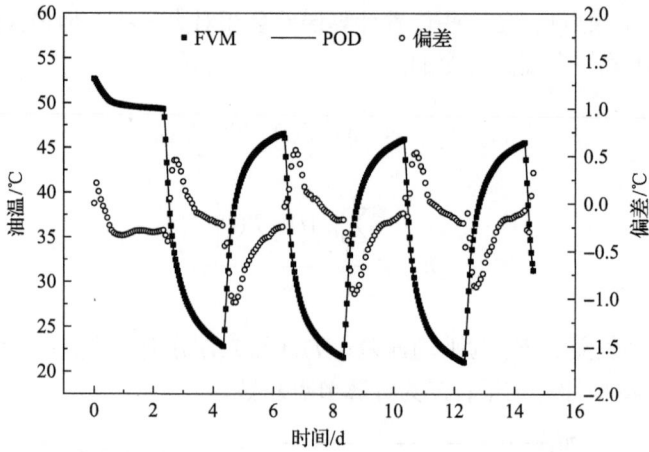

图 2.27　管道末点油温随时间的变化及计算误差

右侧的纵坐标代表 FVM 结果与 POD 低阶模型结果之间的偏差。从图 2.26 和图 2.27 中可以看出，POD 低阶模型的计算结果与 FVM 计算结果吻合较好，最大误差约为 1.0℃，而且最大误差只发生在冷热油交替的时刻。

图 2.28 为任意选择的三个时刻的管道出站和进站处的土壤温度场对比情况，图中实线表示的是 FVM 的计算结果，虚线表示的是 POD 低阶模型的计算结果。从图 2.28 中可以看出两种方法计算得到的土壤温度场吻合很好。

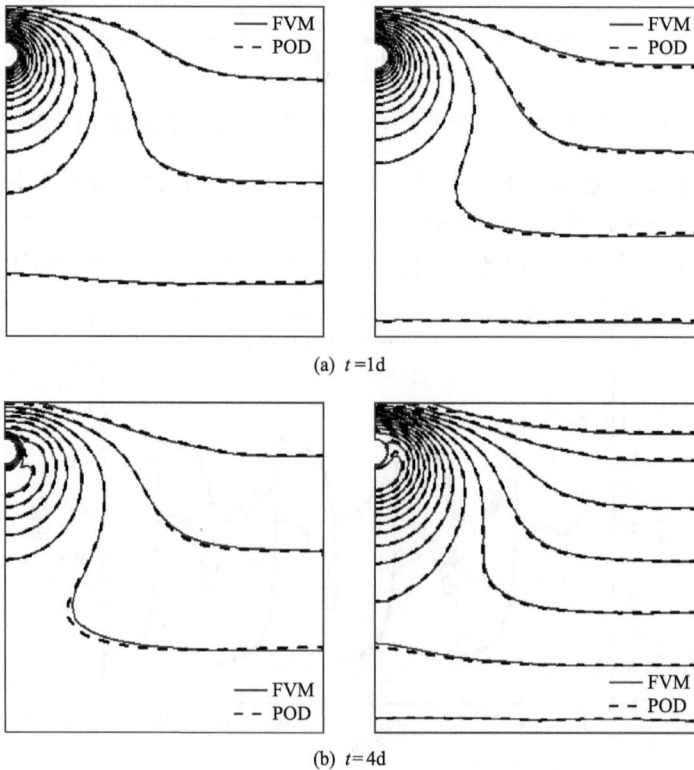

(a) t=1d

(b) t=4d

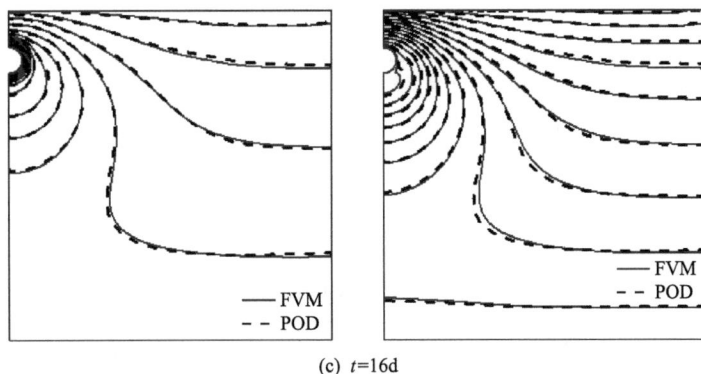

(c) $t=16\text{d}$

图 2.28　FVM 和 POD 计算的不同时刻出站(左)和进站处(右)土壤温度场

为了比较 POD 低阶模型方法的计算优势，给出了模拟不同时间时两种方法的 CPU 耗时，见表 2.3。从表 2.3 中可以看出，传统的采用 Gauss-Seidel 超松弛(松弛因子为 1.5)求解器的 FVM 方法 CPU 耗时是 POD 低阶模型的十余倍。虽然对于单个算例来说，10 余倍的速度提升所节省的时间并不显著，但是对于需要大量算例进行计算的场景来说，其优势是很明显的。

表 2.3　POD-Galerkin 低阶模型和 FVM 计算时间对比

模拟时间/d	FVM 耗时/s	POD 耗时/s	倍数
1	6.4	0.5	12.7
2	11.6	0.9	12.9
4	24.6	1.8	13.7
8	48.2	3.7	13.0
16	100.7	8.3	12.1
30	206.3	14.3	14.4

2. 基于贴体网格 POD 低阶模型的热油管道投产快速热力计算

相比于基于非结构化网格的 POD 低阶模型，基于贴体坐标的 POD 低阶模型的最大优势是其可以应用于不同几何形状的物理问题，即可以应用于不同埋深、管径的埋地热油管道快速热力计算中，其具体流程如下所述。

首先，取样并获得样本矩阵。投产过程是一个原油(或者水)不断向土壤区域散热，而土壤不断吸热，从自然温度场缓慢建立起新温度场的过程。因此，取样时只需计算得到不同形状的求解域、不同边界条件和物性条件下管道横截面处温度场从自然温度场开始慢慢被加热的过程即可。表 2.4 给出了样本条件下各参数的值，表中几何形状 Geo1～Geo6 的具体形状参数见表 2.5。

表 2.4　取样参数表

取样条件	气温 T_a/℃	油温 T_o/℃	土壤恒温层温度 T_c/℃	土壤导热系数 λ_s/[W/(m·℃)]	几何形状
1	20	30	15	0.8	Geo1
2	0	50	5	1.0	Geo2

取样条件	气温 T_a/℃	油温 T_o/℃	土壤恒温层温度 T_c/℃	土壤导热系数 λ_s/[W/(m·℃)]	几何形状
3	−20	70	25	1.2	Geo3
4	25	10	30	1.4	Geo4
5	5	25	0	1.6	Geo5
6	25	40	−20	1.8	Geo6

表 2.5　Geo1~Geo6 几何参数取值表　　　　　　　（单位：m）

几何形状	埋深	管径	沥青层	钢管层
Geo1	1	0.5	0.002	0.008
Geo2	1	0.7	0.003	0.004
Geo3	1.5	0.5	0.004	0.012
Geo4	1.5	0.7	0.005	0.016
Geo5	2.0	0.7	0.006	0.024
Geo6	2.0	1.1	0.007	0.020

　　在表 2.4 所示的取样条件下，采用 FVM 方法计算管道横截面 10d 内的非稳态热力变化过程，初场为自然温度场，时间步长为 600s。在取样过程中并不需要将每一个时间步的温度场都作为样本，只需保证样本中包含该物理问题的特征信息即可。考虑到本问题中温度场在开始时变化较快，而随着时间的增加温度场的变化越来越缓慢，采用以下策略进行取样：①0~5h，所有时间步的温度场都选为样本；②5~10h，隔一个时间步选取一个温度场作为样本；③大于 10h，隔 5 个时间步选取一个温度场作为样本。所以，每个取样条件下可得样本数为 275 个，总取样数为 275×6=1650 个。

　　然后，将所得到的样本组成矩阵，采用 Sirovich 方法分解样本矩阵得到基函数。图 2.29 给出了基函数的能谱曲线，下面将采用前 25 个基函数来对投产的热力变化过程进行快速计算。

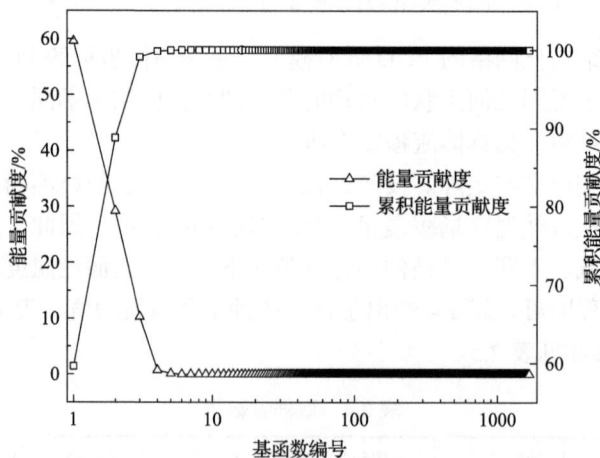

图 2.29　基函数能谱曲线

　　图 2.30 给出了前 25 个基函数中具有代表性的 4 个基函数云图。同上，这 4 个基函数

是基于 Geo4 展示的。

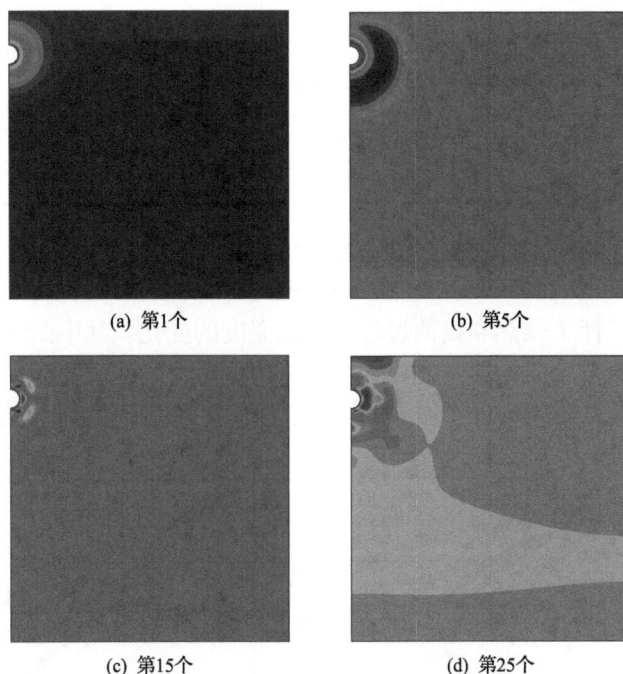

(a) 第1个 　　　　　　　　　　　　　　(b) 第5个

(c) 第15个 　　　　　　　　　　　　　　(d) 第25个

图 2.30　基函数云图(扫封底二维码见彩图)

为了测试所建立的 POD 低阶模型对投产工况进行快速热力计算时的精度和健壮性，接下来基于获得的基函数，采用所建立的 POD 低阶模型对预热投产方式进行快速热力计算。表 2.6 给出了 3 条 50km 长的管道(管 1~管 3)的几何参数、边界条件参数及物性参数。表 2.7 给出了管 1~管 3 中所要投产的原油 1~原油 3 的物性。

表 2.6　管 1~管 3 参数表

管道	埋深/m	管径/m	沥青层/m	钢管层/m
管 1	1.7	0.711	0.0055	0.0175
管 2	1.9	0.914	0.006	0.0222
管 3	2.1	1.016	0.008	0.027
管道	T_a/℃	T_c/℃	λ_s/[W/(m·℃)]	原油流量/(m³/h)
管 1	15	−15	0.7	2000
管 2	25	5	0.9	1700
管 3	30	−4	1.1	2500

表 2.7　原油 1~原油 3 物性表

原油	凝点/℃	密度/(kg/m³)	比热容/[J/(kg·℃)]	黏度/(Pa·s)
原油 1	30	750	2500	$0.05e^{-0.02(T_o-50)}$
原油 2	35	800	2200	$0.1e^{-0.02(T_o-50)}$
原油 3	45	900	2700	$0.2e^{-0.02(T_o-50)}$

　　由于原油的凝点较高，在这三条管道投油之前需采用热水对其进行预热，以确保投油安全，预热方案如表 2.8 所示。

表 2.8　管 1～管 3 的预热方案表

管道	水出站温度/℃	水的流量/(m³/h)	预热时间/h
管 1	40	2000	24
管 2	50	1700	48
管 3	60	2500	72

　　图 2.31 给出了管 1 预热和投油过程中沿线温度的变化。其中图 2.31(a) 为预热过程中 POD 低阶模型计算得到的沿线温度与 FVM 计算得到的沿线温度对比图；图 2.31(b) 为投油过程中 POD 低阶模型计算得到的沿线温度与 FVM 计算得到的沿线温度对比图。

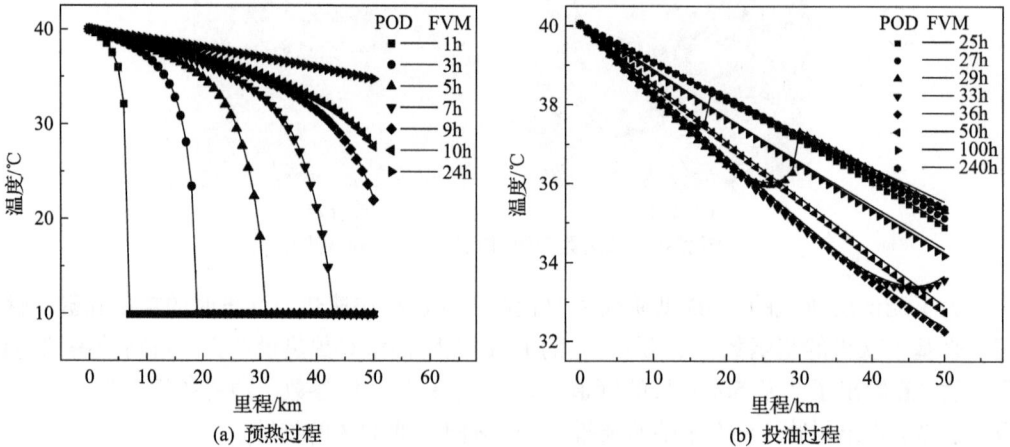

(a) 预热过程　　　　　　　　　　　　(b) 投油过程
图 2.31　管 1 预热投产过程中沿线油温分布

　　从图 2.31(a) 中可以看出，热水进入管道后，水头(处在最前端的水)的温度迅速下降，等水头到达管道末端后，其温度基本接近地温；然后，随着时间的推移，管道周围环境不断地加热，管道沿线温度迅速升高。从图 2.31(a) 中可以看出，POD 低阶模型准确地描述了预热过程中这一热力规律，并且在不同时刻其计算得到的沿线温度曲线与 FVM 计算得到的结果吻合良好。

　　从图 2.31(b) 中可以看出，投油过程中的热力规律相当复杂。按照沿线油温分布的变化可将投油过程基本分为如下三个过程：沿线温度有转折的过程(代表性时刻：25h、27h 和 29h)、沿线油温降低的过程(代表性时刻：33h、36h)、沿线油温升高的过程(代表性时刻：50h、100h、240h)。尽管投油过程中的热力规律如此复杂，POD 低阶模型仍然能抓住这些规律，并且计算得到的解与 FVM 结果吻合良好。

　　图 2.32 和图 2.33 分别给出了管 2 和管 3 预热投产过程中沿线油温分布，其热力规律与上述类似，不再赘述。尽管管 2 和管 3 之间的几何参数、边界条件和物性之间都有较大差异，POD 低阶模型都能对其预热投产热力变化过程进行准确计算，这充分说明了 POD 低阶模型的健壮性。

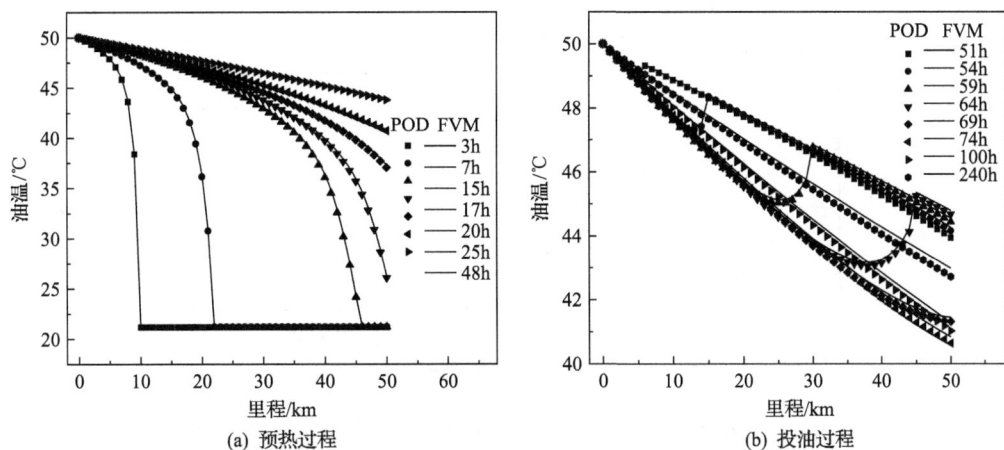

图 2.32　管 2 预热投产过程中沿线油温分布

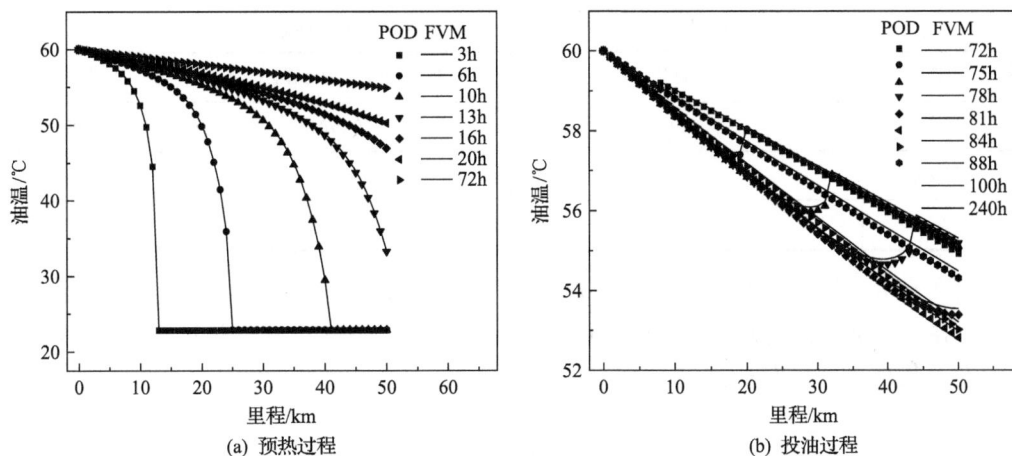

图 2.33　管 3 预热投产过程中沿线油温分布

通过计算 POD 低阶模型的误差发现,其计算得到的沿线油温最大误差不超过 0.3℃,平均误差不超过 0.2℃,可以满足工程精度需求。图 2.34 给出了代表性时刻下管 1 管道中点处的土壤湿度场,其中实线为 FVM 计算结果,虚线为 POD 低阶模型计算结果,从图中可以看出,二者吻合良好。管 2 和管 3 管道横截面的温度场对比图与管 1 类似,故不再给出。

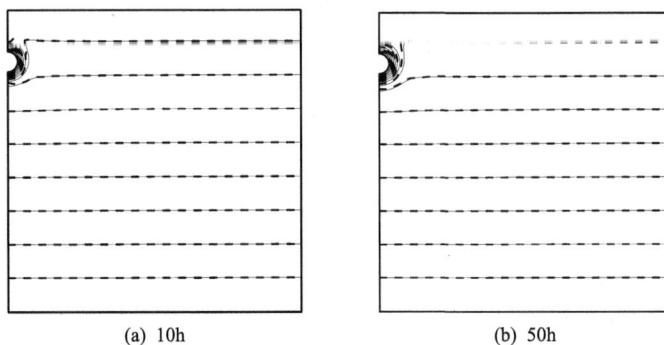

(a) 10h　　　　　　　　(b) 50h

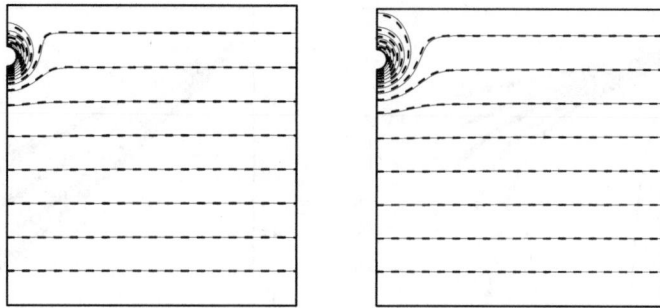

(c) 100h　　　　　　　　　　(d) 240h

图 2.34　管 1 中点处管道横截面温度场

　　为了验证 POD 低阶模型的速度优势，对采用 POD 低阶模型和 FVM 计算投产过程的耗时进行了统计，结果如表 2.9 所示。

表 2.9　POD 低阶模型和 FVM 计算耗时对比

管道	FVM 计算耗时/h	POD 低阶模型计算耗时/h	倍数
管 1	2.19	0.0201	109
管 2	1.95	0.0206	95
管 3	2.31	0.0192	120

　　综上可知，基于贴体坐标的 POD 低阶模型可以实现不同埋深、管径输油管道的投产计算，在本算例中其最大误差不超过 0.3℃，平均误差不超过 0.2℃，计算速度为 FVM 方法计算速度的 100 倍左右。

2.6　小　　结

　　本章构建了多维度的水热力仿真加速技术体系，其中：在计算规模缩减方面，开发了时空自适应仿真方法，通过"当地时层误差控制"和"多层次网格系统"实现时间步长与空间网格的协同优化，同时基于 POD 的低阶模型将管道投产方案的仿真计算速度相比 FVM 方法提升了 100 倍左右；在矩阵求解加速方面，"分而治之"策略结合 TDMA 算法使 555km 管网求解耗时仅为直接解法的 64%；在高性能计算方面，基于 GPU 并行技术实现水力/热力仿真分别 23.2 倍和 14.9 倍的硬件加速。将上述各项技术进行结合使用，可显著提高大规模管网仿真的计算效率。

参 考 文 献

[1] Dyachenko S A, Zlotnik A, Korotkevich A O, et al. Operator splitting method for simulation of dynamic flows in natural gas pipeline networks[J]. Physica D: Nonlinear Phenomena, 2017, 361: 1-11.

[2] Gato L M C, Henriques J C C. Dynamic behaviour of high-pressure natural-gas flow in pipelines[J]. International Journal of Heat and Fluid Flow, 2005, 26(5): 817-825.

[3] Tentis E, Margaris D, Papanikas D. Transient gas flow simulation using an adaptive method of lines[J]. Comptes Rendus

Mecanique, 2003, 331(7): 481-487.

[4] 梁炎明, 郑岗, 刘涵. 基于自适应步长的天然气管网动态仿真[J]. 计算机工程与应用, 2011, 47(7): 233-235.

[5] Ruponen P. Adaptive time step in simulation of progressive flooding[J]. Ocean Engineering, 2014, 78(78): 35-44.

[6] Söderlind G. Automatic control and adaptive time-stepping[J]. Numerical Algorithms, 2002, 31(1-4): 281-310.

[7] Söderlind G. Digital filters in adaptive time-stepping[J]. ACM Transactions on Mathematical Software, 2003, 29(1): 1-26.

[8] Han D, Yu B, Wang Y, et al. Fast thermal simulation of a heated crude oil pipeline with a BFC-based POD reduced-order model[J]. Applied Thermal Engineering, 2015, 88: 217-229.

[9] Yan F, Jiao K, Nie C, et al. Fast prediction of the temperature field surrounding a hot oil pipe using the POD-BP model[J]. Processes, 2023, 11(9): 2666.

[10] Egger H, Kugler T, Liljegren-Sailer B, et al. On structure-preserving model reduction for damped wave propagation in transport networks[J]. Siam Journal on Scientific Computing, 2017, 40(1): A331-A365.

[11] Liljegren-Sailer B, Marheineke N. A structure-preserving model order reduction approach for space-discrete gas networks with active elements[J]. Progress in Industrial Mathematics at ECMI, 2016, 19: 439-446.

[12] Bergera M J, Oligerb J. Adaptive mesh refinement for hyperbolic partial differential equations[J]. Journal of Computational Physics, 1984, 53(3): 484-512.

[13] Berger M J, Jameson A. Automatic adaptive grid refinement for the Euler equations[J]. AIAA Journal, 1985, 23(4): 561-568.

[14] Pretorius F, Choptuik M W. Adaptive mesh refinement for coupled elliptic-hyperbolic systems[J]. Journal of Computational Physics, 2005, 218(1): 246-274.

[15] Guo Q, Xie W, Nie Z, et al. New method for the transient simulation of natural gas pipeline networks based on the fracture-dimension-reduction algorithm[J]. Natural Gas Industry B, 2023, 10(5): 490-501.

[16] 南发学, 亢春, 张海, 等. 热油管道停输温降数值模拟[J]. 天然气与石油, 2009(1): 7-10.

[17] 吴国忠, 曲洪权, 庞丽萍, 等. 埋地输油管道非稳态热力计算数值求解方法[J]. 油气田地面工程, 2001, 20(6): 6-7.

[18] 宇波, 徐诚, 张劲军. 冷热原油交替输送停输再启动研究[J]. 油气储运, 2009, 28(11): 4-16.

[19] 赵家辉, 黄茹阳. 基于 FLUENT 的曲西原油管道停输过程模拟[J]. 管道技术与设备, 2022(6): 14-17.

[20] 王沛迪. 基于 FLUENT 的埋地含蜡原油管道停输过程模拟[J]. 辽宁化工, 2016, 45(7): 966-967, 971.

[21] 龙安厚, 张帆, 韩帅. 基于 Fluent 的海底输油管道停输温降数值模拟[J]. 科学技术与工程, 2011, 11(34): 8474-8476, 8485.

[22] 王鹏. 复杂天然气管网快速准确稳健仿真方法研究及应用[D]. 北京: 中国石油大学(北京), 2016.

[23] 宇波, 王鹏, 王丽燕, 等. 基于分而治之思想的天然气管网仿真方法[J]. 油气储运, 2017, 36(1): 10.

[24] Wang P, Yu B, Han D, et al. Fast method for the hydraulic simulation of natural gas pipeline networks based on the divide-and-conquer approach[J]. Journal of Natural Gas Science & Engineering, 2018, 50: 55-63.

[25] 文世鹏, 张明. 应用数值分析[M]. 北京: 石油工业出版社, 2005.

[26] Russell R D, Christiansen J. Adaptive mesh selection strategies for solving boundary value problems[J]. Siam Journal on Numerical Analysis, 2006, 15(1): 59-80.

[27] 迟学斌, 王彦棡, 王珏, 等. 并行计算与实现技术[M]. 北京: 科学出版社, 2015.

[28] 刘文志. 并行编程方法与优化实践[M]. 北京: 机械工业出版社, 2015.

[29] NVIDIA Corporation. CUDA C Programming Guide(v10.1)[EB/OL]. (2025-02-28)[2025-03-10]. https://docs.nvidia.com/cuda/ cuda-c-programming-guide/index.html.

[30] Thibault J C. Implementation of a Cartesian Grid incompressible Navier-Stokes solver on multi-GPU desktop platforms using CUDA[D]. Boise: Boise State University Theses & Dissertations, 2009.

[31] Tolke J, Krafczyk M. TeraFLOP computing on a desktop PC with GPUs for 3D CFD[J]. International Journal of Computational Fluid Dynamics, 2008, 22(7): 443-456.

[32] Michalakes J, Vachharajani M. GPU acceleration of numerical weather prediction[C]. 2008 IEEE International Symposium on Parallel and Distributed Processing, Miami, 2008.

[33] Acuña M A, Aoki T. Real-time tsunami simulation on multi-node GPU cluster[C]. ACM/IEEE Conference on Supercomputing, Portland, 2009.

[34] Yu S, Liu H, Chen Z J, et al. GPU-based parallel reservoir simulation for large-scale simulation problems[C]. SPE Europec/EAGE Annual Conference, Copenhagen, 2012.

[35] 张军华, 臧胜涛, 单联瑜, 等. 高性能计算的发展现状及趋势[J]. 石油地球物理勘探, 2010, 45(6): 918-925.

[36] 向月. 基于 CPU+GPU 异构计算的天然气管网瞬态仿真方法及其应用研究[D]. 北京: 中国石油大学(北京), 2018.

[37] 袁庆. 含蜡原油管道停输再启动高效数值方法研究[D]. 北京: 中国石油大学(北京), 2019.

[38] Yuan Q, Jiang W X, Guo M Y, et al. GPU-accelerated transient thermo-hydraulic simulation of weakly compressible restart flow of a non-Newtonian fluid in a long-buried hot oil pipeline[J]. Applied Thermal Engineering, 2023, 227: 120299.

[39] Xiang Y, Wang P, Yu B, et al. GPU-accelerated hydraulic simulations of large-scale natural gas pipeline networks based on a two-level parallel process[J]. Oil & Gas Science and Technology, 2020, 75: 86.

[40] Mroueh H, Shahrour I. Use of sparse iterative methods for the resolution of three-dimensional soil/structure interaction problems[J]. International Journal for Numerical and Analytical Methods in Geomechanics, 1999, 23(15): 1961-1975.

[41] Helfenstein R, Koko J. Parallel preconditioned conjugate gradient algorithm on GPU[J]. Journal of Computational and Applied Mathematics, 2012, 236(15): 3584-3590.

[42] Sheen S C, Wu J L. Solution of the pressure correction equation by the preconditioned conjugate gradient method[J]. Numerical Heat Transfer, Part B: Fundamentals, 1997, 32(2): 215-230.

第 3 章 原油管道水热力过程规律分析

本章以第 1 章和第 2 章为基础，分别对原油管道多种典型输送工况进行仿真计算，结合所获得的仿真结果开展原油管道水热力特性分析，掌握原油管道输送过程水热力变化规律，这对于保障原油管道的安全经济运行具有一定的指导意义。

3.1 典型输送工况简介

随着数值仿真技术的快速发展，原油管道复杂输送过程的定量计算已成为可能，这为原油管道水热力特性的深入分析奠定了坚实的基础。原油管道预热投产[1,2]、间歇输送[3,4]、差温顺序输送[5-7]、双管并行敷设输送[8-10]、冻土地区管道输送[11,12]及停输再启动[13-15]等输送工况在时间上或空间上具有一定的复杂性，结合数值仿真技术分析这些输送过程的水热力规律有助于我们更深刻地理解这些输送过程。原油管道预热投产、间歇输送和差温顺序输送均是原油管道具有代表性的几种输送工况，尽管这些输送工况可采用一般的正常输送数值仿真模型和方法进行仿真，但这些输送工况所涉及的输送场景及水热力规律存在一定区别，3.2～3.4 节将结合具体的仿真结果分析这些输送工况的水热力规律。此外，双管并行敷设输送、冻土地区管道输送及停输再启动是三种特殊的管道输送工况，往往需要采用特殊的数值模型和方法进行仿真，这三种工况所涉及的输送场景已经在第 1 章进行了介绍，本节不再赘述，3.5～3.7 节将结合仿真结果分析这三种特殊工况的水热力规律。

原油管道投产是衔接原油管道建设和运行的重要阶段。为了保证输送易凝高黏原油的管道顺利投产，避免凝管事故发生，在管道投产时常采用预热措施，使管道能够高效、安全地转入正常热输状态[16]。水和轻质原油具有黏度小、凝点低的特点，常被作为原油管预热投产过程中的预热介质[17]。在预热过程中，管道附近的土壤不断从管内预热介质中吸收热量，其温度逐渐升高，与管内预热介质之间的温差逐渐缩小，管内预热介质的热损失也逐渐下降，预热介质温度随着预热时间的增加逐渐攀升[18]。当管内预热介质温度及管道附近土壤蓄热量上升到一定程度后，再适时向管道中投入易凝高黏原油。然而，在向管道中投入易凝高黏原油之前，需保证易凝高黏原油进站油温高于管道输送所要求的最低进站油温，防止预热不充分而造成严重的凝管事故。

间歇输送是应对热油管道低输量运行的一种重要的技术措施，这种输送方式具有节约输油成本，无须改造设备，并有利于设备高效运行等优点[4,19]。在原油管道间歇输送过程中，管道频繁启停，再加之管道周围并没有稳定的土壤温度场，土壤温度场、油流温度、管道流量和压力等参数均处于复杂的瞬变状态，水热力规律复杂。据报道，俄罗斯萨哈林岛油田集输管线、英国芬纳特-格兰奇茅斯转运管线及北非的梅莱哈-哈姆拉管道均曾间歇输送运行[20]。20 世纪八九十年代，由于我国部分油田产量的递减及流向的调整，我国中东部管网部分长距离输油管道的输量明显不足(如中洛线),管道处于低输量状态运行。为节约输油成本及避免设备改造并保障设备高效运行,在部分管道进行过间歇输送试验。此外,文献显示魏荆管道、中朝管道、库鄯管道、湛茂管道[21,22]都曾进行过间歇输送试验或研究,也有油田集输管道、码头装油管道成功采用间歇输送工艺的报道。当原油管道采用间歇输送工艺时,管道水热力特性如何变化,能否满足管道安全运行条件,是间歇输送管道需要重点关注的问题。

近年来,我国原油消费快速增长,原油进口量持续攀升,对外依存度已超过了70%。此外,我国石油资源分布与消费区域的特点决定了一些炼厂也会同时接受多个油田不同品质的国产原油。因此,输油管道油源多样化的局面客观存在。一般地,将多种不同品质的原油分别进行"单管单输"既不经济也无必要。混合输送在管输工艺上比较简单,但原油的品质不同,混合后可能会对炼厂设备、加工工艺及其炼制产品产生不良影响。例如,大庆原油若掺混了含硫量较高的俄罗斯原油,就难以再生产出优质的润滑油[23,24]。近年来,炼化企业要求不同品质原油分储分输的声音此起彼伏,发展长距离管道多种原油顺序输送技术,实现不同品质原油的分储分输具有较强的现实需求。不同品质原油的顺序输送技术已相继在东北管道与西部原油管道得到应用,此前中国石油化工集团有限公司(简称中石化)多条管道已实现了进口原油的顺序输送。但是,我国不同油田所产原油的物性参数(特别是凝点)和流变性存在明显差异,且多为易凝高黏原油,而进口原油在常温下通常流动性较好。若将需加热输送的原油与轻质低凝原油在同一管道实施顺序输送,为保证管道安全经济运行,可采用差温顺序输送方式,亦称作冷热油交替输送。在顺序输送具有不同流动特性的原油时,根据安全与节能的需要调整油品加热温度,以节约能耗[23,24]。但在整个原油管道差温顺序输送过程中,管道始终处于水热力瞬变状态,探明该过程中水热力瞬变规律对于合理制定原油管道差温顺序输送方案及保障管道的安全运行均具有重要意义。

3.2　原油管道预热投产过程规律分析

3.2.1　不同预热投产方式规律分析

在原油管道预热投产过程中,由于受到预热介质(热水或轻质油)供应量等条件的限制,实际生产时可能采用正向预热、反向预热、正反向预热及反正向预热等多种预热方式[25],本节将以100km长的原油管道投产预热为例探讨多种预热投产方式的热力规律。

1. 正向预热规律

图3.1展示了正向投水预热72h,再正向投油过程的管道沿线介质温度分布。由图3.1可知,在正向投水预热过程中,管内热水的沿线温度不断升高。在投油后介质置换过程中,油温下降的幅度更大,这是因为原油的比热容比水小,散失相同热量的条件下,油温下降的幅度比水更大。介质置换完毕之后,管内末端油温随着时间的推进有所下降,这是管道末端预热不充分,原油的比热容又比水小很多所造成的。因此,在实际工程中

采用正向预热投产时,不能单纯以同一标准的预热介质进站温度来判断管道是否具备投油条件,还应该综合考虑管道所处的环境条件及油品特性等条件。

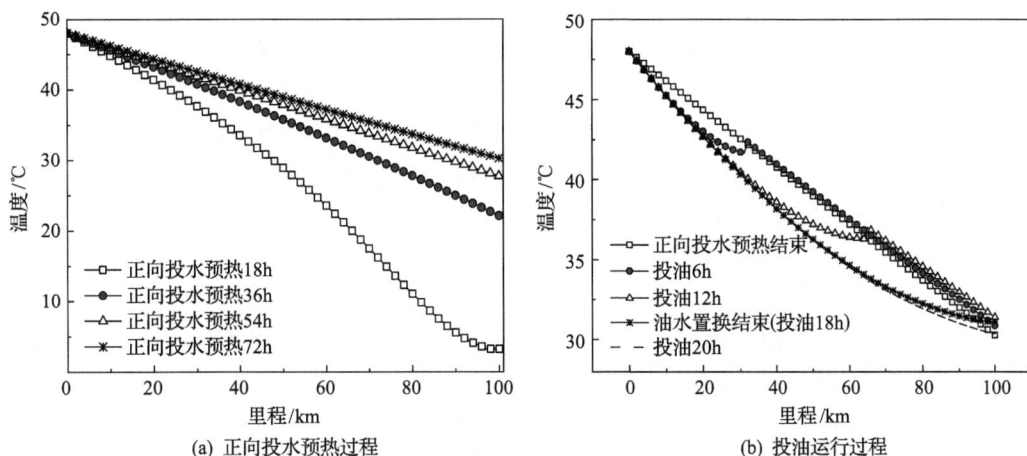

(a) 正向投水预热过程　　　　　　　　(b) 投油运行过程

图 3.1　正向投水预热投产不同时刻管道沿线管流介质温度分布

2. 反向预热规律

图 3.2 展示了反向投水预热 72h,再正向投油过程的管道沿线介质温度分布。由图 3.2 可知,在反向投水预热过程中,管内热水的沿线温度不断升高。投油后介质置换过程中,由于管内介质流向转变,管道起点处的热油将推动反向投水结束后管道起始段的冷水(冷水头)往管道下游移动,油水交界面处将出现最大温差。随着投油进程的推进,油水交接面处的温差逐渐缩小,这主要是两方面的原因:一方面,冷水头温度较低,与管道周围土壤温差相对较小,且水的比热容较大,因此温降较慢;另一方面,热油头温度较高,且原油的比热容较小,因此温降较快。介质置换完成时,整个管线最低油温区域并不在管道的末端,而在管道中间某位置(该算例中位于距管道起点 74km 处)。这是油头被推到管道末端区域时,将会被管道末端周围已经预热的土壤加热所造成的。介质置换完成

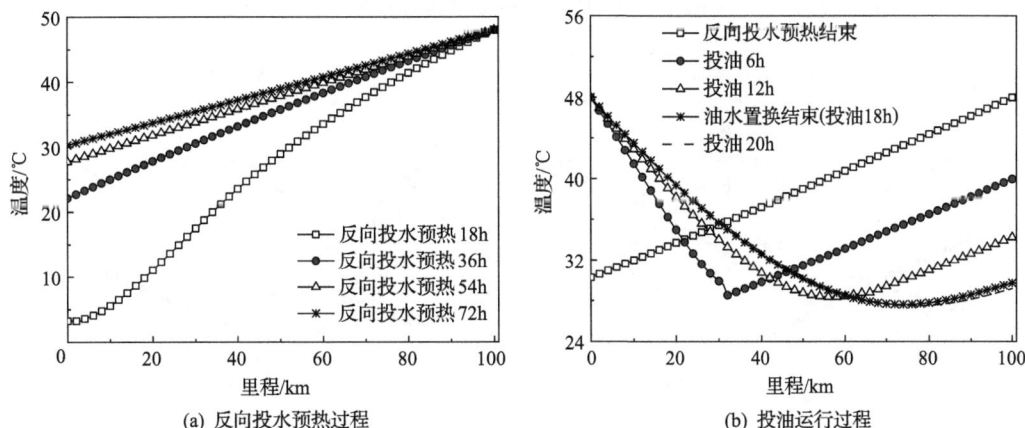

(a) 反向投水预热过程　　　　　　　　(b) 投油运行过程

图 3.2　反向预热投产不同时刻管道沿线管流介质温度分布

之后，随着投油进程的持续推进，这一温度最低区域将会往管道末端推进。算例中投油20h时，温度最低点已经位于距离管道起点77km处，这是因为反向预热对土壤温度的影响将会随着投油过程的进行而逐渐被削弱，从热量传递的角度来看，在介质置换完成之后的一段时间内管道末端区域热量将会先由管道周围土壤传递到管内介质，而后热量又会从管内介质传递到管道周围土壤。反向预热投产时，油水介质置换完成之后的一段时间内，管内最低油温区域不在管道的末端。因此，其间一旦发生事故停输，管内原油最可能发生胶凝的区域将会出现在管道中间某位置，准确把握这一最危险区域的位置及该位置处原油的热力变化规律对于事故抢险具有重要意义。

3. 正反向预热规律

这里将进行一次正向预热再进行一次反向预热定义为正反向预热方式的一个预热周期。当总预热时间保持不变时，一个周期正反向预热时间越短，则预热周期次数就越多。另外，一个周期正向预热时间越短，则意味着预热介质供应量就可以越少。表 3.1 列出了三种正反向预热周期下的预热方案。

表 3.1　三种正反向预热周期下的预热方案

预热方案	方案 1	方案 2	方案 3
预热时间	正向预热 36h 反向预热 36h	正向预热 18h，反向预热 18h 正向预热 18h，反向预热 18h	正向预热 12h，反向预热 12h 正向预热 12h，反向预热 12h 正向预热 12h，反向预热 12h

图 3.3 展示了不同预热周期下正反向投水预热 72h，再正向投油过程的管道沿线介质温度分布。由图 3.3 可知，不同方案下投油之后沿线介质温度分布的变化规律是相似的，但由于预热周期次数的不同，预热过程中沿线水温的分布变化规律有所差别。在方案 1中，正向预热结束之后，从管道起点至管道终点热水温度依次减小，反向预热结束之后热水温度分布呈现相反的规律；在方案 2 与方案 3 中，每一个周期内正向预热结束之后与反向预热结束之后呈现出与方案 1 相似的规律，但由于周期内正向预热与反向预热会发生介质流向的转变，在管道中部会出现水温较低的区域。

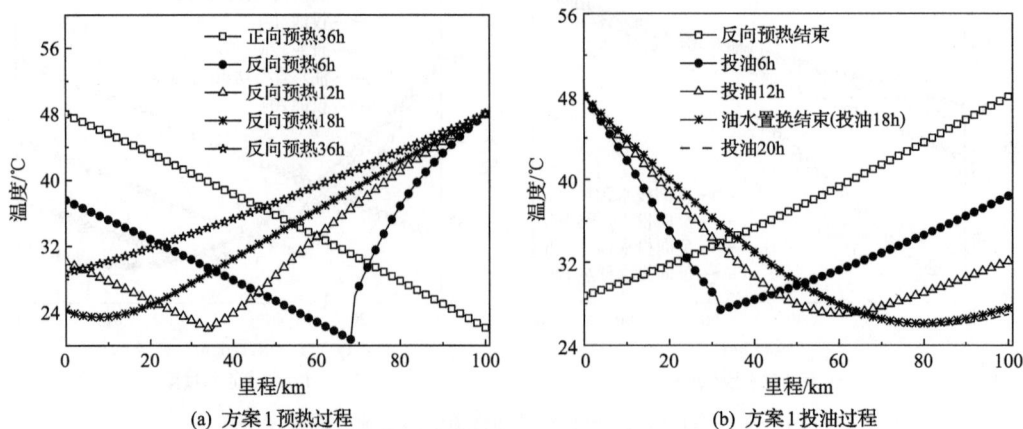

(a) 方案1预热过程　　　　　　　　　(b) 方案1投油过程

(c) 方案 2 预热过程

(d) 方案 2 投油过程

(e) 方案 3 预热过程

(f) 方案 3 投油过程

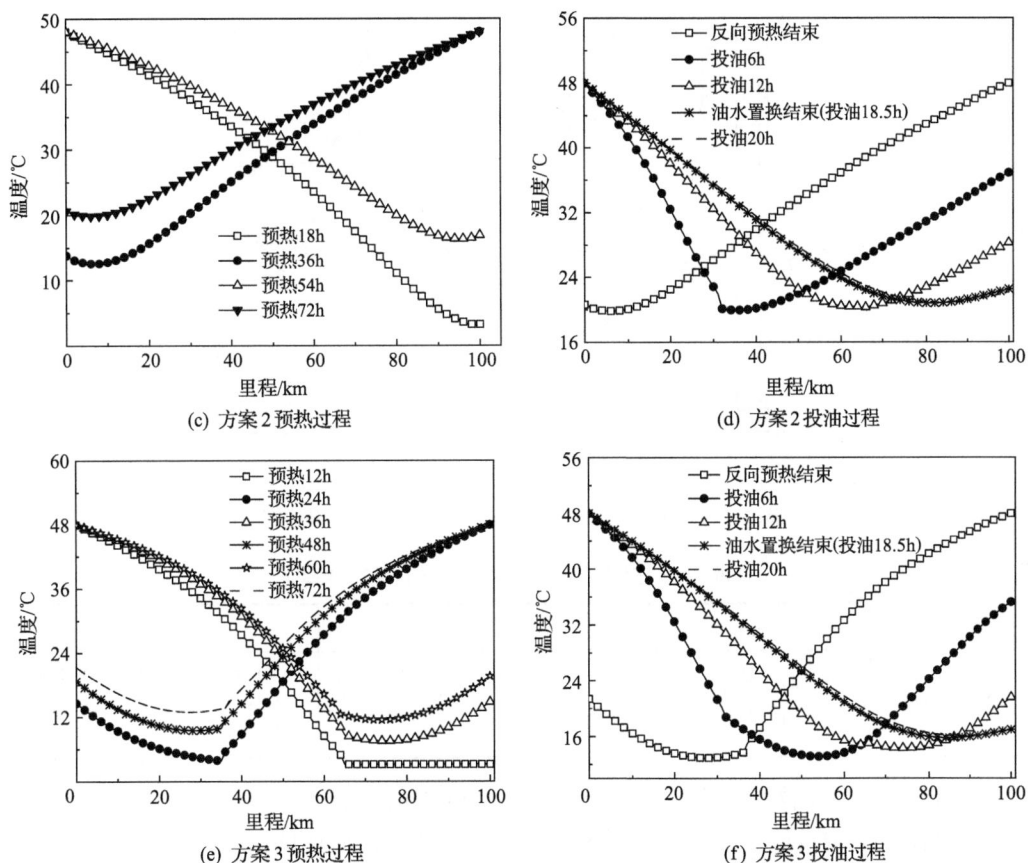

图 3.3　三种正反向预热管流介质沿线温度分布图

图 3.4 展示了不同预热周期下正反向投水预热 72h,再正向投油过程中管道末点介质温度随时间的变化曲线。从图 3.4 中可以看出,各方案下进站油温开始差别较大,之后逐渐趋于一致。方案 1 的最低进站油温要比方案 2 高 3.4℃,比方案 3 高 7.6℃。在整个投油过程中,同一时刻方案 1 的进站油温最高,方案 3 最低,方案 2 居中。因此,无论是从最低进站油温还是从整个过程的进站油温来看,方案 1 的运行方案都是更优的预热投产方案。也就是说在原油管道预热投产过程中,相同的预热时间内,正反向预热的周期次数越少,取得的预热效果越好。其原因在于正反向预热周期次数越多,在管道中部的低温区域处于管道内部的时间就会越长,使预热效果大大减弱,同时每次预热介质输送方向反转后,都会有很大一部分较高温度的预热介质被顶挤出管道,大大浪费了预热介质的能量。

4. 反正向预热规律

类似地,这里将进行一次反向预热再进行一次正向预热定义为反正向预热方式的一个预热周期,表 3.2 列出了三种反正向预热周期下的预热方案。

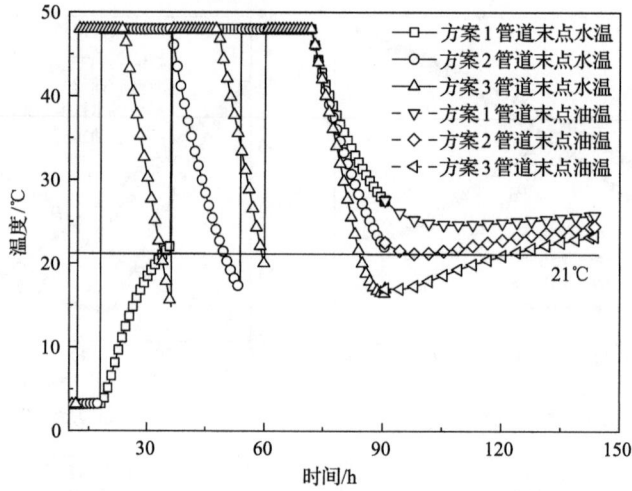

图 3.4　三种正反向预热管道末点介质温度变化曲线

表 3.2　三种反正向预热周期下的预热方案

预热方案	方案 4	方案 5	方案 6
预热时间	反向预热 36h 正向预热 36h	反向预热 18h，正向预热 18h 反向预热 18h，正向预热 18h	反向预热 12h，正向预热 12h 反向预热 12h，正向预热 12h 反向预热 12h，正向预热 12h

图 3.5 展示了不同预热周期下反正向投水预热 72h，再正向投油过程中沿线介质温度分布。从图 3.5 中可以看出，在相同时刻，方案 4 中预热阶段的沿线介质温度分布规律恰好与正反向预热中的方案 1 完全相反，同样方案 5 和方案 6 中预热阶段的沿线介质温度分布规律也恰好与正反向预热中方案 2 和方案 3 完全相反，这是由于两类方案正向预热和反向预热的过程是完全相反引起的。另外，方案 4～方案 6 中投油阶段管道中存有最后一个预热周期正向预热的热水，所以投油阶段的沿线介质温度分布规律与前面的正向预热规律相似，而方案 1～方案 3 中投油阶段管道中存有最后一个预热周期反向预热的热水，所以投油阶段的沿线介质温度分布规律与前面的反向预热规律相似。

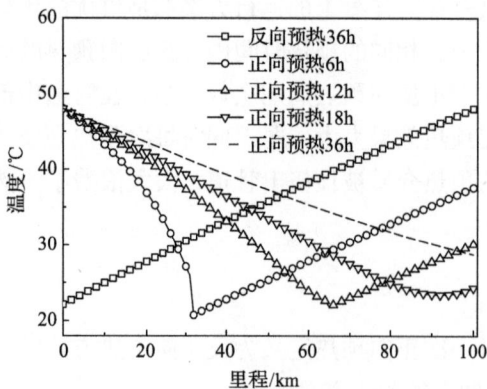

(a) 方案 4 预热过程

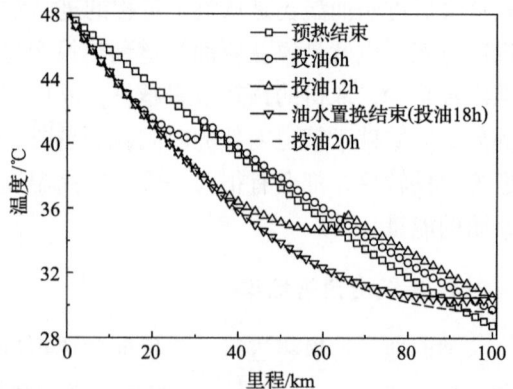

(b) 方案 4 投油过程

(c) 方案 5 预热过程

(d) 方案 5 投油过程

(e) 方案 6 预热过程

(f) 方案 6 投油过程

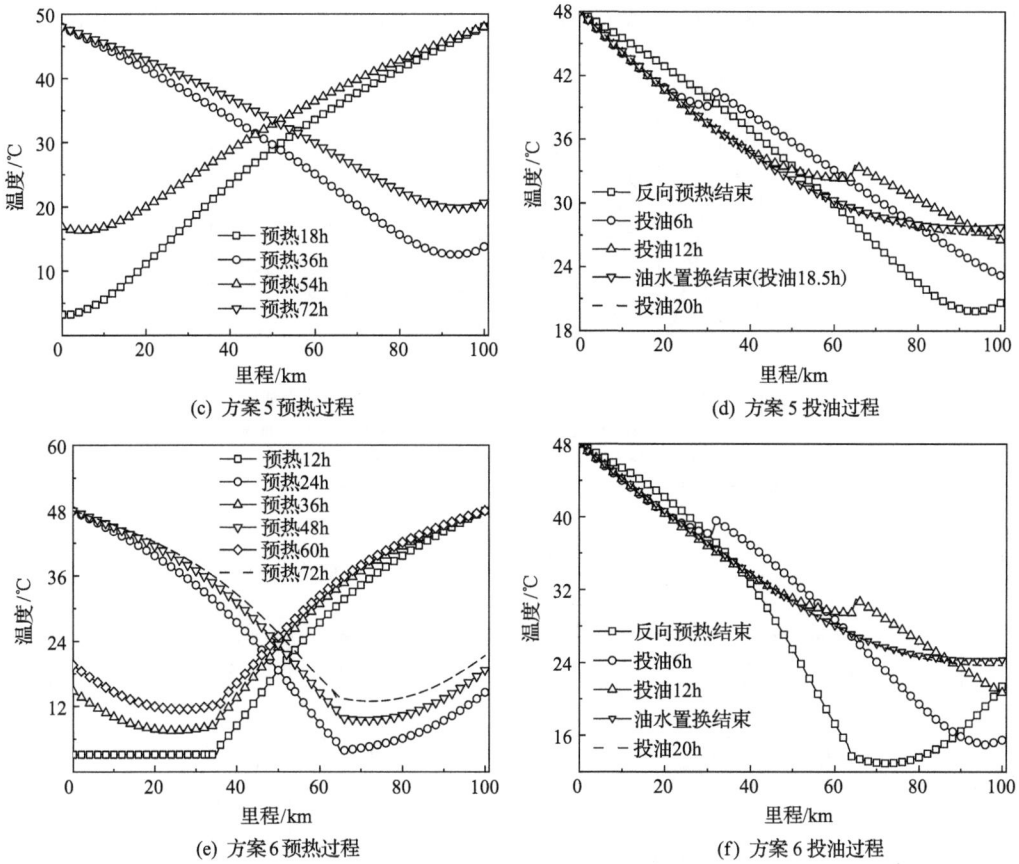

图 3.5 三种反正向预热管流介质沿线温度分布图

图 3.6 展示了不同预热周期下反正向投水预热 72h,再正向投油过程中管道末点介质温度随时间的变化曲线。由图 3.6 可知,不同方案下的进站油温有所差别,但逐渐趋于一致。方案 4 的最低进站油温要比方案 5 高 1.7℃,比方案 6 高 2.2℃。同时整个投油过程中,在同一时刻方案 4 的油品进站油温最高,方案 6 最低,方案 5 居中。因此,无论是从最低进站油温来看还是从整个过程的进站油温来看,方案 4 都是最优的预热投产方案,也就是说在原油管道预热投产过程中,相同的预热时间内,反正向预热的周期次数越少可以取得越好的预热效果,其原因与正反向预热相似,不再赘述。

图 3.7 展示了不同预热周期下反正向与正反向两种预热方式的管道末点介质温度变化情况的对比。由图 3.7 可知,方案 4 最低进站油温要比方案 1 高 1.6℃;方案 5 最低进站油温要比方案 2 高 3.3℃;方案 6 最低进站油温要比方案 3 高 5.4℃。在相同预热周期次数下,反正向预热的最低进站油温要比正反向预热的高,并且在整个投油过程的相同时刻,反正向预热的进站油温始终高于正反向预热的进站油温,也就是说反正向预热的效果要好于正反向预热的效果。这主要是因为相同周期内反正向预热的预热介质输送方向的转变次数总会比正反向预热的转变次数少 1 次,这意味着正反向预热时管道中低温预热介质区域在管道中存留的时间总会比反正向预热的长。而且,正反向预热时管道中较高温度的预热介质被顶挤出管道的时间同样会长,预热介质的热能将被浪费得更多。

由于这样同一个因素所产生的两方面影响,反正向预热的效果要好于正反向预热的效果。

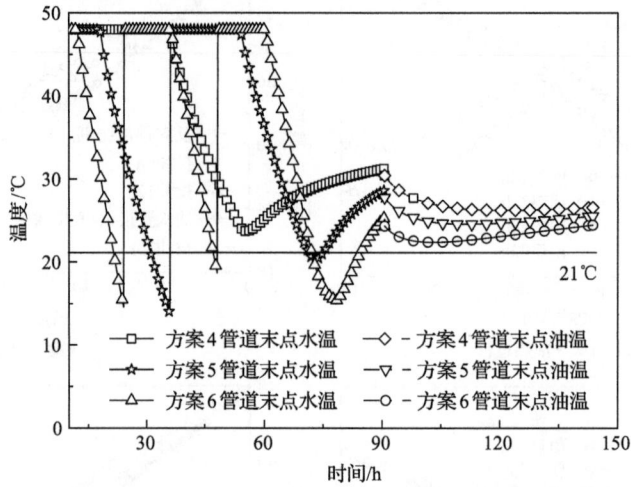

图 3.6 三种反正向预热管道末点介质温度变化曲线

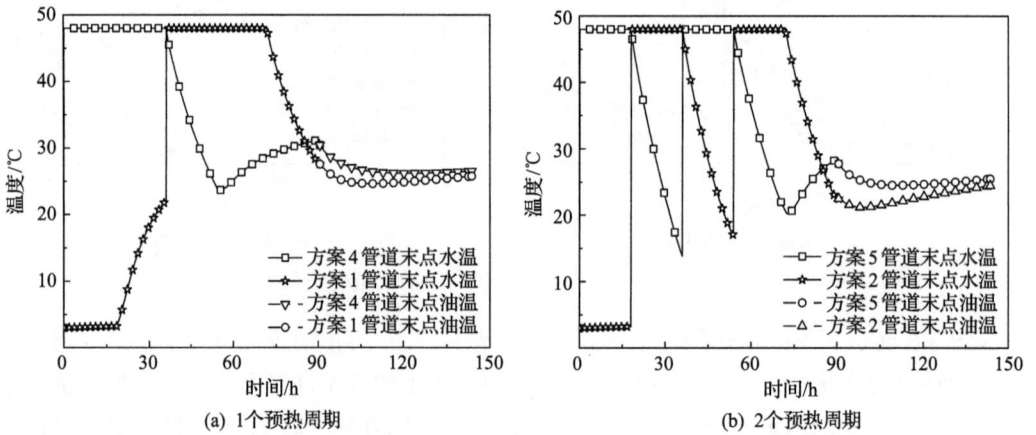

(a) 1个预热周期

(b) 2个预热周期

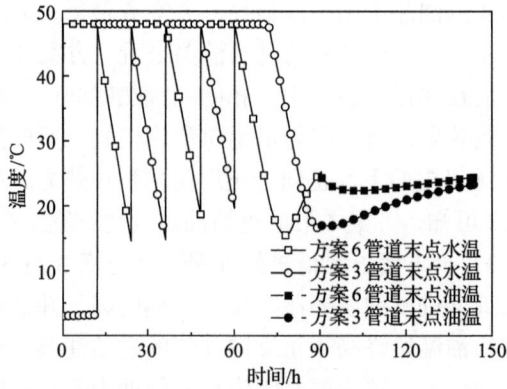

(c) 3个预热周期

图 3.7 不同预热周期下反正向和正反向两种预热方式的管道末点温度

3.2.2 不同出站油温与输量组合对预热效果的影响

为了安全高效地进行管道预热投产,在允许条件下要尽快提升原油的进站油温,现场通常采用的方法是提高原油出站油温和增大输量。然而,在实际工程中,加热炉的功率往往有一个最大限值,这使出站油温与输量不可能同时增大。因此,本节将以正向预热方式为例探究在不同加热炉功率、预热时间及站间距下出站油温与输量这一对制约变量的不同组合方案对预热效果的影响。实际管道投产过程中最为关心的是管内油温,尤其是进站处的油温。因此,本节将主要通过考察进站处的油温并以投油结束之后沿线油温的分布情况作为参考来比较各种条件下的预热效果。

1. 不同加热炉功率下不同组合方案对预热效果的影响

这里将以 100km 长的原油管道投产预热为例,分别对加热炉功率为 40000kW(对应于表 3.3 的组合 1~4)与 95000kW(对应于表 3.3 的组合 5~8)下不同组合方案的预热过程进行仿真。这些组合方案热水预热时间均为 72h,预热结束后投油运行时间为 96h。

表 3.3 不同加热炉功率下出站油温与输量的不同组合方案

	组合							
	1	2	3	4	5	6	7	8
加热炉功率/kW	40000	40000	40000	40000	95000	95000	95000	95000
出站油温/℃	45	53	61	69	45	53	61	69
输量/(m³/h)	1075	875	738	638	2687	2187	1844	1594

图 3.8 展示了在不同加热炉功率下不同出站油温与输量组合方案进站处管流介质温度随时间的变化情况。由图 3.8 可知,在加热炉功率较低的条件下[图 3.8(a)],出站油温越低的组合方案,进站油温越高,如组合 1 中最低进站油温比组合 4 高 3.7℃。加热炉功率较高条件下[图 3.8(b)],出站油温越高的组合方案,进站油温越高,如组合 8 中最低进站油温比组合 5 高 2.5℃。不同加热炉功率下,进站油温随出站油温与输量组合的变化表现出了完全相反的变化规律。当加热炉功率较小时,管流介质所携带的能量相对较小,进站油温较低。低输量下,管流介质在管道内的换热时间较长,对于管内介质热量的散失起主要作用,投油之后进站油温下降相对较大(与高输量下的相比),因此低出站油温、高输量方案下的进站油温相对较高。当加热炉功率较大时,管流介质所携带的能量相对较大,进站油温较高。虽然此时低输量下的管流介质换热时间较长,但由于管流介质携带的热量较大,出站油温较高,在投油之后进站油温下降幅度相对较大(与高输量下的相比)的条件下,依然可以保持较高的进站油温,因此高出站油温、低输量方案下的进站油温相对较高。

图 3.9 展示了在不同加热炉功率下不同出站油温与输量组合方案在投油 96h 之后沿线油温分布情况。由图 3.9 可知,当加热炉功率较小时[图 3.9(a)],管道上游油温在高出站油温、低输量组合方案下要高于低出站油温、高输量组合方案下的,下游则呈现出

相反的规律。当加热炉功率较大时[图 3.9(b)]，整个沿线油温已经完全呈现出高出站温度、低输量组合方案下要高于低出站油温、高输量组合方案的规律。这是由管流介质能量携带量和热量散失量所起作用的主次关系不同而引起的，这在上面已经进行了解释，在此不再赘述。

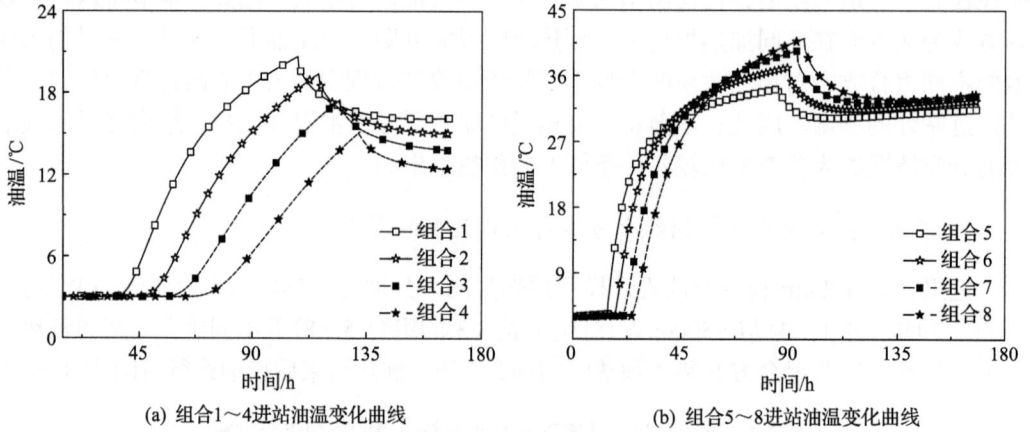

(a) 组合1～4进站油温变化曲线　　　　　　　(b) 组合5～8进站油温变化曲线

图 3.8　不同加热炉功率下不同出站油温与输量组合方案的进站油温变化曲线

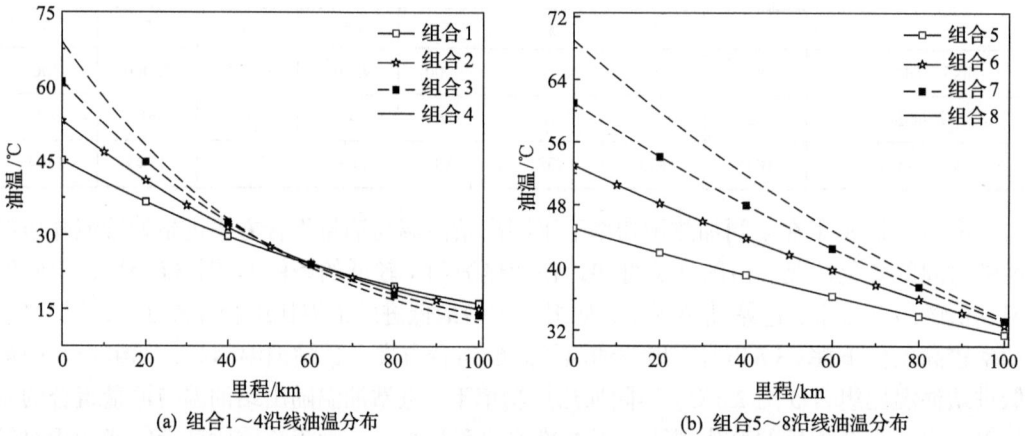

(a) 组合1～4沿线油温分布　　　　　　　(b) 组合5～8沿线油温分布

图 3.9　不同加热炉功率下不同出站油温与输量组合方案在投油结束后沿线油温分布

　　通过分析不同加热炉功率下不同出站油温与输量组合方案对预热效果的影响，可以看出，当加热炉功率较小时，采取低出站油温、高输量的组合方案可以取得较好的预热效果；当加热炉功率较大时，采取高出站油温、低输量的组合方案可以取得较好的预热效果。

2. 不同预热时间条件下不同组合方案对预热效果的影响

　　图 3.8(a) 已经展示了加热炉功率为 40000kW、预热时间为 72h 的预热投产方案的预热效果。下面将增加一组加热炉功率为 40000kW、预热时间为 720h 的预热投产方案，并通过仿真模拟获得其预热效果，通过对比二者的预热效果探究不同预热时间条件下不

同组合方案对预热效果的影响。

图 3.10 展示了预热时间为 720h 条件下进站处管流介质温度随时间的变化。与较短投水预热时间下的计算结果相反[图 3.8(a)]，当预热时间较长时，投油后油品在高出站油温、低输量下的进站油温要明显高于低出站油温、高输量下的进站油温。在投油 96h时，组合 4 的进站油温要比组合 1 的高 5.3℃；在投油 480h 时，组合 4 的进站油温仍然要比组合 1 的高 0.8℃。其原因在于，当预热时间较长时，由于进站附近管道周围的土壤已经完成大量蓄热，投油之后沿线温降幅度相比于较短预热时间更小，呈现出了高出站油温、低输量下进站油温较高的现象。

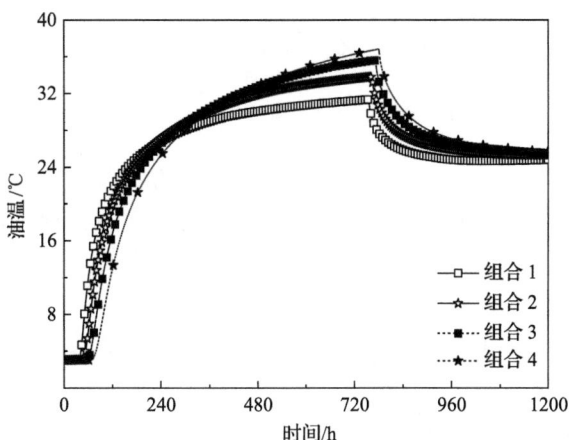

图 3.10　预热时间为 720h 时进站油温变化曲线

对比分析不同预热时间条件下不同出站油温与输量组合方案对预热效果的影响可以看出，当允许预热时间较短时，宜采用低出站油温、高输量的组合方案进行预热投产；当允许预热时间较长时，宜采用高出站油温、低输量的组合方案进行预热投产。

3. 不同站间距条件下不同组合方案对预热效果的影响

图 3.8(a) 已经展示了加热炉功率为 40000kW、站间距为 100km 的预热投产方案的预热效果。下面将增加一组加热炉功率为 40000kW、站间距为 30km 的预热投产方案，并通过仿真模拟获得其预热效果，通过对比二者的预热效果探究不同站间距条件下不同组合方案对预热效果的影响。

图 3.11 展示了站间距为 30km 的管道进站处管流介质温度随时间的变化。与较长站间距管道预热投产的计算结果相反[图 3.8(a)]，站间距较短时，投油后的油品进站油温在高出站油温、低输量组合方案下要明显高于低出站油温、高输量组合方案下的。在投油 24h 之后，组合 4 的进站油温要分别比组合 1～3 高 6℃、4℃和 2℃。其原因在于，虽然高出站油温、低输量组合方案下的沿程温降比低出站油温、高输量组合方案下的沿程温降要大，但是由于站间距较短(30km)时的沿程温降要比站间距较长(100km)时的沿程温降小得多，表现出与高出站油温、低输量组合方案下的进站油温较高的相反规律。

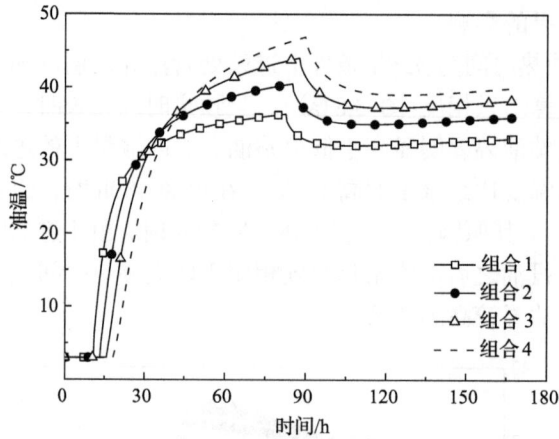

图 3.11　站间距为 30km 时进站油温变化曲线

　　分析不同站间距管道的不同出站油温与输量组合方案对预热效果的影响可以看出，当站间距较长时，宜采用低出站油温、高输量的组合方案进行预热投产；当站间距较短时，宜采用高出站油温、低输量的组合方案进行预热投产。

3.3　原油管道间歇输送过程规律分析

3.3.1　进站油温和站间摩阻规律分析

　　某原油管道采用了运行 6d、停输 3d 的间歇输送方案，由于间歇输送管道处于运行—停输—运行的周期性过程中，其进站油温与站间摩阻也呈现周期性变化的趋势，如图 3.12所示。正常运行时管道进站油温稳定在 34.1℃；间歇输送初期，首次停输阶段进站油温下降了 9.1℃；管道再次运行，油温上升至 33.2℃，随后三次停输温降幅度分别为 9.2℃、9.3℃和 9.3℃。这是由于频繁启停，管道周围的土壤温度场尚未达到稳定状态，管内原

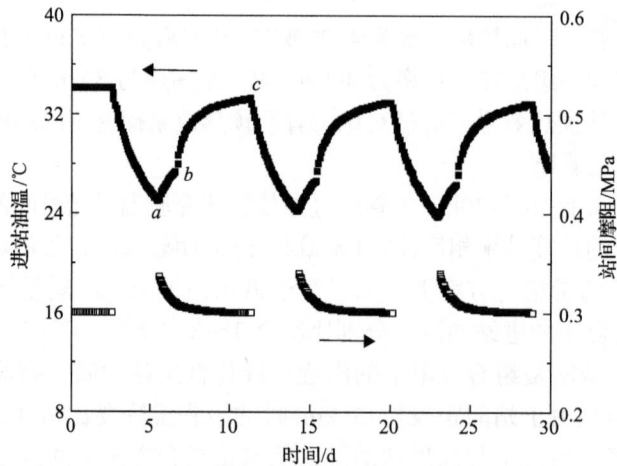

图 3.12　进站油温及站间摩阻变化曲线

油与外界之间的热交换较强，管内原油的温降幅度大于前次停输过程的温降幅度。

　　由图 3.12 可知，在间歇输送过程的停输阶段，进站油温呈连续下降趋势，而随着停输时间的增加，温降速率逐渐放缓；在间歇输送过程的输送阶段，热油顶挤管内存油，进站油温逐渐上升，如图 3.12 中的 ab 段；随后，管内充满新进入的热油，油温上升速率加快，而随着热油的持续输送，土壤蓄热量增加，热油与土壤之间的温差逐渐变小，管内原油向土壤释放热量的速率逐渐放缓，原油与土壤的换热逐步趋于稳定，进站油温上升速率也随之变缓，如图 3.12 中的 bc 段。与之对应，站间摩阻也呈现先快速下降再趋于平缓的变化趋势。

3.3.2　不同间歇输送方案对进站油温的影响

　　对于原油管道间歇输送而言，将每一周期中运行时间与停输时间之和定义为周期时间，将运行时间与停输时间之比定义为输停比。图 3.13 展示了连续输送方案和不同间歇输送方案的进站油温情况，其中不同间歇输送方案之间的输停比相同而周期时间不同。由图 3.13 可知，间歇输送过程的运行时间越长，一个周期内土壤蓄热量越多，进站油温上升幅度越大；间歇输送过程的停输时间越长，原油与土壤散热越多，一个周期内进站油温降低得越多，即在输停比相同的情况下，周期时间越长，进站油温变化幅度越大。另外，随着间歇输送过程运行时间的延长，一个周期内土壤蓄热量逐渐增多并逐渐趋于稳定，进站油温逐渐向连续输送过程下的进站油温逼近。

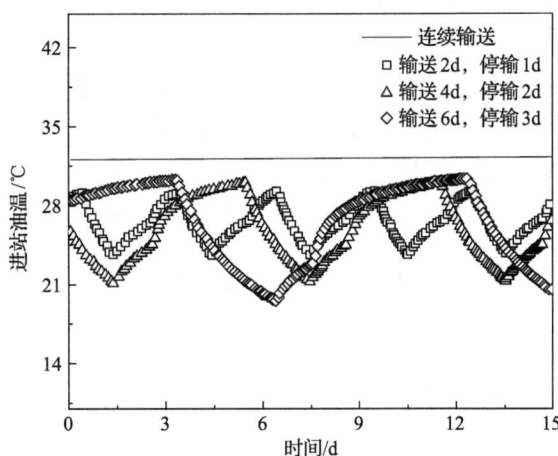

图 3.13　连续输送及不同间歇周期条件下进站油温的对比

　　图 3.14 展示了连续输送方案及输送时间相同而输停比不同的各间歇输送方案的进站油温情况。由图 3.14 可知，输停比越小，最低进站油温和最高进站油温越低，这是由于停输时间的延长，土壤蓄热量减少，停输温降幅度大，较大的温降幅度使得进站油温可恢复到的最高温度也较低。另外，输停比越小，温度变化幅度越大，这是由于在更低的停输油温之后管道运行时原油与土壤之间的热交换速率更快，油温上升幅度更大。

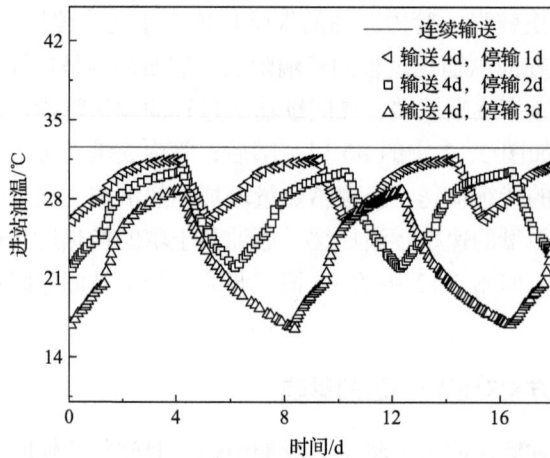

图 3.14 连续输送及不同输停比条件下进站油温的对比

3.4 原油差温顺序输送过程规律分析

3.4.1 单条管道输送过程规律分析

1. 管内油流的热力特性

图 3.15 展示了原油差温顺序输送条件下进/出站油温随时间的变化。由图 3.15 可见,进站油温随时间呈周期性变化,热油油头进站油温最低,后续油温不断升高,油尾温度最高;冷油油头温度最高,后续油温不断降低,油尾温度最低。此过程是原油出站油温周期性变化导致管道周围土壤周期性蓄热和放热造成的。无论是热油还是冷油,油头部分进站油温随时间变化剧烈,油尾部分随时间变化平缓。以热油为例,油流前 1/10 时间的变化幅度就基本达到了整体变化幅度的 60%[23]。进站油温的变化滞后于出站油温的变

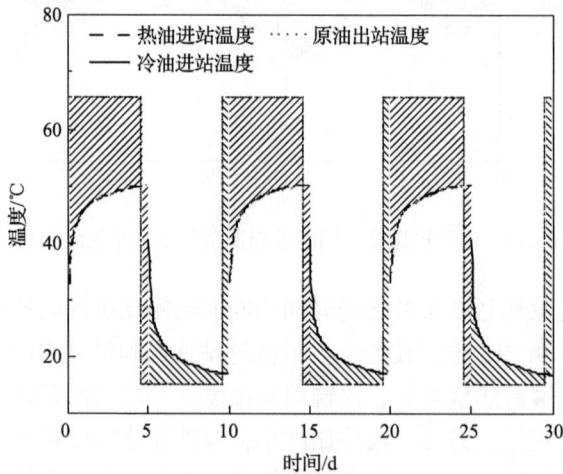

图 3.15 进/出站油温随时间的变化

化，滞后时间为原油从出站口流到进站口所消耗的时间。如果忽略滞后时间和原油物性差异的影响，图 3.15 中左斜纹区域可近似表征热油在管道中释放热量的情况，右斜纹区域可近似表征冷油在管道中吸收热量的情况。放热区域的面积明显大于吸热区域的面积，说明热油放出的热量仅有部分被冷油吸收，其余部分散失到环境中。

图 3.16 展示了距出站口不同位置管内油温随时间的变化。由图 3.16 可见，尽管管道轴向位置不同，但油温随时间的变化规律与进站油温随时间的变化规律相似，均呈现出周期性交替变化的特点。随着输送距离的增加，原油温度尤其是热油温度的变化幅度明显减小，这是油流向环境换热的强度随输送距离逐渐减弱的结果。不同位置油温交替变化的周期相同，但下游位置较上游位置在变化曲线的相上存在一定的滞后，滞后时间等于原油从上游位置流到下游位置所消耗的时间。

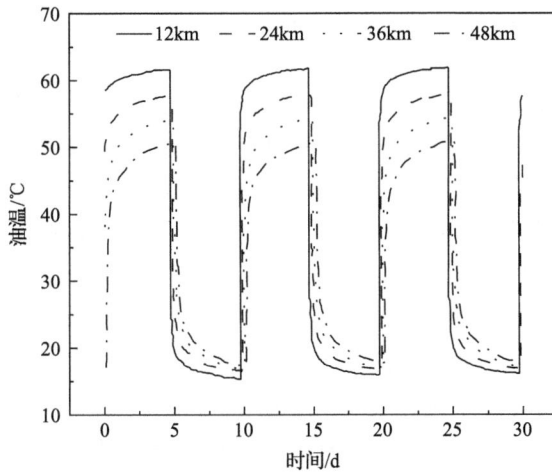

图 3.16　距出站口不同位置油温随时间的变化

图 3.17 展示了管道沿线油流温度的分布。由图 3.17 可见，对未经热站加热的冷油，油头温度沿线升高较快，由出站口的 15℃上升到了进站口的 40.3℃，而油尾温度沿线升高较慢，仅上升了 1.8℃。冷油整体温度集中分布在介于冷油油头和油尾两条油温分布曲线之间的 A 区。对加热到较高温度出站的热油，油头温度沿线降低较快，由出站口的 66.5℃下降到了进站口的 33.1℃，且距出站口越近，温度下降越快，而油尾温度沿线降低相对较慢，仅下降了 15.4℃。热油整体温度集中分布在介于热油油头和油尾两条油温分布曲线之间的 B 区。热油油头温度沿线分布曲线和冷油油头温度沿线分布曲线在距出站口约 35km 处相交，说明在距出站口较近(35km 以前)管段，冷油的当地温度不会高过热油的当地油温，即在任意时间段内 C 区均表现出"冷热分明"的特征；而在距出站口较远(35km 以后)管段，冷油的当地温度可能高过热油的当地温度，即在某些特定的时间段内 D 区出现"冷油不冷，热油不热"的情形。无论是 A 区还是 B 区，距出站口越远，对应的冷油或热油在当前位置油温变化的幅度越大，这是管道沿线冷油或热油的油头换热强度一直大于油尾的结果。

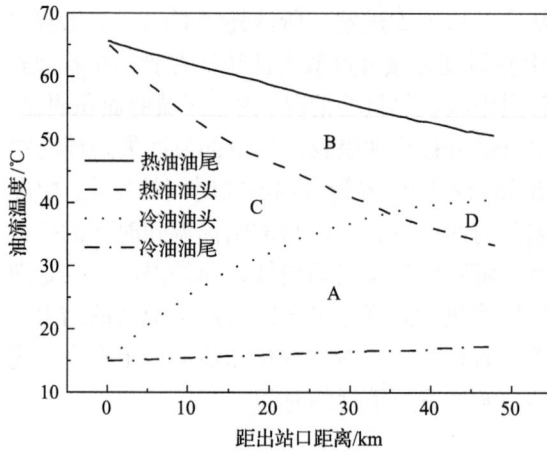

图 3.17　管道沿线油流温度

图 3.18 展示了管道沿线油流与环境之间换热量的分布，纵轴上正值表示油流放热，负值表示油流吸热，绝对值的大小对应油流在当前位置的换热强度。由图 3.18 可见，对冷油而言，油头和油尾沿线均吸收热量。油头进入管道时，土壤的平均温度最高，对冷油的加热能力最强，油流沿线吸收的热量最多，且距出站口越近，单位时间内吸收的热量越多；油尾进入管道时，土壤的加热能力已经弱化到最低程度，油流沿线吸热微弱。冷油整体的吸热强度集中分布在介于冷油油头和油尾两条换热量分布曲线之间的 A 区。对热油而言，油头和油尾沿线均释放热量。油头进入管道时，土壤的平均温度最低，吸热能力最强，油流沿线释放的热量最多，且距出站口越近，单位时间内释放的热量越多。油尾进入管道时，土壤的吸热能力已经弱化到最低程度，油流沿线放热微弱。热油整体的放热强度集中分布在介于热油油头和油尾两条换热量分布曲线之间的 B 区。

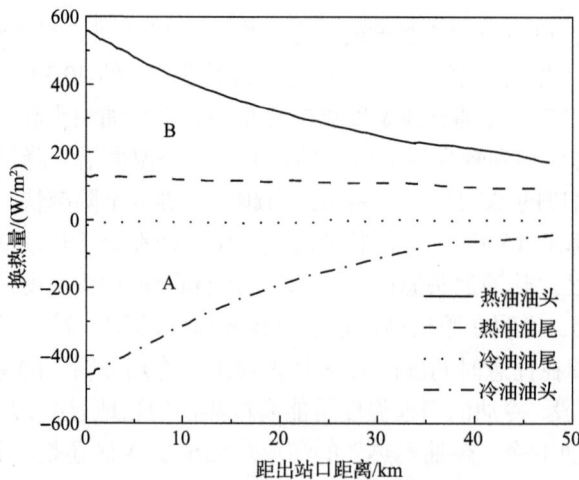

图 3.18　管道沿线油流换热量

2. 管外土壤温度场的热力特性

图 3.19 展示了管道中点油流温度和该截面上不同位置土壤温度随时间的变化曲线。由图 3.19 可见，在原油差温顺序输送过程中，受油流温度交替变化的影响，土壤温度也表现出随时间周期性变化的特征，但变化幅度明显小于油温的变化幅度。在管道埋深处的不同横向位置，距离管道越远，土壤温度受油流温度的影响越小，温度波动的幅度越小。横向距离管中心 1.5m 处土壤温度的波动幅度仅为油流温度波动幅度的 1%左右。土壤温度的变化周期与油流温度的变化周期相同，但对于变化曲线的相位，土壤温度滞后于油流温度，距管道较远位置滞后于距管道较近位置。

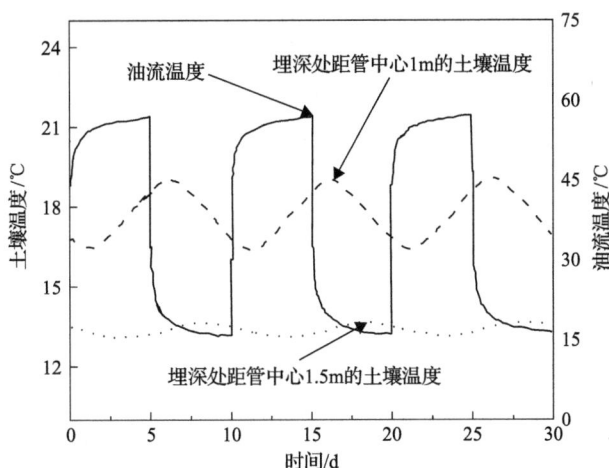

图 3.19　管道中点油流温度和土壤温度随时间的变化

图 3.20 展示了管道中点油流温度及该截面单位长度土壤蓄热量随时间的变化曲线。由图 3.20 可见，油流周期性的吸热和散热过程使得管道中点位置处土壤蓄热量随时间呈现出降低与升高交替变化的特点。热油流经该位置时，油流温度随时间逐渐升高，土壤蓄热量随之增大；冷油流经该位置时，油流温度随时间逐渐降低，土壤蓄热量随之减小。从理论上讲，当油头刚到达时，结蜡层、钢管壁及防腐层原来的传热趋势不会在瞬间调换，因此，土壤蓄热量变化曲线的相较原油温度变化曲线的相有一定时间的滞后，但由于结蜡层、钢管壁及防腐层的蓄热量远小于土壤的蓄热量，这个滞后时间非常短暂，难以从图 3.20 中直观看出。分析工程问题时可近似认为热油油头到达时刻该截面的土壤蓄热量最小，平均温度最低；冷油油头到达时刻该截面的土壤蓄热量最大，平均温度最高。

图 3.21 展示了距出站口不同位置单位长度土壤蓄热量随时间的变化曲线。由图 3.21 可见，管道沿线不同位置土壤蓄热量均呈现出周期性变化的特点，随着输送距离的增加，土壤蓄热量的平均值减小且波动幅度也减小。土壤蓄热量的周期性变化是原油差温顺序输送非稳态传热的结果：当冷油进入管道后，油流不断从土壤吸收热量，而当热油到达时，油流又不断向土壤释放热量，油流周期性的吸热和散热使得土壤蓄热量随时间呈现出降低与升高交替变化的特点。不同位置土壤蓄热量交替变化的周期相同，但下游位置变化曲线的相较上游位置存在一定时间的滞后，为前述油温变化下游位置滞后于上游位

置所致。这样，在管道的停输起始时刻，如果管道沿线的土壤蓄热量分布不同，管道的安全停输时间也会有所差异。

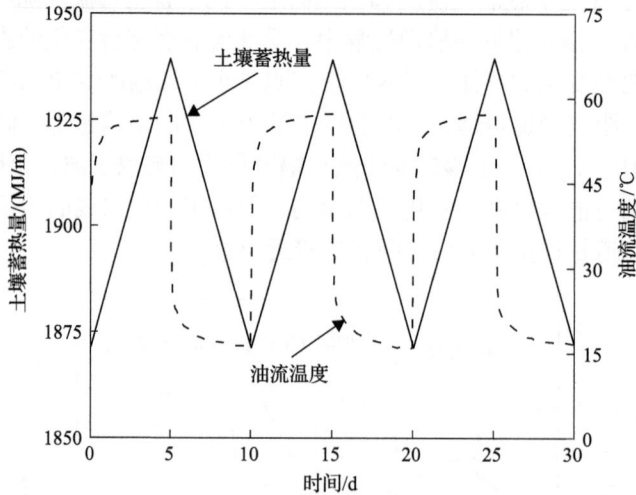

图 3.20　管道中点油流温度和单位长度土壤蓄热量随时间的变化

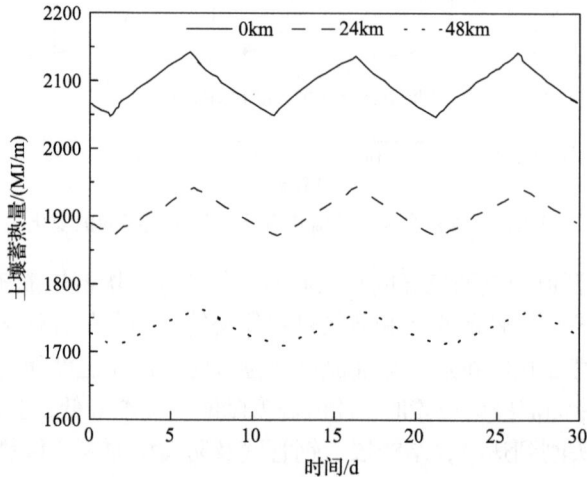

图 3.21　距出站口不同位置单位长度土壤蓄热量随时间的变化

图 3.22 展示了距出站口不同位置油流与环境之间换热量随时间的变化曲线。同土壤蓄热量随时间的变化规律相似，换热量随时间也呈现出周期性变化的特点。热油油头放热强度最高，后续油流放热强度不断降低，油尾放热强度最低；冷油油头吸热强度最高，后续油流吸热强度不断降低，油尾吸热强度最低。无论是热油还是冷油，油头部分换热强度随时间变化剧烈，油尾部分换热强度随时间变化平缓。随着输送距离的增加，油流与环境的平均换热强度逐渐减弱。

图 3.23 展示了管道沿线单位长度土壤蓄热量最大/最小值的分布曲线。由图 3.23 可见，随着距出站口距离的增加，平均蓄热量逐渐减小。蓄热量最大值与最小值之间存在不容忽视的差异，距出站口越近，差异越明显。蓄热量在管道沿线的变化并不同步，下

游位置滞后于上游位置。因此，与输送单种原油或混合原油的热油管道不同，某一时刻距出站口较远位置的蓄热量未必比距出站口较近位置的蓄热量少。如果在蓄热量最小值的分布曲线上任取一点 A，过 A 点的水平线与蓄热量最大值的分布曲线相交于 B，A、B 两点对应的距出站口的距离分别为 A_x、B_x，那么，A_x—B_x 区域内的单位长度蓄热量可能大于 A_x 位置的单位长度蓄热量。

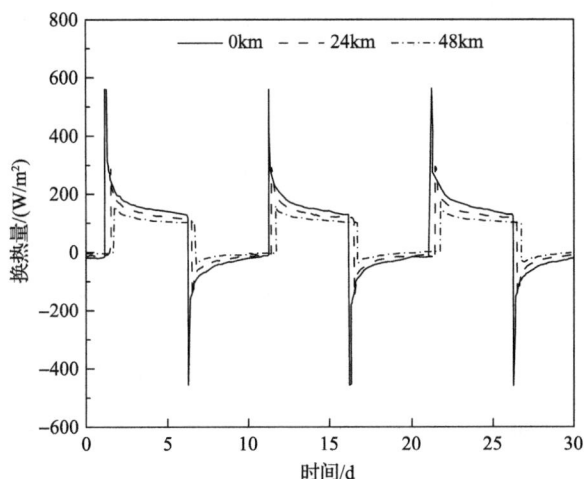

图 3.22　距出站口不同位置油流与环境之间换热量随时间的变化

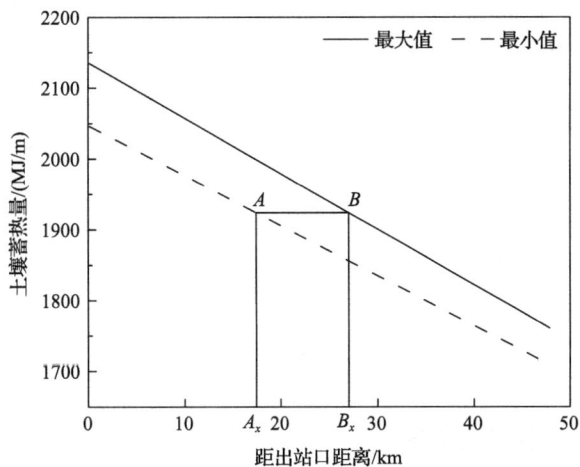

图 3.23　管道沿线单位长度土壤蓄热量

3. 管内油流的水力特性

图 3.24 和图 3.25 分别展示了距出站口不同位置压力和流量随时间的变化曲线。由图 3.24 和图 3.25 可见，即使流量在出站口保持稳定，受原油物性与温度场"冷热交替"变化的影响，不同位置的压力呈现出周期性变化的特点。随着输送距离的增加，平均压力下降，但波动幅度增大。不同位置压力的变化周期相同，不存在明显的滞后时间。这不同于前述热力参数的滞后特征，主要是由于压力波的传播速度远高于流速。受压力波

动的影响，流量也呈现出一定程度的周期性扰动。距出站口越远，扰动程度越厉害，但最严重的情形下流量也没超过出口流量的 4%。

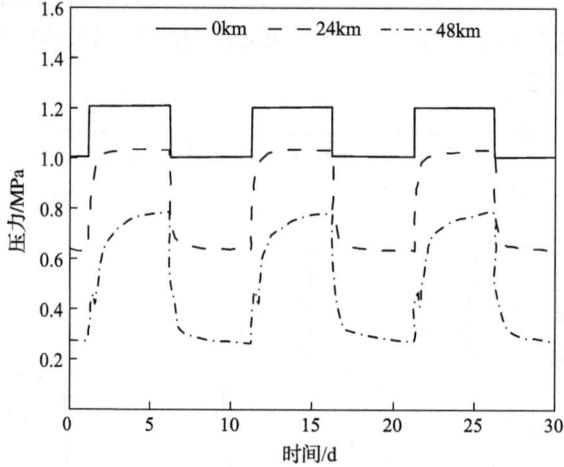

图 3.24　距出站口不同位置压力随时间的变化

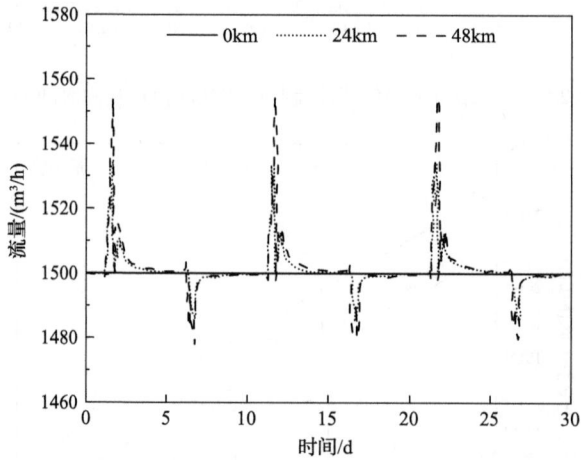

图 3.25　距出站口不同位置流量随时间的变化

3.4.2　管道系统输送过程规律分析

　　原油管道实际上不仅仅只包括管道，还包括输油泵、加热炉和阀门等大量设备，管道和设备相互耦合，组成了可便于调节水热力运行参数的原油管道系统。在原油差温顺序输送过程中，管道沿线原油物性时刻发生变化，如果需要保证原油管道输量保持不变，则需要不断调节设备。而设备频繁调节会给管道系统的安全运行带来较大的潜在风险(如误操作、水击、疲劳损坏)，因此尽可能避免设备频繁调节是原油差温顺序输送需要考虑的一个关键因素[26]。避免设备频繁调节的一种有效方法是调整原油管道输量，让原油管道输量被动地适应整个管道系统设备运行状态，达到减少甚至避免设备调节的目的。变输量工况与恒定输量工况的原油差温顺序输送过程存在较大区别，本小节将对原油管道系统变输量工况下的水热力特征作单独探究。

　　某原油管道系统示意图如图 3.26 所示。该原油管道系统中管段 1～管段 4 各管段长度分别为 30km、25km、51km 和 51.4km，该原油管道系统顺序输送重质油和轻质油两种不同品质的原油，这两种原油在该原油管道系统的入口温度分别为 38.68℃ 和 20.80℃，两种原油每一批次的输送时间均为 3d。

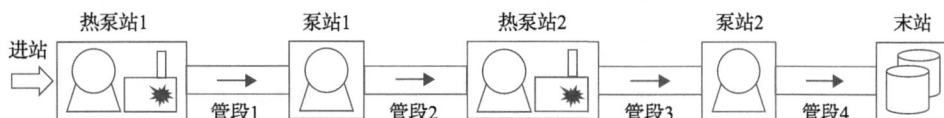

图 3.26　某原油管道系统示意图

　　为便于后面表述简洁，这里根据管道系统出口(末站)的原油类型不同，将原油差温顺序输送过程分为重质油输送阶段和轻质油输送阶段。而根据管道系统中油品类型分布的不同，可将重质油输送阶段和轻质油输送阶段作进一步细分，各阶段的划分见表 3.4。

表 3.4　不同输送阶段的划分

不同输送阶段	细分	在管道系统中的原油类型分布
重质油输送阶段	H 阶段	重质油充满整个管道系统
	H-L 阶段	前行油是重质油而后行油是轻质油
轻质油输送阶段	L 阶段	轻质油充满整个管道系统
	L-H 阶段	前行油是轻质油而后行油是重质油

　　由于原油差温顺序输送过程中水热力运行参数随时间呈周期性变化，这里仅选择一个周期进行研究。图 3.27 展示了一个周期内各管段出口油温和压力随时间的变化曲线。对于管段 3 和管段 4，图 3.27(a)所示的总体油温变化趋势与恒定输量下的油温变化趋势(图 3.16)较为类似。然而，重质油的温度变化曲线在图 3.27(a)的 H-L 阶段明显升高，这与恒定输量下的油温变化趋势显然不同。另外，图 3.27(b)中管段 1～3 出口处压力随时

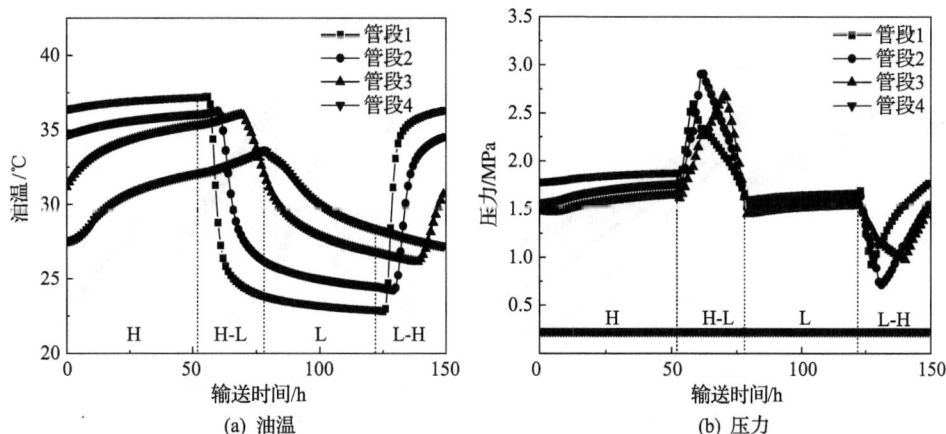

(a) 油温　　(b) 压力

图 3.27　各管段出口油温和压力随时间的变化曲线

间的变化曲线表现出复杂的变化趋势。为了查明上述原油差温顺序输送过程水热力变化特征，下面将展开深入的分析。

图 3.28 展示了输量随时间的变化曲线，而图 3.29～图 3.32 展示了不同输送阶段管道沿线油温和压力随时间的变化情况。结合图 3.28～图 3.32，首先分析图 3.28 中的输量变化趋势。输量随时间呈现"缓慢下降—较快上升—缓慢下降—较快下降"的趋势。在 H 阶段，重质油温度随时间的增加而增加[图 3.29(a)]，总体黏度降低。尽管重质油的黏度降低了，但重质油的流态在管段 4 中从层流转变为湍流，湍流相比于层流会增加更多的能量耗散，管段 4 的摩阻损失缓慢增加[图 3.29(b)]。因此，输量缓慢下降以维持整个管道系统的水力平衡。在 H-L 阶段，尽管后行原油的温度较低[图 3.30(a)]，但由于后行轻质油的黏度比前行重质油低得多，管道系统的摩阻损失以相对较快的速度减少，因此输量也随之较快增加，以维持整个管道系统的水力平衡。在 L 阶段，轻质油温度随时间的增加而降低[图 3.31(a)]，总体黏度增加，整个管道系统的摩阻损失缓慢增加。输量缓慢下降以维持整个管道系统的水力平衡。在 L-H 阶段，尽管后行原油温度较高[图 3.32(a)]，但由于后行重质油的黏度远高于前行轻质油的黏度，管道系统的摩阻损失以相对较快的速度增加，输量也随之较快降低，以维持整个管道系统的水力平衡。

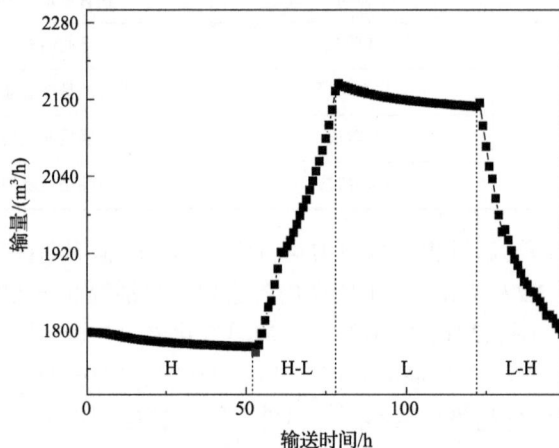

图 3.28 输量随时间的变化曲线

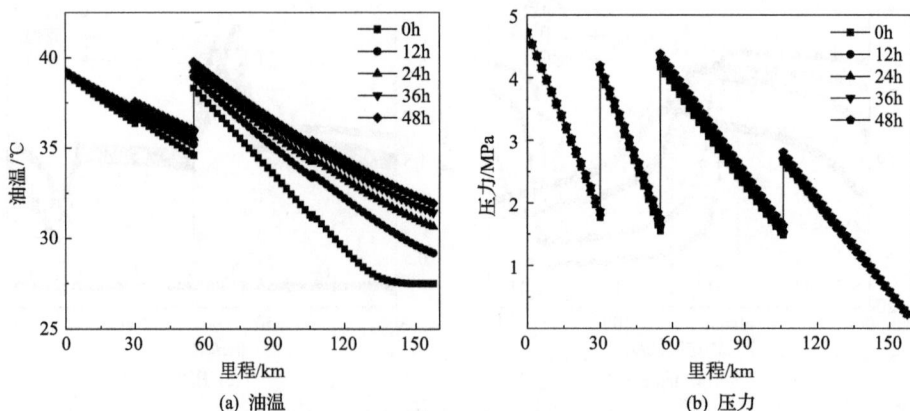

(a) 油温

(b) 压力

图 3.29 H 阶段沿线油温和压力变化曲线

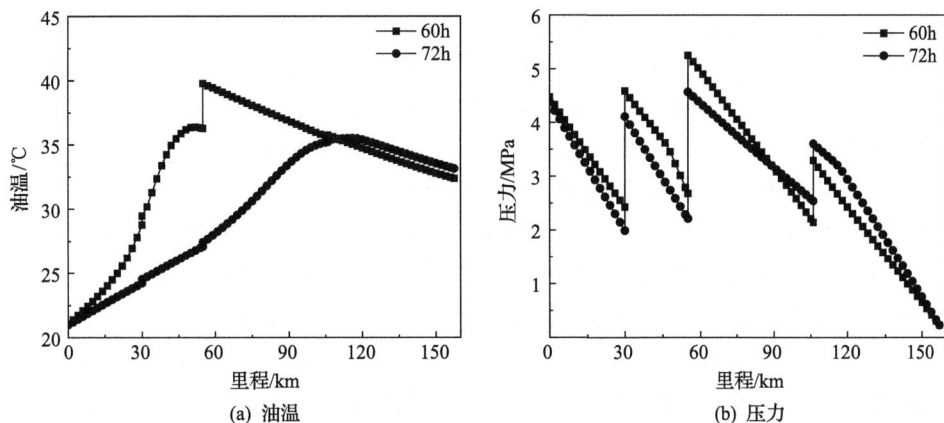

(a) 油温　　　　　　　　　　　(b) 压力

图 3.30　H-L 阶段沿线油温和压力变化曲线

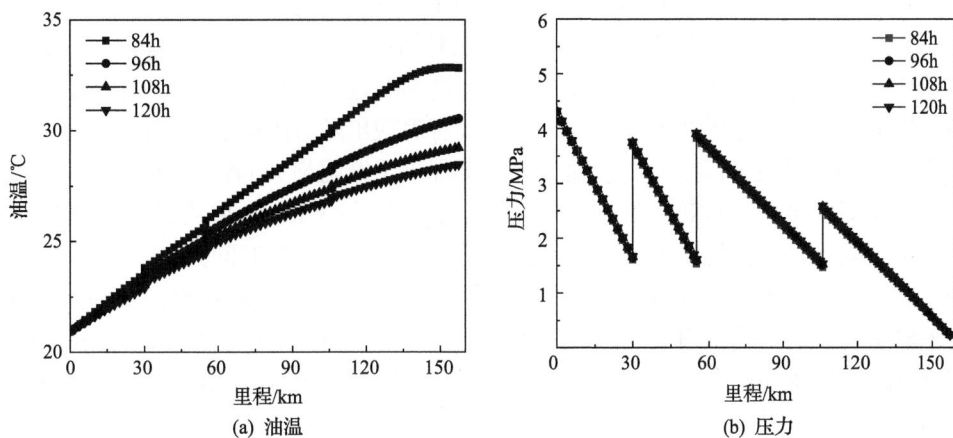

(a) 油温　　　　　　　　　　　(b) 压力

图 3.31　L 阶段沿线油温和压力变化曲线

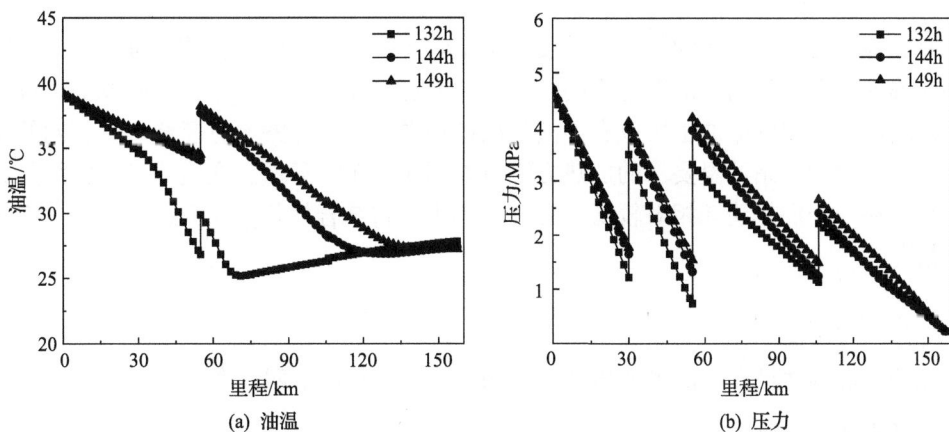

(a) 油温　　　　　　　　　　　(b) 压力

图 3.32　L-H 阶段沿线油温和压力变化曲线

　　在 H 阶段和 L 阶段，在变输量工况与恒定输量工况下原油差温顺序输送过程的水热力特征差异不大，这里不再作单独探讨。而在 H-L 阶段和 L-H 阶段，在变输量工况下原油差温顺序输送过程的水热力特征较为复杂,下面将主要分析这两个阶段的水热力特性。

在 H-L 阶段,前行油为重质油,后行油为轻质油。在此阶段,油温和压力变化曲线如图 3.30 所示。对于重质油而言,由于输量随时间快速增加,热损失减少,摩擦热增加,均促进了油温进一步上升。因此,在此阶段,重质油的温度随时间呈明显上升趋势。在管段 1 中,轻质油温度的降低和流速的增加都促进了摩阻损失的进一步增加,因此压力下降率随时间增加。在管段 2 中,当时间达到 60h 时,管内存在两种油,由于原油类型的不同,重质油的压力下降幅度比轻质油快,管段 4 在时间为 72h 时也出现了类似的原油类型和压力变化趋势。在管段 3 中,原油类型的变化对摩阻损失的影响大于输量增加的影响,因此压力下降幅度随时间的增加而减小。在管段 4 中,重质油温度升高对摩阻损失的影响小于输量增加对摩阻损失的影响,因此对于重质油而言,压力下降幅度随时间的增加而增加。

在 L-H 阶段,前行油为轻质油,后行油为重质油。在此阶段,温度和压力变化曲线如图 3.32 所示。对于轻质油而言,由于输量随时间快速下降,土壤吸收的热量增加,摩擦热降低。前者抑制油温进一步下降,后者促进油温进一步降低,它们对油温变化的影响相互抵消了,因此轻质油温度在这一阶段没有表现出随时间的明显变化趋势。在管段 1 和管段 2 中,重质油温度升高和输量降低都促进了摩阻损失的进一步降低,因此压力下降率随时间的增加而降低。在管段 3 中,当时间达到 132h 时,管内存在两种油,由于原油类型不同,轻质油的压力下降幅度比重质油慢,管段 4 在时间为 144h 和 149h 时也出现了类似的原油类型和压力变化趋势。在管段 3 中,原油类型的变化对摩阻损失的影响大于输量降低的影响,因此压力下降幅度随时间的增加而增加。在管段 4 中,轻质油温度降低对摩阻损失的影响小于输量降低的影响,因此对于轻质油而言,压力下降幅度随时间的增加而降低。

3.4.3 加热方案的比选

对热油管道而言,原油的输送温度是决定管道安全、经济运行的关键之一。与输送单种原油或混合原油的热油管道不同,在原油差温顺序输送过程中,不同原油可以有不同的出站油温,同种原油也可以有不同的出站油温,加热方案十分复杂。对相同的输送任务,满足原油进站油温要求的加热方案可能不止一个。显然,在这些可行的加热方案之间会存在一个加热能耗相对较低的方案。本小节将结合加热能耗介绍不同加热方式的比选情况。

1. 加热方式

原油差温顺序输送的诸多加热方式归纳起来主要有以下四种[23]。

1)极端差温加热

该加热方式是指低凝油不加热,或在高凝油加热到最高允许温度时仍不能满足进站油温要求的条件下对低凝油适当加热。此时,高凝油和低凝油的出站油温各自恒定不变,温差最大,本章 3.4.1 小节的算例即采用了这种加热方式。

2）均温加热

类似于输送单种原油或混合原油的热油管道的加热方式，低凝油和高凝油加热到相同的温度出站。此时，出站油温始终为定值。

3）低凝油油尾提前加热

受热油管道预热投产经验启发，对低凝油油尾提前加热，使管道在高凝油进入前达到一定程度的预热，高凝油油头进入管道后的沿线温降不致过快，从而降低高凝油的出站油温。

4）高凝油油尾降温加热

如果不对低凝油油尾提前加热，高凝油油头部分进入管道为"热油进冷管"模式，为满足进站油温的要求，油头部分所需的加热温度比较高。当油尾部分进入管道时，管道已经经过油头部分一定程度的预热，如果油尾部分继续保持与油头部分相同的出站油温，油尾部分的进站油温则会高出原油凝点较多，从能耗的角度看，这是不必要的。为了使高凝油油尾部分的进站油温不致过高而浪费燃料油，可以对高凝油油尾采用降温加热的方式。

当控制高凝油最低进站油温基本在凝点以上 3℃时，通过试算得到以上四种加热方式的出站油温，如表 3.5 所示，其中，低凝油油尾提前加热的加热比例取单批次低凝油体积的 10%，高凝油油尾降温加热的比例取单批次高凝油体积的 50%。

表 3.5　不同加热方式的出站油温　　　　　　　　（单位：℃）

油品	加热方式			
	A	B	C	D
高凝油	65.5	40	47	前 50%为 69℃，后 50%为 40℃
低凝油	15	40	前 90%为 15℃，后 10%为 47℃	15

注：A、B、C、D 分别对应极端差温加热、均温加热、低凝油油尾提前加热、高凝油油尾降温加热。

图 3.33 展示了与表 3.5 对应的不同加热方式下一个月内的加热能耗。由图 3.33 可见，极端差温加热的加热能耗最高，均温加热的加热能耗次之，低凝油油尾提前加热与高凝油油尾降温加热的加热能耗相对较低，低凝油油尾提前加热的加热能耗仅为极端差温加热的 50%左右。单从加热能耗的角度比较，低凝油油尾提前加热与高凝油油尾降温加热是比较节能的加热方式。这里仅考虑了低凝油油尾提前加热 10%与高凝油油尾降温加热 50%的加热比例，是否还有加热能耗更低的加热比例将在后面作进一步探讨。

图 3.34 展示了与表 3.5 对应的不同加热方式时进站油温随时间的变化。由图 3.34 可见，四种加热方式均满足高凝油最低进站油温基本在 33℃的要求。极端差温加热的平均进站油温最高，均温加热平均进站油温次之，低凝油油尾提前加热与高凝油油尾降温加热平均进站油温较低。联系不同加热方式的加热能耗的比较结果，不难看出，加热能耗与平均进站油温呈正相关，平均进站油温越低，加热能耗越少。值得指出的是，对均温加热方式，尽管低凝油和高凝油的出站油温相同，但进站油温仍有小幅波动，这是两种原油的物性差异造成的。

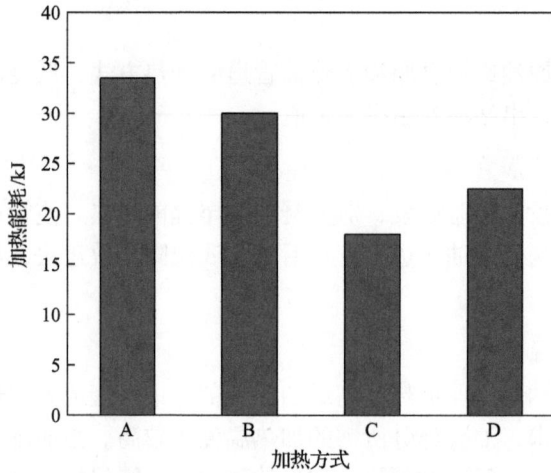

图 3.33　不同加热方式的加热能耗

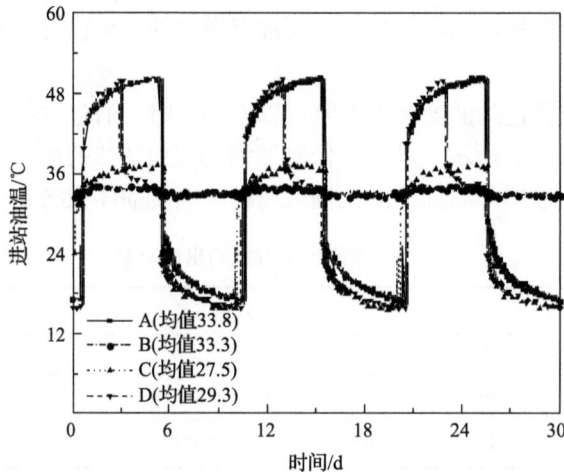

图 3.34　不同加热方式的进站油温随时间的变化

2. 低凝油油尾提前加热方案

前面的研究表明，低凝油油尾提前加热是原油差温顺序输送能耗较低的加热方式。在低凝油油尾提前加热方案中，加热比例不同，出站油温不同，加热能耗也不一样。那么，低凝油油尾的加热比例取何值时才能使加热能耗相对最低呢？

在分析之前，有必要明确低凝油油尾"加热比例"的定义：在原油差温顺序输送过程中，假定热油的出站油温恒定不变，为保证高凝油最低进站油温基本在凝点以上 3℃，低凝油油尾需要提前加热的油品体积占本批次低凝油总体积的百分数称为低凝油油尾的加热比例。为方便表述，下面将加热的全部高凝油和低凝油油尾部分统称为"热油"，未加热的低凝油称为"冷油"。显然，低凝油的加热比例为 0 时对应"极端差温加热方式"；低凝油的加热比例为 100%时对应"均温加热方式"。通过引入低凝油油尾加热比例的概念，"极端差温加热"和"均温加热"成为"低凝油油尾提前加热"的特殊方案。

在控制高凝油最低进站油温基本在凝点以上 3℃时，通过试算得到低凝油油尾不同加热比例时热油的出站油温，如表 3.6 所示。

表 3.6　低凝油油尾不同加热比例时热油的出站油温

	加热比例							
	0%	2.5%	5%	10%	20%	50%	75%	100%
出站油温/℃	65.5	55	50.5	47	44.5	41.5	40.5	40

图 3.35 展示了与表 3.6 相对应的热油出站油温随低凝油油尾加热比例的变化趋势。由图 3.35 可见，随着加热比例的增加，热油出站油温呈"L"形下降。当加热比例小于 20%时，出站油温随加热比例的增加急剧下降，加热比例增加到 20%可使热油出站油温降低不止 20℃；加热比例大于 20%后，出站油温随加热比例的增加下降变缓，加热比例增加 80%而出站油温降幅不足 5℃。这表明在控制高凝油最低进站油温不低于凝点以上 3℃的前提下，提前加热低凝油油尾有助于降低热油的出站油温，加热比例较大时不如加热比例较小时的降温效果显著。

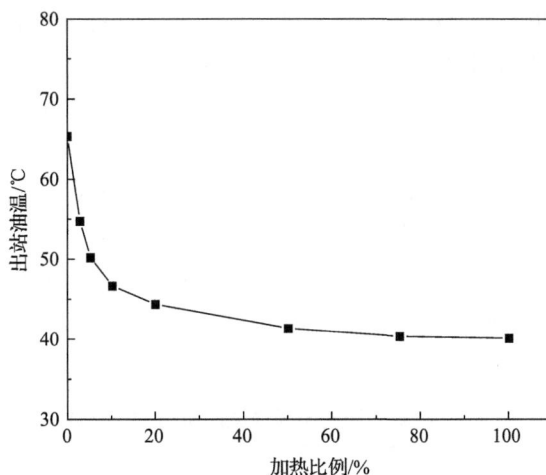

图 3.35　热油出站油温随低凝油油尾加热比例的变化

图 3.36 展示了加热能耗随低凝油油尾加热比例的变化趋势。由图 3.36 可见，对低凝油油尾提前适当比例加热可有效降低加热能耗。加热能耗随加热比例的增大先下降后上升，存在相对最低的加热能耗，最低加热能耗对应的加热比例即最佳加热比例。本算例的最佳加热比例为 20%左右，与极端差温加热方式相比，节省燃料油近 50%；与均温加热方式相比，节省燃料油近 20%。加热比例小于最佳加热比例时，加热能耗随加热比例的增大快速下降；加热比例大于最佳加热比例时，加热能耗随加热比例的增大缓慢升高。

3. 高凝油油尾降温加热方案

从不同加热方式的加热能耗比选结果可以看出，高凝油油尾降温加热也是一种能耗

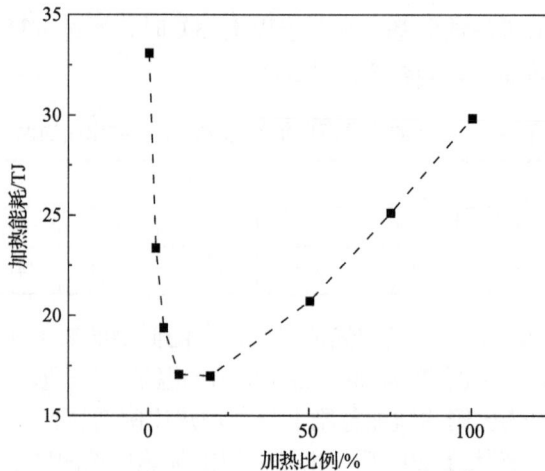

图 3.36　低凝油油尾不同加热比例时的加热能耗

较低的加热方式。在各降温加热方案中，降温次数不同，降温比例不同，加热温度不同，加热能耗也不一样。为简化起见，本小节主要讨论高凝油油尾单次降温的加热方案。

　　为方便说明，这里给出高凝油"降温时机"的定义：对于原油差温顺序输送管道，如果采用高凝油油尾降温加热方式，截至高凝油降温开始时刻，本批次高凝油流出出站口的累加体积占本批次高凝油总体积的百分比即高凝油单批次单次降温的降温时机，降温时机为 0%或 100%时对应极端差温加热方式；如果存在多次降温，第 n 次降温的降温时机为本批次高凝油从第 $n-1$ 次降温开始时刻截至第 n 次降温开始时刻，流出出站口的累加体积占本批次高凝油总体积的百分比，$n \geqslant 2$。

　　在控制高凝油最低进站油温基本在 33℃且平均进站油温较低时，通过试算得到不同降温时机时对应的出站油温，如表 3.7 所示。由表 3.7 可见，高凝油降温前所需的加热温度较高。

表 3.7　高凝油油尾不同降温时机时的出站油温

	降温时机							
	0%	10%	20%	40%	50%	60%	80%	100%
降温前出站油温/℃		70	70	69	69	68	67	65.5
降温后出站油温/℃	65.5	45	42	41	40	39	36	

　　图 3.37 展示了加热能耗随高凝油油尾降温时机的变化趋势。由图 3.37 可见，降温时机在 10%～20%时，加热能耗显著降低，与极端差温加热方式相比，节省燃料油超过 50%；降温时机大于 20%时，加热能耗基本上随降温时机线性增加。本算例的最佳降温时机为 10%左右时，加热能耗与低凝油油尾提前加热在最佳加热比例时相比，还可节省 10%以上的燃料油，其原因是站间距较短时，利用低凝油油尾提前加热的方式虽然达到了"预热管道"的目的，但油尾在热站吸收的热量未能完全释放出来"预热管道"，到达进站口时仍有较高的温度。

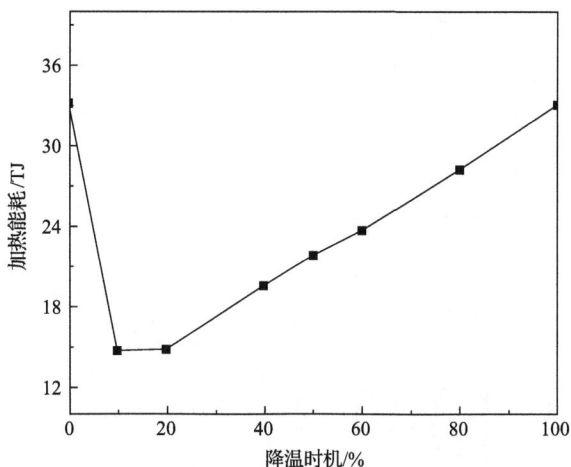

图 3.37　高凝油油尾不同降温时机时的加热能耗

4. 低凝油油尾提前加热且高凝油油尾降温加热方案

低凝油油尾提前加热与高凝油油尾降温加热同属能耗较低的加热方式，且降能机理有所不同。自然可以想到，将这两种具有降能"潜力"的基本加热方式综合起来使用能否取得能耗更低的效果呢？本小节对低凝油油尾提前加热且高凝油油尾降温加热方案进行了比选研究。

在控制高凝油最低进站油温基本在 33℃且平均进站油温较低时，通过试算得到低凝油油尾提前加热比例为 10%，且高凝油油尾单次降温时机为 10%时对应的出站油温，如表 3.8 所示。

表 3.8　低凝油油尾提前加热且高凝油油尾降温加热时的出站油温

	低凝油		高凝油	
	油头部分(90%)	油尾部分(10%)	油头部分(10%)	油尾部分(90%)
出站油温/℃	15	47.5	47.5	43.5

图 3.38 展示了低凝油油尾提前加热（最佳加热比例时）方案、高凝油油尾降温加热（最佳降温时机时）方案、低凝油油尾提前加热且高凝油油尾降温加热方案的能耗对比。由图 3.38 可见，由于吸收了低凝油油尾提前加热的降能优势，低凝油油尾提前加热且高凝油油尾降温加热方案能在高凝油油尾降温加热（最佳降温时机时）方案的基础上进一步降低能耗。尽管在低凝油油尾提前加热且高凝油油尾降温加热方案中，加热比例与降温时机未必是"最佳"的，但与所谓的加热比例最佳的低凝油油尾提前加热方案相比，加热能耗可降低 18%左右；与所谓的降温时机最佳的高凝油油尾降温加热方案相比，加热能耗可降低 5%左右。

采用上述低凝油油尾提前加热且高凝油油尾单次降温加热时，高凝油的平均进站油温为 34.1℃，高出凝点 4.1℃，还存在能耗进一步降低的空间。如果增加高凝油油尾降温的次数，能耗有望继续降低。在控制高凝油最低进站油温基本在 33℃且平均进站油温较低时，通过试算得到低凝油油尾提前加热比例为 10%，且高凝油油尾首次降温时机为 10%、第二次降温时机为 20%时对应的出站油温，如表 3.9 所示。

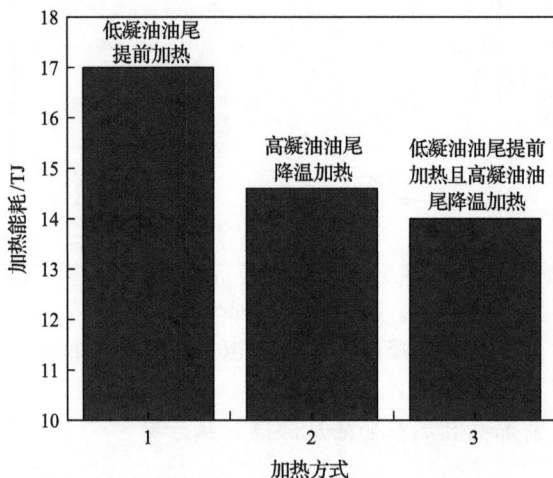

图 3.38　不同加热方式的加热能耗

表 3.9　低凝油油尾提前加热且高凝油油尾两次降温加热时的出站油温

油类型	低凝油		高凝油		
	油头部分(90%)	油尾部分(10%)	油头部分(10%)	中间部分(20%)	油尾部分(70%)
出站油温/℃	15	47.5	47.5	44	42

　　图 3.39 展示了在低凝油油尾提前加热的同时高凝油油尾单次降温加热方案与两次降温加热方案的能耗对比。由图 3.39 可见，在低凝油油尾提前加热且高凝油油尾单次降温加热方案的基础上，高凝油油尾两次降温加热更进一步降低了能耗。与单次降温方案相

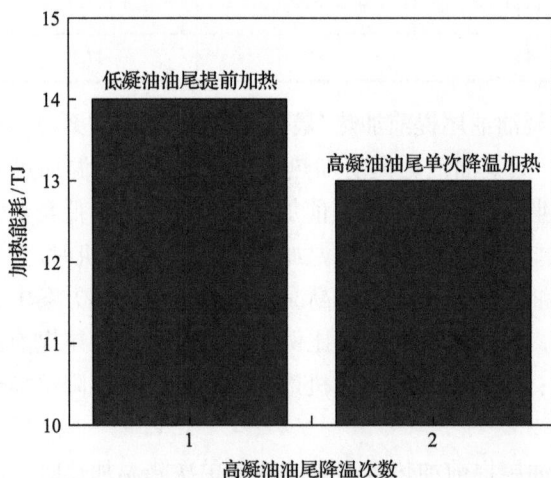

图 3.39　高凝油单次降温加热与两次降温加热的加热能耗

比，两次降温方案的能耗可降低 8%左右。

理论上，上述低凝油油尾提前加热且高凝油油尾两次降温加热方案的能耗未必是最低的，其加热比例与两次降温时机也未必是"全局最优解"。不难理解，尽管随时调整加热温度可以使高凝油的进站油温波动幅度更小，低凝油的进站油温更低，从而更大程度地降低加热能耗，但求解高凝油多阶段逐步降温的加热方案涉及"多元函数的非线性优化"问题，而且加热方案的可行性判断(进站油温是否满足要求)需借助耗时较长的非稳态仿真，难度较大。再者，如果加热温度的调整过于频繁，会对工程应用造成不便。同时欣慰地发现，在上述低凝油油尾提前加热且高凝油油尾两次降温加热方案中，高凝油的平均进站油温已降到 33.5℃，仅高出凝点 3.5℃。从工程应用的角度，已基本不存在能耗再次明显下降的空间。

3.5　双管并行敷设输送过程热力规律和经济性分析

3.5.1　加热原油管道与成品油管道并行敷设输送热力规律分析

拟将一条加热原油管道与一条成品油管道并行敷设，其中加热原油管道的管径为813mm，输量为 1000 万 t/a，出口温度为 60℃，而成品油管道的管径为 559mm，输量为800 万 t/a，出口温度为 5℃。为了合理地确定两条管道并行敷设的管道间距，需要考察管道间距对管道传热的影响。

首先设计了双管并行敷设的六种管道间距，分别为 0.2m、0.6m、0.9m、1.2m、2.4m和 4.8m，这涵盖了双管敷设管道实际施工中可能的管道间距范围。本节通过仿真技术可得到单管输送原油管道和成品油管道及不同管道间距双管敷设管道在泵站出口处和下一泵站入口处的土壤温度场，分别如图 3.40 和图 3.41 所示。由图 3.40 和图 3.41 可知，在不同管道间距下，泵站出口处原油管道右侧的土壤温度场基本相同，下一泵站入口处的温度分布也是如此，这意味着成品油管道对原油管道右侧温度场的影响较小；在所有的管道间距下，泵站出口处原油管道左侧的土壤温度场受双管敷设管道中的成品油管道影响显著，这是因为冷的成品油扩大了左侧地表附近的低温区域，降低了温度梯度，从而减少了泵站出口处原油管道左侧土壤流向大气的热损失。然而，下一泵站入口处成品油管道的影响不如泵站出口处的明显，这是由于在长距离管道输送中下一泵站入口处的原油温度显著降低，因此，下一个泵站入口处原油和成品油之间的温差显著降低。此外，随着管道间距的增加，原油管道周围的高温区域扩大，原油管道两侧的温度场越来越相似，这意味着成品油管道从原油管道吸热越来越少。当管道间距为 4.8m 时，在泵站出口处靠近地表的左侧等温线平均上升 0.4m，温度梯度增加，这意味着地表处的放热变大，这表明成品油管道现在是放出热量而不是吸收热量，这有利于原油的输送。

图 3.42 展示了单管敷设原油管道及不同管道间距双管敷设管道在泵站出口处和下一泵站入口处地表热流密度。由图 3.42 可知，对应于不同管道间距的右侧地表热流密度曲线与单管敷设原油管道的地表热流密度曲线高度重合，而左侧的曲线存在明显差异。这表明在不同的管道间距下，成品油管道对原油管道右侧的影响很小，可以忽略，但应考

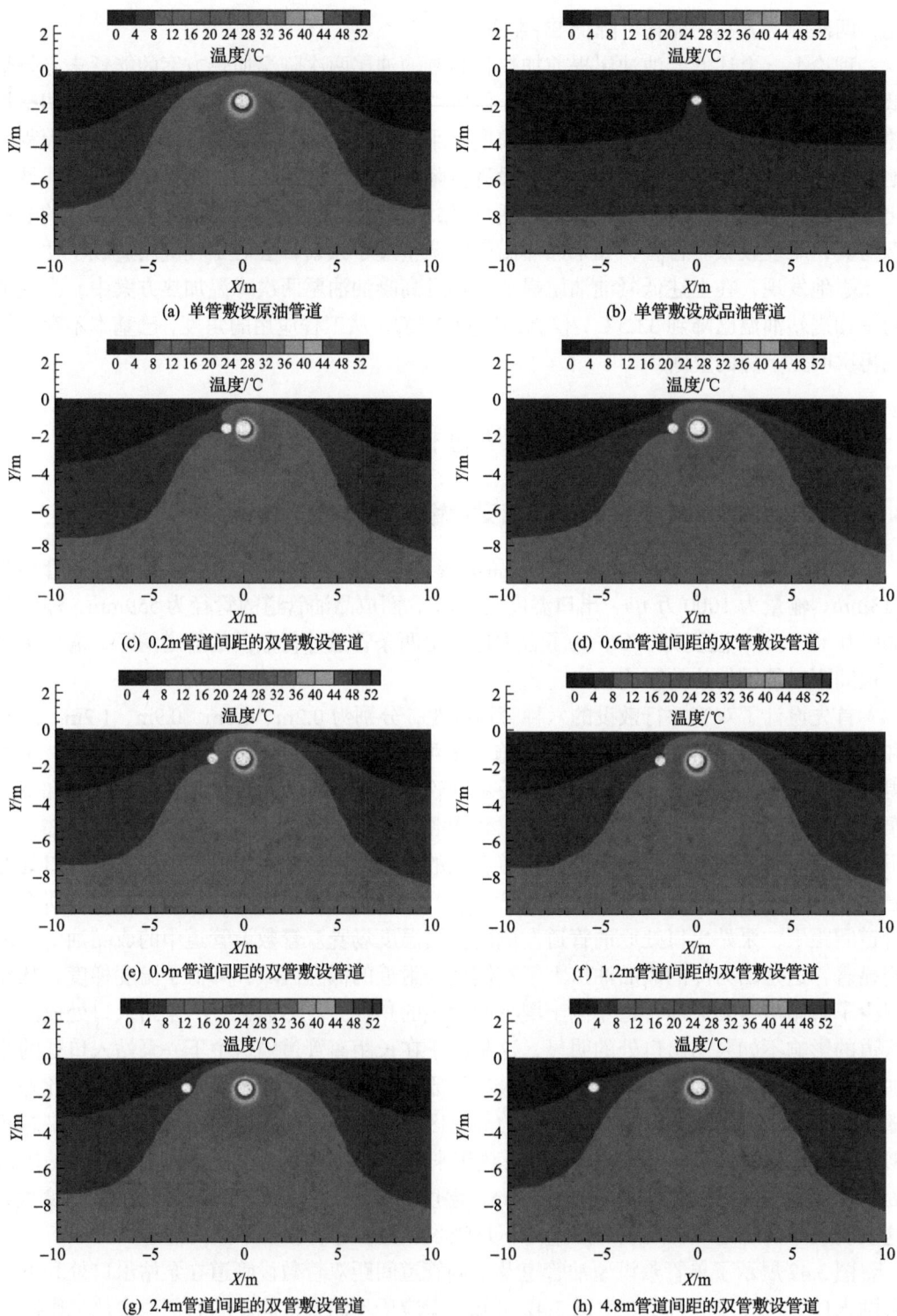

(a) 单管敷设原油管道

(b) 单管敷设成品油管道

(c) 0.2m管道间距的双管敷设管道

(d) 0.6m管道间距的双管敷设管道

(e) 0.9m管道间距的双管敷设管道

(f) 1.2m管道间距的双管敷设管道

(g) 2.4m管道间距的双管敷设管道

(h) 4.8m管道间距的双管敷设管道

图 3.40　单管敷设原油管道和成品油管道及不同管道间距双管敷设管道在泵站出口处的土壤温度场
（扫封底二维码见彩图）

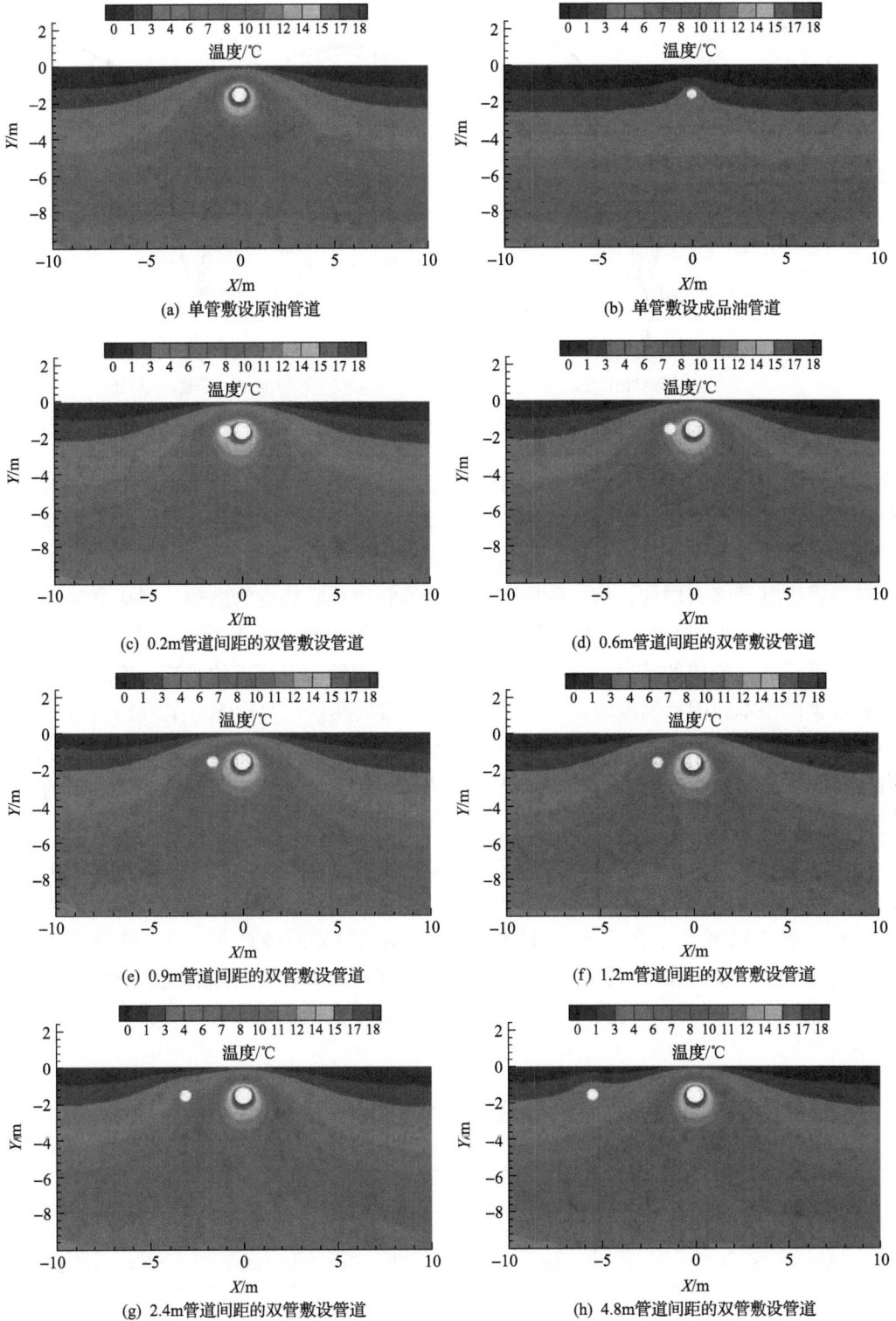

图 3.41 单管敷设原油管道和成品油管道及不同管道间距双管敷设管道在下一泵站入口处的土壤温度场
(扫封底二维码见彩图)

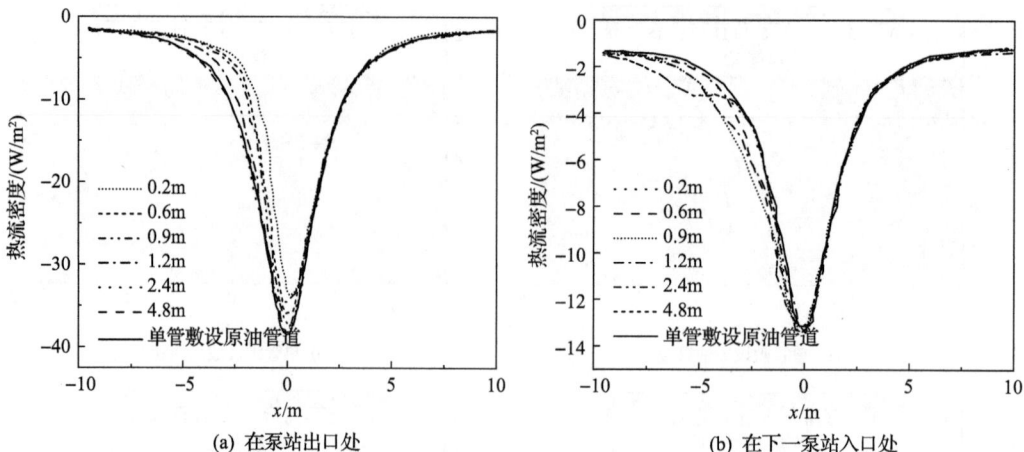

(a) 在泵站出口处　　　　　　(b) 在下一泵站入口处

图 3.42　单管敷设原油管道及不同管道间距双管敷设管道在泵站出口处和下一泵站入口处地表热流密度

虑对原油管道左侧的影响。由图 3.42(a)可知，当原油管道和成品油管道相距较近时，泵站出口处原油管道左侧的地表热流密度显著降低。随着管道间距的增加，双管敷设管道的热流密度接近单管敷设原油管道的热流密度。在管道间距达到 4.8m 之前，双管敷设管道热流密度甚至略有增加，增加的原因是成品油管道从吸热变为散热。当成品油管道远离原油管道时，成品油管道的温度高于当地土壤温度，从而散失热量。由图 3.42(b)可知，与单管敷设原油管道的情况相比，下一泵站入口处双管敷设管道的热流密度增加。产生这种现象的根本原因是温度较高的成品油向土壤散失热量。对比图 3.42(a)和(b)可知，下一泵站入口处地表热流密度小于泵站出口处地表热流密度，原因在于原油在泵站出口和下一泵站入口之间的运输过程中不断散失热量，其温度降低，与四周环境之间的温差逐渐缩小。

定义线热流密度为管道圆周上或者地表上整体的热流密度，其计算式为 πdq（d 为管道直径；q 为热流密度）或者 $2Lq$[L 为管道中心到管道热力影响区左（或右）边界的距离]。表 3.10～表 3.12 给出了在泵站出口处和下一泵站入口处原油管道、成品油管道和地表大气的线热流密度具体数值；图 3.43 和图 3.44 分别展示了管道沿线的线热流密度和油温分布情况。分析表 3.10～表 3.12 和图 3.43、图 3.44 中的数据与变化规律，可以得到如下结论。

表 3.10　不同管道间距下在泵站出口处和下一泵站入口处原油管道的线热流密度

（单位：W/m）

位置	管道间距						
	0.2m	0.6m	0.9m	1.2m	2.4m	4.8m	∞
泵站出口处	288.5	240.7	227.1	219.5	209.8	207.8	208.7
下一泵站入口处	52.5	59.6	62.1	63.7	66	66.7	67

表 3.11　不同管道间距下在泵站出口处和下一泵站入口处成品油管道的线热流密度

（单位：W/m）

位置	管道间距						
	0.2m	0.6m	0.9m	1.2m	2.4m	4.8m	∞
泵站出口处	−132.8	−75.1	−54.7	−40.6	−14	3.1	11.1
下一泵站入口处	20.6	14.6	12.3	10.9	8.6	7.2	6.8

表 3.12　不同管道间距下在泵站出口处和下一泵站入口处地表大气的线热流密度

（单位：W/m）

位置	管道间距							
	0.2m	0.6m	0.9m	1.2m	2.4m	4.8m	∞（原油管道）	∞（成品油管道）
泵站出口处	−139	−147.6	−153.1	−155.7	−171.3	−182.4	−181.2	−34.7
下一泵站入口处	−79.1	−79.8	−80	−77.5	−79.8	−79.1	−75.1	−31.4

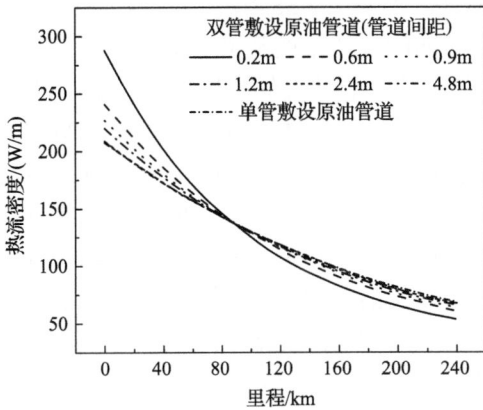

(a) 原油管道的线热流密度

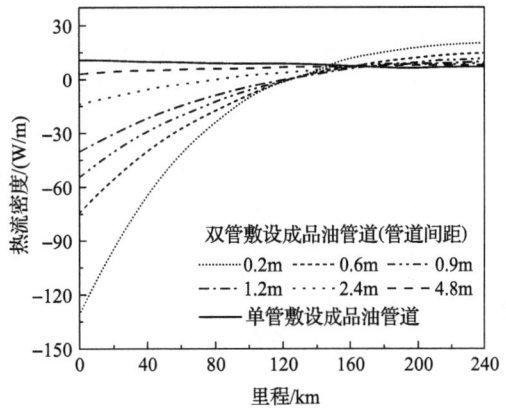

(b) 成品油管道的线热流密度

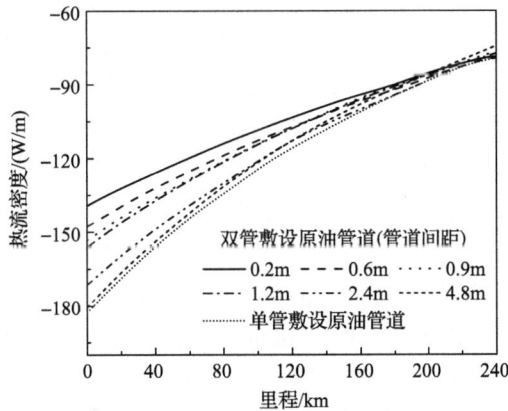

(c) 地表大气的线热流密度

图 3.43　管道沿线的线热流密度

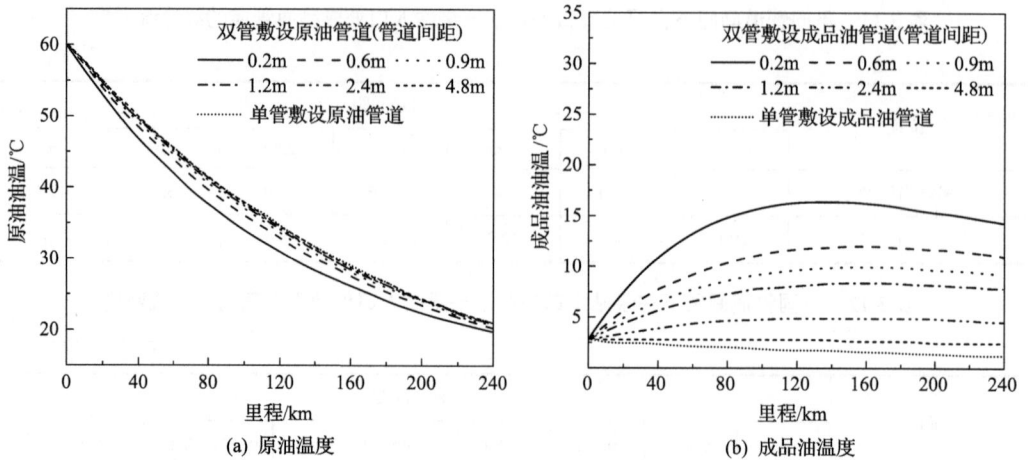

图 3.44　管道沿线的油温

(1)从表 3.10~表 3.12 可以看出,当管道间距为 0.2m 时,在泵站出口处原油的热损失为 288.5W/m,比单管敷设原油管道的热损失(208.7W/m)高 38.2%,这是由于泵站出口处冷成品油的吸热引起的(132.8W/m)。而冷成品油的吸热量明显大于双管敷设管道相较于单管敷设管道的原油热损失的增加量,能量平衡要求地表的放热量减少 42.2W/m,并且向土壤恒温层的热传递更小。随着管道间距的增加,冷成品油的吸热量逐渐降低。当管道间距为 1.2m 时,冷成品油的吸热量降至 40.6W/m,而原油的热损失 219.5W/m 仅比单管敷设原油管道增加 10.8W/m。当管道间距变为 2.4m 时,成品油的吸热量(14.0W/m)大约等于表面减少的放热量,而原油的热损失(209.8W/m)与单管敷设原油管道的热损失几乎相近。当管道间距为 4.8m 时,成品油的热损失为 3.1W/m,通过加热周围的土壤,原油的热损失减少到 207.8W/m。由于原油管道沿线的温度下降,原油的热损失逐渐减少[图 3.43(a)],成品油的吸热也逐渐减少[图 3.43(b)]。

(2)如图 3.43(a)所示,当管道间距小于 2.4m 且管道里程小于 90km 时,双管敷设管道的热损失大于单管敷设原油管道的损失。当里程大于 90km 时,热量损失反而变小。产生这一现象主要有两个原因:一个原因是原油和成品油之间的显著温度差异导致当管道里程小于 90km 时成品油大量吸热,当里程大于 160km 时成品油会散发热量,如图 3.43(b)所示;另一个原因是,在 90km 之前,双管敷设管道中原油的温降和热损失比单管敷设原油管道时大,使其热容量变小了。

(3)当双管敷设管道间距为 2.4m 或 4.8m 时,原油的热流密度曲线与单管敷设原油管道的热流密度曲线重合较好,这意味着成品油管道对原油管道的影响很小,因此双管敷设管道中沿原油管道的温度通常与沿单管敷设原油管道的几乎相同。从表 3.11 和图 3.43(a)中可以看出,当管道间距为 4.8m 时,成品油小的热损失对原油管道有有利影响,这使得下一泵站进口处油温略有上升。

(4)这里定义温差为双管敷设管道和单管敷设原油管道之间同一管道位置的油温差。当温差达到最大值时,我们称其为最大温差 ΔT_{max}。如图 3.44(a)所示,ΔT_{max} 出现在约 80km 处,随后温差沿管道里程逐渐减小。当管道间距不小于 1.2m 时,ΔT_{max} 不大于 0.6℃。

然而，当管道间距为 0.2m 时，ΔT_{max} 为 3.8℃，这将危及原油管道的安全运行。因此，并行敷设的两条管道不应过于靠近。

(5)如图 3.44 所示，在大多数情况下，成品油管道沿线的温度先上升后下降。当双管敷设管道间距为 4.8m 时，温度在泵站出口处开始下降，与单管敷设成品油管道相似，这表明成品油管道不再吸收原油管道的热量，对原油管道的运行产生了有利影响。当双管敷设管道间距为 4.8m 时，由于热原油管道的影响，成品油管道的热损失小于单管敷设成品油管道，沿线温度比单管敷设成品油管道略高。当管道间距为 0.2m 时，热原油管道对成品油管道有很大影响，最高温升可达到 13.8℃。

以上研究表明：当管道间距不小于 1.2m 时，双管敷设原油管道相对于单管敷设原油管道的温降不超过 0.6℃，这不会对原油管道的安全运行造成太大影响，在工程应用中是可以接受的。

3.5.2 两条加热原油管道并行敷设输送热力规律和经济性分析

1. 并行敷设输送热力规律分析

拟将两条加热原油管道并行敷设，两条加热原油管道的管径分别为 720mm 和 813mm，它们的输量分别为 1500 万 t/a 和 1900 万 t/a，这里分别将这两条原油管道命名为管 1 和管 2。管 1 和管 2 输送的原油为同一类型的原油，其原油凝点为 32℃。当保证两管均以"最低安全进站油温(高于原油凝点 3℃，即 35.0℃)"进站时，在单独敷设时管 1 的出站油温为 51.3℃，而管 2 的出站油温为 47.9℃。在两条加热原油管道并行敷设后，在保证两管出站油温均与其在单管敷设时的出站油温相同时，当管道间距为 1.2m 时，两管的进站油温分别从单管敷设时的 35.0℃升高到了 38.1℃和 37.6℃；当管道间距为 1.6m 时，两管的进站油温分别升高到了 37.6℃和 37.2℃。对比两种不同敷设方式下的进站油温可知，当设定两管出站油温相同的情况下，采用并行敷设技术后，两管的进站油温均比在单管敷设情况下有所升高。为进一步明确单管敷设和并行敷设两种不同敷设方式对管道沿线油温的影响情况，下面将对两种不同敷设方式下在泵站出口处和下一泵站入口处的土壤温度场、管道沿线热流密度及管道沿线油温作进一步对比分析。

图 3.45 和图 3.46 展示了两种不同敷设方式下在泵站出口处和下一泵站入口处的土壤温度场。由图 3.45 和图 3.46 可知，当两管并行敷设时，无论是在泵站出口处还是在下一泵站入口处，两管周围特别是两管间的土壤温度较单管敷设时均有大幅升高，其中管道间距为 1.2m 时的管道周围土壤温度高于管道间距为 1.6m 时的管道周围土壤温度。这主要是由于并行敷设后两热油管道同时对土壤放热，且管道间距越小，热油管道对土壤的热力影响越大。

图 3.47 对比了单管敷设和双管并行敷设两种不同敷设方式下管道沿线的线热流密度。由图 3.47 可知，并行敷设时任一单管的散热量明显小于该管道单独敷设时的散热量，并且并行敷设两管的管道间距越小，散热量减小的幅度越明显。

图 3.48 对比了单管敷设和双管并行敷设两种不同敷设方式下原油管道沿线的油温。

由图 3.48 可知，在相同出站油温条件下，双管并行敷设方式下的双管沿线油温均高于其在单管敷设方式下的油温。此外，双管并行敷设时双管的管道间距越小，管道沿线油温下降越慢，管道的进站油温越高。由于进站油温高于"最低安全进站油温"，可通过降低双管并行敷设管道的出站油温来降低加热能耗。

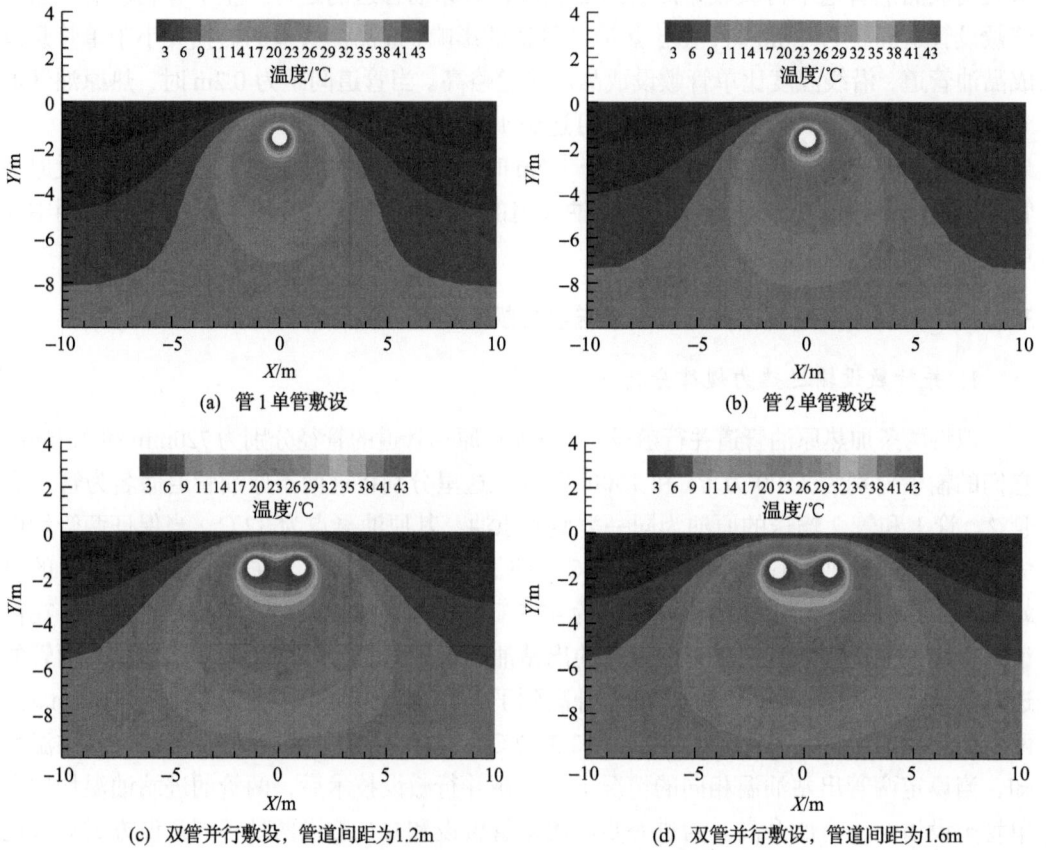

(a) 管 1 单管敷设

(b) 管 2 单管敷设

(c) 双管并行敷设，管道间距为1.2m

(d) 双管并行敷设，管道间距为1.6m

图 3.45　泵站出口处土壤温度场(扫封底二维码见彩图)

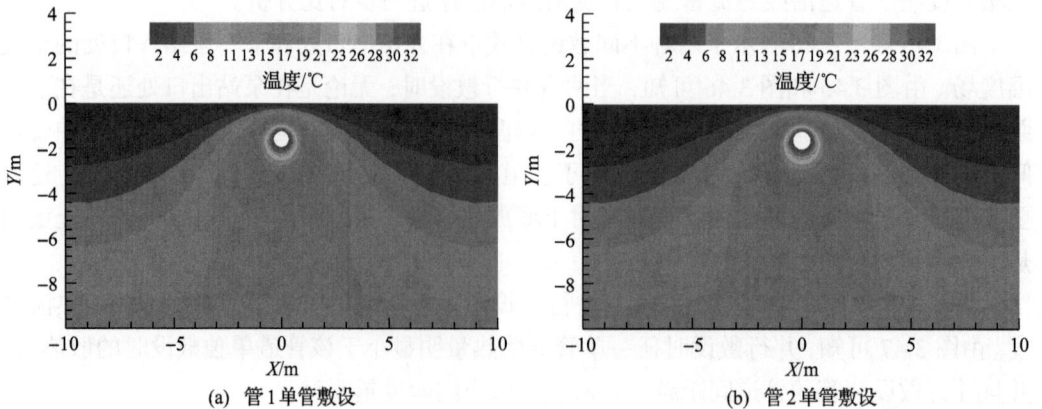

(a) 管 1 单管敷设

(b) 管 2 单管敷设

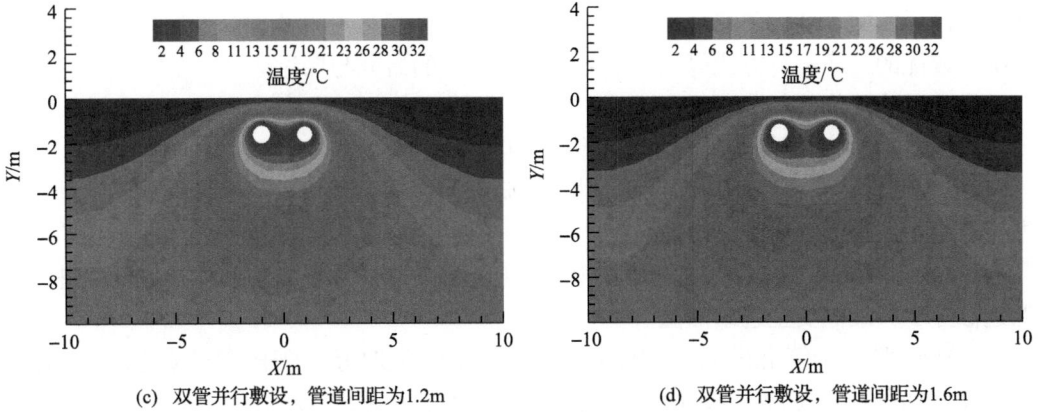

(c) 双管并行敷设,管道间距为1.2m
(d) 双管并行敷设,管道间距为1.6m

图 3.46 下一泵站入口处土壤温度场(扫封底二维码见彩图)

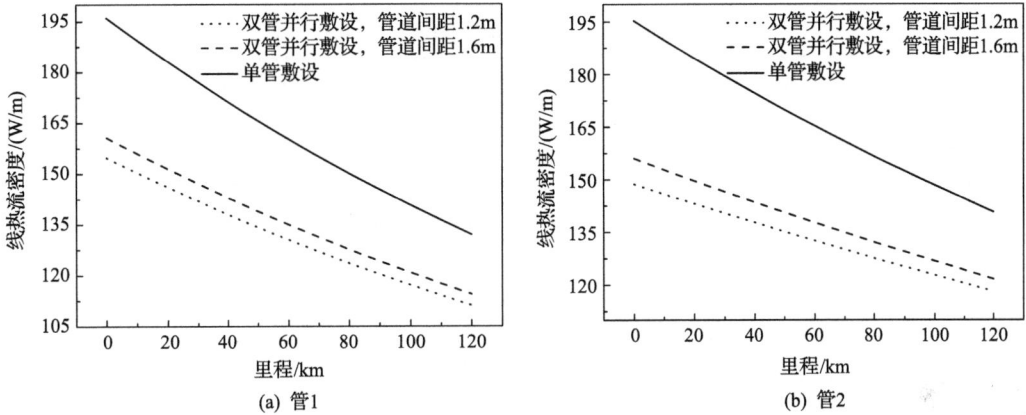

(a) 管1
(b) 管2

图 3.47 原油管道沿线的线热流密度

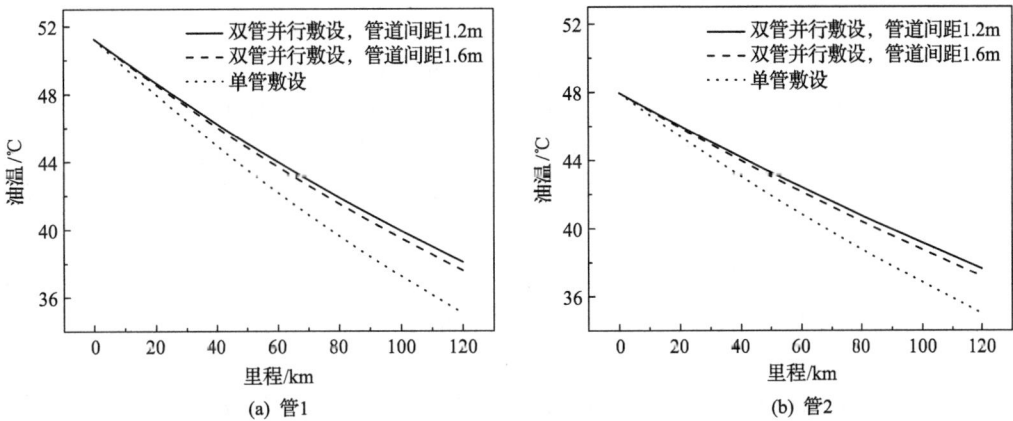

(a) 管1
(b) 管2

图 3.48 原油管道沿线的油温

2. 并行敷设输送经济性分析

并行敷设方式可以适当降低管道出站油温,这将有利于节省加热站的加热能耗。但

并行敷设后的两管要如何降低出站油温，降低出站油温后可以节省多少加热能耗，何种
工况是较优的经济运行方式等问题都需要作进一步的研究与探讨。

为了寻找较优的经济运行方式，这里设计了四种模拟工况[27]，具体如下：

（1）两管出站油温均与其管单独敷设时相同；

（2）管 1 出站油温与其单独敷设时相同，降低管 2 出站油温直到两管中最低的进站油
温近似等于"最低安全进站油温"；

（3）管 2 出站油温与其单独敷设时相同，降低管 1 出站油温直到两管中最低的进站油
温近似等于"最低安全进站油温"；

（4）同时降低两管出站油温直到两管中的进站油温同时近似等于"最低安全进站油温"。

按照四种模拟工况要求对管 1 和管 2 进行热力仿真，整理后所得的进出站油温见
表 3.13。

表 3.13　四种模拟工况下的进出站油温

模拟工况	管道间距/m	出站油温(管 1—管 2)/℃	进站油温(管 1—管 2)/℃
A	1.2	51.3—47.9	38.1—37.6
	1.6	51.3—47.9	37.6—37.2
B	1.2	51.3—43.9	37.7—35.0
	1.6	51.3—44.7	37.4—35.0
C	1.2	46.2—47.9	35.0—37.3
	1.6	46.9—47.9	35.0—37.0
D	1.2	46.7—44.3	35.0—35.0
	1.6	47.4—44.9	35.0—35.0

由表 3.13 可知，模拟工况 A 的进站油温最高而模拟工况 D 的进站油温最低。当只
调整其中一条管道时（即模拟工况 B 和 C），被调整的管道达到最低进站油温，而另一条
管道的进站油温相对较高。当管道间距增加时，相同模拟工况下的出站油温相应升高。
这是管道间距的增大使两管间的热力影响减小，管道周围的土壤温度场温度降低造成的。

上面的热力计算中只考虑了某一站间距为 120km 的管道长度范围内并行敷设沿线油
温变化情况。但是对于长输原油管道而言，整条管线的长度往往是几百千米甚至上千千
米，沿线需要设定若干加热站。那么，当管线长度及沿线加热站数目不同时，双管并行
敷设采用不同的模拟工况运行所节省的加热能耗是否相同？何种模拟工况最有利于节省
加热能耗？加热站数目与四种模拟工况所节省下的加热能耗之间是否存在联系？下面将
在已有计算结果的基础上对以上几个问题进行探究。

现假设整条管线由 N 个加热站组成，N 的取值范围为 1～15，每两个加热站间的距
离（即为站间距）均为 120km，即模拟管道总长度的变化范围为 120～1800km。假设长输
管线采用双管并行敷设某模拟工况正常运行，进入首站的来油温度为 35.0℃，油品以
表 3.13 中相对应的进站油温进入某中间加热站，经加热至表中对应出站油温后出站即可
保证下一站的安全输送。通过进出站的温升可计算得到加热站的加热能耗，加热站的加
热能耗计算式如式（3.1）所示：

$$M_{\mathrm{f}} = \frac{\left[c_p m_1 \sum_{i=1}^{N} \left(T_{1_{\mathrm{out}_i}} - T_{1_{\mathrm{in}_i}} \right) + c_p m_2 \sum_{i=1}^{N} \left(T_{2_{\mathrm{out}_i}} - T_{2_{\mathrm{in}_i}} \right) \right] \Delta t}{q_{\mathrm{f}} \eta} \tag{3.1}$$

式中，M_{f} 为燃料的质量，kg；m 为原油质量流量，kg/h；下标数字 1 和 2 分别代表管 1 和管 2；T_{out} 为原油的出站油温，℃；T_{in} 为原油的进站油温，℃；Δt 为管道运行时间，h；N 为管道沿线加热站数目；q_{f} 为燃料的热值，J/kg；η 为加热效率。

图 3.49 展示了单管敷设与双管并行敷设方式各模拟工况下所消耗的加热燃料量。由图 3.49 可知，随着管道沿线加热站数目的增多，单管敷设与双管并行敷设方式所消耗的加热燃料都线性增加。比较 4 种双管并行敷设模拟工况可知，模拟工况 D 消耗的加热燃料最少而模拟工况 A 消耗的加热燃料最多，模拟工况 B 和模拟工况 C 消耗的加热燃料相差不多，居于模拟工况 D 和模拟工况 A 之间。由此可知，当双管并行敷设两管的进站油温最接近"最低安全进站油温"且出站口温度最低时，模拟工况可节省最多的加热能耗。这是由于当出站油温相对较低时，管道与土壤间的温差减小使管道沿线的散热减少。因此，从热力角度考虑，模拟工况 D 是计算的四种模拟方案中最优的经济性方案。

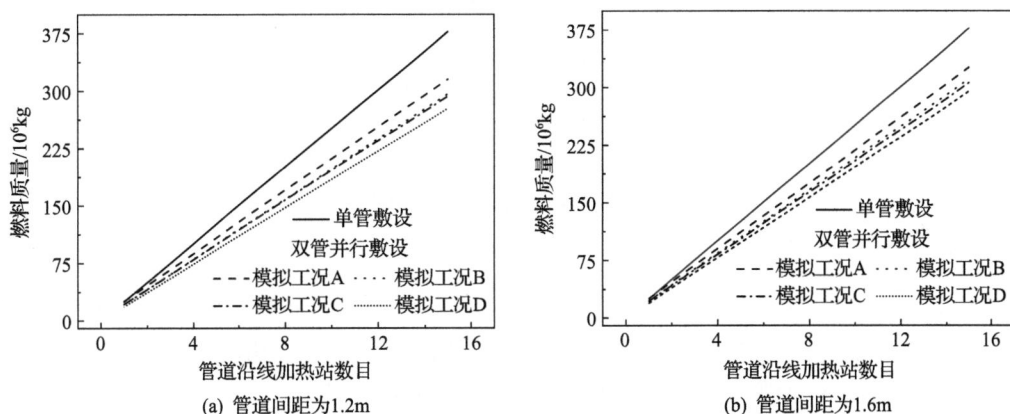

图 3.49　消耗的加热燃料量

图 3.50 展示了双管并行敷设方式各模拟工况相对于单管敷设方式所能节省的能耗比。由图 3.50 可知，模拟工况 D 的节省能耗比随着加热站数目的增加基本保持不变，在管道间距为 1.2m 和 1.6m 时可分别达到 23.4%和 28.1%。而其他三种模拟工况的节省能耗比随着加热站数目的增加而增加，并在加热站数目达到 10 左右时基本保持不变。

为什么模拟工况 D 的节省能耗比不受加热站数目的变化影响呢？由式(3.1)可得出模拟工况 D 的节省能耗比的简化形式为

$$\mathrm{HR} = \frac{m_1 \left(T_{1_{\mathrm{outS}}} - T_{1_{\mathrm{outD}}} \right) + m_2 \left(T_{2_{\mathrm{outS}}} - T_{2_{\mathrm{outD}}} \right)}{m_1 \left(T_{1_{\mathrm{outS}}} - T_{1_{\mathrm{inS}}} \right) + m_2 \left(T_{2_{\mathrm{outS}}} - T_{2_{\mathrm{inS}}} \right)} \times 100\% \tag{3.2}$$

式中，下标 S 和 D 分别为单管敷设和双管并行敷设。

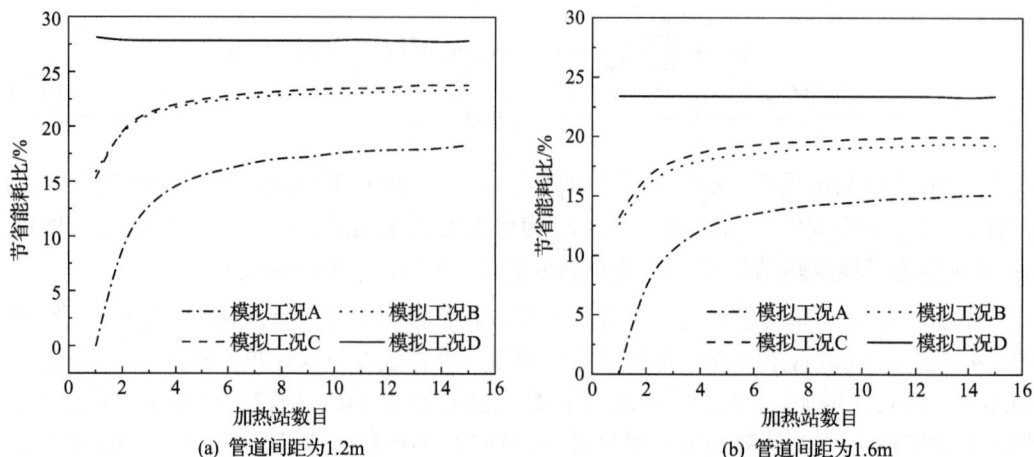

(a) 管道间距为1.2m

(b) 管道间距为1.6m

图 3.50　双管并行敷设方式各模拟工况下的节省能耗比

结合式(3.1)和式(3.2)可知，模拟工况 D 在任一站间的进出站油温均相同，在计算节省能耗比时，公式中的 i 相互抵消，使模拟工况的节省能耗比不受加热站数目的影响。由式(3.1)还可得出其他三种模拟工况的节省能耗比的简化形式为

$$\text{HR} = \cfrac{\cfrac{1}{N-1}\Big[m_1\big(T_{1_{\text{outS}}} - T_{1_{\text{outD}}}\big) + m_2\big(T_{2_{\text{outS}}} - T_{2_{\text{outD}}}\big)\Big] + \Big[m_1\big(T_{1_{\text{outS}}} - T_{1_{\text{inS}}} - T_{1_{\text{outD}}} + T_{1_{\text{inD}}}\big) + m_2\big(T_{2_{\text{outS}}} - T_{2_{\text{inS}}} - T_{2_{\text{outD}}} + T_{2_{\text{inD}}}\big)\Big]}{\cfrac{1}{N-1}\Big[m_1\big(T_{1_{\text{outS}}} - T_{1_{\text{in1S}}}\big) + m_2\big(T_{2_{\text{outS}}} - T_{2_{\text{in1S}}}\big)\Big] + \Big[m_1\big(T_{1_{\text{outS}}} - T_{1_{\text{inS}}}\big) + m_2\big(T_{2_{\text{outS}}} - T_{2_{\text{inS}}}\big)\Big]}$$

$$(3.3)$$

结合式(3.1)和式(3.3)可知，其他三种模拟工况的进出站油温在第 2 站至第 N 站中均相同，节省能耗比与加热站数目 N 有关。随着加热站数目 N 的增加，节省能耗比受 N 的影响越小，当 N 足够大时节省能耗比逐渐趋于一个固定值。

由图 3.49 和图 3.50 还可以看出，当并行敷设时两管管道间距减小时，节省能耗比将随之升高。由此可知，并行敷设时两管的管道间距越小，相互的热力影响越大，在进站油温保持"最低安全进站油温"时所要求的出站油温将越低，消耗的加热燃料也将越少。因此，管道间距越小对经济性越有利。但是上述分析仅从热力角度来考虑，在现场实际操作过程中，管道间距的选择还应考虑现场施工、运行及维修等其他多种因素的影响。

3.6　冻土地区管道输送过程水热力规律分析

3.6.1　不加热棒输送过程水热力规律分析

1. 冻土土壤温度场分析

由于冻土土壤的初始温度为负温，土壤孔隙中的未冻水含量在开始时处于相对较低的水平。管道正常运行时，管内原油温度高于管道周围土壤的温度，热量通过钢管壁、防腐层和保温层等多层结构从原油传入土壤，此时冻土中的冰吸热融化成水。这会造成土壤中未冻水含量的上升和热物性参数的改变，进而影响土壤总体的传热性能[28]。图 3.51 展示了埋地热油管道运行不同时间后管道出口截面处的土壤温度场等值线图。由温度场的等值线变化可以很容易看出热量逐步从温度高的管道向温度低的土壤扩散，由于冻土地区环境大气温度较低，接近地表的土壤会向大气散热，减缓了附近区域土壤内热量的积蓄，使热力影响区随着时间的推移逐渐呈现出"上窄下宽"的偏心圆环状分布。并且由于管道外壁保温层的作用，管道热量不易向周围冻土土壤散失，当油温为 30℃时，埋地热油管道经过 2 个月的运行后，管道附近的土壤温度达到 12.4℃左右。

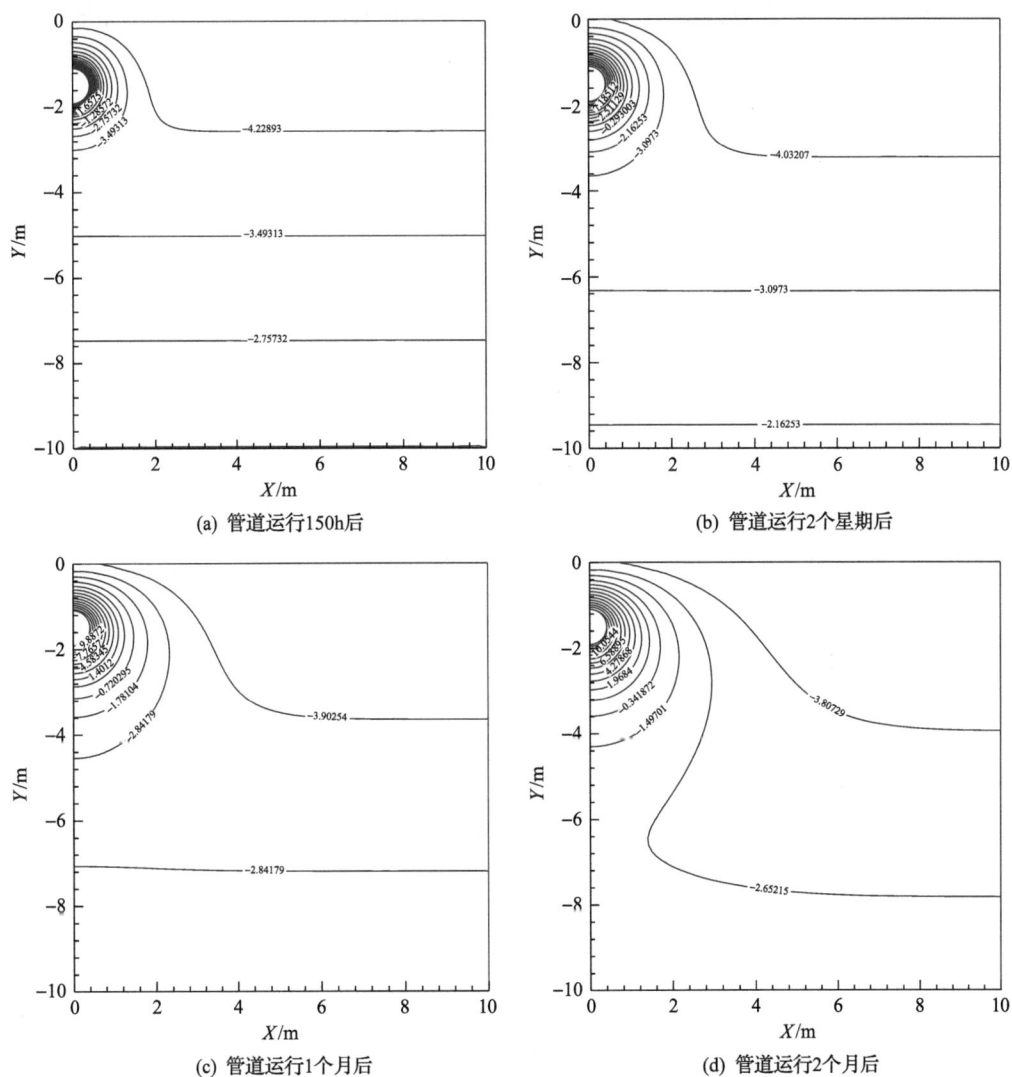

(a) 管道运行150h后　　　　　　　　　　(b) 管道运行2个星期后

(c) 管道运行1个月后　　　　　　　　　　(d) 管道运行2个月后

图 3.51　土壤温度场等值线图

图中等值线单位为℃

为了更好地体现土壤中的未冻水含量和水分迁移对土壤温度分布的影响，采用忽略了水分场影响的纯导热模型来计算不同管道运行周期下的土壤温度场，并与求解耦合模型得到的结果进行了对比。

图 3.52 对比了求解耦合方程得到的土壤温度场和求解纯导热方程得到的土壤温度场（其中实线为求解耦合方程得到的土壤温度场，双点划线为求解纯导热方程得到的土壤温度场），可以看出采用耦合模型计算时管道的热力影响区在土壤中的扩展速度要更慢一些。分析后发现产生这种现象的原因和土壤总体的导热系数有很大的关系，处于冻结状态的土壤孔隙中最初存在着固态冰和液态未冻水两相介质而且冰的导热系数要大于水的导热系数，因此当土壤孔隙中的冰吸收管道散失的热量后融化成导热系数较低的液态水时，土壤整体的导热系数会减小。另外，在冻土融化过程中，冰水相变会从周围环境中

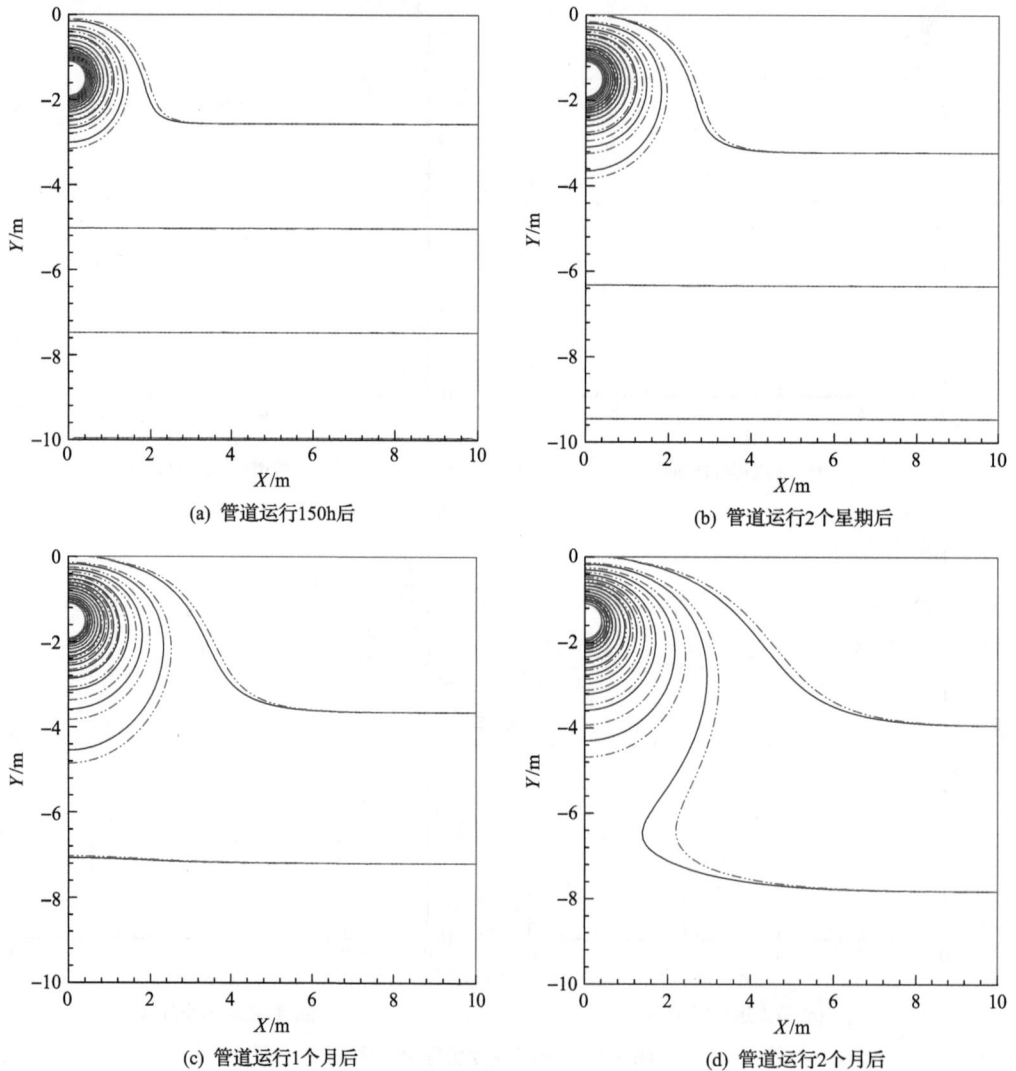

(a) 管道运行150h后　　　　　　　　(b) 管道运行2个星期后

(c) 管道运行1个月后　　　　　　　　(d) 管道运行2个月后

图 3.52　不同模型计算得到的土壤温度场对比图

吸收一部分热量,这也会进一步减缓热力影响区在冻土中的扩散。此外,由于外界环境大气的温度较土壤温度更低,管道上方的土壤还会受到外界大气的冷却作用,使热力影响区在管道下方扩展得更加迅速。

表 3.14 和表 3.15 给出了管道正常运行 2 个月后分别采用耦合模型和纯导热模型计算时管道沿线热流密度及油温的分布情况。由表 3.14 中的数据可以看出,管道出口处(100km)的热流密度要小于管道入口处(0km)的热流密度,这是由于管道在运行过程中不断向外界环境散失热量,原油与冻土土壤间的温度差逐渐减小。在耦合模型中考虑了不同物理场间的相互作用,土壤中未冻水比例的上升使土壤整体的传热性能减弱,所以相应地管道向土壤散失的热量较采用纯导热模型来说更小,并且因为管道入口位置处的温差最大、耦合作用也最强烈,所以两种模型在入口处的计算结果差异最大。

表 3.14　管道沿线热流密度　　　　　(单位:W/m²)

采用模型	里程						
	0km	16km	32km	48km	64km	80km	100km
纯导热模型	42.4	39.5	36.9	34.4	32.1	29.9	27.5
耦合模型	39.9	37.5	35.2	33.0	31.1	29.2	26.9

表 3.15　管道沿线油温　　　　　(单位:℃)

采用模型	里程						
	0km	16km	32km	48km	64km	80km	100km
纯导热模型	30.0	26.5	24.6	22.8	21.2	19.7	17.9
耦合模型	30.0	27.7	25.6	23.7	21.8	20.1	18.2

表 3.15 为管道沿线的油温分布情况,可以看出,原油的温度和热流密度呈现出相同的下降趋势,由于耦合模型计算得到的热流密度较纯导热模型计算得到的结果更小,所以沿线油温呈现出相反的趋势,并且两种模型计算得到的沿线油温差最大为 1.2℃。

2. 冻土土壤水分场分析

图 3.53 为通过耦合模型计算得到的不同管道运行周期下土壤中未冻水含量的分布情况。管道周围的浅色部分表示该区域土壤孔隙中未冻水含量处于较高水平,称为融化区;大面积的深色部分表示该区域土壤孔隙中未冻水含量处于较低水平,称为冻结区;两个部分之间的土壤区域共存着一定量的冰和水,称为冻融区。

在管道正常运行过程中,其附近土壤区域中的冰吸收管道散失的热量后融化成水,会使相应区域的含水量升高,这与图 3.53 中随着时间推移浅色区域在土壤中逐渐向外扩展的趋势相一致。如前所述,由于管道上方的土壤还和温度较低的外界大气进行热交换,管道上方冻融圈的扩展速度要慢于管道下方冻融圈的扩展速度。因此,管道在土壤中的热力影响区呈现出向下偏移的非对称圆环分布,在管道运行 1 个月之后,尽管管道

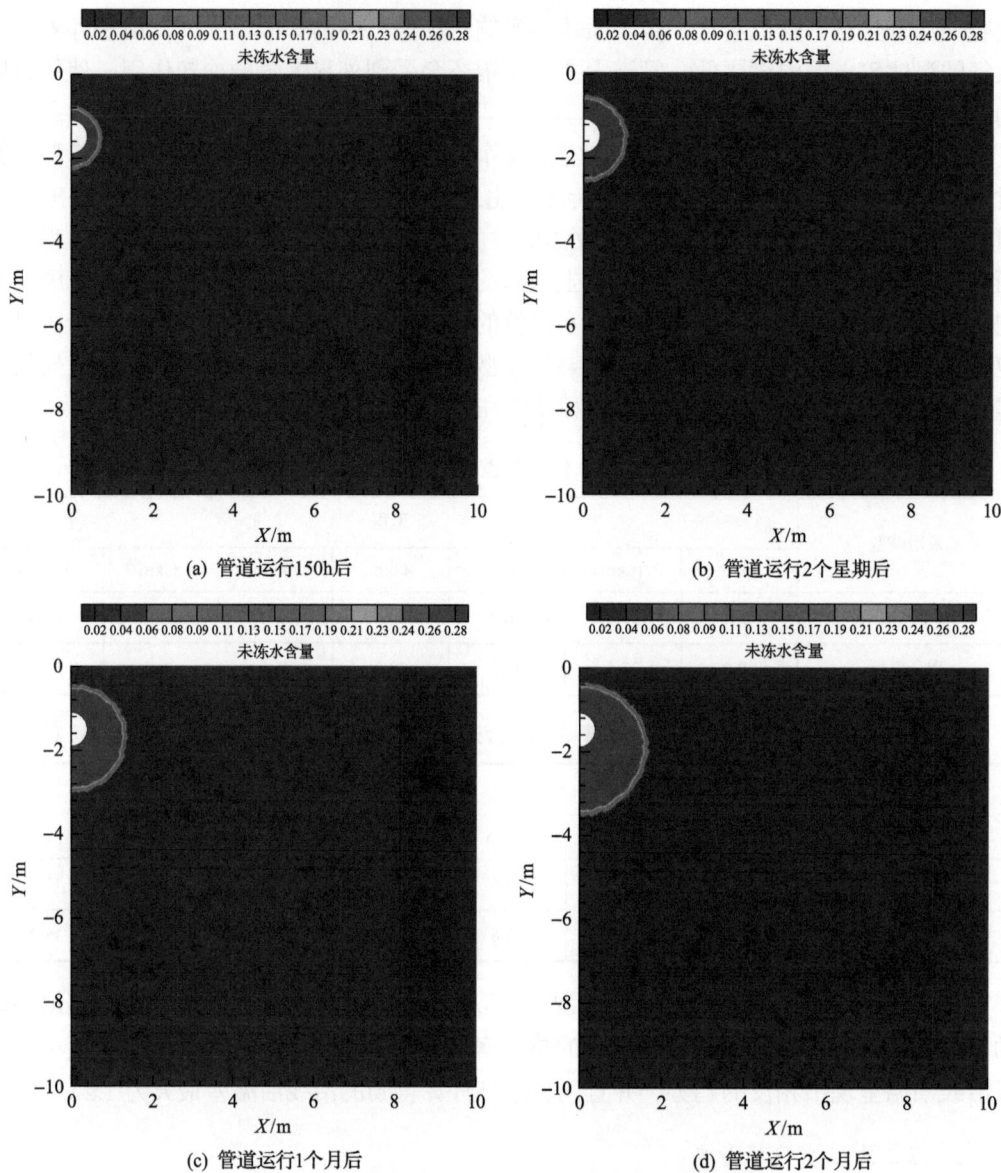

(a) 管道运行150h后

(b) 管道运行2个星期后

(c) 管道运行1个月后

(d) 管道运行2个月后

图 3.53　土壤中未冻水含量分布(扫封底二维码见彩图)

下方的土壤融化区域还在不断扩展，管道上方的土壤融化区域已经稳定在了地表下 0.5m 的位置。

图 3.54 展示了管道正常运行不同时期下土壤孔隙中未冻水迁移流函数。在埋地热油管道正常运行时，土壤温度梯度和地表水分渗流共同作用使土壤中的未冻水开始在孔隙中流动，水分逐渐从土壤高温区向土壤低温区迁移。由图 3.54 可知，最大的未冻水迁移量发生在管道正常运行初期，当管道正常运行 150h 后，最大的未冻水迁移速度为 $6.47×10^{-7}$m/s，但是由于大部分土壤区域还处于冻结状态，未冻水迁移仅仅发生在管道附近的局部区域，此时从区域边界流入和流出的未冻水在未冻水迁移中占据主导地位。

随着管道正常运行时间的推移，土壤中未冻水迁移速度由于管道和土壤间温度差的减小而逐渐降低。与此同时，更多的土壤区域温度升高、未冻水含量上升，使未冻水的迁移逐渐扩展到更大的范围内，此时管道附近土壤中的含水量大小为 0.28，达到了最大值。这里需要注意的一点是，土壤孔隙中未冻水迁移速度的数量级只有 $10^{-10} \sim 10^{-7}$ m/s，也就是说由于未冻水迁移引起的混合对流换热对于土壤温度场的影响较小。Taylor 和 Luthin[29]通过更深入的研究和分析证实了这种可能性，即土壤中由水分流动而造成的热量迁移只相当于热传导改变土壤蓄热量的 1/1000～1/100。除此之外，从图 3.54 中可以很清晰地看到未冻水迁移的流线在管道附近分布得最为密集，这是由于管道周围有着最大的温度梯度和含水量变化。由管道不同运行周期下的未冻水迁移流线分布变化趋势可以得到未冻水主要存在于正温土壤区域并逐渐向冻结土壤区域迁移的结论。由于不同的温度场对应

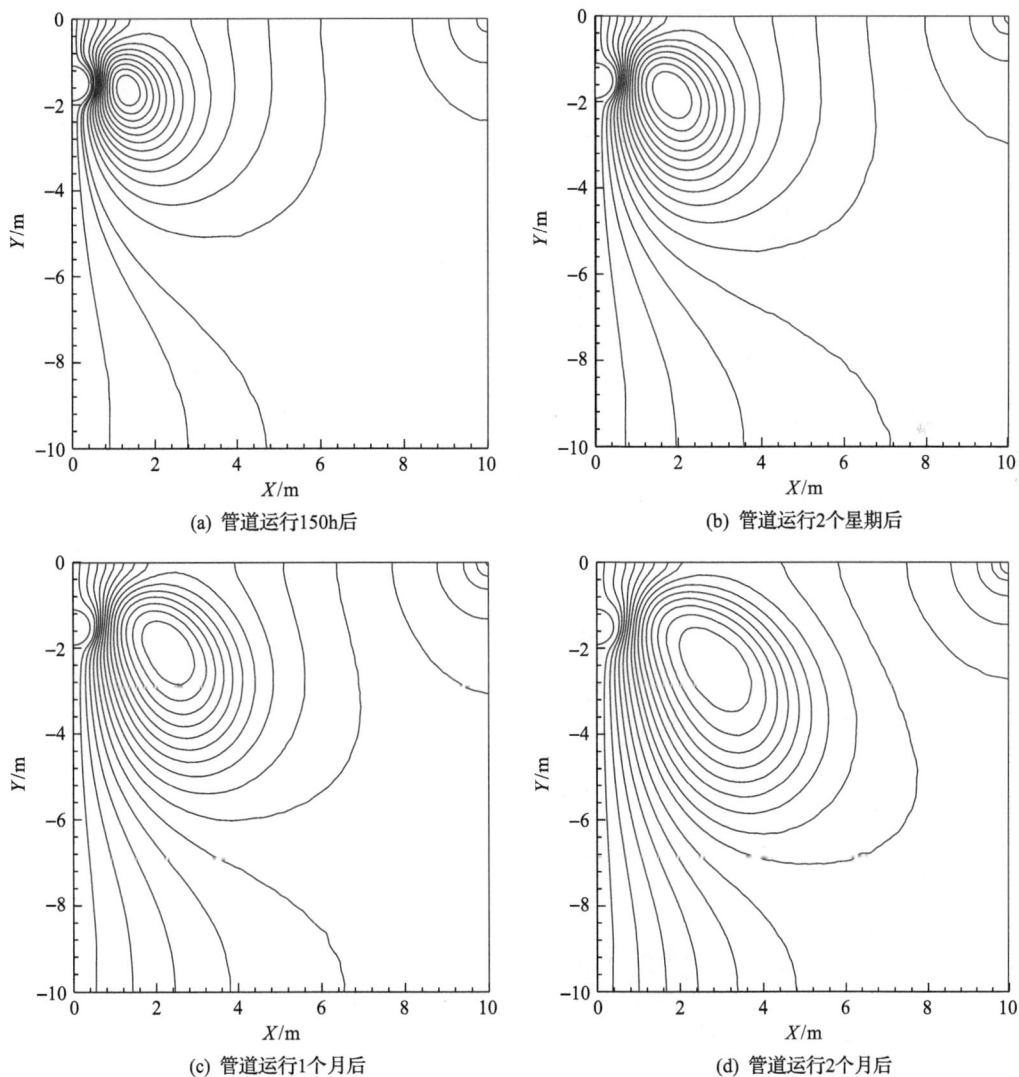

(a) 管道运行150h后

(b) 管道运行2个星期后

(c) 管道运行1个月后

(d) 管道运行2个月后

图 3.54　土壤中未冻水迁移流函数

不同的未冻水含量分布，混合对流的流线形状和强度在不同的管道运行周期下呈现出很大的差别，这和已有的实验及数值模拟研究得到的结果是一致的。

3. 冻土土壤应力场分析

由于受到外界环境和埋地运行热油管道的影响，冻土土壤会吸热融化并发生一定程度的融沉下降，在这个过程中伴随发生的土壤温度和含水量的变化无疑会对土壤中应力的分布产生显著影响。图 3.55 展示了在不同管道运行周期下管道周围冻土土壤中沿 x 方向和 y 方向的应力分布情况，可以明显地看到在管道附近土壤的应力发生了剧烈变化，

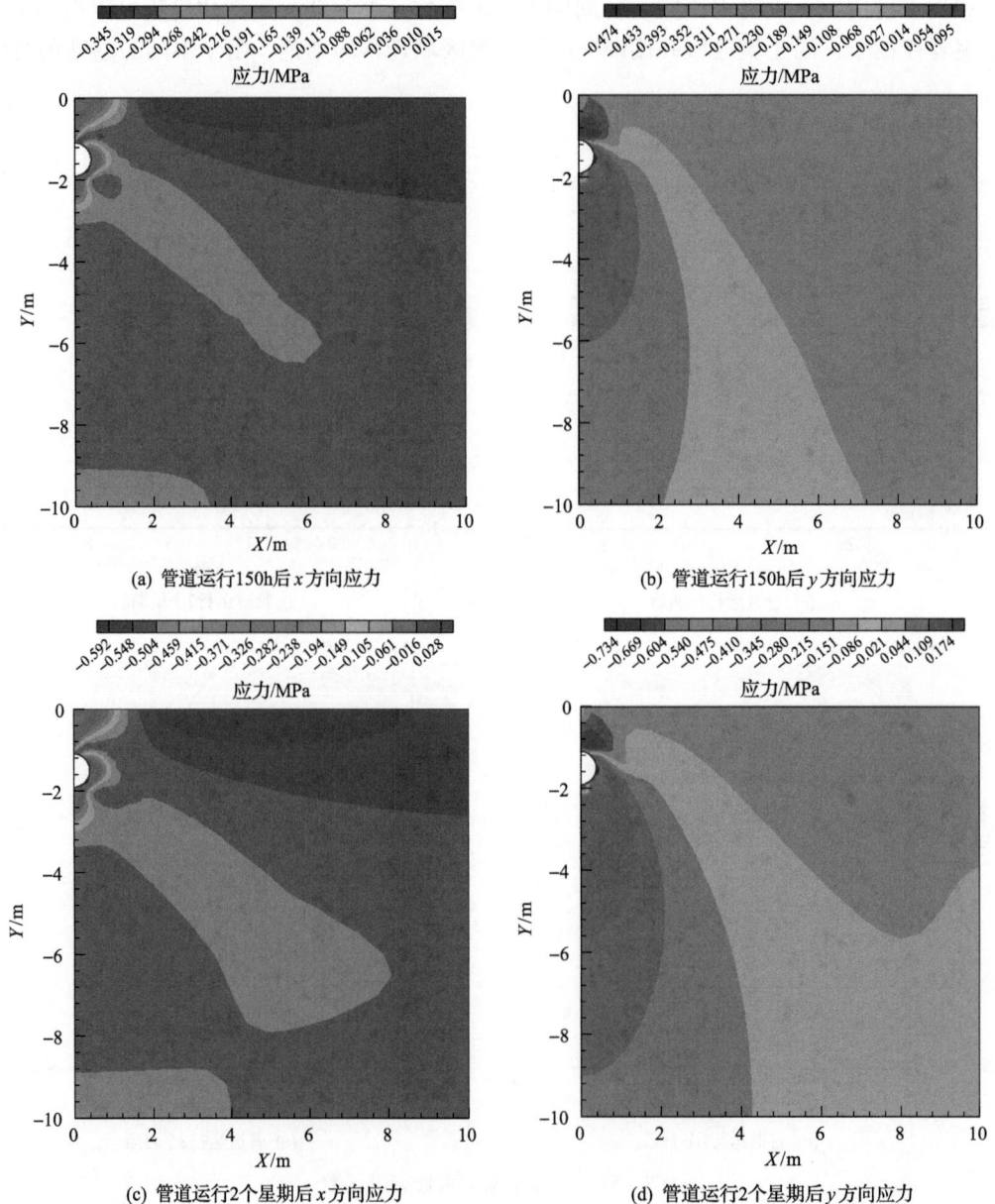

(a) 管道运行150h后 x 方向应力

(b) 管道运行150h后 y 方向应力

(c) 管道运行2个星期后 x 方向应力

(d) 管道运行2个星期后 y 方向应力

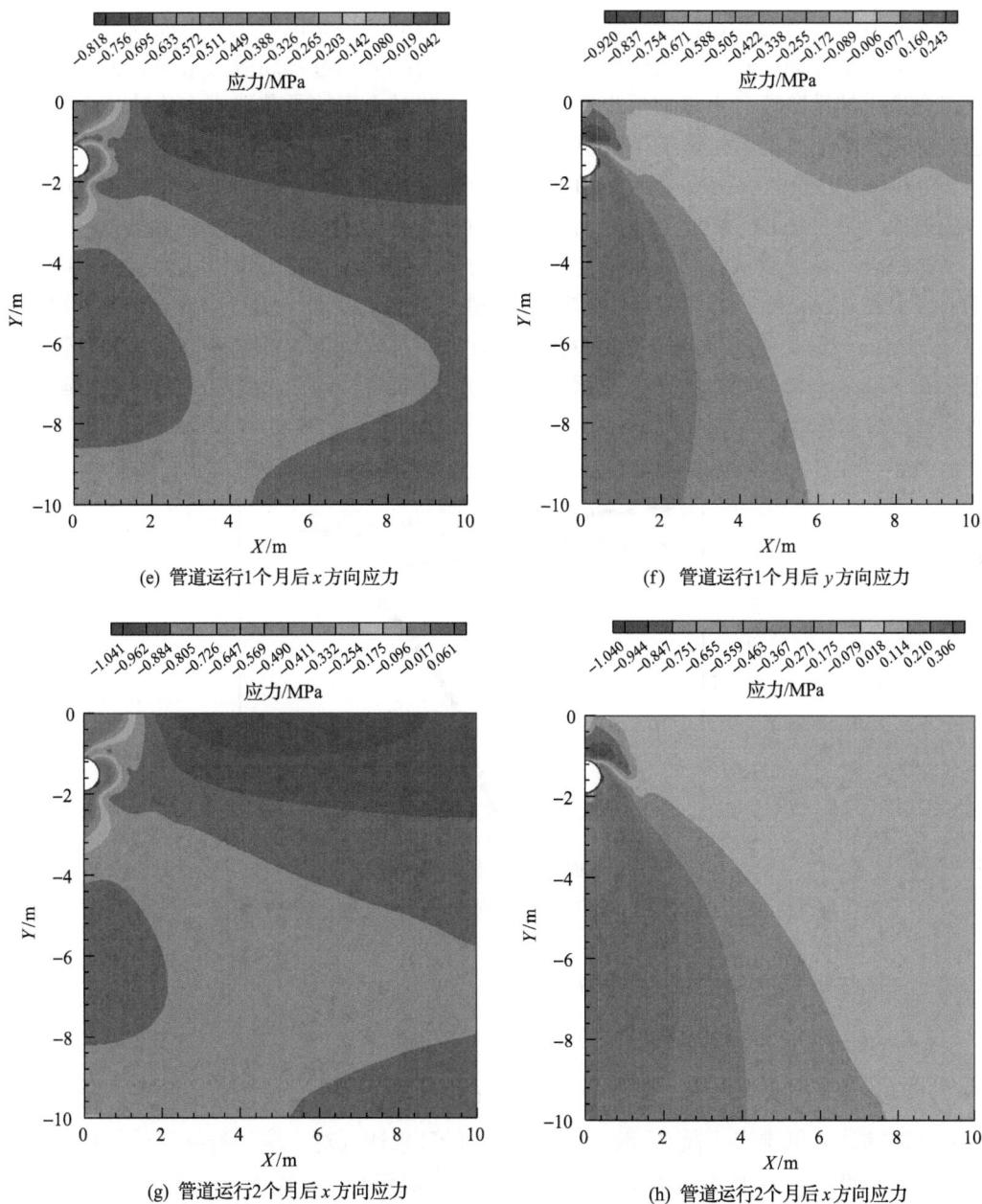

(e) 管道运行1个月后x方向应力

(f) 管道运行1个月后y方向应力

(g) 管道运行2个月后x方向应力

(h) 管道运行2个月后x方向应力

图 3.55　土壤应力场(扫封底二维码见彩图)

这与求解温度场和水分场模型得到的管道周围温度梯度和含水量变化都最大的现象相符合。由于土壤的不同部分温度变化存在着差异，各处土壤因温度变化而产生的体积变化也各不相同，彼此间必然存在着力的相互作用，最终在土壤内部产生大小不同的拉应力或压应力(一般规定拉应力符号为正，压应力符号为负)。对比图 3.55 中 x 方向的应力 σ_x 和 y 方向的应力 σ_y，可以发现土壤在 y 方向的应力值要普遍大于在 x 方向的应力值。例如，在管道运行 2 个星期后，土壤 x 方向的最大应力绝对值为 0.592MPa，而土壤 y 方向的最大应力绝对值为 0.734MPa，因此可以认为土壤的变形和位移更有可能发生在竖直方向而不是水平方向。在工程实际中，当土壤所受的载荷超过其屈服极限时，土壤的应力状态会进入塑性阶段，土壤变形也会快速增加，此时土壤的承载能力会迅速减弱，在管道本身和其中油品的自重影响下管道会在冻土土壤中产生较大幅度的位移。

　　分析图 3.55(b)、(d)、(f)、(h)，可以发现在管道的上部、下部和侧部有着应力集中的现象。图 3.56 所示的运行 2 个月后沿管道埋深方向的土壤 y 方向应力分布进一步证实了这一点，在温度梯度和含水量变化最大的管道侧部土壤应力发生了突变，压应力值迅速增大到 0.66MPa，并且由于泊松效应，管道上方和下方的土壤拉应力分别为 0.13MPa 和 0.12MPa。这几处土壤的应力集中会造成管道侧部附近土壤的剧烈变形，同时管道的上部和下部受土壤的反作用力也会承受较大的应力载荷，因而最严重的融沉冻胀破坏一般在这些位置发生。

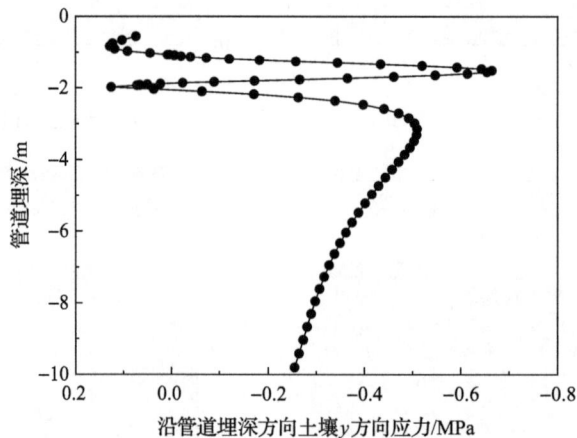

图 3.56　沿管道埋深方向土壤 y 方向应力分布

3.6.2　加热棒输送过程水热力规律分析

1. 热棒的工作原理及特性

　　热棒技术是一种气液两相的对流循环的热传递系统。冻土区设置的热棒，通过向密闭真空腔体注入低沸点工质(一般为氟利昂、氨等)来达到对土壤进行降温的效果。热棒一般分为三部分，热棒的上面部分为冷凝段，装有散热片，对低沸点工质进行冷凝回收；热棒的中间部分为绝热段，隔绝与周围土壤的热传递；热棒的下面部分为蒸发段，吸收周围土壤的热量。通常绝热段部分和蒸发段常年埋入多年冻土中，当外界气温低于冻土温度时，冷凝段与蒸发段之间存在温差，蒸发段中的液体工质吸收热量蒸发为气体，在热棒管内上下的压差作用下，工质上升至冷凝段，与较冷的冷凝器管壁接触，冷凝成液体。在重力作用下，液体工质沿着管壁流回蒸发段。如此往复循环，土壤的热量能够被传出外界。在工程中，一般在冻土地带应用热棒进行冻土冷却，加强冻土与大气之间的热交换。在输油管道周围布置热棒，可以冷却管道周围受油温影响而融化的冻土，从而有效地进行冻土的融沉防治，保护冻土区管道，达到冻土区原油安全输送的目标[30]。

　　热棒具有良好的特性，如等温性、高传热性能、单向导热特性和环保特性。由于热棒的单向导热特性，当外界温度高于或等于土壤温度，即冷凝段的温度高于或等于蒸发段时，热棒中的液体工质不会上升到冷凝段，热棒停止工作。因此，外界的热量不会通过热棒传递进入冻土。此外，热棒可以灵活地改变其结构形状，不需要外加动力，并且无噪声干扰，不会对冻土进行破坏和污染，因此，热棒无须进行日常维修养护，也能够安全可靠、长期地连续运行。

2. 冻土土壤温度场分析

图 3.57 展示了管道正常输送 150h 及运行 2 周、1 个月和 2 个月的泵站出口处管道周

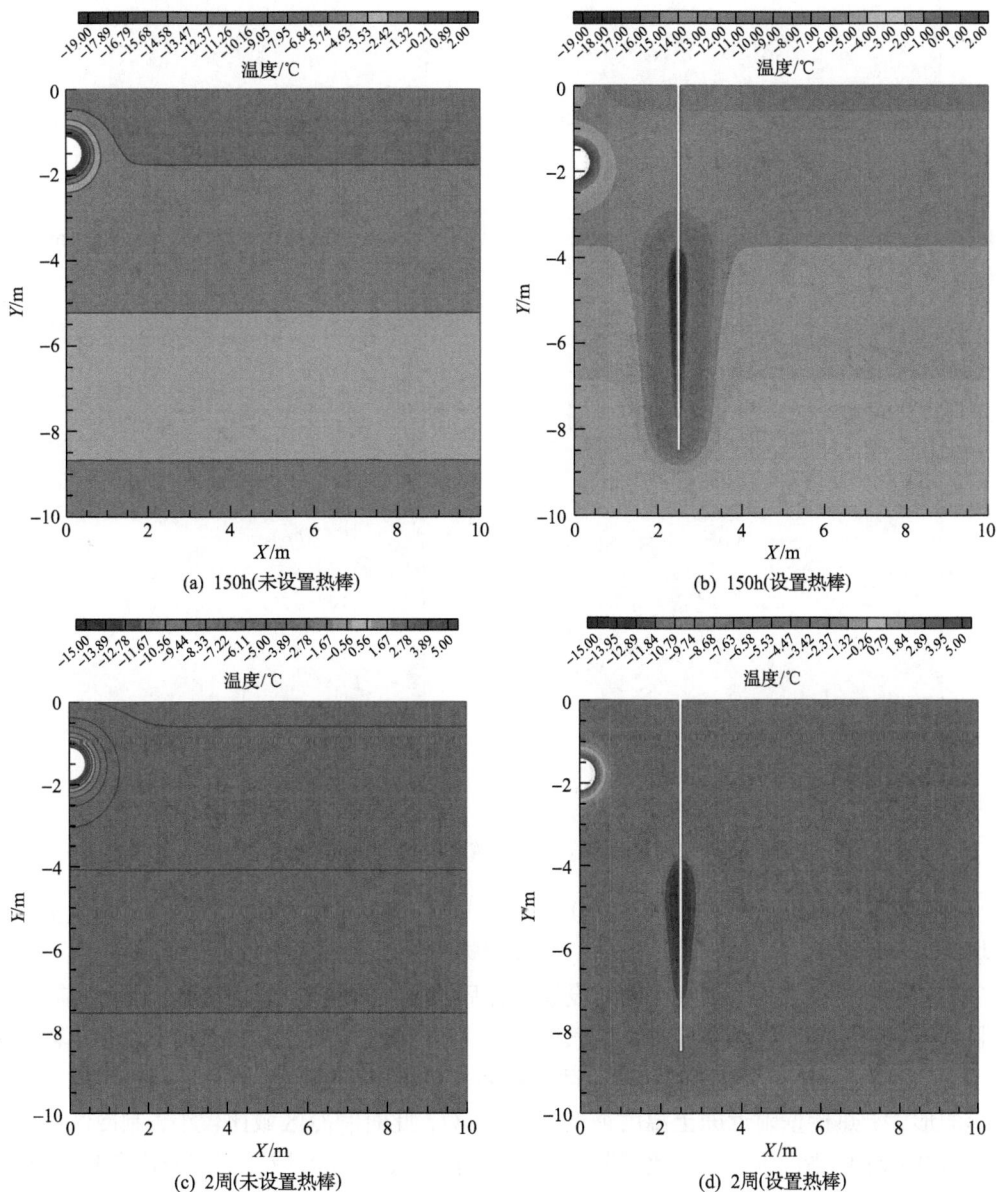

(a) 150h(未设置热棒)

(b) 150h(设置热棒)

(c) 2周(未设置热棒)

(d) 2周(设置热棒)

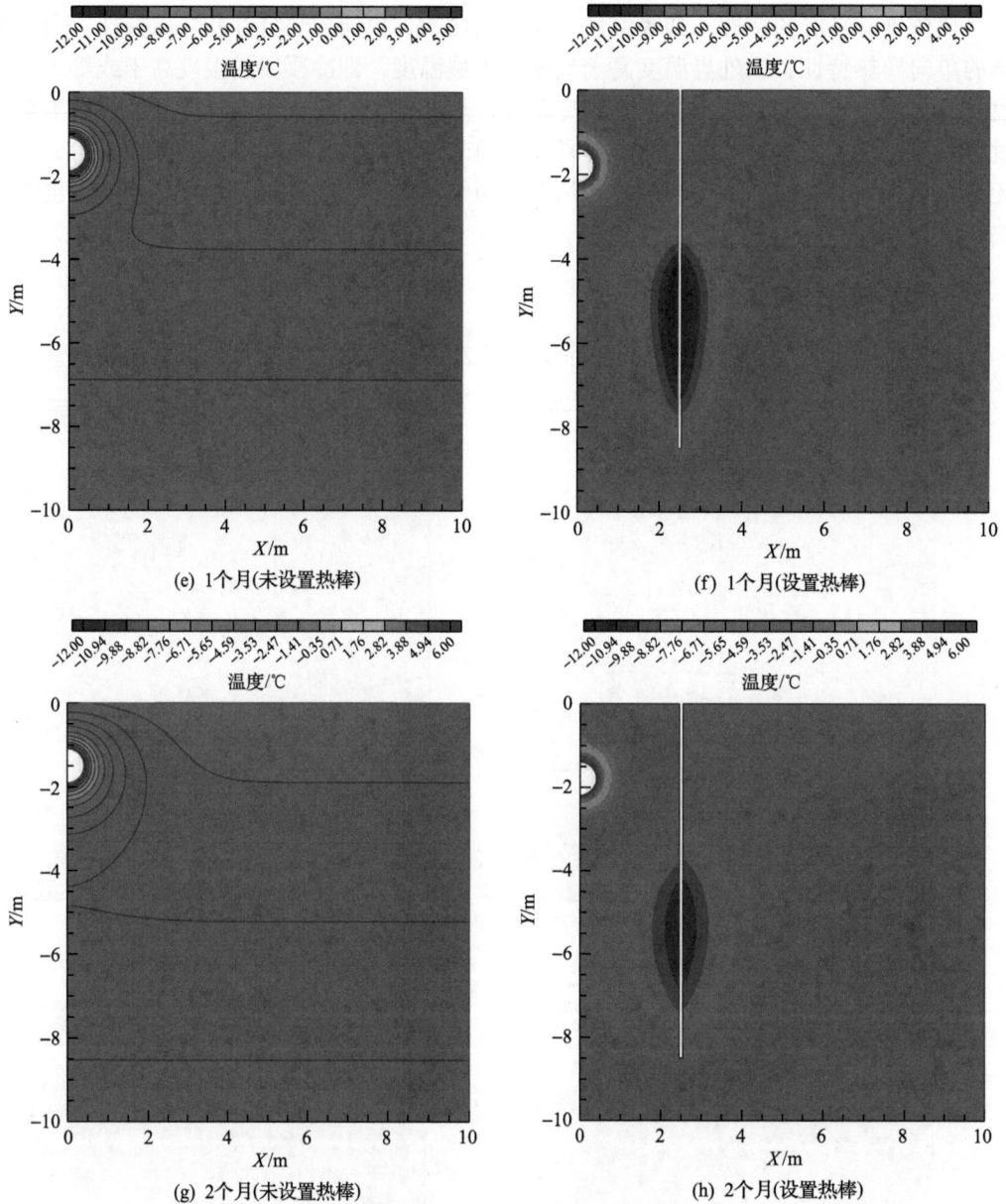

(e) 1个月(未设置热棒)

(f) 1个月(设置热棒)

(g) 2个月(未设置热棒)

(h) 2个月(设置热棒)

图 3.57　未设置热棒和设置热棒条件下土壤温度场对比图(扫封底二维码见彩图)

围土壤温度场分布图，其中图 3.57(a)、(c)、(e)、(g)为未设置热棒的管道周围土壤温度场分布，图 3.57(b)、(d)、(f)、(h)为设置热棒的管道周围土壤温度场分布。

通过比较可以发现，在管道两侧设置热棒后，热棒周围冻土温度较未设置之前更低，并且管道周围土壤温度整体下降，温度梯度减小，管道周围土壤温度比未设置热棒时低 2~3℃，具有明显的降温效果。管道运行初期，热棒周围制冷区域呈现左右对称、上宽下窄的形状，热棒壁附近冻土温度最低降为−18℃，此时制冷区域比较小，制冷区域半径大约为 0.7m；随着时间推移，热棒制冷区域逐渐扩大，制冷区域上下部分逐渐趋于对称，大约运行 2 个月后，热棒壁附近冻土温度最低为-12℃，制冷区域半径大约为 2.4m。这是由于运行初期，受到管道的热力影响，冻土温度高于外界大气温度，热棒开始制冷，附近冻土温度在热棒的作用下可达到较低温度，短期制冷量较大，制冷区域较小。并且由于管道的影响，热棒周围上部冻土温度较高，冻土温度与外界温度的温差较大，热棒蒸发区上部制冷量大于下部，使制冷范围呈现上宽下窄的形状。随着时间的推移，热棒的制冷范围逐渐扩大，热棒周围冻土温度与大气温度的温差减小，导致热棒的制冷量逐渐减小，热棒周围冻土温度较运行初期高，并且热棒蒸发段上部和下部周围冻土与外界环境的温差逐渐一致，热棒制冷范围上下部分趋于对称。当冻土温度与大气温度的温差约为零时，热棒由于具有单向导热性，不再进行制冷，此时管道周围土壤温度趋于恒定。

图 3.58 为 2012-07-01～2013-05-01 冻土地区原油管道无热棒作用区和热棒作用区在 $X=1.25m$，$Y=-2.0m$ 处土壤温度对比图。从图 3.58 中可以发现，在夏季时，由于外界大气温度高于土壤温度，热棒不起作用，管道周围土壤温度与设置热棒处大致相同。冬季时，在 2012 年 12 月至 2013 年 4 月，由于大气温度较低，热棒发挥作用开始制冷，热棒作用区土壤温度明显低于无热棒作用区，土壤温度平均降低约 4℃，在 2013 年 2 月左右，冻土温度最大可降低约 5.1℃，能够对冻土区输油管道周围土壤融沉冻胀起到很好的防治效果。

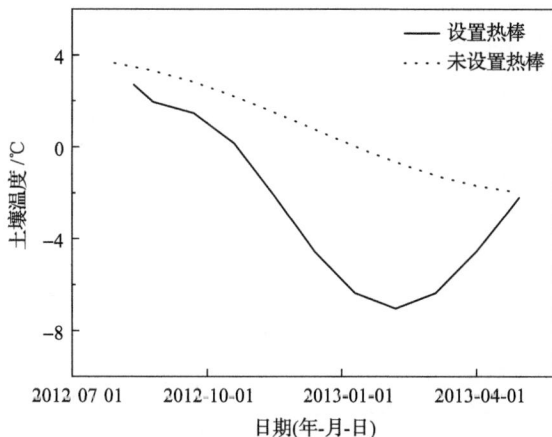

图 3.58　未设置热棒和设置热棒条件下土壤温度对比图

3. 冻土土壤应力场分析

由于沿 Y 方向的最大应力明显大于沿 X 方向的最大应力，这里主要分析沿 Y 方向的应力分布。图 3.59 展示了在设置热棒条件下管道周围冻土土壤中沿 y 方向的应力分布情况。由图 3.59 可知，在管道的上部、下部和侧部有着应力集中现象。通过设置热棒，能够明显看出，热棒周围的应力变化大于管道周围的应力变化，并且随着运行时间的延长，热棒周围的应力变化逐步减小。这主要是由于运行较长时间时，热棒周围土壤的温度逐步趋近外界大气温度，热棒的制冷量降低，周围土壤温度变化减弱，从而应力变化减小。

设置热棒之后，管道周围的土壤应力变化明显小于无热棒的管道周围土壤应力。因此，设置热棒能够有效避免冻土发生融沉，降低管道损坏的风险，对保障冻土地区热油管道的安全运行具有重要意义。

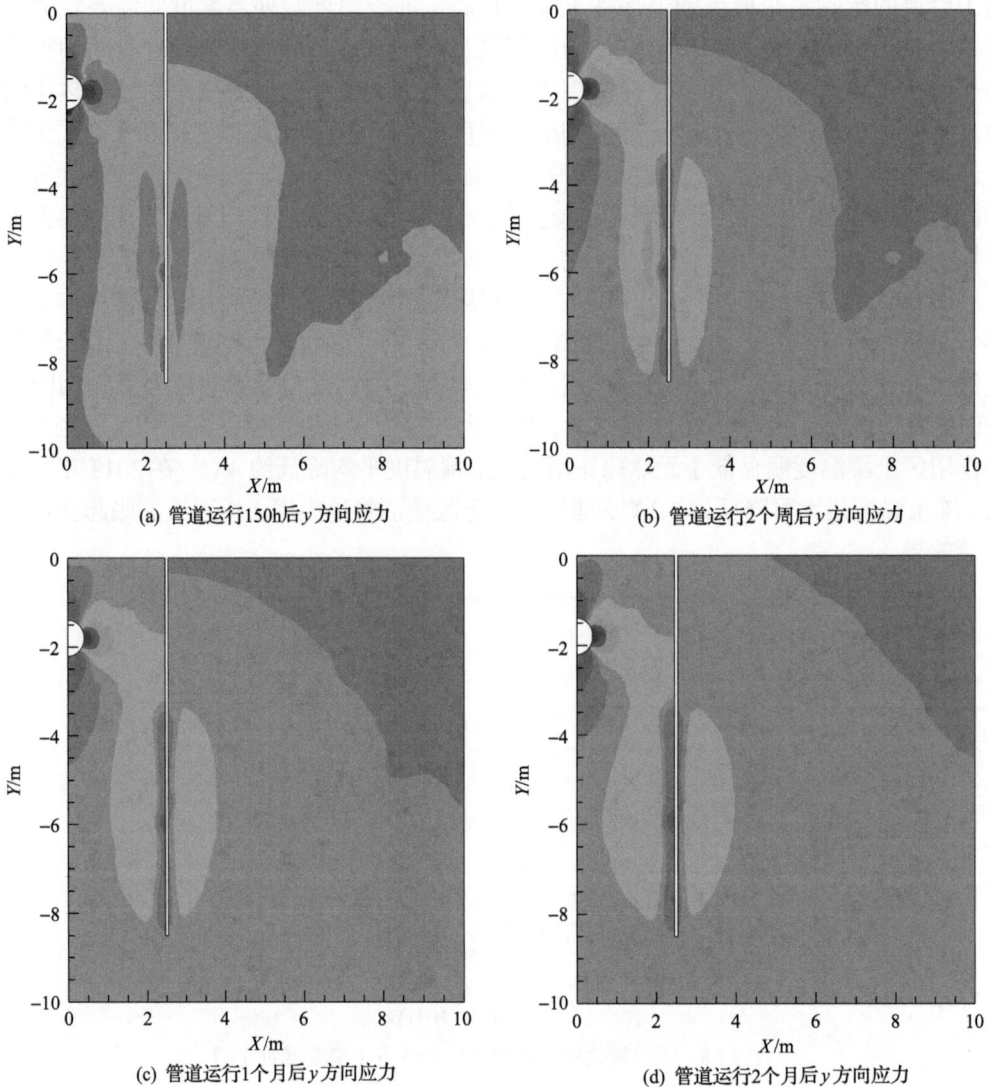

(a) 管道运行150h后 y 方向应力

(b) 管道运行2个周后 y 方向应力

(c) 管道运行1个月后 y 方向应力

(d) 管道运行2个月后 y 方向应力

图 3.59　设置热棒条件下土壤应力场(扫封底二维码见彩图)

3.7　原油管道停输再启动过程规律分析

3.7.1　管道停输过程规律分析

1. 各阶段温度分布规律

根据传热机制的差异，将停输温降过程划分为纯液相自然对流、固液分散体系自然对流、固液分散体系/多孔介质共存的自然对流及多孔介质自然对流四个阶段[31]。在这一部分，将给出对应以上四种传热机制的管内原油温降规律。通过管道停输过程的耦合仿真获得了埋地管道停输 72h 油温随时间的变化规律，发现不同阶段管内的油温呈现如图 3.60 所示的规律，从管道底部到顶部温度呈现由低到高的分层现象，这一分布与等效导热系数法计算得到的管内油温呈同心圆或偏心圆的分布完全不同。图 3.60(a)～(d)分别为对应四个不同传热机制的管内横截面温度及对流速度分布。

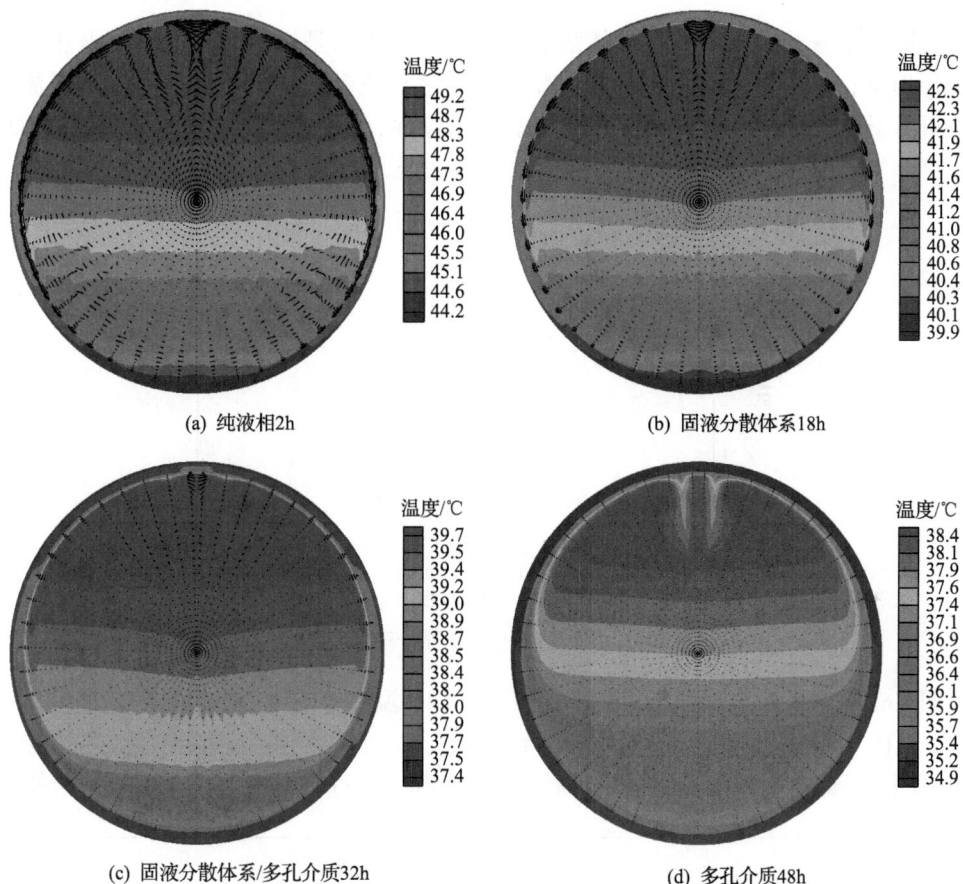

(a) 纯液相2h

(b) 固液分散体系18h

(c) 固液分散体系/多孔介质32h

(d) 多孔介质48h

图 3.60　停输不同时间时温度与速度分布图(扫封底二维码见彩图)
速度由图中的黑线表征，线越长表示速度越大

从图 3.60 中可以看出，当管内传热方式以纯液相自然对流主导时[图 3.60(a)]，管内存在比较明显的流动，核心区表现出温度场上浮现象，管壁处的流动自管道顶部向管道底部。在该阶段传热以对流为主，因此温降速率比较快。当管内传热方式以固液分散体系自然对流主导时[图 3.60(b)]，蜡晶的增多会使原油的黏度有所增大，因此管内的流速与图 3.60(a)阶段相比要弱一些。该阶段传热方式同样为自然对流，由于流动比图 3.60(a)阶段弱，温降速率比图 3.60(a)阶段慢一些。随着油温继续降低，蜡晶相互交联形成孔隙结构，对液相原油产生束缚，使流动极其微弱，见图 3.60(c)。在该阶段，由于流动非常微弱，传热方式开始由对流换热逐渐趋近于导热，温降速率显著减慢。当油温进一步降

低，网状结构对液态原油的束缚逐渐增强，原油将无法在浮升力的驱动下发生流动，管内流动基本消失[图 3.60(d)]，传热方式更接近导热，温降速率大大减慢。

下面将对含蜡原油管道停输温降的几个主要影响因素进行分析，研究其对停输温降速率的影响情况，这些影响因素包括油品性质、管径、土壤物性及气温变化，其中油品性质主要考察析蜡量和非牛顿性，而土壤物性主要考察土壤导热系数和体积热容。

2. 析蜡量的影响

析蜡对停输温降的影响主要体现在两方面：一方面是析蜡时放出结晶潜热，会影响温降速率；另一方面是析出的固态蜡晶会对液相流动有一个束缚从而影响对流换热的强弱。图 3.61 给出了四种不同析蜡速率(分别为 $w_1 \sim w_4$)下累积析蜡量与油温的关系。

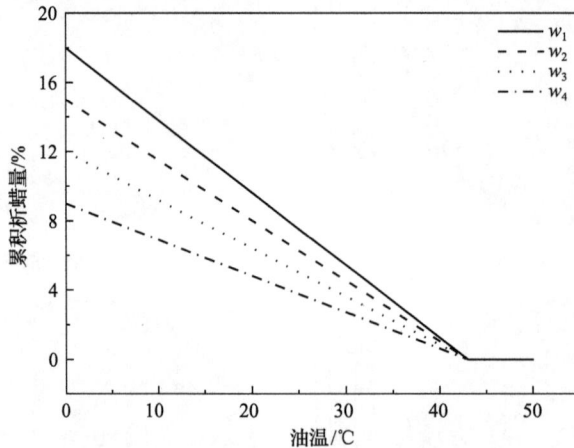

图 3.61　累积析蜡量与油温的关系

图 3.62 展示了对应不同析蜡速率的管道平均油温和管道中心油温随停输时间的变化关系。从图 3.62 中可以看出，当油温降到析蜡点以下后，析蜡量较多的原油温降速率较慢。原因是析蜡越多放出的结晶潜热越多，对温降有一个延缓的作用；另外，析蜡越多

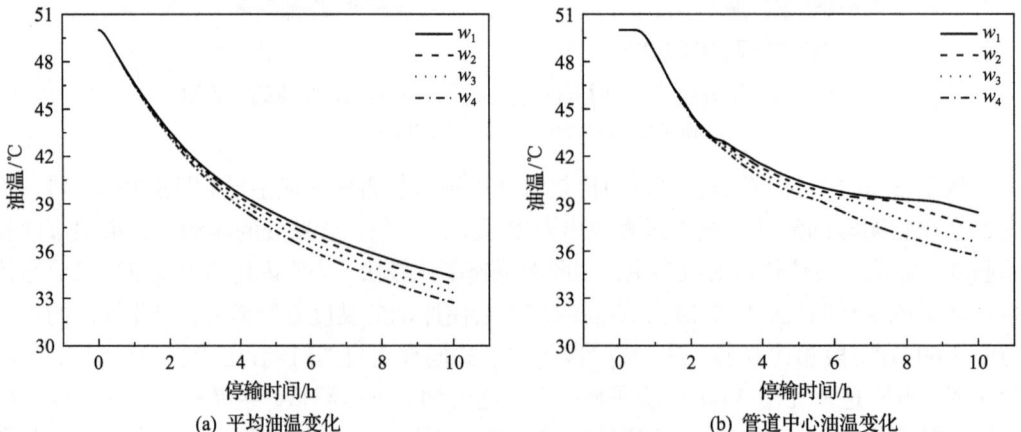

(a) 平均油温变化　　　　　　　　　　　(b) 管道中心油温变化

图 3.62　不同析蜡速率对应的油温随停输时间的变化

的原油，固相对液相的束缚越严重，对流换热强度越弱，因此温降较慢。

3. 非牛顿性的影响

当温度降至反常点温度以下时，原油表现出非牛顿性，黏度不仅依赖温度而且依赖剪切率。本小节将研究非牛顿性对温降的影响情况，为此，计算了一组牛顿流体及四组不同的非牛顿流体的温降情况。牛顿流体的黏度按 $\mu = 0.02161\mathrm{e}^{-0.04T}/g_1$（$g_1$ 表示液相体积分数）计算；非牛顿性采用幂律流体模型来描述，即 $\tau = K\dot{\gamma}^n$（τ 表示剪切应力；K 表示稠度系数；n 表示流动特性指数；$\dot{\gamma}$ 表示剪切率），其中取 $K = 3459\mathrm{e}^{-0.28T}$，通过改变流动特性指数来改变非牛顿性，从而研究不同的非牛顿性对温降的影响。四种流动特性指数与温度的关系如图 3.63 所示。

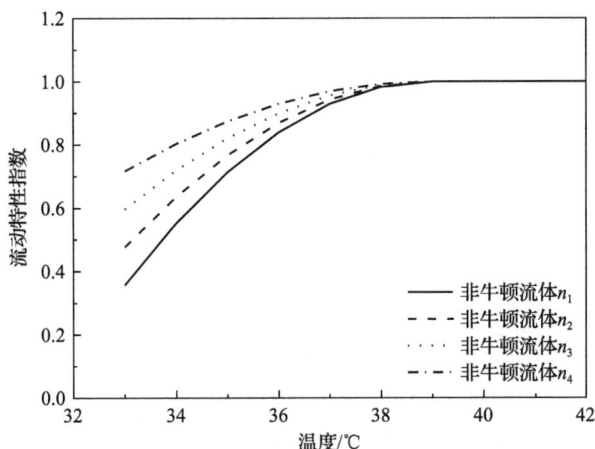

图 3.63　流动特性指数与温度的关系

图 3.64 给出了将原油当作牛顿流体与非牛顿流体处理对停输温降的影响情况对比。从图 3.64 中可以看出，考虑非牛顿性与不考虑非牛顿性停输温降差异较大，对于本算例停输 10h 后的平均油温相差 2℃以上。由此可以看出，对于表现出非牛顿性的原油，停输温降计算应当考虑非牛顿性。从图 3.64 中还可以看出，所选的几种由流动特性指数表征的不同强弱的非牛顿性对温降的影响较小，这一点可以从两方面来解释：①本书认为温度降到反常点以下时，蜡晶形成一定的孔隙结构，对液态原油有一定的束缚作用，该结构是一种低渗透性结构，因此当温度降到反常点以下，蜡晶束缚作用占主导，而相比之下黏度差异对温降的影响将不是很明显。②非牛顿流体的表观黏度依赖于剪切率，如幂律流体的表观黏度为 $\mu_a = K\dot{\gamma}^{n-1}$。当 $n<1$ 时，表观黏度与剪切率成反比。由于停输温降期间，管内的流动为自然对流，其剪切率很小，图 3.65 给出了温降初期（对流较强的阶段）某时刻管道截面的剪切率分布图，从图中可以看到剪切率为 $10^{-2}\sim10^{-1}$ 的量级。如此小的剪切率使油温降到反常点以下时，原油的黏度明显增大。高黏度的液态原油在低渗透性的蜡晶结构中流动将变得困难，因此不同的非牛顿性对温降的影响表现得不明显。这一性质可以从图 3.66 中清晰地观察到。图 3.66 展示了停输温降过程不同时刻的温度场

与速度场分布情况。从图 3.66 中可以看出，当温度降到反常点(39℃)以下时，流动非常微弱，表现为类似导热的性质，在温度较高的纯液相区域速度相对较大，尤其是在纯液相的边界处。

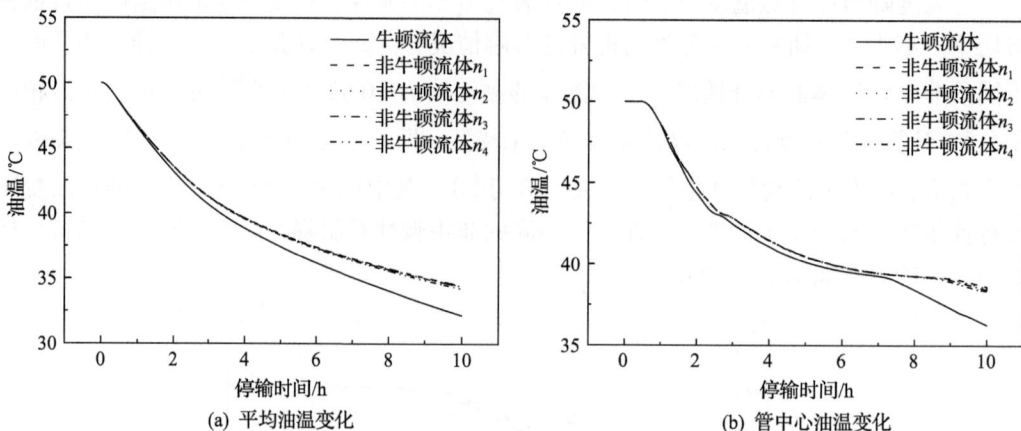

(a) 平均油温变化 　　(b) 管中心油温变化

图 3.64　不同的非牛顿性对应的油温随停输时间的变化

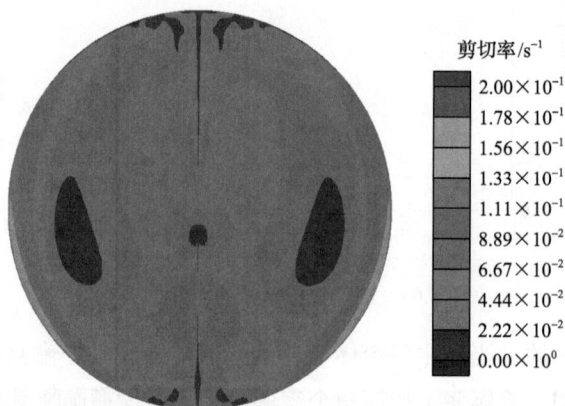

图 3.65　温降初期某时刻剪切率分布图(扫封底二维码见彩图)

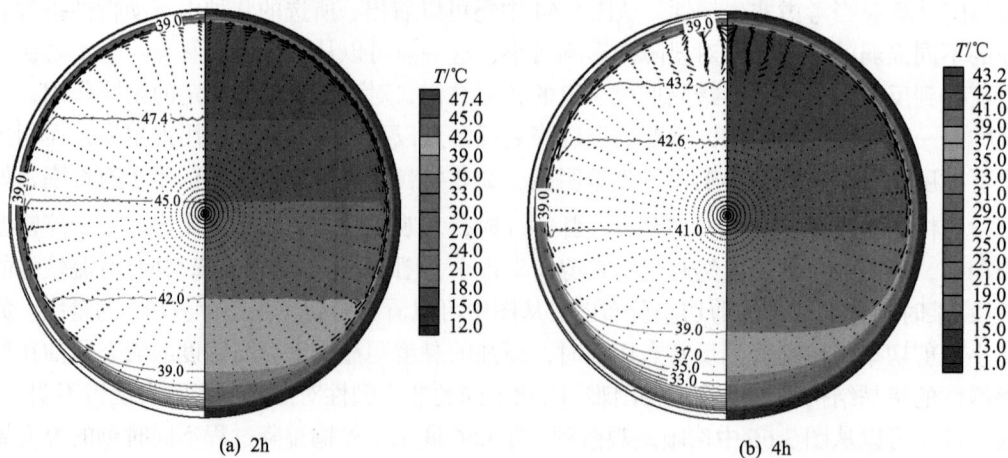

(a) 2h　　(b) 4h

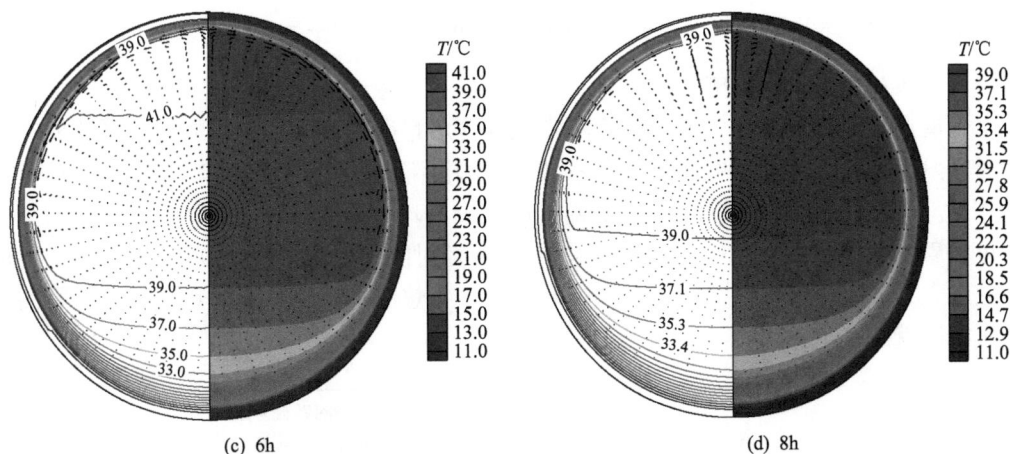

(c) 6h　　　　　　　　　　　　　(d) 8h

图 3.66　停输不同时间时温度与速度分布图(扫封底二维码见彩图)

4. 管径的影响

图 3.67 给出了不同管径下油温随停输时间的变化情况对比。从图 3.67 中可以看出，管径越大停输温降越慢。原因可以由单位质量原油的散热面积这个概念来解释。在长度为 ΔL、管径为 D 的管道中(假设壁厚为 h)，管段内原油的质量为 $M = \rho\pi(D-2h)^2\Delta L/4$，散热面积为 $A = \pi(D-2h)\Delta L$，因此单位质量原油的换热面积为 $A/M = 4\rho/(D-2h)$。由此可见管径越大，单位质量原油的散热面积越小，因此温降越慢。

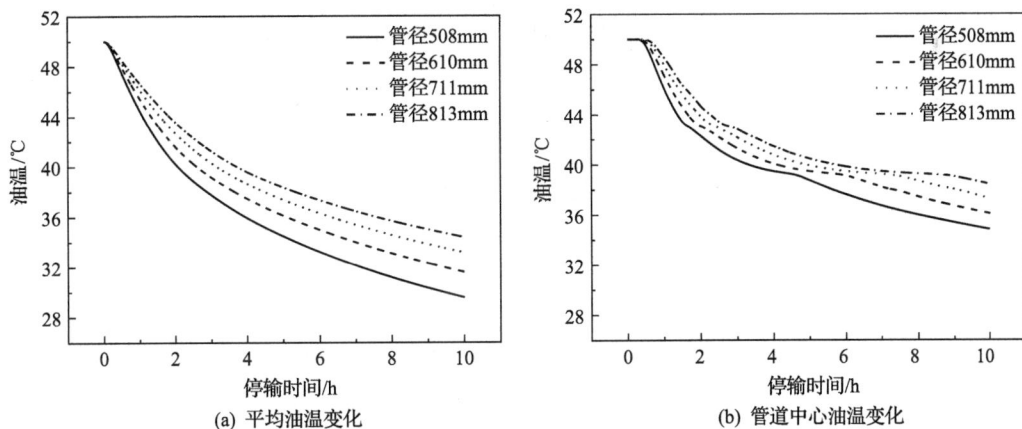

(a) 平均油温变化　　　　　　　　　(b) 管道中心油温变化

图 3.67　不同管径对应的油温随停输时间的变化

5. 土壤物性的影响

土壤区域的导热作为整个热力系统较为关键的一部分，其传热性能对停输温降有着重要的影响。影响土壤区域传热的关键因素是土壤导热系数、比热容、密度及土壤与大气之间的换热情况。本小节将分析土壤导热系数、比热容和密度对原油停输温降的影响。由于密度和比热容是共同起作用的，两者的乘积 ρc_p 称为体积热容，表征单位体积热容量的大小。因此,本小节分析两个因素对停输温降的影响,即土壤导热系数及体积热容。

1) 土壤导热系数的影响

管道途经不同的地区、不同的土壤类型和含水量等因素会使土壤的导热系数随空间和时间发生变化,因此研究土壤导热系数对停输温降的影响对把握停输温降规律具有重要作用。图 3.68 展示了不同导热系数对应的管内平均油温随停输时间的变化。从图 3.68 中可以看出,导热系数对停输温降速率(即温度随时间下降的快慢程度)影响显著,导热系数越大,温降越快。这是因为导热系数越大,导热能力越强,因此热量从管内原油向土壤扩散就越快。

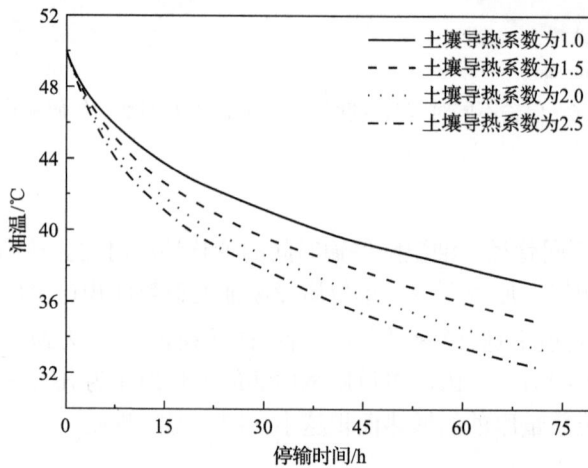

图 3.68　不同土壤导热系数对应的平均油温随停输时间的变化

2) 体积热容的影响

体积热容(ρc_p)表征单位体积热容量的大小,对土壤区的导热过程有重要影响。图 3.69 展示了由 4 组体积热容计算得到的管内平均油温随停输时间的变化情况。从图 3.69

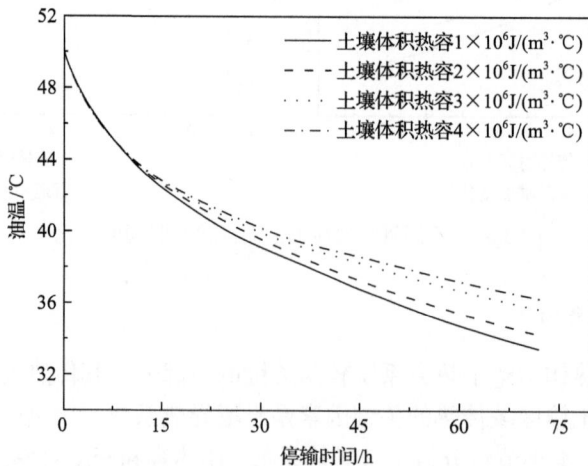

图 3.69　不同土壤体积热容对应的平均油温随停输时间的变化

中可以看出，体积热容越大，原油温降越慢。这是由于土壤体积热容越大，根据 $Q = c_p M \Delta T = \rho c_p V \Delta T$（$M$ 表示质量；V 表示体积），在损失相同热量的情况下，土壤的体积热容越大，则温降幅度越小，所以与之耦合的原油温降也越慢。

6. 停输后气温突降的影响

埋地管道停输后，管道内原油、管道及周围土壤将作为一个整体在地表气温的作用下发生温降。图 3.70(a)～(c) 展示了埋深为 0.5m、1.0m 和 1.5m 的管道在不同气温作用下的管内平均油温随停输时间的变化。从图 3.70(a) 中可以看出，当埋深为 0.5m 时，停输 5h 以内时不同气温对温降的影响不明显，然而随着停输时间的增长，可以看出不同的气温对停输温降速率的影响不同，气温越低，停输温降速率越快。然而，这种差异随着埋深的增大而减小。从图 3.70(b) 中可以看出，当埋深为 1.0m 时，不同的气温对停输温降速率的影响差异很小，停输 72h 的平均油温差异在 1℃ 以内。从图 3.70(c) 中可以看出，当埋深增大到 1.5m 时，不同的气温对停输温降速率的影响在 72h 之内几乎没有任何差别。

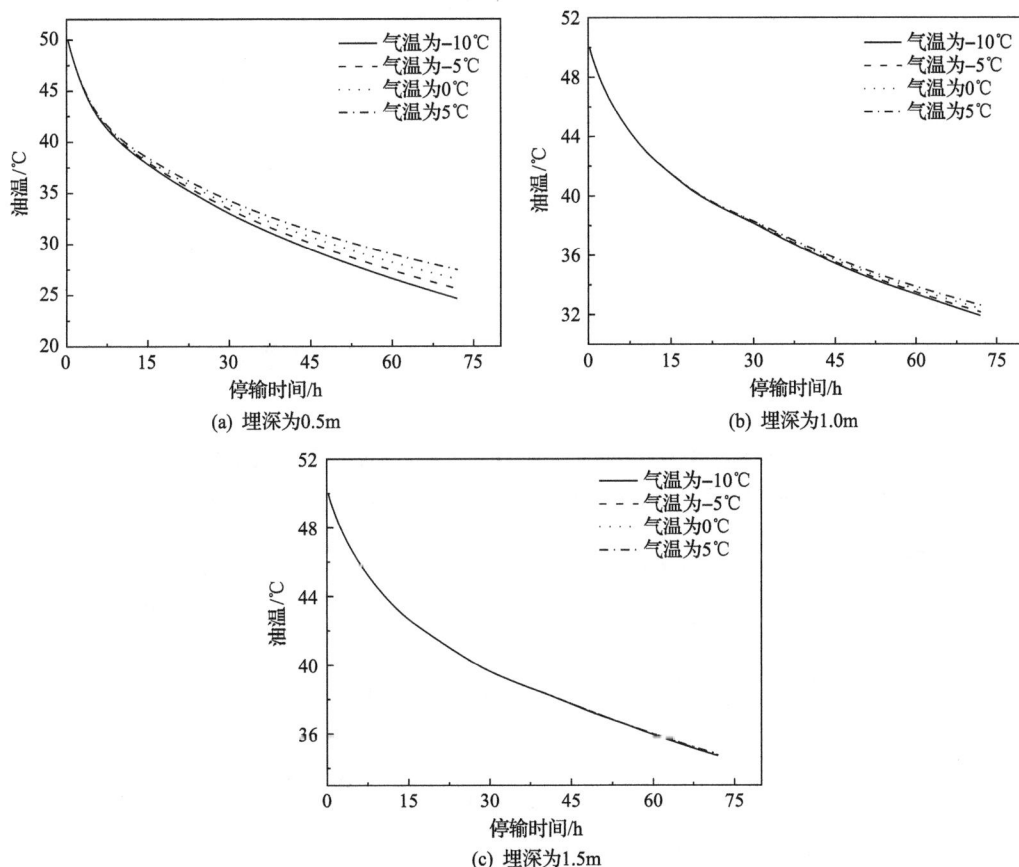

(a) 埋深为0.5m

(b) 埋深为1.0m

(c) 埋深为1.5m

图 3.70　不同管道埋深下不同气温对应的平均油温随停输时间的变化

以上规律产生的原因是，管道埋深越大，气温的影响传递到管内油流的时间就越长，因此短时间内看不出气温突降对温降的影响。

3.7.2 管道再启动过程规律分析

1. 等温输送管道再启动过程规律分析

首先排除热力影响，对等温输送管道再启动过程进行规律分析有助于我们更好地掌握流场演变过程，更容易理解胶凝原油管道再启动的机理。对于等温胶凝原油管道的再启动过程而言，压力传播、胶凝结构裂解和流态变化均影响着管道再启动过程，这些因素主次关系的改变都将进一步影响再启动过程中的流动特性。根据影响因素和流动特性的不同，胶凝原油管道再启动可分为三个阶段[32]，如图 3.71 所示。下面将对这三个阶段依次进行分析。

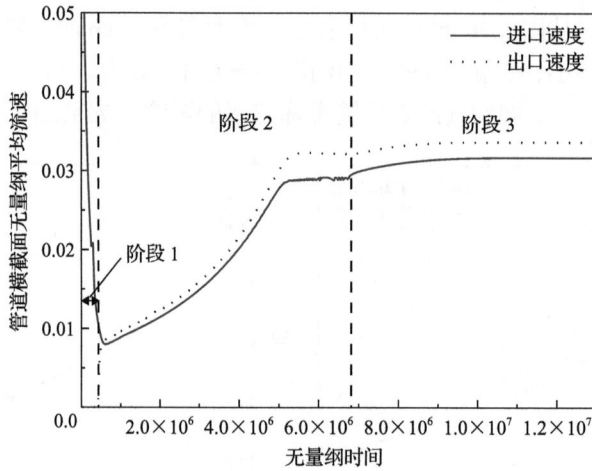

图 3.71   再启动过程中流速演变过程及三个阶段的划分

1）阶段 1：在压力传播过程中的再启动层流/湍流

图 3.72 展示了阶段 1 管道沿线的无量纲压力和无量纲平均流速的变化。在这个阶段，施加的压力逐渐向下游传播，管道中的静止原油开始随着压力传播而流动。首先，在管

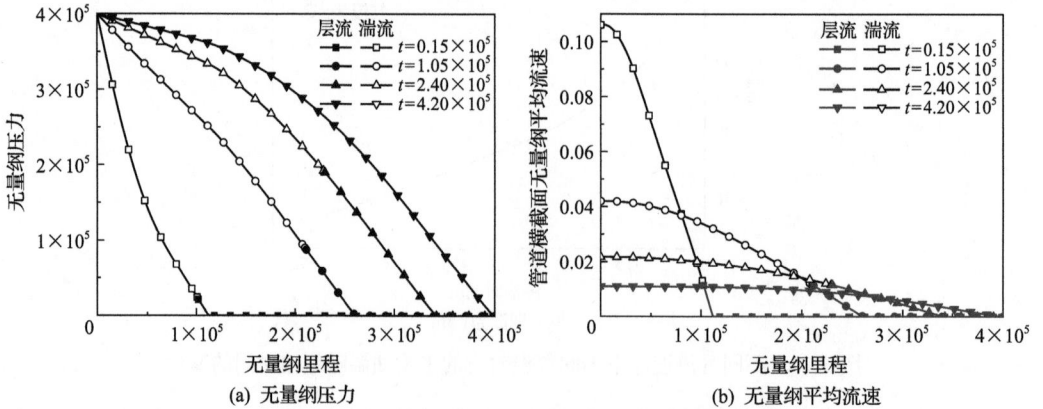

(a) 无量纲压力   (b) 无量纲平均流速

图 3.72   阶段 1 管道沿线无量纲压力和无量纲平均流速的演变过程

t 表示无量纲时间

道入口处施加压力阶跃变化，其次原油的可压缩性允许压力向下游传播。当压力梯度超过屈服应力引起的阻力时，原油继续向下游运动。在压力传播过程中，原油的屈服应力、黏性应力和湍流引起的应力(如果出现湍流)会导致能量耗散。在初始阶段，管道上游区域的压力梯度较大，因此流速相对较大。随着压力的传播，压力梯度下降，流速下降。由于压力传播和能量耗散的综合影响，上游原油从静止变为层流，然后再变为湍流，最后又变回层流。因此，该阶段表现出复杂的流态变化特征。

为了阐明湍流的影响，图 3.73 展示了纯层流假设下的再启动预测结果。将图 3.73 中的结果与图 3.72 中的结果进行比较，很明显，在纯层流假设下，施加的压力向下游传播得更快，流速更大。在纯层流假设下，湍流引起的应力被忽略，因此在纯层流假设下能量耗散较小。二者之间的差异表明，在管道再启动过程中，考虑流态变化是至关重要的。湍流对压力传播和流速均产生了不利影响。

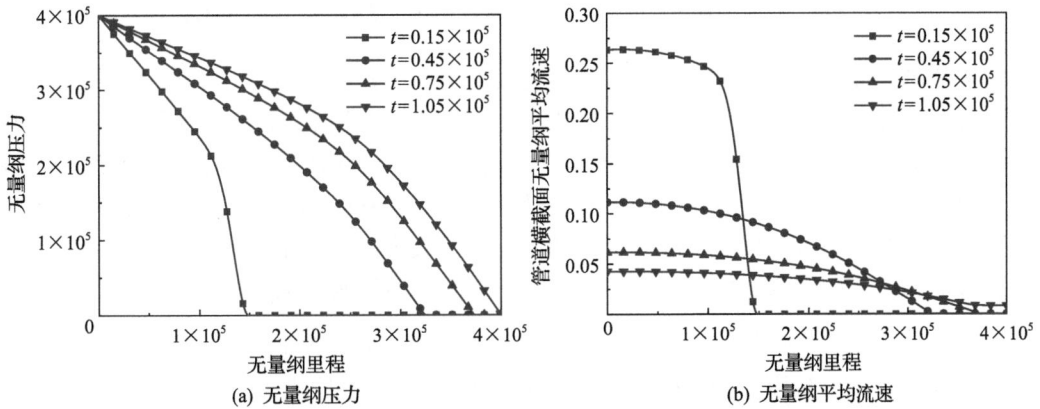

(a) 无量纲压力　　　　　　　　　　　(b) 无量纲平均流速

图 3.73　在纯层流假设下管道沿线压力和平均流速的演变过程

图 3.74 和图 3.75 分别展示了管道中流速和结构参数分布的演变过程。由图 3.74 可知，随着再启动时间的增加，非零速度场逐渐变宽。在管道上游区域，速度的径向和轴

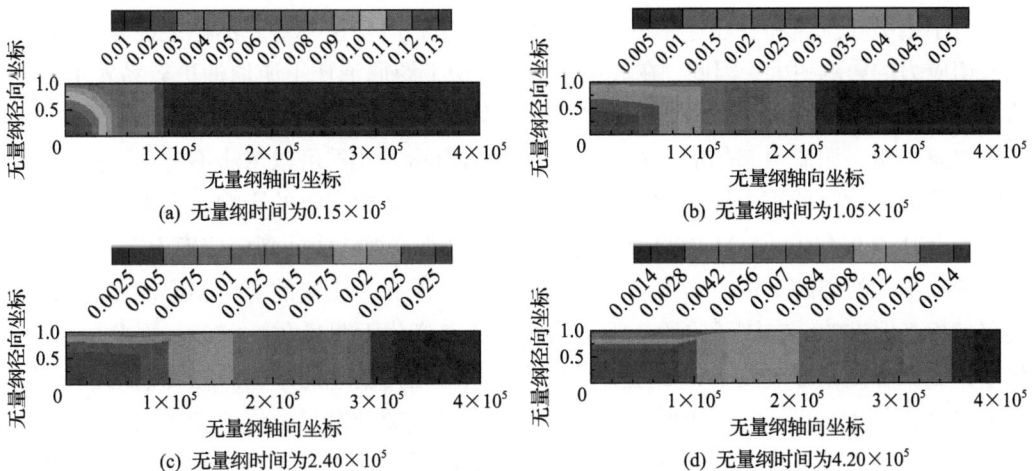

(a) 无量纲时间为0.15×10⁵　　　　　　(b) 无量纲时间为1.05×10⁵

(c) 无量纲时间为2.40×10⁵　　　　　　(d) 无量纲时间为4.20×10⁵

图 3.74　阶段 1 管道中速度分布的演变过程(扫封底二维码见彩图)

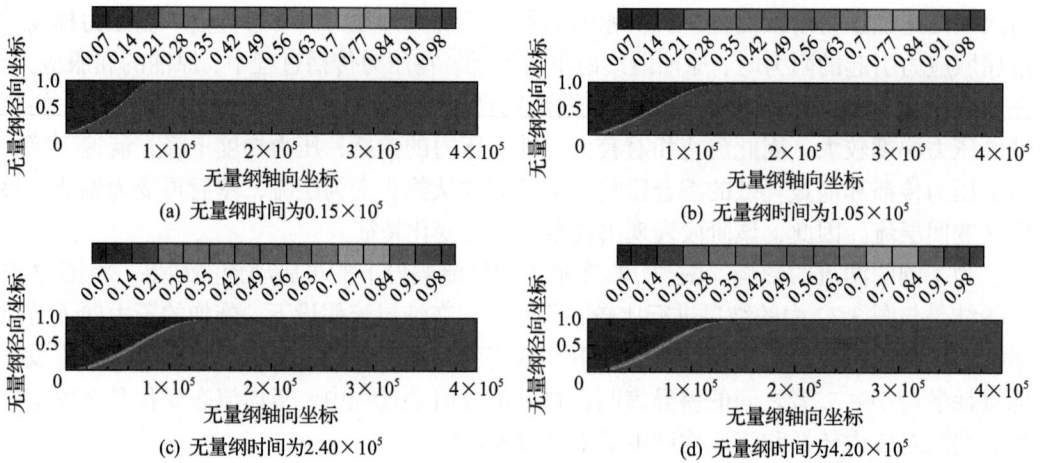

(a) 无量纲时间为0.15×10⁵　　　　　　　　　(b) 无量纲时间为1.05×10⁵

(c) 无量纲时间为2.40×10⁵　　　　　　　　　(d) 无量纲时间为4.20×10⁵

图 3.75　阶段 1 管道中结构参数分布的演变过程(扫封底二维码见彩图)

向变化都很明显，而在中下游区域，只有速度的轴向变化很明显。由于原油胶凝结构在中下游区域几乎没有裂解(图 3.75)，原油表现出很强的屈服应力，并以活塞的形式流动。因此，管道中下游区域的速度径向变化不明显。然而，由于胶凝结构裂解，原油在上游区域没有表现出强屈服应力(图 3.75)，故速度的径向变化较明显。压力的传播在管道轴向产生明显的瞬态流动特征，故速度的轴向变化呈现出一定的不均匀性。因此，流动的瞬态特征和结构参数的不均匀分布导致了阶段 1 的不均匀速度场。

2) 阶段 2：在胶凝结构裂解和流态转变中的再启动层流/湍流

图 3.76 展示了阶段 2 管道沿线的无量纲压力和无量纲平均流速的演变过程。在图 3.71和图 3.76 中，阶段 2 实际上有三个子阶段，以无量纲平均流速的变化来区分。当无量纲平均流速最初上升($0.6\times10^6 \sim 2.5\times10^6$)时，由于流速较低，原油胶凝结构缓慢分解(图 3.77)。因此，无量纲平均流速不会急剧上升。在这一子阶段，中下游区域的原油从层流变为湍流(图 3.76)，这是由流速和剪切速率的上升引起的(由于压缩性的影响，中下游压力小会引起流速和剪切速率更大)。此外，流速和剪切速率对原油稳定性参数的影响比剪切应力的影响更大，因此，在等温管道中，中下游原油比上游原油更容易发生湍流。然而，压力梯度仅在管道下游区域略有变化[图 3.76(a)]，原油胶凝结构不会裂解(图 3.77)。这些现象表明，湍流引起的应力具有非常微弱的影响，几乎可以忽略不计。因此，可以推断，管道中区域压力梯度的变化主要受原油胶凝结构裂解的影响。当无量纲平均流速急剧上升($2.5\times10^6 \sim 5.0\times10^6$)时，较高的流速原油胶凝结构的裂解速率上升(图 3.77)。原油胶凝结构的裂解又进一步促进了流速的增加。因此，流速的上升和原油胶凝结构的裂解是相互促进的。在该子阶段，管道沿线的流态变化不明显(图 3.76)。因此，流速变化很少受流态变化影响较小，而主要受到原油胶凝结构裂解的影响。在无量纲平均流速的平缓阶段($5.0\times10^6 \sim 6.5\times10^6$)，原油胶凝结构的连续裂解导致层流变成湍流。原油胶凝结构的裂解促进了流速的上升，而流态变化抑制了流速的提高，因此这两个因素的总体影响使无量纲平均流速缓慢变化。而这里第三子阶段中湍流的影响不同于第一子阶段

中的影响，这将在下面进一步说明。

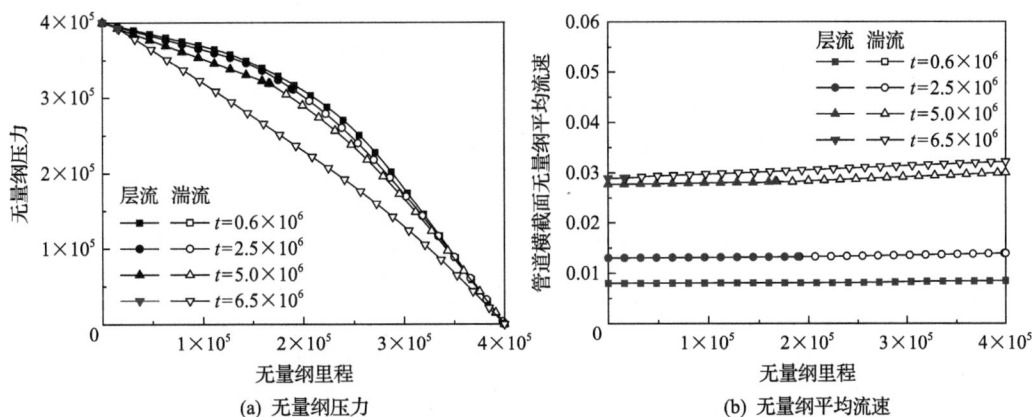

(a) 无量纲压力

(b) 无量纲平均流速

图 3.76　阶段 2 管道沿线无量纲压力和无量纲平均流速的演变过程

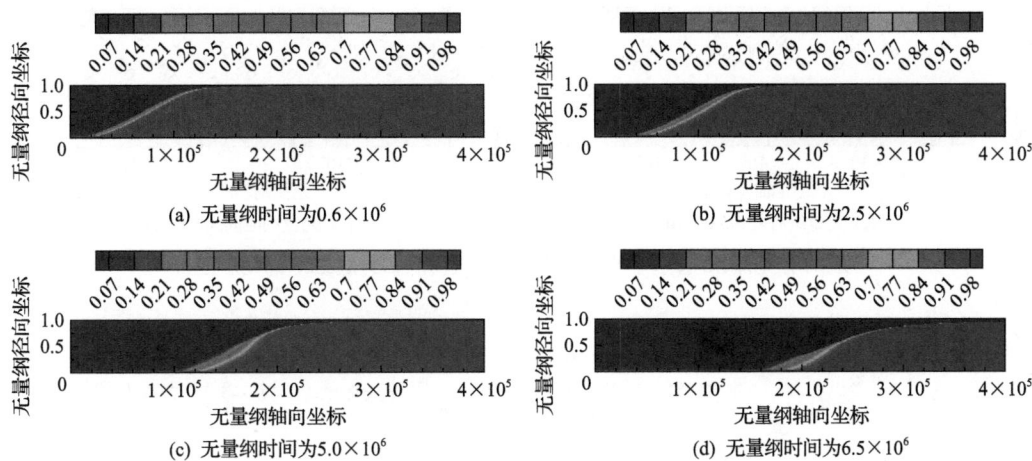

(a) 无量纲时间为 $0.6×10^6$

(b) 无量纲时间为 $2.5×10^6$

(c) 无量纲时间为 $5.0×10^6$

(d) 无量纲时间为 $6.5×10^6$

图 3.77　阶段 2 管道中结构参数分布的演变过程(扫封底二维码见彩图)

　　图 3.78 展示了阶段 2 管道中流速分布的演变过程。在这一过程中，速度场随再启动时间明显变化，上游和下游的速度场明显不同。比较图 3.78(a)和(b)可知，尽管流动从层流变为湍流(图 3.76)，但下游原油的速度场没有显著变化。上述现象表明此时的湍流没有完全发展，只出现在管道内壁附近。因此，上游原油和下游原油之间速度场的差异主要是由原油胶凝结构的变化引起的。由图 3.78(d)可见，上游原油(入口附近)和中游原油的速度场存在明显差异。在上游和中游区域，原油胶凝结构已完全裂解[图 3.77(d)]，这意味着原油胶凝结构不再是影响因素。然而，这两个区域的流态不同，因此流态变化是影响速度场变化的唯一因素，故速度场的差异仅是由流态变化引起的。此时的湍流是一种发展较为充分的湍流。

　　3) 阶段 3：在胶凝结构裂解中的再启动湍流

　　图 3.79 展示了阶段 3 管道沿线的无量纲压力和无量纲平均流速的演变过程。在此阶

段，没有出现流态变化，整个管道中的流动是湍流。此外，管道沿线的压力分布随再启动时间变化不大，平均流速仅略有上升。当 $t=0.7\times10^7$ 时，下游压力梯度略大于上游压力梯度，这是由屈服应力的差异引起的。由于下游原油胶凝结构没有完全分解[图 3.80(a)]，表现出更强的屈服应力，这导致更大的压力梯度。然而，当 $t=0.9\times10^7\sim1.296\times10^7$ 时，整个管道中原油胶凝结构大部分被裂解了[图 3.80(b)～(d)]，原油胶凝结构的小部分裂解对压力和流速几乎没有影响。

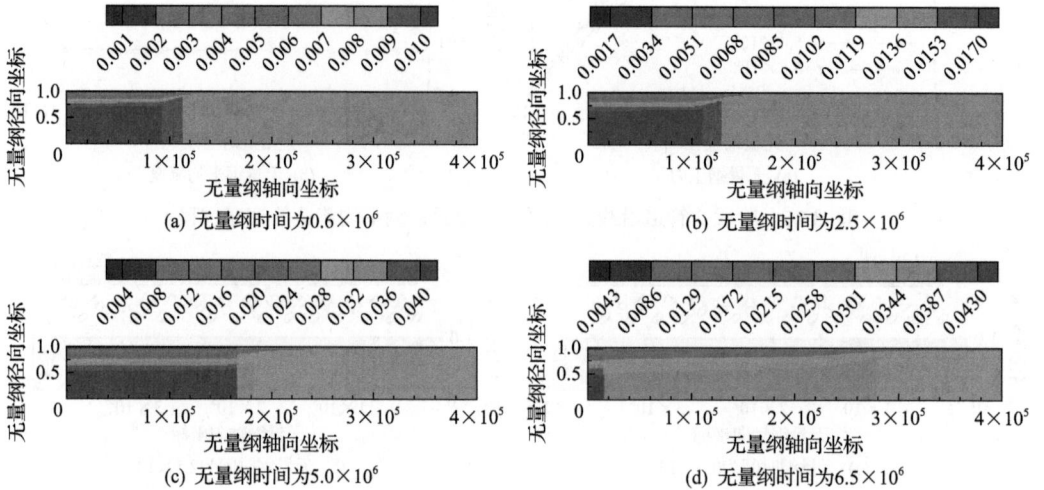

图 3.78　阶段 2 管道中流速分布的演变过程(扫封底二维码见彩图)

(a) 无量纲时间为 0.6×10^6　(b) 无量纲时间为 2.5×10^6　(c) 无量纲时间为 5.0×10^6　(d) 无量纲时间为 6.5×10^6

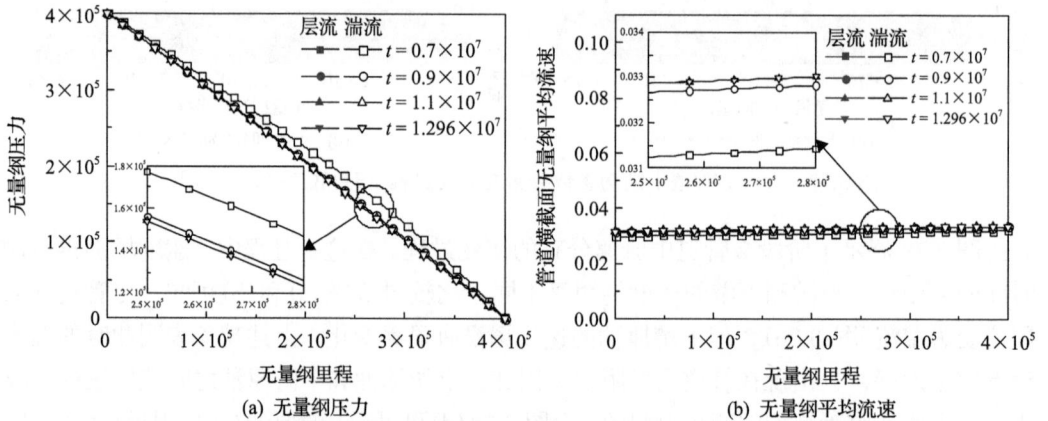

(a) 无量纲压力　(b) 无量纲平均流速

图 3.79　阶段 3 管道沿线无量纲压力和无量纲平均流速的演变过程

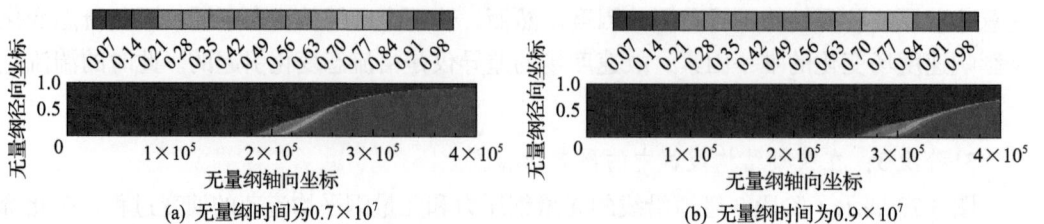

(a) 无量纲时间为 0.7×10^7　(b) 无量纲时间为 0.9×10^7

(c) 无量纲时间为 1.1×10^7

(d) 无量纲时间为 1.296×10^7

图 3.80　阶段 3 管道中结构参数分布的演变过程(扫封底二维码见彩图)

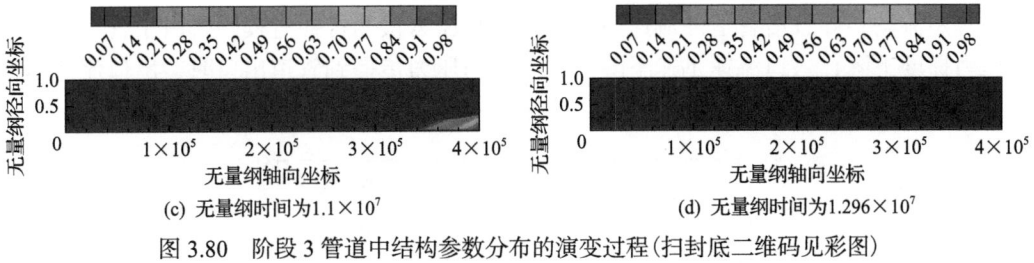

图 3.81 展示了阶段 3 管道中流速分布的演变过程。随着再启动时间的增加,速度等值线逐渐接近水平线。然而,由于原油的压缩性,速度等值线不会完全水平。通常,当管道中的流量稳定时,在相同的质量流量下,较低的压力往往对应着较大的流速。由于出口压力小于入口压力,获得的平均出口流速大于平均入口流速,图 3.81(d)反映出的结果与此相符。

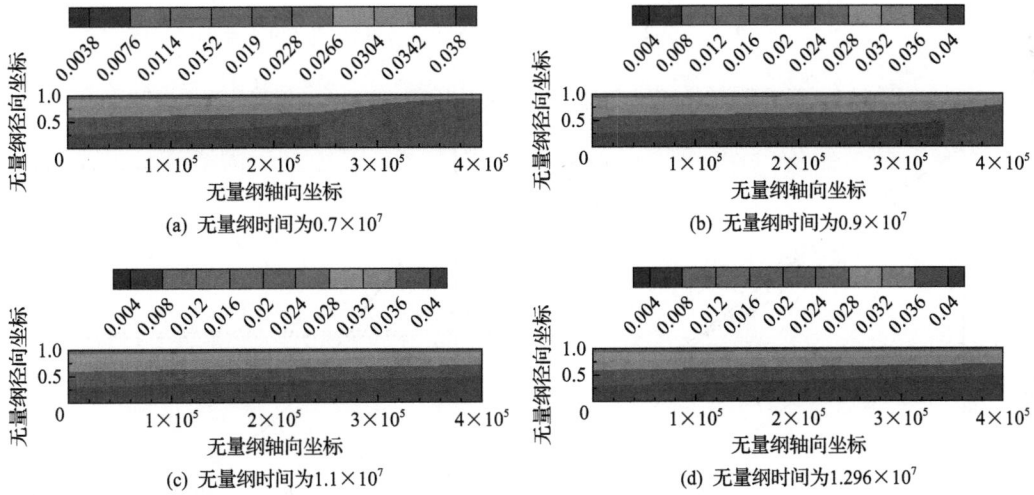

(a) 无量纲时间为 0.7×10^7

(b) 无量纲时间为 0.9×10^7

(c) 无量纲时间为 1.1×10^7

(d) 无量纲时间为 1.296×10^7

图 3.81　阶段 3 管道中流速分布的演变过程(扫封底二维码见彩图)

2. 加热输送管道再启动过程规律分析

图 3.82 展示了某一加热输送管道再启动过程中管道入口流速、出口流速和出口温度的演变过程。根据流速的变化特征,加热输送管道的再启动过程可分为四个阶段[33]。在阶段 1(0→0+)0+表示无限接近 0 的正实数,入口流速迅速下降,而出口流速迅速上升。此后,在阶段 2(0+→0.5d),入口和出口流速缓慢上升,而出口温度上升更明显。在阶段 3(0.5d→1.2d),进口流速和出口流速明显上升,出口温度也明显上升。然而,在出口温度的上升过程中存在一个拐点,该拐点出现在大约 0.8d 处。在阶段 4(1.2d→10d),入口和出口流速上升得十分缓慢,而出口温度的上升并非十分缓慢,但其上升速度越来越小。为了解释上述复杂现象,下面将对这四个阶段进行深入分析。

图 3.83 展示了再启动过程中管道沿线的平均流速、压力和油温的演变过程。在阶段 1(如 $t=0.0005d$ 和 $t=0.0010d$),施加的压力逐渐向下游传播,管道中的静止原油随着压力

传播开始流动，导致沿管道的流速急剧变化。在压力快速传播过程中，由于管道入口处的压力梯度下降，入口流速迅速下降。此外，当压力传播到管道出口时，出口流速迅速增加。另外，由于阶段 1 的时间太短，热传递缓慢，原油的温度几乎没有变化。

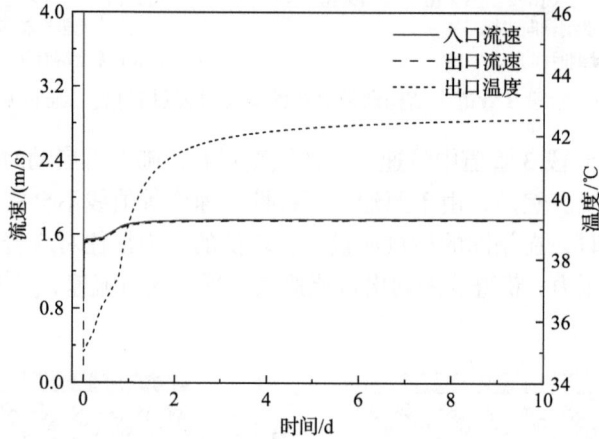

图 3.82　管道再启动过程中管道入口流速、出口流速和出口温度的演变过程

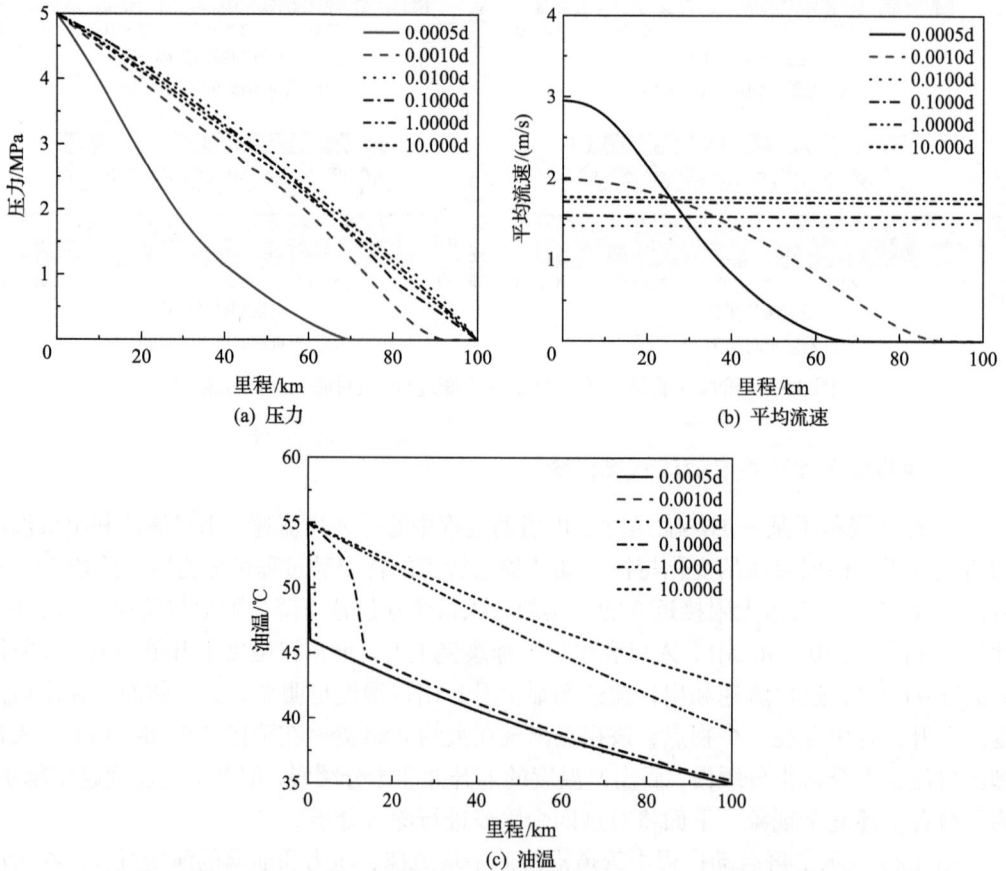

(a) 压力

(b) 平均流速

(c) 油温

图 3.83　再启动过程中管道沿线的压力、平均流速和油温的演变过程

图 3.84 展示了管道再启动过程中原油速度场的演变过程。从图 3.84 中可以看出，在阶段 1 表现出了两种类型的速度场，并且速度等值线在连接处不连续，这些现象是由流型转变引起的。管道上游流速和油温较高，管道上游更容易出现湍流，而管道下游流速和油温较低，管道下游容易出现层流。这两种流型表现出明显不同的速度场，在速度场中湍流表现出很薄的黏性底层，而层流并没有。

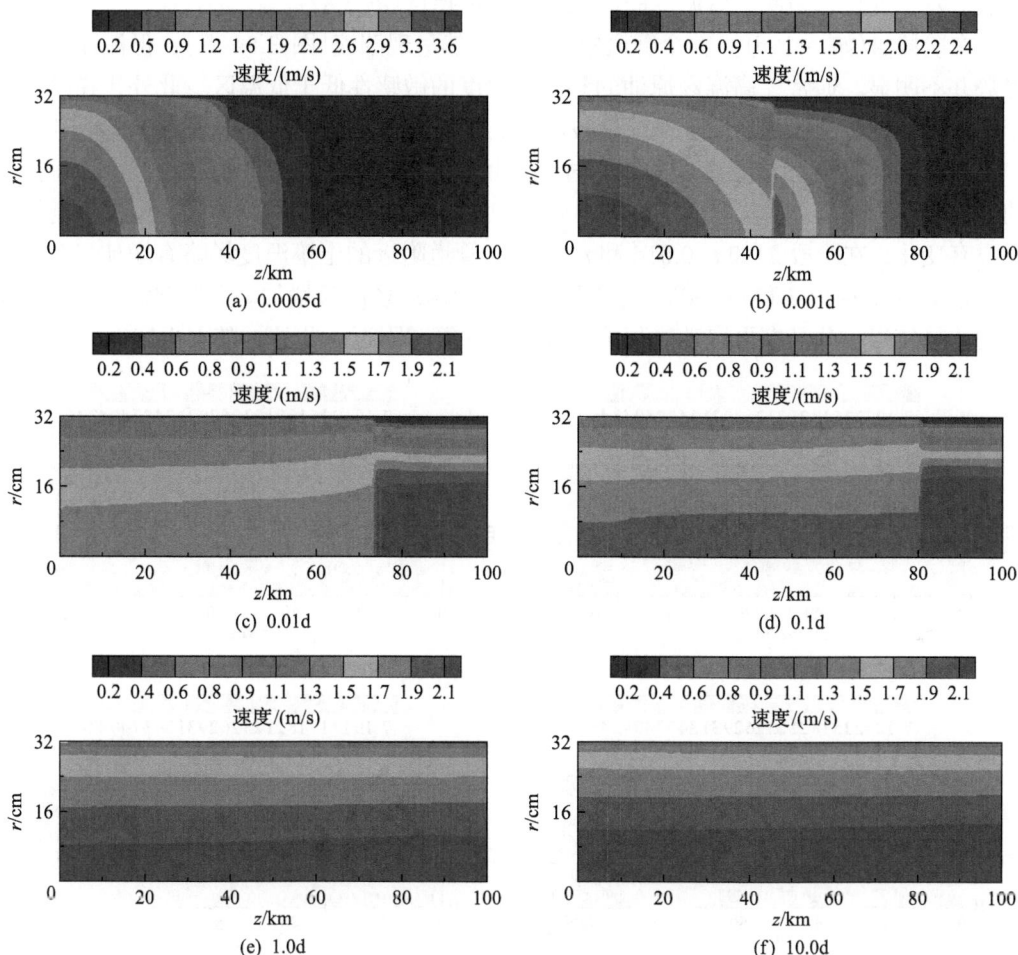

图 3.84　再启动过程中原油速度场的演变过程(扫封底二维码见彩图)

r-径向坐标；z-轴向坐标

在阶段 2(如 $t=0.01$d 和 $t=0.1$d)，在压力曲线上存在一个不太明显的拐点[图 3.83(a)]，该拐点对应于湍流和层流之间的界面[图 3.84(c)和(d)]。这一现象表明，流型影响压力分布。另外，对于层流速度场的流动区，原油在管道中心附近以活塞形式流动，这是由原油的强屈服应力引起的；对于湍流速度场的流动区，表现出薄的黏性底层。在阶段 2，原油温度升高，原油胶凝结构裂解，这促进了流速的增加。然而，流速没有明显的增加趋势[图 3.82 和图 3.83(b)]。这种现象是由流型演变引起的。湍流和层流之间的界面向下游推进，湍流区随着再启动时间的增加而逐渐扩大[图 3.84(c)和(d)]，能量耗散的增加抑制了流速的明显增加。

在阶段 3(如 t=1d)，整个管道中的流动呈现湍流[图 3.84(e)]。流型演变不再是影响流速增加的因素，温度变化成为主要因素。在这一阶段，温度明显升高[图 3.82 和图 3.83(c)]，由于原油的黏性阻力显著降低，流速明显增加。此外，新注入的热油和之前的管内存油之间的界面向下游推进，当注入的热油的压头到达管道出口(约 0.8d)时，出口温度的变化趋势发生变化，因此出口温度的演化曲线出现拐点(图 3.82)。

在阶段 4(如 t=10d)，整个管道中的流动仍然呈现湍流[图 3.84(f)]，但流速的增加趋势并不明显。通常，高温区原油的黏度对温度的敏感性低于低温区。此外，在阶段 4 管道中部和上游的原油温度上升幅度较小[图 3.83(c)]。因此，流速的增加趋势并不明显。

图 3.85 展示了土壤温度场的演变过程。由图 3.85 可知，管道的热影响范围随着里程的增加而逐渐减小。在阶段 1(如 t=0.0005d 和 t=0.001d)，由于时间不足，土壤温度场几乎没有变化；在阶段 2(如 t=0.01d 和 t=0.1d)，管道附近的土壤温度场略有增加；在阶段 3 和阶段 4(如 t=1.0d 和 t=10d)，管道附近的土壤温度场明显增加。上述现象表明，土壤中的传热较慢，并且在再启动过程中主要发生在管道附近。此外，随着再启动时间的增

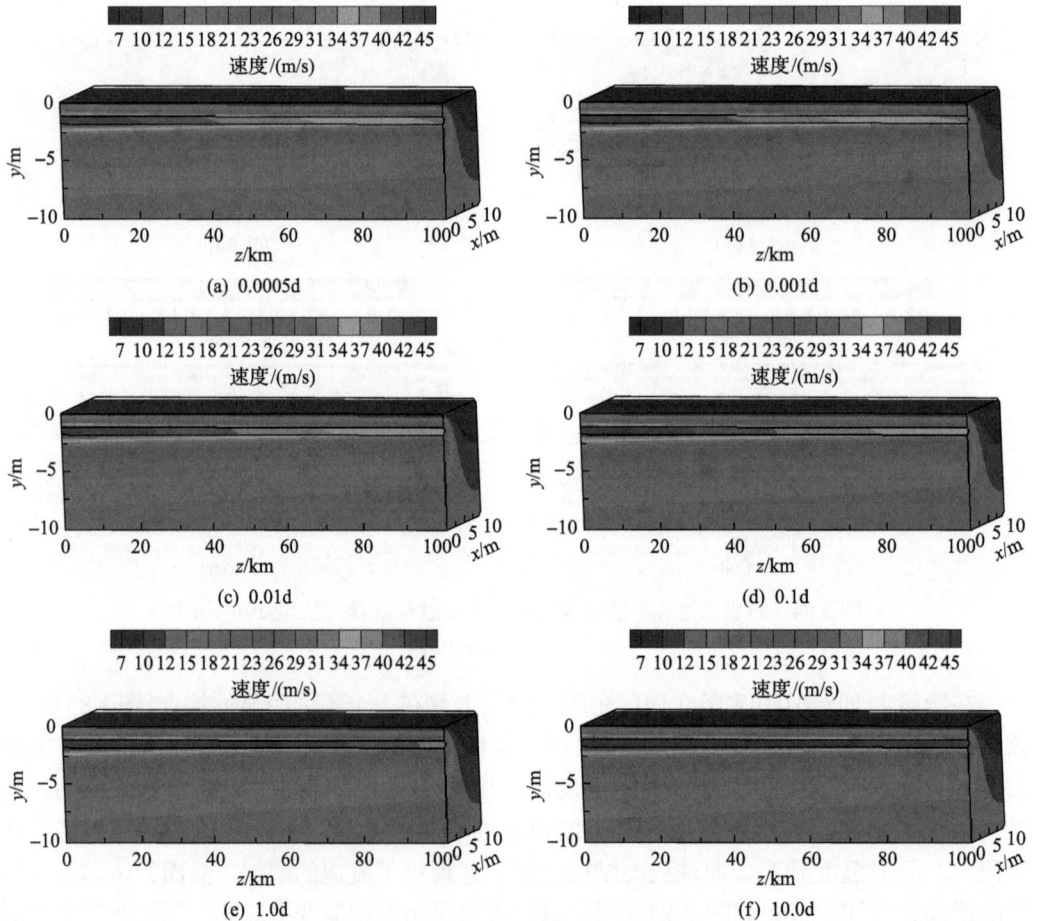

图 3.85　再启动过程中土壤温度场的演变过程(扫封底二维码见彩图)

加，土壤的蓄热量增加。管道内原油与管道外土壤的温差逐渐下降，原油的热损失逐渐减少。因此，原油的出口温度逐渐升高［图 3.82 和图 3.83（c）］，其上升速度越来越小。

3.8　小　　结

本章结合数值仿真结果，从影响因素、运行安全和节能降耗等多个角度出发对原油管道预热投产、间歇输送、差温顺序输送、双管并行敷设输送、冻土地区管道输送、管道停输再启动等工况开展了水热力特性分析，揭示了原油管道在不同输送工况下的水热力变化规律，可为相关科研人员和设计人员提供一定的参考。

参 考 文 献

[1] Zhang J, Wang Y, Wang X, et al. Study on optimizing operation of preheating commissioning for waxy crude oil pipelines[J]. Advances in Mechanical Engineering, 2014, 6: 894256.

[2] 刁宇, 兰浩, 刘朝阳, 等. 保温热油管道不同投产方案对比[J]. 油气储运, 2018（4）: 428-434.

[3] Liu X, Zhang J J, Li H Y, et al. Intermittent operations, PPD optimize low flow-rate waxy crude system[J]. Oil & Gas Journal, 2010, 108（46）: 134-138.

[4] 柳歆, 张劲军, 宇波. 热油管道间歇输送热力水力特性[J]. 油气储运, 2011, 30（6）: 419-422.

[5] 宇波, 徐诚, 张劲军. 冷热原油交替输送停输再启动研究[J]. 油气储运, 2009, 28（11）: 4-16, 81.

[6] 韩东旭, 王鹏, 邵倩倩, 等. 冷热油交替输送热力快速计算研究[J]. 工程热物理学报, 2015, 36（1）: 130-135.

[7] Yuan Q, Wu C, Yu B, et al. Study on the thermal characteristics of crude oil batch pipelining with differential outlet temperature and inconstant flow rate[J]. Journal of Petroleum Science and Engineering, 2018, 160: 519-530.

[8] 宇波, 凌霄, 张劲军, 等. 成品油管道与热原油管道同沟敷设技术研究[J]. 石油学报, 2007, 28（5）: 149.

[9] Yu B, Wang Y, Zhang J J, et al. Thermal impact of the products pipeline on the crude oil pipeline laid in one ditch—The effect of pipeline interval[J]. International Journal of Heat and Mass Transfer, 2008, 51（3-4）: 597-609.

[10] 王乾坤, 宇波, 孙长征, 等. 油气管道并行敷设热力影响[J]. 石油学报, 2012, 33（2）: 320-326.

[11] Zhao Y, Yu B, Yu G J, et al. Study on the water-heat coupled phenomena in thawing frozen soil around a buried oil pipeline[J]. Applied Thermal Engineering, 2014, 73（2）: 1477-1488.

[12] Fang L C, Yu B, Li J F, et al. Numerical analysis of frozen soil around the Mohe-Daqing crude oil pipeline with thermosyphons[J]. Heat Transfer Engineering, 2018, 39（7-8）: 630-641.

[13] 宇波, 付在国, 李伟, 等. 热油管道大修期间停输与再启动的数值模拟[J]. 科技通报, 2011, 27（6）: 890-894.

[14] 袁庆, 吴浩, 马华伟, 等. 长距离大落差重油管道停输再启动研究[J]. 油气田地面工程, 2017, 36（11）: 66-70.

[15] 蔡磊, 袁庆, 余红梅, 等. 东临复线停输再启动研究[J]. 北京石油化工学院学报, 2018, 26（4）: 29-33.

[16] 陈国群, 马克锋, 丁芝来, 等. 热油管道启输投产热力计算[J]. 油气储运, 2005, 24（7）: 13-16.

[17] Xing X, Dou D, Li Y, et al. Optimizing control parameters for crude pipeline preheating through numerical simulation[J]. Applied Thermal Engineering, 2013, 51（1-2）: 890-898.

[18] 王欣然. 原油管道预热投产热力计算软件开发[D]. 北京: 中国石油大学（北京）, 2013.

[19] 柳歆. 鄯兰原油管道非稳态输送工艺研究[D]. 北京: 中国石油大学（北京）, 2011.

[20] 罗塘湖. 原油管道低输量运行问题[J]. 油气储运, 1994, 13（6）: 13-15.

[21] 蔡柏松. 浅议魏荆线低输量运行工艺[J]. 油气储运, 1995, 14（4）: 21-23.

[22] 田艺兵, 黄金萍. 中朝管道超低输运行实践及技术分析[J]. 油气储运, 2001, 20（3）: 8-14.

[23] 王凯. 原油管道差温顺序输送工艺数值研究[D]. 北京: 中国石油大学（北京）, 2009.

[24] 王凯, 张劲军, 宇波. 原油管道差温顺序输送水力-热力耦合计算模型[J]. 油气储运, 2013, 32（2）: 143-151.

[25] 张健. 原油管道预热投产与冷热交替输送热力研究[D]. 北京: 中国石油大学(北京), 2015.

[26] Chen Z M, Yuan Q, Jiang W X, et al. Thermo-hydraulic characteristics of non-isothermal batch transportation pipeline system with different inlet oil temperature[J]. Journal of Thermal Science, 2023, 32(3): 965-981.

[27] 石悦. 长距离并行敷设输油管道的热力影响研究[D]. 北京: 中国石油大学(北京), 2009.

[28] 赵宇. 冻土区埋地热油管道周围土壤水热力三场耦合的数值模拟研究[D]. 北京: 中国石油大学(北京), 2014.

[29] Taylor G S, Luthin J N. A model for coupled heat and moisture transfer during soil freezing[J]. Canadian Geotechnical Journal, 1978, 15(4): 548-555.

[30] 方丽超. 采用热棒技术的漠大线冻土区管道周围土壤水热力三场耦合数值模拟研究[D]. 北京: 中国石油大学(北京), 2017.

[31] 禹国军. 含蜡原油管道停输温降的数值计算方法及规律研究[D]. 北京: 中国石油大学(北京), 2015.

[32] Yuan Q, Li J F, Chen B, et al. Cross-dimensional isothermal model for the transient restart of weakly compressible laminar/turbulent flow of time-dependent non-Newtonian fluid in a long pipeline[J]. Journal of Non-Newtonian Fluid Mechanics, 2023, 319: 105077.

[33] Yuan Q, Jiang W X, Guo M Y, et al. GPU-accelerated transient thermo-hydraulic simulation of weakly compressible restart flow of a non-Newtonian fluid in a long-buried hot oil pipeline[J]. Applied Thermal Engineering, 2023, 227: 120299.

第4章 原油管道水热力过程在线仿真

高精度的管道在线仿真是一种将仿真引擎与现场实时数据耦合，通过数据自动修正仿真模型，实现对管网系统当前状态的精细复现、过去状态的准确反演和未来状态的准确预测的一种仿真技术。其主要功能是通过条件预测评估运行方案或潜在的突发事件；基于仿真结果分析仪表、设备是否监测正常或者工作正常，同时可以作为虚拟仪器使用获得管道任意位置数据，克服硬件仪表只能局部监测的缺陷。原油管道水热力过程在线仿真，对于我国原油管道的安全高效运行意义重大。

4.1 研 究 概 况

在线仿真包含了现场运行数据处理、快速仿真、设备模型数据融合和管道模型数据融合四个核心技术，其中快速仿真方法已经在第 2 章中进行了介绍，本章主要介绍其他三个核心技术。

4.1.1 运行数据处理技术概况

在油气生产和输送过程中，由于传感器等数据采集设备失效、数据传输设备损坏、数据库故障及恶劣环境条件等多种因素影响，所得到的原始数据可能出现异常、缺失等问题。若对这类异常数据直接进行分析，可能得到错误结论，从而给实际工程带来安全隐患。因此，必须对这些数据进行异常数据识别、缺失数据补充和离散数据去噪。

异常数据识别工作的实质是将数据分为正常和异常的二分类问题，目前主要使用的方法有两类：监督学习与非监督学习。监督学习是指给定一组数据同时标定其是否为异常数据，然后设计分类器并让其学习给定的映射关系，当再输入其他数据时，就可以利用所设计的分类器来识别是否为异常数据。它的优点在于数据经过人为加工，机器学习的是已经被标记出来的数据，理论上可以识别多种异常数据。非监督学习则是针对未标记数据集，依据数据之间的内在联系和相似性设计分类器进而实现异常数据的识别。非监督学习最大的优点在于泛用性比监督学习好，即使模型不同(泵站、热站、阀门、输送的油品等组合发生改变时)，也可进行识别，检测出具有离群特征的异常数据。非监督学习的算法较多，其中拉依达准则(又称 3σ 准则)具有易于实施、通用性好的优点，应用十分广泛。笔者主要采用了拉依达准则方法开展原油管道水热力运行的异常数据处理。

数据收集及异常数据处理过程，都可能存在数据的缺失现象，这时需要采用一些方法对缺失的数据加以补充。常用的数据补充方法有统计学方法、插值方法与分类方法等。其中插值方法是利用数据中的完整点建立插值函数，再根据缺失点的信息求出其对应的目标值[1]，精度较高。插值方法的算法较多，笔者主要采用了被广泛使用的多项式回归法进行油气领域缺失数据的填充。

在数据收集、整理过程中还会产生大量的噪声数据，需要剔除。噪声数据处理主要包含循环神经网络方法、经验模态分解方法和移动数据窗口均值法。循环神经网络方法可以从数据中挖掘规则，进而剔除噪声数据，去噪效果好，但常会受到梯度消失的影响，稳定性较差；经验模态分解方法的适应性好，但在去噪的同时会使信号只保留基本趋势，损失细节信号，可能导致数据趋势缺失，并且该方法容易受信号中的异常值影响；而移动数据窗口均值法的数据窗大小可以根据不同数据特征调整，灵活适用于动态在线场景下的噪声数据处理，因此笔者主要采用了移动数据窗口均值法进行噪声数据处理。

4.1.2　设备模型数据融合技术概况

设备(如输油泵和阀门)性能计算将直接影响整个管道系统的压力和温度分布的计算结果。因此，构建准确的设备模型对原油管道水热力过程在线仿真至关重要。设备模型主要包含了机理模型和数据融合模型两类。机理模型虽然有助于研究不同设备结构和输送介质物性对原油管输设备特性的影响，但通常难以同时兼顾求解效率和计算精度[2,3]，这一缺点使其难以满足复杂在线生产条件下设备特性快速预测的要求。基于实验或现场数据的数据融合模型仅通过简单运算即可高效获得预测结果，可以克服机理模型求解低效的缺点。

数据融合模型主要包含基于数据的设备特性模型系数修正[如泵扬程-流量(H-Q)曲线，阀门流量系数 C_v 值]和机器学习直接预测设备进出口参数两种方法。第一种方法通过挖掘数据构建简单的设备特性关系。然而，许多综合影响设备特性的因素很难在简单表达式中很好地表征[4]，因此，在复杂因素影响下难以准确预测动态变化的设备状态。机器学习模型通过多层非线性变换，能够学习到数据中的复杂抽象特征，从而具有建立复杂非线性系统模型的优越能力[5]。研究人员基于机器学习模型对输油管道中的泵、阀门等性能预测进行了大量的研究[6-12]。

然而，上述原油管输设备模型是在预定的输送和环境条件下开发的，在实际生产过程中，输送的原油和变化的环境均会对原油管输设备的性能产生影响[13-16]，准确预测这些设备在实际管道中的状态则成为一种挑战。为了应对这一挑战，则需要构建实时动态自适应的数据融合模型。构建该模型的难点在于，原油管道在实际生产过程中输送任务和环境可能变化较大。数据特性的变化导致很难人为调整数据融合模型的超参数，进而其无法充分学习实际数据中蕴含的非线性关系。为此，笔者团队开展了动态自适应管输设备数据融合模型的构建研究[17]。

4.1.3　管道模型数据融合技术概况

随着时间的推移，由于管输工艺调整、土壤性质变化、油品物性波动、管道腐蚀和重烃沉积等原因，原油管道水热力仿真关键基础参数可能发生动态变化。原油管道在线仿真计算中实时融合现场运行数据并更新仿真关键基础参数，对于确保管道系统仿真的准确性和可靠性至关重要。

在水力参数修正方面，文献[18]通过最小二乘法探究了注水管网摩阻系数的修正。文献[19]提出一种基于混合粒子群优化(particle swarm optimization, PSO)算法和管网水力计算模型的管段摩阻系数智能修正方法，该方法以管道监测点处的压力监测值与仿真计算压力值的误差最小为目标，通过混合粒子群算法的全局寻优能力计算不同管段的摩阻系数。为了解决注水管网节点压力部分已知情况下的管元摩阻系数修正问题，文献[20]分别建立了管网节点压力模拟数学模型和管元摩阻系数反演优化数学模型，通过将拟牛顿法与粒子群优化算法相结合实现对管道摩阻系数的修正。

在热力参数修正方面，文献[21]采用线热源模型，对竖埋管换热器模型的岩土导热系数进行了反演研究。类似地，文献[22]着眼于解决热掺混 T 形管道内壁温度波动的监测难题，通过分析管道外壁温度的测量数据，反推 T 形管道内壁的导热系数和温度。文献[23]结合贝叶斯优化算法与瞬态平面热源法的数值传热模型，将导热系数的辨识问题转化为一个优化问题，进而获得了导热系数的修正值。

上述研究主要基于仿真、实际生产和实验数据，通过优化算法构建了仿真参数修正方法。这些方法可以达到较好的参数修正效果，修正后的仿真结果和实际数据表现出了较好的一致性。但是，一方面，以优化算法为核心的参数修正方法效率较低，较难满足在线仿真需求；另一方面，部分原油管道(如冷热油交替输送管道)中水热力耦合规律异常复杂，对参数修正提出了更高的要求。为了解决上述问题，笔者结合实际数据和仿真数据开展了基于比例-积分-微分(PID)修正策略的原油管道在线仿真研究。

4.2　运行数据处理技术

在对输油管道数据进行数据处理时，笔者团队主要采用了拉依达准则进行异常数据识别，采用了移动数据窗口多项式进行了缺失数据补充，采用了移动数据窗口均值法进行了噪声数据处理。

4.2.1　基于拉依达准则的异常数据识别

异常数据识别工作的实质是将数据分为正常和异常的二分类问题，其中拉依达准则假设现场数据符合正态分布特性，对数据点进行概率分析。具体而言，数据点落在均值周围正负 1 个标准差(即 σ)范围内的概率大约为 68.2%。这意味着大部分数据都集中在这个区域。当数据点位于均值正负 2 个标准差范围内时，其覆盖的概率上升至 95.4%。而当数据点偏离均值超过正负 2 个标准差时，其概率降低至不足 5%，这类数据点被视为异常点。进一步地，数据点若偏离均值超过正负 3 个标准差，其出现的概率进一步减小，约为 0.3%，这表示这些数据点更加罕见，可以被认定为极端异常点。这种分析方法在统计学中是常用的异常点检测手段，通过标准差的倍数来界定数据的正常范围与异常范围，可以帮助研究者从大量数据中识别出不符合正常分布模式的数据点。

给定 m 个样本序列 x，对应的平均值为 μ，标准差为 σ，若数据集中某个值 $x_i(0 \leqslant i \leqslant m)$ 的剩余误差为 e_i，满足式(4.1)则认为 x_i 为异常数据，应予剔除。

$$|e_i| = |x_i - \mu| > 3\sigma \tag{4.1}$$

使用上述方法对某实际生产温度数据集进行异常数据识别，如图 4.1 所示，可以看出该方法较好地剔除了数据中的异常低温数据，为进一步的数据分析奠定了基础。

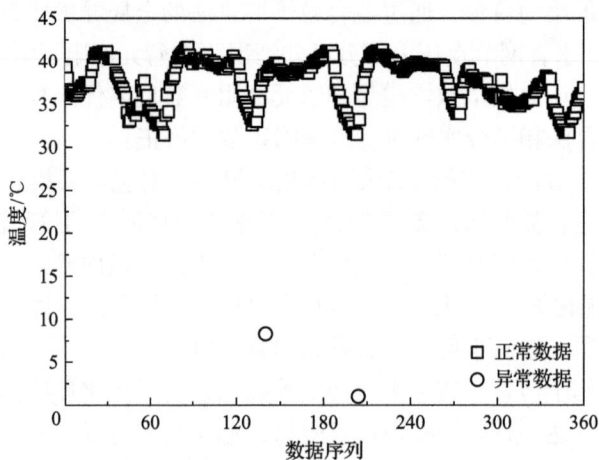

图 4.1　基于拉依达准则的温度实际数据异常识别结果

4.2.2　基于移动数据窗口多项式的缺失数据处理

在油气领域的实际生产过程中，数据缺失是个常见问题，经过异常数据处理后也会存在数据缺失现象，这时需要采用一些方法对缺失的数据加以补充，其中插值方法应用较为广泛。插值方法多种多样，其中多项式回归法不仅应用广泛，并且通过多项式系数大小还可进一步分析各因素对目标的影响大小。

对于 m 个样本序列 (x, y)，拟合次数为 n，则多项式公式可表示为式(4.2)的矩阵形式：

$$\begin{bmatrix} y_1 \\ y_2 \\ \vdots \\ y_m \end{bmatrix} = \begin{bmatrix} 1 & x_1 & \cdots & x_1^n \\ 1 & x_2 & \cdots & x_2^n \\ \vdots & \vdots & & \vdots \\ 1 & x_m & \cdots & x_m^n \end{bmatrix} \cdot \begin{bmatrix} \beta_0 \\ \beta_1 \\ \vdots \\ \beta_n \end{bmatrix} \tag{4.2}$$

式(4.2)可缩写为式(4.3)：

$$\boldsymbol{Y} = \boldsymbol{X\beta} \tag{4.3}$$

需要求解的系数为 $\boldsymbol{\beta}$，对于样本矩阵 $(\boldsymbol{X}, \boldsymbol{Y})$，为了使拟合结果 $F(\boldsymbol{X})$ 与 $\boldsymbol{Y}$ 的误差最小，根据最小二乘法，则可表示为式(4.4)：

$$\underset{\boldsymbol{\beta}}{\arg\min}\, L(\boldsymbol{X}) = \underset{\boldsymbol{\beta}}{\arg\min}\, \frac{1}{2}\|F(\boldsymbol{X}) - \boldsymbol{Y}\|_2^2 \tag{4.4}$$

令 $L(\boldsymbol{X})$ 对 $\boldsymbol{\beta}$ 微分为 0，求解 $\boldsymbol{\beta}$，如式(4.5)所示：

$$\frac{\partial L(\boldsymbol{X})}{\partial \boldsymbol{\beta}} = \boldsymbol{X}^{\mathrm{T}}\boldsymbol{X\beta} - \boldsymbol{X}^{\mathrm{T}}\boldsymbol{Y} = 0 \Rightarrow \boldsymbol{\beta} = \left(\boldsymbol{X}^{\mathrm{T}}\boldsymbol{X}\right)^{-1}\boldsymbol{X}^{\mathrm{T}}\boldsymbol{Y} \tag{4.5}$$

在此以一简单算例介绍缺失数据填充过程。在某实际原油管输温度数据序列中存在一个缺失数据，使用移动数据窗口多项式回归法填充上述缺失数据。假设移动数据窗口大小为 6，将对该缺失数据进行 6 次数据填充，拟合值依次为 3.398MPa、3.670MPa、3.250MPa、3.198MPa、3.187MPa、3.208MPa，其中首末两次填充如图 4.2 所示，取上述结果的平均值，则最终缺失数据填充为 3.319MPa，如图 4.3 所示。

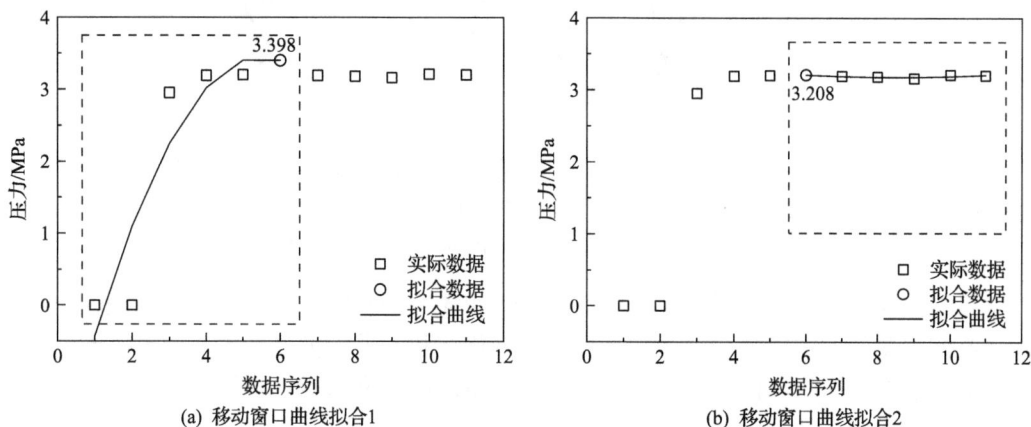

(a) 移动窗口曲线拟合1   (b) 移动窗口曲线拟合2

图 4.2　移动数据窗口多项式回归法填充缺失数据步骤

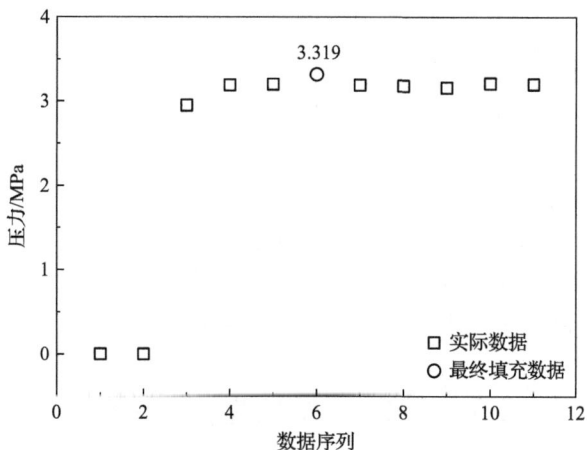

图 4.3　移动数据窗口多项式回归法填充缺失数据结果

4.2.3　基于移动数据窗口均值的噪声数据处理

基于移动数据窗口的噪声数据处理是指通过移动数据窗口在连续的数据集上划分出离散的数据集，对每一个离散的数据集分别使用统计学方法对噪声数据进行处理。而移动数据窗口均值法则是对移动数据窗口区间内的元素进行求和，再除以区间内的数据个数，即取移动数据窗口内数据的平均值，进而实现噪声数据处理的方法，基于该方法对某实际生产温度数据的噪声数据的处理结果如图 4.4 所示。

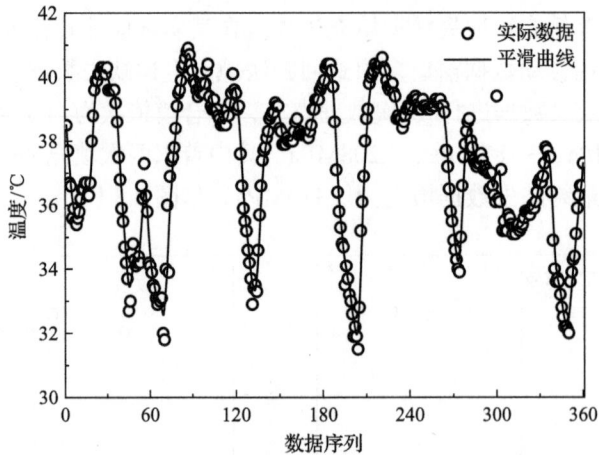

图 4.4   基于移动数据窗口的温度实际噪声数据处理

当数据完成异常数据识别、缺失数据填充和噪声数据处理之后，将对数据进行挖掘，建立不同变量间的关联关系，而变量的无量纲化有利于进一步提高数据挖掘效果，目前常用的方法有归一化和标准化，计算公式分别如式(4.6)和式(4.7)所示：

$$y = \frac{x - x_{\min}}{x_{\max} - x_{\min}} \tag{4.6}$$

$$y = \frac{x - \mu_x}{\sigma_x} \tag{4.7}$$

式中，x 为某一数据；$x_{\min}$ 为数据集中的最小值；$x_{\max}$ 为数据集中的最大值；μ_x 为数据集的平均值；σ_x 为数据集的方差。

标准化及归一化的选用一般遵循以下原则：①非监督学习一般采用标准化；②本身分布近似于正态分布(钟形)的数据首选标准化；③当数据中存在特别大或特别小的特殊值时(奇异值)首选标准化；④其余情况下尽量使用归一化。

4.3   设备模型数据融合技术

原油管网系统输送过程需要消耗大量能量，这些能量的供给与精细调控高度依赖管网体系中的非管道元件。为了构建出能够精准反映原油管输设备特性的模型，并据此实施高效运行优化策略，关键问题是如何精确预测设备参数。通过深度挖掘原油管输数据，构建设备模型数据融合技术，则是突破该关键问题的可行途径。鉴于原油管输数据的独特性与复杂性，为了贴合数据特性，设备数据融合模型构建过程中超参数的优化调整显得尤为关键。当前，这一领域内的主流方法可分为静态优化与动态优化[24-27]两种。

静态优化策略虽能广泛探索多种数据挖掘模型的超参数组合，但其执行效率相对低下，难以满足快速响应的需求。相比之下，动态优化方法具有更高的效率与灵活性，但当前动态优化技术聚焦于单一超参数的调整，而有限的参数调整难以提升模型性能[28,29]。

为克服上述挑战,笔者提出了一种基于神经网络(neural network, NN)和智能演化策略的动态自适应管输设备数据融合模型,该模型不仅能够通过神经网络实时感知并适应数据特性的微小变化,还能通过耦合演化算法实现超参数的动态、多维度优化调整,从而显著提升设备模型在复杂多变的原油输送场景下的预测精度与鲁棒性。以下对该模型进行详细介绍。

4.3.1　动态自适应管输设备数据融合模型构建

随着机器学习技术的发展,神经网络被广泛用于数据挖掘研究中,如图 4.5 所示。神经网络的核心在于运用梯度下降算法调整网络参数,旨在将损失函数降至最低,进而构建输入和输出之间的映射关系。通过前向传播过程即可获得预测结果,如式(4.8)和式(4.9)所示:

$$z^{(l)} = W^{(l)}y^{(l-1)} + b^{(l)} \tag{4.8}$$

$$y^{(l)} = f^{(l)}\left(z^{(l)}\right) \tag{4.9}$$

式中, l 为神经网络的层数; $z^{(l)}$ 为第 l 层的输出值; $W^{(l)}$ 为第 $(l-1)$ 层和第 l 层之间的权重矩阵; $y^{(l-1)}$ 和 $y^{(l)}$ 分别为第 $(l-1)$ 层和第 l 层的输出值; $b^{(l)}$ 为第 l 层的偏置; $f^{(l)}$ 为第 l 层的激活函数,经典的神经网络激活函数包括 Sigmoid、Tanh 和 ReLU。

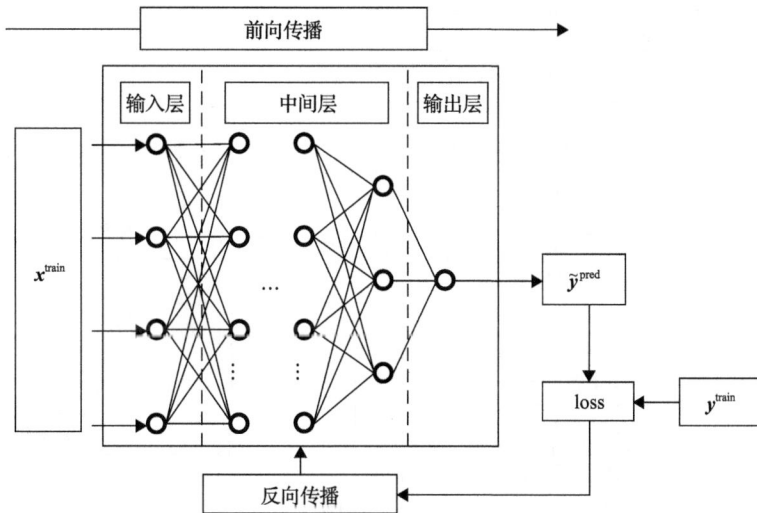

图 4.5　反向传播神经网络示意图

x^{train}-训练集的输入值; $\tilde{y}^{pred}$ -x^{train} 输入条件下神经网络的预测结果; y^{train}-训练集的输出值; loss-损失函数

随后,根据预测结果与实际观测值之间的误差,通过反向传播算法调整权重。此过程循环运行中权重参数在每一次迭代中均得到精细调整,直至损失函数趋近于零。

为了构建高效且精准的原油管输设备特性预测模型,针对不同设备状况灵活采用多样化的神经网络结构显得尤为重要。为了智能优化神经网络的超参数,将智能演化策略与神经网络设计深度融合，实现 5 个关键超参数(学习率、神经元数量、激活函数、中间层数和批次大小)的优化调整。值得注意的是，在本节中神经网络中每一层的神经元数量和激活函数是相同的。具体而言，将由 $m(m=5)$ 个可调超参数组成集合 λ 的神经网络表示为 A_λ，这些超参数的范围可表示为 $\Lambda_1, \cdots, \Lambda_m$，超参数空间可表示为 $\Lambda \subset \Lambda_1, \cdots, \Lambda_m$。对于具有可调超参数集合 $\lambda \in \Lambda$ 的神经网络 A_λ，神经网络对原油管输设备数据集 $\boldsymbol{X}^{\text{train}}$ 和 $\boldsymbol{X}^{\text{test}}$ 的超参数优化问题可以表示为式(4.10)：

$$\lambda^* = \underset{\lambda \in \Lambda}{\arg\min} \, L\left(A_\lambda, \boldsymbol{X}^{\text{train}}, \boldsymbol{X}^{\text{test}}\right) \tag{4.10}$$

式中，λ^* 为最优超参数集；A_λ 为具有可调超参数集合 λ 的神经网络模型；$L\left(A_\lambda, \boldsymbol{X}^{\text{train}}, \boldsymbol{X}^{\text{test}}\right)$ 为神经网络 A_λ 对数据集 $\boldsymbol{X}^{\text{train}}$ 和 $\boldsymbol{X}^{\text{test}}$ 的预测误差。

为了有效地优化学习原油管输设备数据的神经网络超参数集合 λ，则需要智能演化策略实施动态的参数调整。在众多的演化策略中，遗传算法(genetic algorithm，GA)、差分进化(differential evolution algorithm，DE)和粒子群优化具有鲁棒性高和通用性好的特点，目前已经在很多行业得到了应用。结合智能演化策略最终形成的自适应管输设备数据融合模型的计算流程如图 4.6 所示。

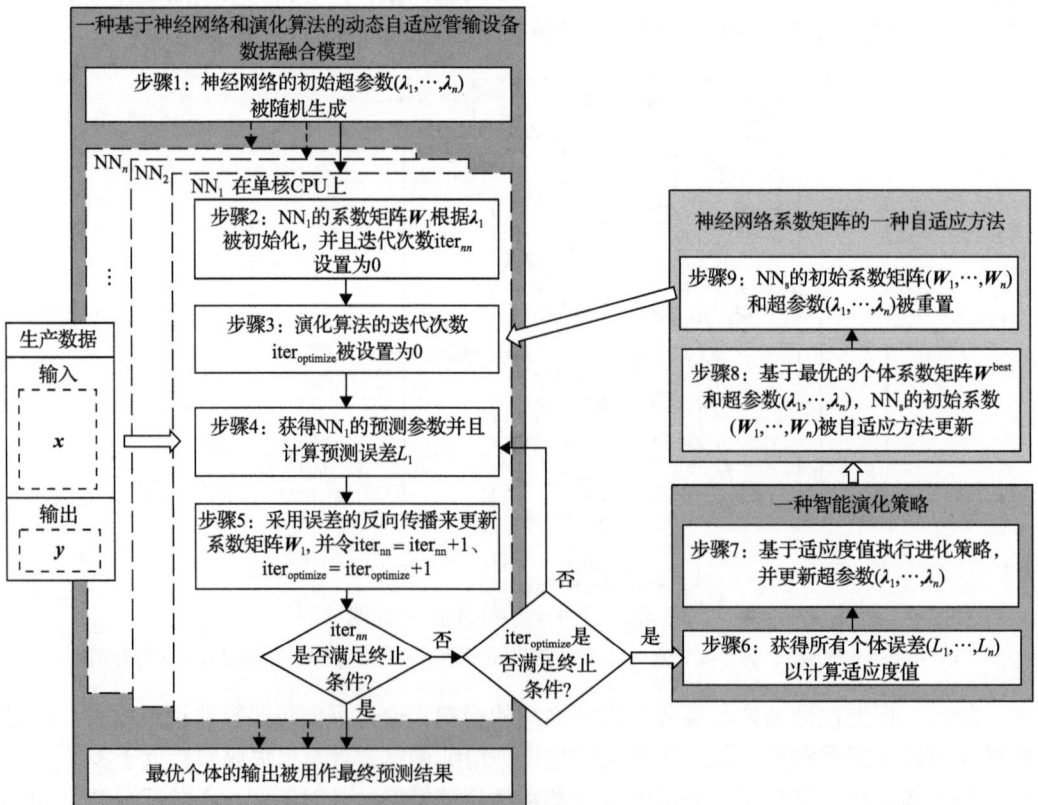

图 4.6　自适应管输设备数据融合模型的计算流程

4.3.2 动态自适应输油泵数据融合模型算例

在众多原油管输设备中,输油泵是管输系统中不可或缺的供能核心。鉴于输送任务的多样性和管输环境的频繁变动,动态调整输油泵的组合配置和转速成为常态需求。基于此,本小节聚焦原油管输领域中的输油泵实例,对所提出的动态自适应设备数据融合模型进行了验证,旨在探索其在复杂工况下的适应性与准确性。在实际生产中,原油的物理特性及外部环境的微小变化,如温度波动、压力差异等,均会对输油泵的性能产生影响[30,31],使精确预测过泵压升成为一项值得研究的任务。为应对这一挑战,在研究中引入了神经网络技术,以泵的入口压力、温度、流量及泵电流作为输入参数,以过泵压升作为输出参数,构建了针对泵设备的数据挖掘模型。此外,采用差分进化算法优化模型中神经网络的超参数。结合传统的动态和静态模型,对于冷热油交替输送过程,在模型的预训练、再训练和模型效率三个方面进行分析。

具体地,针对冷热油交替输送过程,为了研究所提出的模型对复杂输送特性的挖掘效果,首先从实际数据中选择 257 组冷油数据(<29℃)和 281 组热油数据(>36℃),并利用冷油数据对所提出的泵压预测模型进行预训练,并找到一组超参数组合和权重矩阵。其次,基于热油数据,通过具有 DE、Dropout 两种不同优化策略的动态优化神经网络(dynamically optimized neural network,DONN)对已训练的模型进行再训练,并将其预测精度与传统神经网络的性能进行比较。最后,与静态优化神经网络(static optimized neural network,SONN)进行模型效率上的对比,下面进行详细介绍。

1)预训练模型的预测精度分析

首先,利用冷油数据对泵压升预测模型进行初步训练,在此过程中通过 DE 精细调整其超参数(DONN-DE),调整后的最优超参数配置已列于表 4.1 中。其次,这一训练完成的模型被应用于热油数据的泵压升预测中,结果显示,预测值与实际测量值之间的平均误差率为 12.72%,这一偏差水平直观体现在图 4.7 中。这一偏差的产生是由热油和冷油数据之间的不同特性引起的,进而影响了已训练模型的预测精度。鉴于此,为了进一步提升预测准确性,通过热油数据对模型进行针对性再训练。这一过程旨在使模型能够更好地挖掘热油输送过程中的泵特性规律,从而显著提升其在该场景下的预测性能。

表 4.1 模型的超参数组合

学习率	神经元个数	每层的激活函数	中间层个数	批次大小
0.0174	67	Sigmoid	5	52

2)再训练模型的预测精度分析

在再训练过程中,模型的迭代次数和优化次数分别设置为 10000 和 1000。这意味着在该模型中,DONN-DE 将在神经网络每 10 次学习后调整其超参数(包括学习率、神经元个数、每层的激活函数、中间层个数和批次大小),而另一种经典的 DONN-Dropout 则只调整神经元个数,下面对上述两种泵压升预测模型进行性能对比。

图 4.8 展示了 DONN-DE 和 DONN-Dropout 的预测曲线,并将其与实际数据和经典 NN 进行了比较。从图 4.8 中可以看出,所提出的 DONN-DE 的预测曲线比 DONN-Dropout

的预测曲线更接近实际数据曲线。具体而言，DONN-DE、DONN-Dropout 的平均预测误差分别为 1.34%、3.49%。因此，DONN-DE 模型展现出了更优异的预测性能。

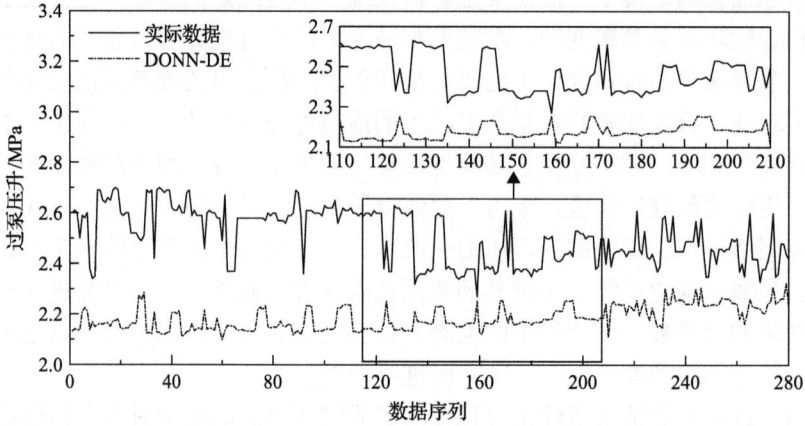

图 4.7　热油数据预测结果

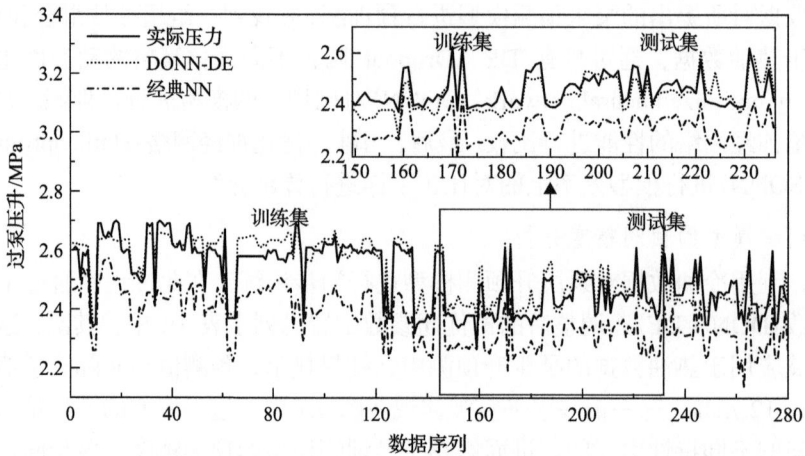

(a) DONN-DE的预测结果

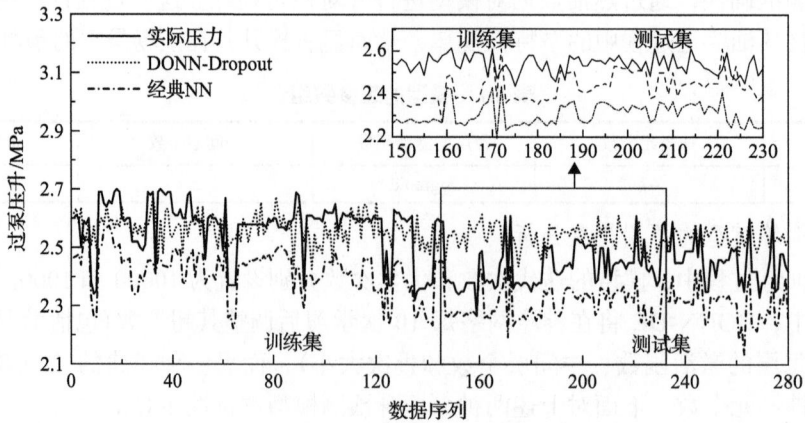

(b) DONN-Dropout的预测结果

图 4.8　动态优化神经网络模型的预测结果

3) 预测模型的预测效率分析

　　生产环境中有许多现场数据，预测模型的训练时间通常随着数据量的增加而增加。因此，预测模型的学习效率是至关重要的。为了更好地研究模型的学习效率，使用一组更大的冷热油交替输送数据(1049 组)作为基础数据。约 70%的数据(734 组)被随机选择作为训练数据，其他数据被用作测试数据(315 组)。SONN 作为神经网络超参数的一种常用稳态调整方法，如果与 DE 耦合，也可以同时调整多个超参数，并且与 DONN 相比，通常可以实现较高的预测精度。因此，选择 SONN-DE 作为所提出的 DONN-DE 泵压升预测模型的比较对象。

　　图 4.9 展示了不同模型的平均预测误差和计算时间，包括具有不同迭代次数的 SONN-DE 和 DONN-DE。可以发现，DONN-DE 的平均预测误差随着迭代次数的增加(从 5000 次增加到 50000 次)从 2.92%下降到 1.19%，测试数据的平均预测误差从 3.09%下降到 1.34%。另外，计算时间随着迭代次数增加从 5.23min 上升到 46.78min。该现象表明，迭代次数的增加有利于提高预测精度，但将增加计算时间。将 DONN-DE 和 SONN-DE 的平均预测精度和计算时间进行比较可以发现，当神经网络的迭代次数为 20000 时，DONN-DE 的平均预测误差略低于 SONN-DE，预测曲线如图 4.10 所示。然而，DONN-DE 的计算时间仅为 19.25min，相比于 SONN-DE 节省了 87.93%的计算时间(SONN-DE 的计算时间为 159.46min)。上述比较结果表明，在相同的预测精度下，DONN-DE 可以用来构建比 SONN-DE 更高效的预测模型，因为它可以在一个神经网络迭代训练过程中同时调整其超参数。

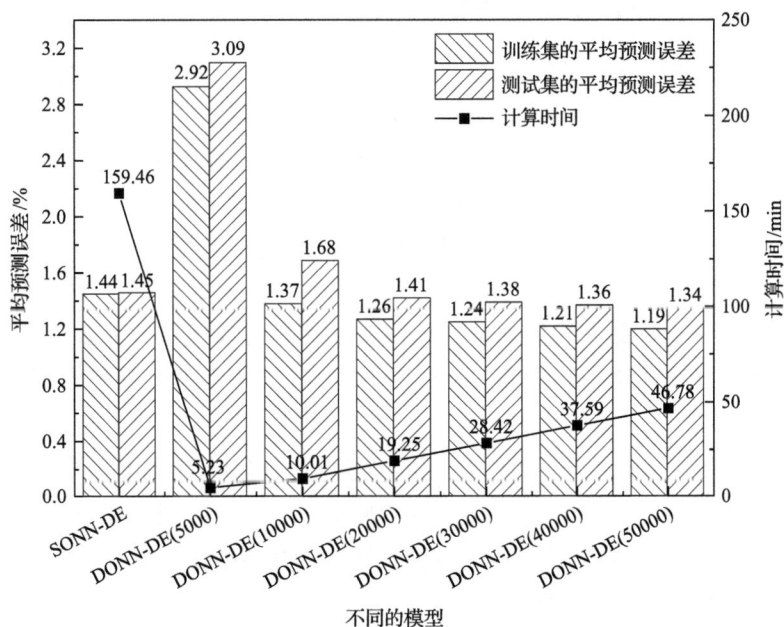

图 4.9　不同训练次数下动态优化神经网络的计算结果

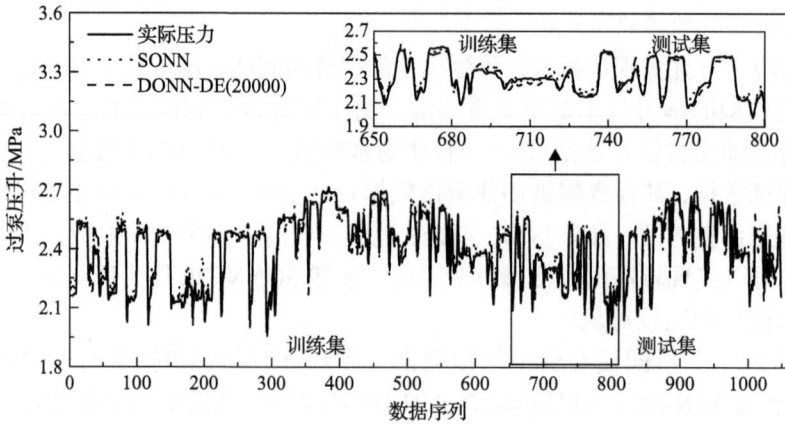

图 4.10　DONN-DE 模型在 20000 训练次数下的过泵压升预测曲线与 50NN 和实际压力预测曲线对比

4.4　管道模型数据融合技术

原油管道在输送过程中的一些关键基础参数可能发生动态变化，而进行管道仿真过程中使用固定不变的水热力参数(关键是水力摩阻系数和导热系数)来计算，那么所获得的仿真结果很可能与实际测量值存在较大偏差。在基于守恒方程描述的管道在线仿真中，及时更新这些动态变化的水热力关键参数，对于管道在线仿真至关重要。

4.4.1　基于 PID 修正的管道水热力参数修正法

基于机理模型求解获得的管道轴向水热力参数依赖于水力摩阻系数和土壤-管道的导热系数等关键参数的设置。其中，水力摩阻系数影响管道压力分布和温度分布(由于摩擦热与水力摩阻系数相关)，而土壤-管道的导热系数则影响管道温度分布，又因为温度和压力相互影响，从而导致涉及水力摩阻系数和土壤-管道导热系数的水热力计算存在耦合关系。在原油管道仿真和优化时，如果直接采用经验值或经验公式计算水力摩阻系数和土壤导热系数，仿真结果往往与现场实际情况存在一定的偏差，进而可能导致不合理的优化结果。为了降低在线仿真的计算偏差，满足在线优化的计算精度需求，在此提出了基于 PID 修正策略的管道模型数据融合技术，可有效提高原油管道仿真的精度，下面进行详细介绍。

在线仿真计算中，在计算开始前可根据管道运行数据计算实际情况的压降 Δp_{real}^t 和温降 ΔT_{real}^t，也可以通过仿真获得压降 Δp_{cal}^t 和温降 ΔT_{cal}^t，依据上述实际和仿真的管道温降和压降误差，笔者采用 PID 理论对水力摩阻系数和导热系数进行修正，以减少仿真误差。其中，PID 增量修正式如式(4.11)所示：

$$F(t) = F(t-1) + K_{\text{P}}\left[e(t) - e(t-1)\right] + K_{\text{I}}e(t)\Delta t + K_{\text{D}}\frac{e(t) - 2e(t-1) + e(t-2)}{\Delta t} \tag{4.11}$$

式中，K_P 为比例系数；K_I 为积分系数；K_D 为微分系数；$e(t)$ 为 t 时刻的误差量，对于水力和热力的误差分别可表示为 $e^p(t)$ 和 $e^T(t)$，其计算式如式(4.12)所示：

$$e^p(t) = \frac{\Delta p_{\text{real}}^t}{\Delta p_{\text{cal}}^t} - 1, \quad e^T(t) = \frac{\Delta T_{\text{real}}^t}{\Delta T_{\text{cal}}^t} - 1 \tag{4.12}$$

使用 PID 修正式对水热力参数进行修正时，K_P、K_I 和 K_D 的取值可能不同，则可将其分别表示为热力修正式(4.13)和水力修正式(4.14)：

$$\lambda^T(t) = \lambda^T(t-1) + K_P^T \left[e^T(t) - e^T(t-1) \right] + K_I^T e^T(t)\Delta t + K_D^T \frac{e^T(t) - 2e^T(t-1) + e^T(t-2)}{\Delta t} \tag{4.13}$$

$$f^p(t) = f^p(t-1) + K_P^p \left[e^p(t) - e^p(t-1) \right] + K_I^p e^p(t)\Delta t + K_D^p \frac{e^p(t) - 2e^p(t-1) + e^p(t-2)}{\Delta t} \tag{4.14}$$

式中，$\lambda^T(t)$ 为 t 时刻通过 PID 计算后的导热系数 λ 修正值；$f^p(t)$ 为 t 时刻通过 PID 计算后的水力摩阻系数 f 的修正值。将上述管道模型数据融合技术应用于原油管输仿真的参数修正过程中，其计算流程如图 4.11 所示。

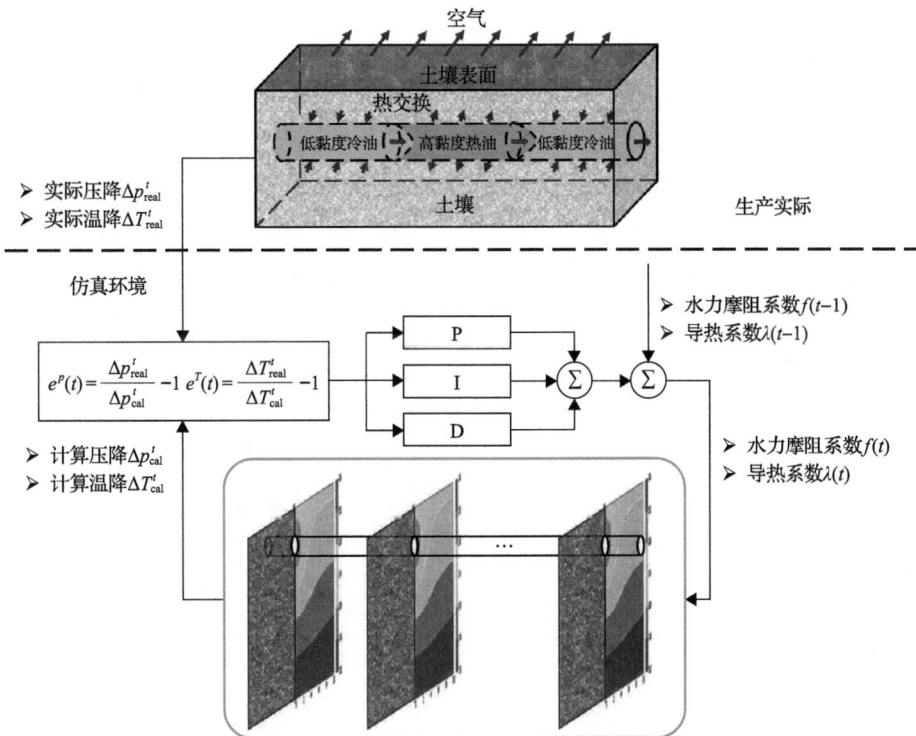

图 4.11　PID 水热力参数修正流程图

4.4.2　管道水热力参数在线动态修正实例

在上述水热力参数修正流程中，比例系数 K_P、积分系数 K_I 和微分系数 K_D 需进一步确定。对此，将探讨在线仿真过程中不同 K_P、K_I、K_D 取值对管道水热力参数修正效果的影响，并选取较优的 PID 参数组合。

图 4.12 展示了管道入口温度和入口流量数据。为了避免在计算误差平均值时正负计算误差相互抵消，使用的是绝对误差进行温度和压力的精度计算。

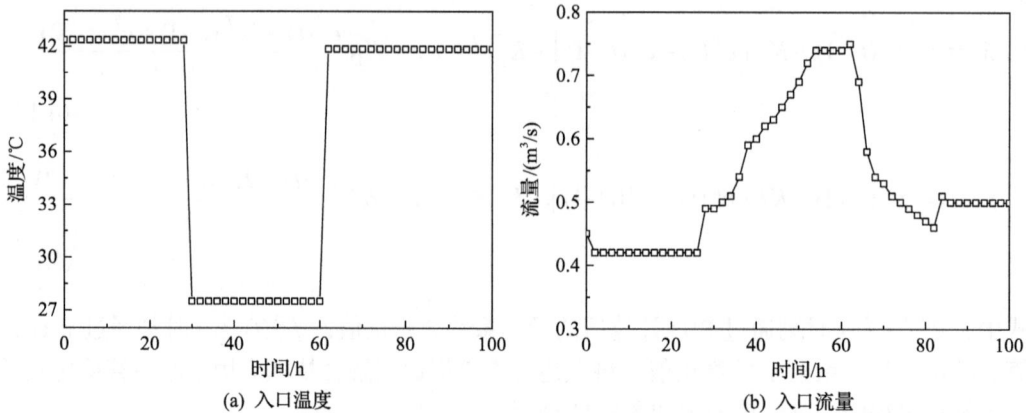

(a) 入口温度　　　　　　　　　(b) 入口流量

图 4.12　管道入口温度和入口流量数据

（1）比例参数 K_P

图 4.13 和图 4.14 分别展示了不同比例参数 K_P 下管道出口温度和压力曲线的对比情况，并统计了不同条件下温度和压力的平均计算误差，见表 4.2 和表 4.3。由这些图和表反映的趋势和具体数值可知，随着热力比例参数 K_P^T 由 10^{-6} 上升到 10^{-4}，温度的平均计算误差呈现出先下降后上升的趋势，当 K_P^T 为 5×10^{-6} 时，温度的平均计算误差最小，为 1.486%，相比于未修正模型 2.258% 的计算误差，计算误差下降了 0.772 个百分点；随着

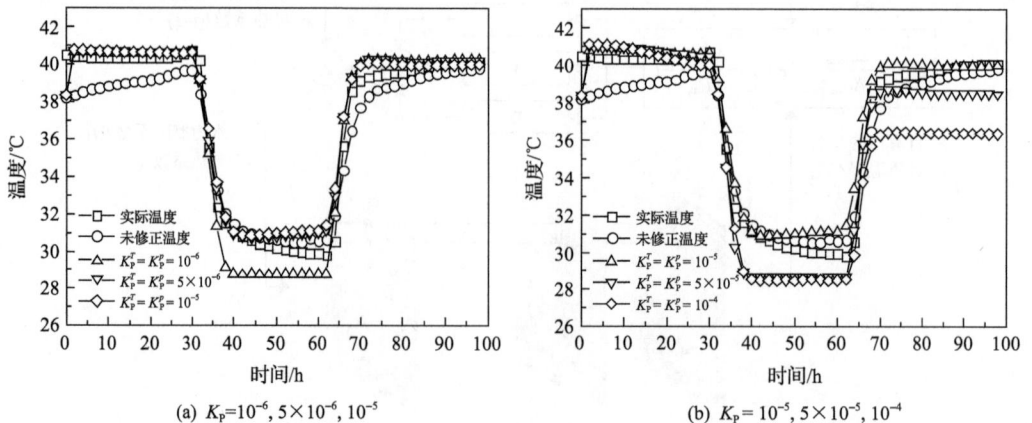

(a) $K_P = 10^{-6}, 5 \times 10^{-6}, 10^{-5}$　　　　(b) $K_P = 10^{-5}, 5 \times 10^{-5}, 10^{-4}$

图 4.13　不同 K_P 下管道出口温度曲线对比

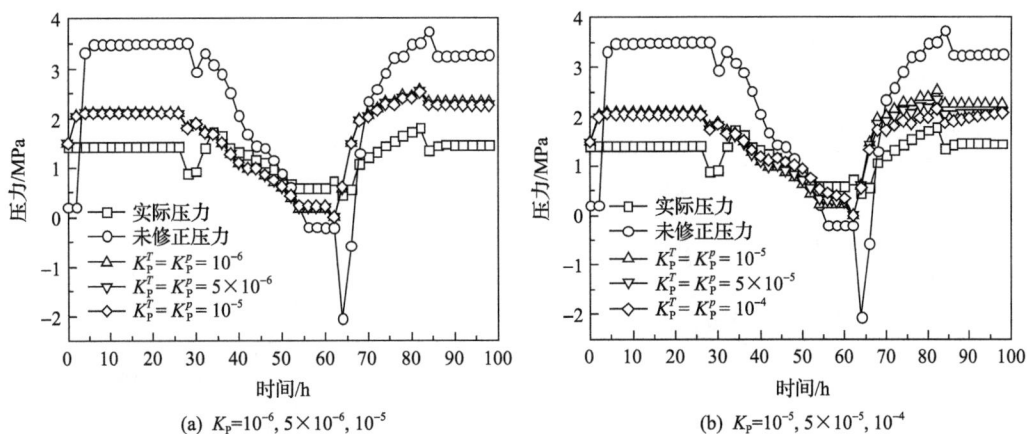

(a) $K_P = 10^{-6}, 5 \times 10^{-6}, 10^{-5}$　　　　　　　　(b) $K_P = 10^{-5}, 5 \times 10^{-5}, 10^{-4}$

图 4.14　不同 K_P 下管道出口压力曲线对比

表 4.2　不同 K_P 下温度平均计算误差

	不同条件					
	未修正	$K_P^T = K_P^p = 10^{-6}$	$K_P^T = K_P^p = 5 \times 10^{-6}$	$K_P^T = K_P^p = 10^{-5}$	$K_P^T = K_P^p = 5 \times 10^{-5}$	$K_P^T = K_P^p = 10^{-4}$
计算误差/%	2.258	2.170	1.486	1.556	3.104	5.224

表 4.3　不同 K_P 下压力平均计算误差

	不同条件					
	未修正	$K_P^T = K_P^p = 10^{-6}$	$K_P^T = K_P^p = 5 \times 10^{-6}$	$K_P^T = K_P^p = 10^{-5}$	$K_P^T = K_P^p = 5 \times 10^{-5}$	$K_P^T = K_P^p = 10^{-4}$
计算误差/%	91.191	53.171	52.275	51.125	43.413	36.698

水力比例参数 K_P^p 由 10^{-6} 上升到 10^{-4}，压力的平均计算误差呈现出不断下降的趋势，由 53.171%下降到了 36.698%，相比未修正模型 91.191%的计算误差，误差最大降幅达到了 54.493 个百分点。

　　上述水热力计算误差变化趋势不一致，其原因在于对水力摩阻系数修正后，管道内的压力分布发生变化，可较快反映到管道出口位置，而对于热力计算而言，对导热系数的修正效果并不像水力修正那样反应迅速，其值取得太小或者太大都会使计算温度与实际数据差别较大（例如当 K_P^T 为 10^{-6}、5×10^{-5} 和 10^{-4} 时）。下面在较优 K_P 参数组合下（$K_P^T = 5 \times 10^{-6}$，$K_P^p = 10^{-4}$）进一步探究不同积分参数 K_I 对水热力仿真的修正效果。

　　(2) 积分参数 K_I

　　图 4.15 和图 4.16 分别展示了不同积分参数 K_I 下管道出口温度和压力曲线的对比情况，并统计了不同条件下温度和压力的平均计算误差，见表 4.4 和表 4.5。由这些图和表中反映的趋势和具体数值可知，当积分参数 K_I^T 为 10^{-6}、K_I^p 为 10^{-5} 时，仿真获得的温度和压力曲线与实测数据曲线吻合较好，管道热力和水力仿真精度均达到了较高的水平，其中温度的平均计算误差仅为 1.283%，而压力的平均计算误差下降到了 5.284%。以上

结果表明，通过精细调节 K_P 和 K_I 的值，能够在一定程度上提升仿真结果的准确性。

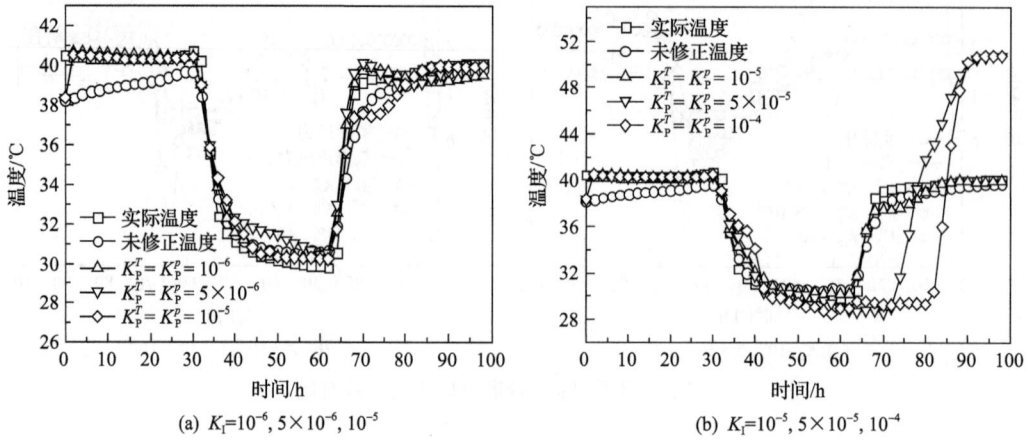

(a) $K_I=10^{-6},\ 5\times10^{-6},\ 10^{-5}$　　　　　(b) $K_I=10^{-5},\ 5\times10^{-5},\ 10^{-4}$

图 4.15　不同 K_I 下管道出口温度曲线对比

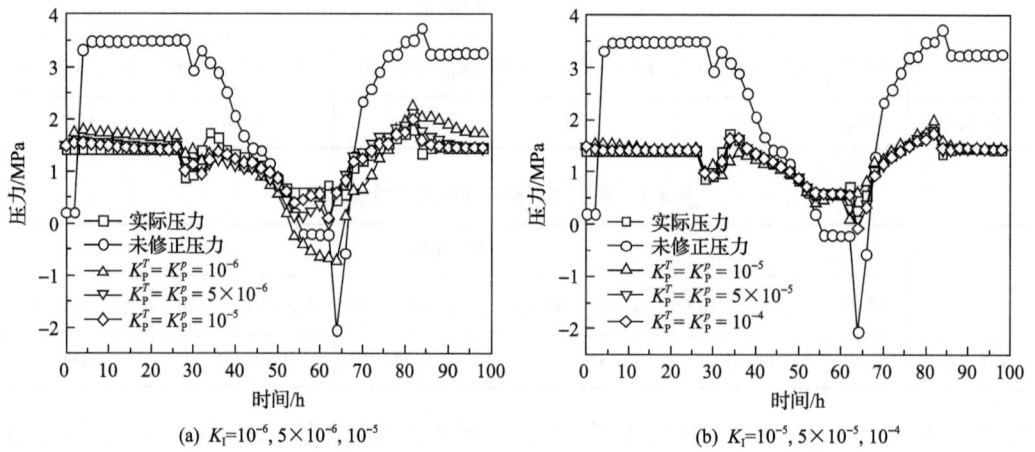

(a) $K_I=10^{-6},\ 5\times10^{-6},\ 10^{-5}$　　　　　(b) $K_I=10^{-5},\ 5\times10^{-5},\ 10^{-4}$

图 4.16　不同 K_I 下管道出口压力曲线对比

表 4.4　不同 K_I 下温度平均计算误差

	不同条件				
	未修正	$K_I^T=K_I^p=10^{-6}$	$K_I^T=K_I^p=5\times10^{-6}$	$K_I^T=K_I^p=10^{-5}$	$K_I^T=K_I^p=5\times10^{-5}$	$K_I^T=K_I^p=10^{-4}$
计算误差/%	2.258	1.283	1.739	1.638	7.832	9.712

表 4.5　不同 K_I 下压力平均计算误差

	不同条件				
	未修正	$K_I^T=K_I^p=10^{-6}$	$K_I^T=K_I^p=5\times10^{-6}$	$K_I^T=K_I^p=10^{-5}$	$K_I^T=K_I^p=5\times10^{-5}$	$K_I^T=K_I^p=10^{-4}$
计算误差/%	91.191	48.507	19.542	5.284	5.552	5.819

(3) 微分参数 K_D

在上面选定的比例参数 K_P 和积分参数 K_I 的基础上，下面将探究不同微分参数 K_D 对水热力仿真的修正效果。4.17 和图 4.18 分别展示了不同微分参数 K_D 下管道出口温度和压力曲线的对比情况,并统计了不同条件下温度和压力的平均计算误差,见表 4.6 和表 4.7。由这些图和表中反映的趋势和具体数值可知,增加微分参数 K_D^T 和 K_D^p 后,温度和压力的平均计算误差随着 K_D^T 和 K_D^p 的增大存在一定的波动现象。显然,通过设置微分参数 K_D^T 和 K_D^p,并没有进一步提高管道仿真的精度,这是由于对于动态变化的阶跃误差信号,PID 修正策略中的微分项输出急剧变化,容易导致仿真结果修正的振荡,从而降低在线仿真修正的品质,所以 K_D^T 和 K_D^p 在此取值为 0。

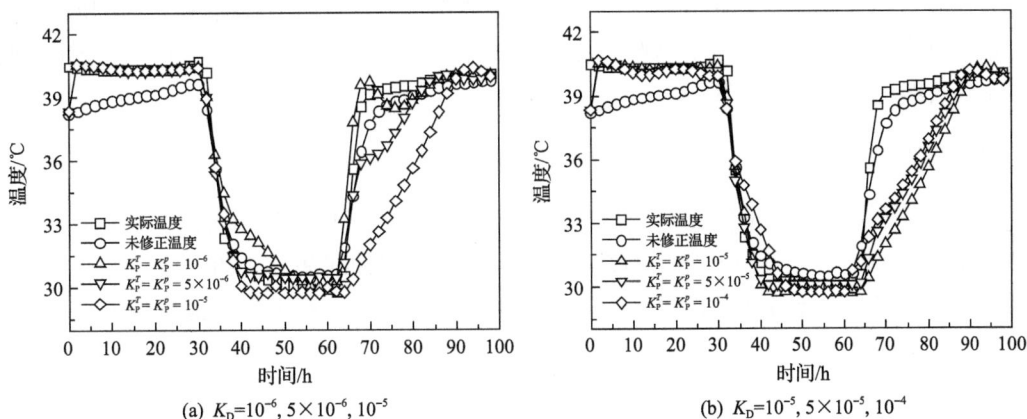

(a) $K_D = 10^{-6}, 5 \times 10^{-6}, 10^{-5}$　　　　(b) $K_D = 10^{-5}, 5 \times 10^{-5}, 10^{-4}$

图 4.17　不同 K_D 下管道出口温度曲线对比

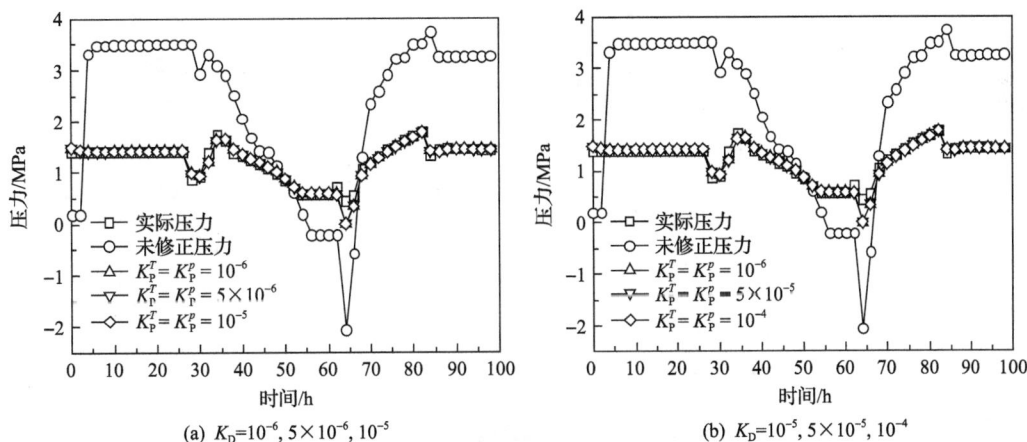

(a) $K_D = 10^{-6}, 5 \times 10^{-6}, 10^{-5}$　　　　(b) $K_D = 10^{-5}, 5 \times 10^{-5}, 10^{-4}$

图 4.18　不同 K_D 下管道出口压力曲线对比

表 4.6　不同 K_D 下温度平均计算误差

	不同条件					
	未修正	$K_D^T = K_D^p = 10^{-6}$	$K_D^T = K_D^p = 5 \times 10^{-6}$	$K_D^T = K_D^p = 10^{-5}$	$K_D^T = K_D^p = 5 \times 10^{-5}$	$K_D^T = K_D^p = 10^{-4}$
计算误差/%	2.258	1.597	1.454	3.430	2.732	2.982

表 4.7　不同 K_D 下压力平均计算误差

	不同条件				
	未修正	$K_D^T = K_D^P = 10^{-6}$	$K_D^T = K_D^P = 5 \times 10^{-6}$	$K_D^T = K_D^P = 10^{-5}$	$K_D^T = K_D^P = 5 \times 10^{-5}$	$K_D^T = K_D^P = 10^{-4}$
计算误差/%	91.191	5.284	5.376	5.462	5.429	5.414

4.5　在线仿真案例

在 4.2～4.4 节中，分别介绍了运行数据处理技术、设备模型数据融合技术和管道模型数据融合技术等。为了表明这些方法的综合计算效果，在此将这些方法综合应用于两条实际管线的在线仿真计算中。

4.5.1　某实际管线冷热油交替输送算例

对一条全长 154.4km 的冷热油交替输送管线进行 120h 的在线仿真计算，该管线结构如图 4.19 所示，整条管线冷热油输送的入口温度和流量曲线如图 4.20 所示。其中站场 1 和站场 3 除了配备有 4 台输油泵外，还分别另外配备了 3 台和 2 台加热炉，其余站场均只配备有 4 台输油泵。

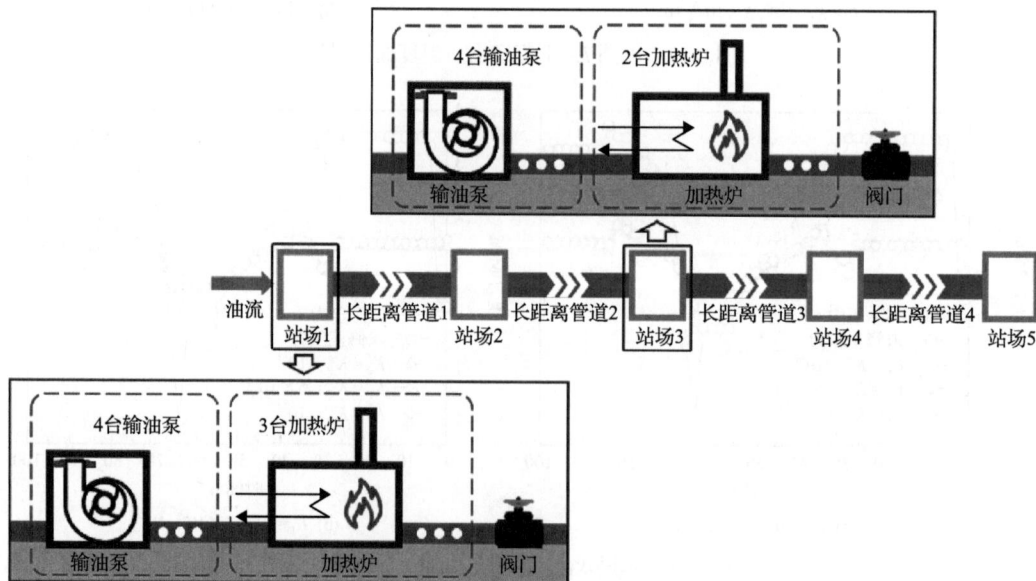

图 4.19　管线结构示意图

结合实际管道监测数据，将所提出的融合修正思想的管道在线仿真模型和未进行修正的模型进行了仿真精度的对比。需要说明的是由于缺少第 5 站场数据，分别对 1～2 号站场间管道、2～3 号站场间管道、3～4 号站场间管道出入口温度和压力曲线进行对比，如图 4.21～图 4.23 所示，计算误差如表 4.8 所示。对比可知，采用在线仿真模型可明显提高管道水热力仿真精度。

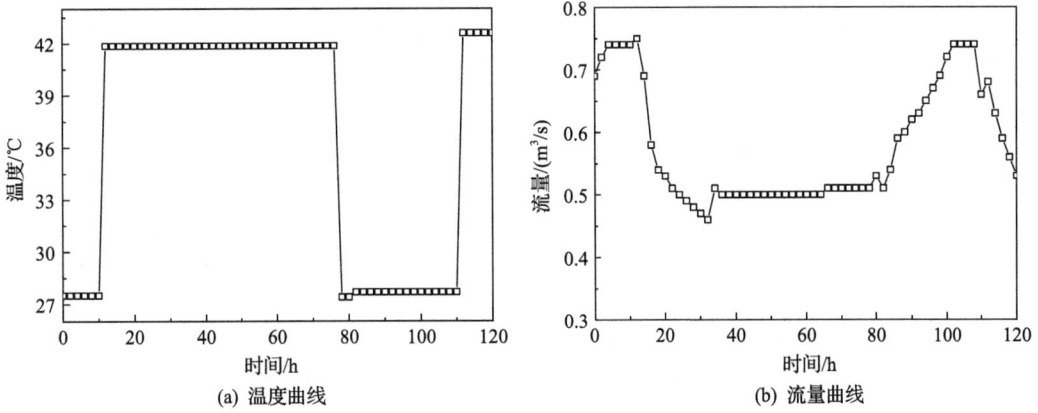

(a) 温度曲线　　　　　　　　　　　(b) 流量曲线

图 4.20　整体管线冷热油输送的入口温度和流量曲线

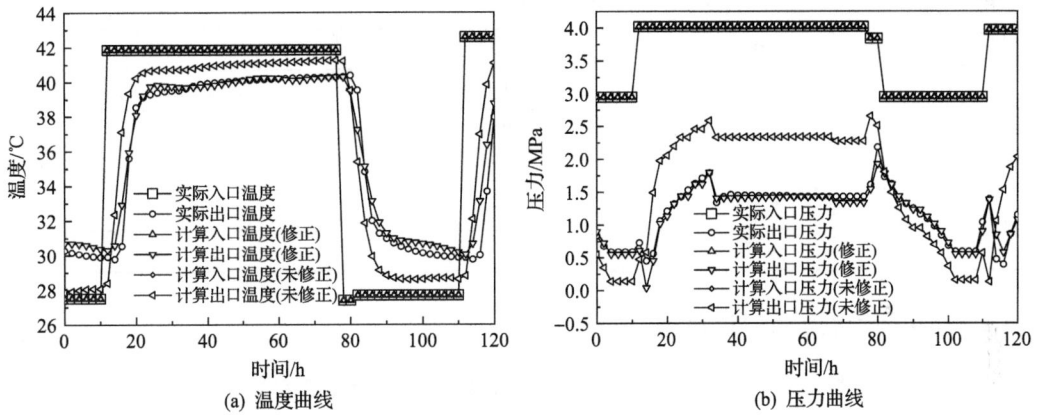

(a) 温度曲线　　　　　　　　　　　(b) 压力曲线

图 4.21　1~2 号站场间管道出入口温度和压力曲线

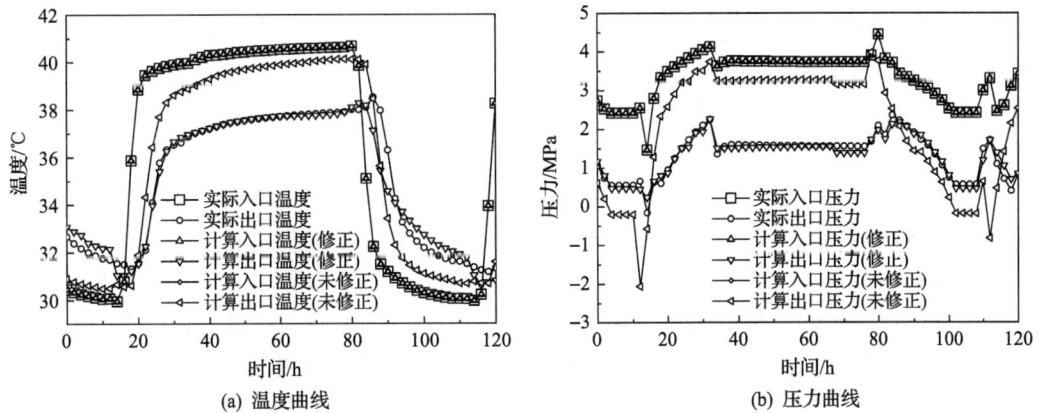

(a) 温度曲线　　　　　　　　　　　(b) 压力曲线

图 4.22　2~3 号站场间管道出入口温度和压力曲线

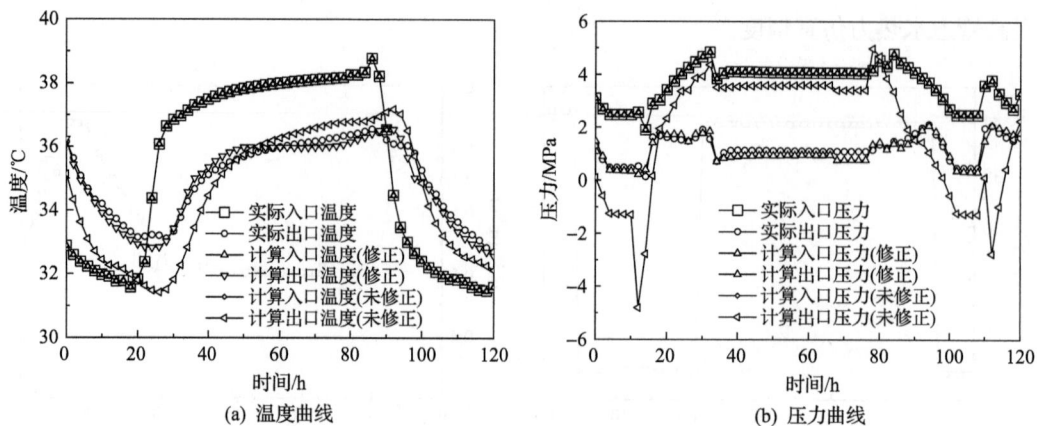

(a) 温度曲线　　　　　　　　　　　　(b) 压力曲线

图 4.23　3～4 号站场间管道出入口温度和压力曲线

表 4.8　不同管段出口温压计算误差

管段	修正情况	平均出口温度绝对误差/℃	平均出口压力绝对误差/MPa
1～2 号站场间管道	修正	0.53	0.065
	未修正	1.79	0.67
2～3 号站场间管道	修正	0.31	0.11
	未修正	1.71	1.27
3～4 号站场间管道	修正	0.22	0.17
	未修正	0.81	1.99

4.5.2　某实际管线正反输送算例

某正反输送管线结构如图 4.24 所示，该管线站场 1 配备 5 台输油泵，其余站场均配备 4 台输油泵，该管线在正向输送和反向输送过程中的边界条件如图 4.25 所示，其中图 4.25(a)正向输送边界条件为站场 1 作为输送油品入口时的边界条件，图 4.25(b)反向输送边界条件为站场 4 作为输送油品入口时的边界条件。由于在此算例中，仅管线的站场 1 和站场 4 处有温度和压力的监测数据，在此仅将该两处的水热力仿真结果和实际数据进行对比，站场 1 和站场 4 的温压曲线对比如图 4.26 所示，温压计算误差如表 4.9 所示。

可以看出在正向输送热油阶段，不论是修正模型还是未修正模型，在站场 1 处的温压曲线和实际数据均吻合良好，如图 4.26(a)和(b)所示，而在反向输送冷油阶段，这两种模型则是在站场 4 处的温压曲线和实际数据均吻合良好，如图 4.26(c)和(d)所示。这是由于在正向输送时，管线的站场 1 被设置为边界条件，而在反向输送时，管线的站场 4 被设置为边界条件，这两个模型的水热力参数和实际数据有着良好的一致性，而当其未被用于边界条件时，未修正模型的误差远大于修正模型的误差。总体而言，在反输冷油阶段站场 1 的修正模型的压力和温度计算的平均绝对误差分别为 0.021MPa 和 0.301℃，而未修正模型的压力和温度计算的平均绝对误差分别为 2.896MPa 和 1.917℃；在正输热油阶段，站场 4 位置处修正模型的压力和温度计算的平均绝对误差分别为 0.366MPa 和

0.276℃，而未修正模型的压力和温度计算的平均绝对误差分别为 20.966MPa 和 10.17℃，对比可知，无论管线是处于反输阶段还是处于正输阶段，采用在线修正模型均可明显提高管道水热力仿真精度。

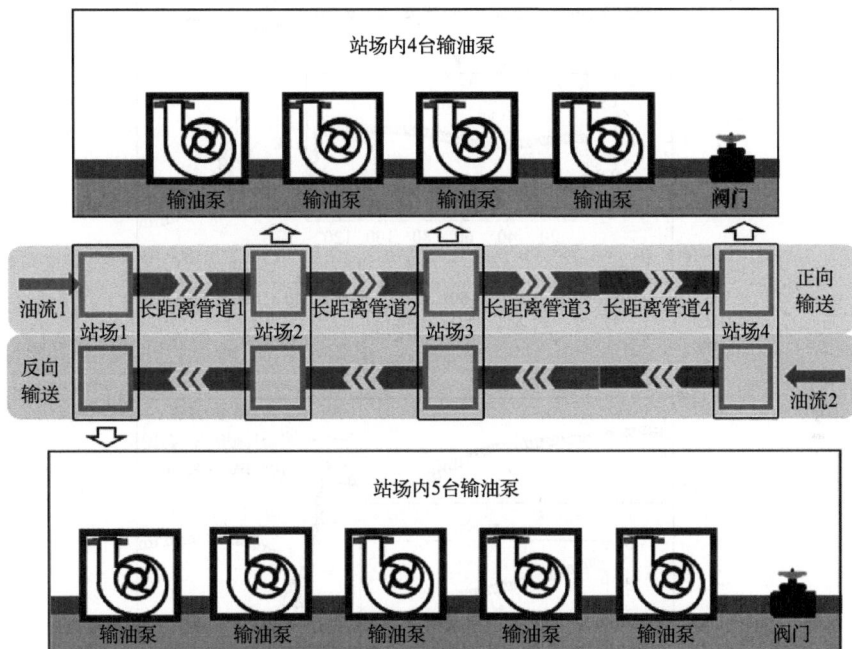

图 4.24　某正反输送管线结构示意图

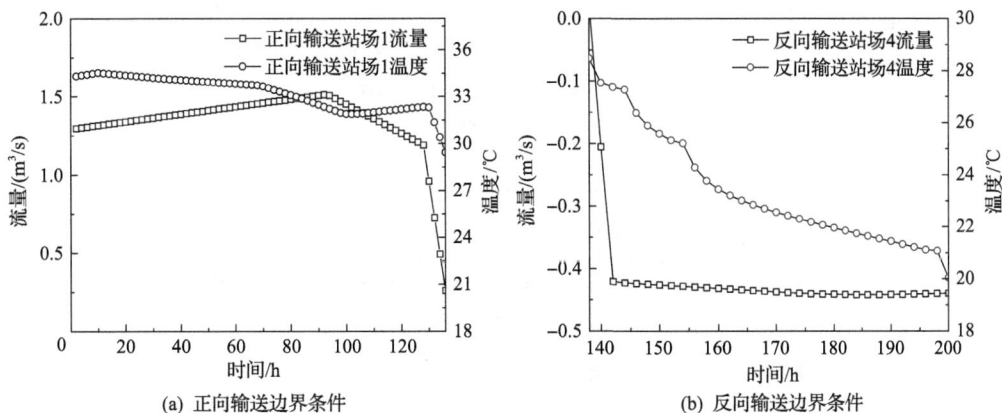

(a) 正向输送边界条件　　　　　　　　　(b) 反向输送边界条件

图 4.25　正反向输送边界条件

表 4.9　站场 1 和站场 4 计算误差

站号	修正情况	温度平均绝对误差/℃	压力平均绝对误差/MPa
站场 1	修正	0.301	0.021
	未修正	1.917	2.896
站场 4	修正	0.276	0.366
	未修正	10.17	20.966

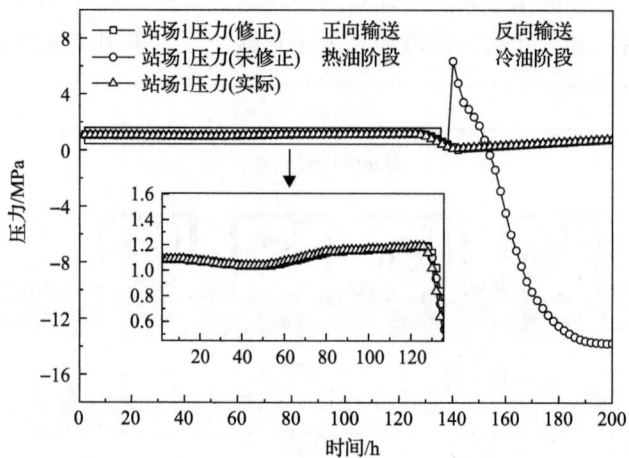

(a) 站场1压力

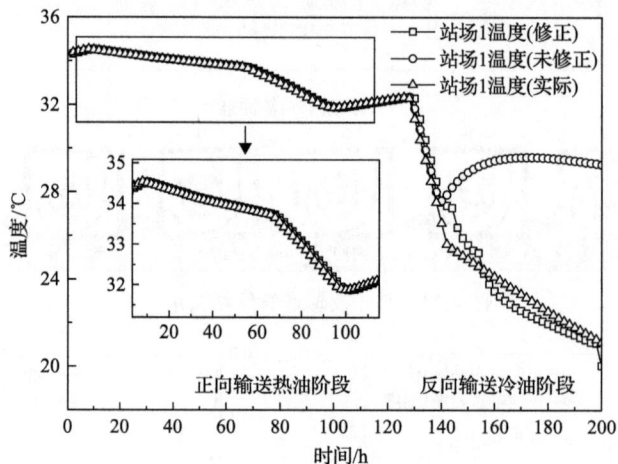

(b) 站场1温度

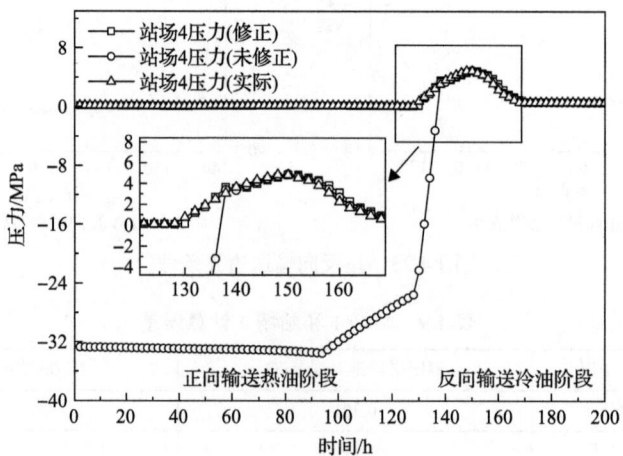

(c) 站场4压力

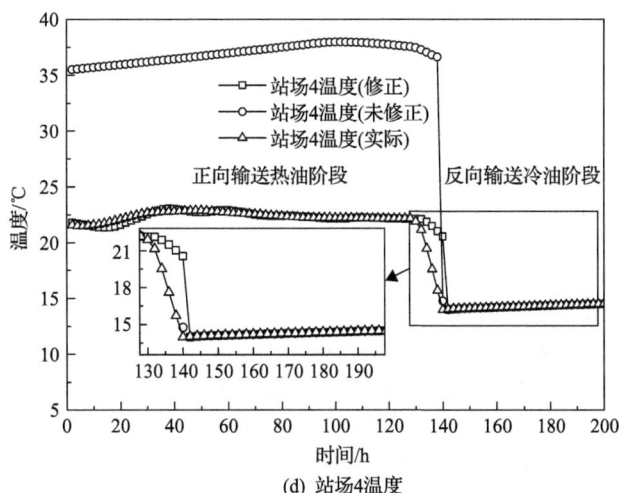

(d) 站场4温度

图 4.26　站场 1 和站场 4 的温压曲线

4.6　小　　结

　　本章介绍了在线仿真中现场运行数据处理、设备模型数据融合和管道模型数据融合三个核心技术的理论和应用效果。采用拉依达准则、移动数据窗口多项式和移动窗口均值法实现了现场运行数据的自动识别、填充和去噪；构建了一种基于神经网络和智能演化策略的动态自适应设备数据融合模型，可较好地用于复杂多变管输场景下设备特性的预测；提出了一种基于 PID 修正策略的管道模型数据融合技术，可有效提高原油管道仿真精度。将上述技术综合应用于两条实际管线的在线仿真，均取得了良好的在线仿真效果。

参 考 文 献

[1] Wang Y, Tian C H, Yan J C, et al. A survey on oil/gas pipeline optimization: problems, methods and challenges[C]. Proceedings of 2012 IEEE International Conference on Service Operations and Logistics, and Informatics, Suzhou, 2012: 150-155.

[2] Zhang T, Bai H, Sun S Y. Intelligent natural gas and hydrogen pipeline dispatching using the coupled thermodynamics-informed neural network and compressor boolean neural network[J]. Processes, 2022, 10(2): 428.

[3] Telikani A, Rossi M, Khajehali N, et al. Pumps-as-Turbines' (PaTs) performance prediction improvement using evolutionary artificial neural networks[J]. Applied Energy, 2023, 330: 120316.

[4] Li H Y, Liu Y M. Design of expert system for predicting and evaluating centrifugal pump operation based on GRU-BP neural network[C]. 39th Chinese Control Conference (CCC), Shenyang, 2020: 7434-7439.

[5] Nikolić I R, Petkovski V N, Kvaščev G S. Neural network-based modeling of a thermal power plant feedwater pump[C]. 12th Symposium on Neural Network Applications in Electrical Engineering (NEUREL), Belgrade, 2014: 85-88.

[6] Lin W B, Shi B H, Li W M, et al. Analysis of oil pump vibration in long distance oil transportation system[C]. Journal of Physics: Conference Series, Warsaw, 2020: 012022.

[7] 黄伟, 康青, 李世曙, 等. 阀门特性对泵站水力过渡过程的影响[J]. 南水北调与水利科技, 2019, 17(6): 187-192.

[8] 魏东坡, 赵宏霞, 孟凡召. 基于 Fluent 的节流阀流量特性研究[J]. 装备制造技术, 2021(9): 12-15.

[9] Li D Y, Wang H J, Qin Y L, et al. Entropy production analysis of hysteresis characteristic of a pump-turbine model[J]. Energy Conversion and Management, 2017, 149: 175-191.

[10] Li W G. Effects of viscosity on turbine mode performance and flow of a low specific speed centrifugal pump[J]. Applied Mathematical Modelling, 2016, 40(2): 904-926.

[11] Siddique M H, Samad A, Husain A. Combined effects of viscosity and surface roughness on electric submersible pump performance[J]. Proceedings of the Institution of Mechanical Engineers, Part A: Journal of Power and Energy, 2017, 231(4): 303-316.

[12] Zhao A, Lai Z N, Wu P, et al. Multi-objective optimization of a low specific speed centrifugal pump using an evolutionary algorithm[J]. Engineering Optimization, 2016, 48(7): 1251-1274.

[13] Asadi A, Alarifi I M, Nguyen H M, et al. Feasibility of least-square support vector machine in predicting the effects of shear rate on the rheological properties and pumping power of MWCNT–MgO/oil hybrid nanofluid based on experimental data[J]. Journal of Thermal Analysis and Calorimetry, 2021, 143: 1439-1454.

[14] Jiang W, Yuan Q, Chen Y, et al. Intelligent dynamic prediction model of pump pressure lift for a petroleum pipeline system with nonisothermal batch transportation[J]. Industrial and Engineering Chemistry Research, 2023, 62(43): 18009-18022.

[15] Antonenko S, Sapozhnikov S, Kondus V, et al. Creation a universal technique of predicting performance curves for small-sized centrifugal stages of well oil pump units[C]. Journal of Physics: Conference Series, Shanghai, 2021: 012011.

[16] Zhao Y, Zhao D Y, Zhong Y Q, et al. The viscosity of oil influence on the working characteristics of electric submersible pump under variable speed[C]. IOP Conference Series: Earth and Environmental Science, Beijing, 2021: 012023.

[17] 蒋卫鑫. 基于数据挖掘的原油管输水热力过程在线仿真和优化研究[D]. 北京: 北京工业大学, 2024.

[18] 王玉学, 魏淑慧, 宋洪才, 等. 基于最小二乘法的注水管网摩阻因数反演[J]. 大庆石油学院学报, 2011, 35(6): 64-66.

[19] 张红梅, 刘成荣, 吴鑫淼. 基于HPSO的供水管网摩阻因数反演[J]. 南水北调与水利科技, 2022, 20(3): 619-624.

[20] Ren Y L, Zhang G P, Sun K, et al. Friction coefficient inversion calculation based on quasi-newton method and particle swarm optimization[C]. Journal of Physics: Conference Series, Beijing, 2020: 042007.

[21] 苏华, 聂伟伟, 李茜, 等. 地源热泵竖埋管换热器热工参数反演方法研究[J]. 太阳能学报, 2023, 44(10): 481-487.

[22] 郭周超. 基于导热反问题的热掺混管道内壁面温度波动的反演[D]. 北京: 北京化工大学, 2018.

[23] 及华林. 基于并行贝叶斯优化的瞬态平面热源法多参数反演研究[D]. 济南: 山东大学, 2023.

[24] Azadeh A, Saberi M, Kazem A, et al. A flexible algorithm for fault diagnosis in a centrifugal pump with corrupted data and noise based on ANN and support vector machine with hyper-parameters optimization[J]. Applied Soft Computing, 2013, 13(3): 1478-1485.

[25] Abazariyan S, Raffe R, Derakhshan S. Experimental study of viscosity effects on a pump as turbine performance[J]. Renewable Energy, 2018, 127: 539-547.

[26] Han Y Z, Huang G, Song S J, et al. Dynamic neural networks: a survey[J]. IEEE Transactions on Pattern Analysis and Machine Intelligence, 2021, 44(11): 7436-7456.

[27] Lakhmiri D, Digabel S L. Use of static surrogates in hyperparameter optimization[J]. Operations Research Forum, 2022, 3(1): 11.

[28] Morsi I, El-Din L M. SCADA system for oil refinery control[J]. Measurement, 2014, 47: 5-13.

[29] Wang H, Wang H Y, Zhu T. A new hydraulic regulation method on district heating system with distributed variable-speed pumps[J]. Energy Conversion and Management, 2017, 147: 174-189.

[30] Menter F R. Review of the shear-stress transport turbulence model experience from an industrial perspective[J]. International Journal of Computational Fluid Dynamics, 2009, 23(4): 305-316.

[31] Maleki A, Ghorani M M, Haghighi M H S, et al. Numerical study on the effect of viscosity on a multistage pump running in reverse mode[J]. Renewable Energy, 2020, 150: 234-254.

第5章 原油管道运行优化

原油管道的优化运行需要在满足原油输送计划并确保原油管道安全运行的前提下充分利用管输设备，降低原油管道运行能耗，使原油管道安全、经济地运行。为了实现原油管道的优化运行，不仅仅需要采用原油管道水热力仿真技术，往往还需要借助最优化方法。最优化方法能够综合考虑管道运行中的多种变量与约束条件，结合优化模型和优化算法自动寻找出最优运行方案或近似最优运行方案，可极大缓解传统人工方式在大量方案比选中面临的高昂的人力成本和大量的时间消耗。本章将结合最优化方法来介绍原油管道的运行优化。

5.1 研究概况

实际原油管道是一个压力控制系统，流量将会被动地去适应管道沿线的设备运行状态[1]。为了完成计划的输油任务，需要协调管道沿线各设备的运行状态，以满足计划输油量要求。原油管道设备繁多，存在着很多种组合情况，加之管道沿线输油站各站电价差异、泵炉规格不一及泵变频调速等因素的影响，使仅凭经验摸索和方案比选等常规方法来确定最优运行方案变得极为困难[1,2]，而采用最优化方法可以较好地解决这一问题，实现原油管道的优化运行。

目前国内外已经开展了较多的原油管道运行优化方面的研究，主要侧重于优化模型和优化算法方面的研究。根据原油管道是否存在加热工艺，优化模型可分为加热输送管道和常温输送管道运行优化模型。尽管这两类模型在具体表达形式上有所区别，但它们均是由目标函数、决策变量和约束条件这三要素组成。常温输送管道运行优化模型几乎均是以电消耗费用最低作为目标函数[3-5]，而加热输送管道运行优化模型除了需要考虑电消耗之外，还需要考虑燃料消耗。加热输送管道存在电与燃料两种能源消耗形式，一些研究通过能耗费用的形式统一这两种能源消耗[6-8]，而一些研究则是通过转换为标准煤的方式对二者进行统一[9,10]。除此之外，部分研究立足于我国的"双碳"目标，将加热输送管道运行的碳排放量最低作为目标函数[11]。决策变量是原油管道运行优化模型的重要组成部分。常温输送管道运行优化模型的决策变量根据常温输送管道配置情况及研究者所选择决策变量的形式不同而存在着一定差异，一些研究以泵的开闭状态作为决策变量[12,13]，而部分研究则是将泵提供的压头或者泵的转速等参数作为决策变量[14-16]。加热输送管道的决策变量除了影响压力变化的决策变量之外，还包含影响油温变化的决策变量。一些研究以出站油温作为决策变量[17,18]，而一些研究则是以过炉温升或者加热炉功率作为决策变量[19,20]，这些研究所涉及的决策变量其实是可以通过站场的加热炉配置情况及加热炉特性进行相互转化的，它们并无实质区别。除了目标函数和决策变量之外，优化模型还包括约束条件。约束条件主要是由原油管道设备配置情况、设备固有特性及安全运行条件决定，常温输送管道运行模型往往以输油泵个数、输油泵转速范围、进出站压力范围、管道承压能力限制、阀门开度限制等作为约束条件[20]。而加热输送管道的约束条件除了常温输送管道的约束条件之外，还包括加热炉功率范围、加热炉温升范围、油温控制范围等与温度相关联的约束条件[2,17]。除此之外，一些研究针对原油管道特殊的运行优化需求，还考虑了一些特殊的影响因素，如构建了考虑降凝剂费用的加剂管道运行优化模型[21]，以及考虑管道改造费用的运行优化模型[22]等。

　　优化算法一直是原油管道运行优化技术的核心部分，也是众多学者的研究重心。原油管道运行优化所使用的优化算法主要有两种基本类型，分别为传统优化算法和智能优化算法。传统优化算法通常是基于数学原理设计而来，往往具有固定的结构和参数，目前动态规划法[23]、整数规划法[12]、线性规划法[24]、非线性规划法[25]及一些混合的传统优化算法[6,26]均在原油管道运行优化问题上有所应用。智能优化算法更多的是受到自然界现象或过程的启发而发展起来的一类算法，通过模拟生物进化、群体行为等自然现象来解决优化问题，其设计思路强调群体智能和概率搜索。这类优化算法对于目标函数的表达形式、约束条件的性质等要求并不十分严格，具有很强的通用性，已广泛应用于资源调度、自动控制、信号处理和机器学习等众多领域。近年来，智能优化算法在原油管道运行优化方面应用的案例也越来越多，如遗传算法[3,4]、粒子群算法[10,15,27]、蚁群算法[28]和差分进化算法[1,5,18]等智能优化算法在常温输送和加热输送原油管道运行优化问题上均取得了良好的优化效果。智能优化算法在搜索区域内选择不同的个体进行搜索，通过群体间的交互和演化来寻找全局最优解，一般运用概率来确定每一步的搜索方向，因此即使陷入局部最优陷阱，也有一定的概率可以跳出并继续搜索全局最优解，往往比传统优化算法具有更强的全局寻优能力。除此之外，大多数智能优化算法天生具有并行性[29]，可以充分利用硬件资源来加速优化计算，而大多数传统优化算法往往难以并行化求解，这在很大程度上限制了优化效率的大幅度提升。若使这类优化算法能并行化计算，一般需要对算法流程做较为复杂的并行化改造[30,31]。此外，随着原油管道决策变量维数的增加，一些传统优化算法(如动态规划法)的计算量可能呈指数型增长，以及存在维数灾难瓶颈[32]。尽管智能优化算法在通用性、全局寻优能力和并行性方面具有明显优势，但目前这类算法在原油管道运行优化方面的应用仍然暴露出一些问题，影响着这类算法的应用效果。第一个问题是智能优化算法大多属于随机算法，优化过程中需要对原油管道沿线的设备状态进行随机初始化操作(是寻优的第一步)，当原油管道存在较多管输设备时(待决策变量数量多)，由随机初始化获得的所有输送方案可能没有一个方案能够满足输送要求，即管输压力过高或过低、油温过高或过低，此时运行优化无法合理地继续寻优，因此，构建与智能优化算法相匹配的适合较多管输设备的原油管道运行优化模型是需要解决第一个问题的关键。第二个问题是不同智能优化算法的寻优能力是不相同的，对原油管道的运行优化效果往往也存在差异，寻优能力更强的优化算法往往能得到更优的输送方案，而目前很少探究不同智能优化算法对原油管道运行的优化效果，因此，寻求优化能力更强的优化算法来进一步降低原油管道运行能耗具有重要意义。第三个问题是智能优化算法是非常适合并行计算的算法，是一类可大幅度提升优化效率的算法，然而目前在原油管道运行优化方面鲜见对并行策略及并行效果进行深入的探讨。对此，本章将从这三个问题出发介绍更具普适性、更节能、更高效的原油管道运行优化研究情况，为保障我国原油管道的经济安全运行提供技术支撑。

5.2　运行优化模型

原油管道运行优化模型由目标函数、决策变量和约束条件三部分组成，下面将对它们进行展开介绍。

5.2.1　目标函数

原油管道运行优化模型往往是以原油管道运行的能耗费用最低作为优化目标。原油管道运行的能耗来源于多个方面，主要包括拖动输油泵运转的电动机能耗、实现输油泵转速调节的变频器能耗、冷却变频器的辅助设备能耗及加热炉能耗[1]。然而，并不是所有原油管道均配备上述用能设备，不同的原油管道所配备的用能设备可能存在差异，一些原油管道配有加热炉或变频器，而一些原油管道并没有配置这两类设备。当原油管道配备了变频器时，输油泵的电机就可以通过变频器进行转速调节，进而改变泵的扬程和功率等特性；当原油管道配备了加热炉时，原油便可以实现加热输送。为了尽可能涵盖原油管道的用能设备，本小节以原油管道多种用能设备运行的能耗费用总和最低作为优化目标，此时原油管道运行优化模型的目标函数可写为

$$
\min f(\boldsymbol{x}) = \min\left\{\sum_{i=1}^{N_p}(W_m)_i(S_p)_i\big[1+(S_c)_i(\varepsilon_c)_i\big](p_e)_i t + \sum_{j=1}^{N_s}\lceil S_c\rceil_j(W_a)_j(p_e)_j t \right.
$$

$$
\left. +3600\sum_{k=1}^{N_h}\frac{(W_h)_k}{(q_f)_k}(S_h)_k(p_f)_k t\right\} \tag{5.1}
$$

式中，$\boldsymbol{x}$ 为由决策变量组成的矢量；N_p、N_s 和 N_h 分别为输油泵、泵站和加热炉总数；i 为输油泵编号；j 为泵站编号；k 为加热炉编号；W_m、W_a 和 W_h 分别为电动机、辅助设备和加热炉功率，kW；S_p、S_c 和 S_h 分别为输油泵、变频器和加热炉开闭状态，其值为 1 或 0，分别表示开启或关闭；ε_c 为变频器附加功率与电动机功率之比；p_e 为电价，元/(kW·h)；t 为运行时间，h；$\lceil\ \rceil$ 为向上取整符号，泵站只要有一个变频器运行则取值为 1，否则取值为 0；q_f 为燃料的热值，kJ/kg 或 kJ/Nm³；p_f 为燃料的价格，元/kg 或元/Nm³。

在上述目标函数中，假设每一台输油泵都配有一台变频器。若输油泵真实配有变频器，则将变频器的开闭状态看作决策变量处理；若输油泵没有配备变频器，则只需将变频器的状态设置为关闭状态即可。此外，上述目标函数还考虑到了加热炉的能耗费用，若原油管道未配有加热炉，则上述目标函数中加热炉总数为零，这就意味着式(5.1)等号右侧的第三项为零，此时相当于不再考虑加热炉的能耗费用。因此，式(5.1)表示的目标函数针对有/无变频器、有/无加热炉的原油管道均可适用。

5.2.2　决策变量

大多数原油管道的站场配有输油泵和调节阀，部分原油管道在输油泵的基础上配有变频器，热油管道还配有加热炉，同样为了尽可能涵盖这些设备类型，原油管道运行的决策变量包括输油泵开闭状态、变频器开闭状态、输油泵转速、调节阀开度、加热炉开闭状态和加热炉功率。因此，由决策变量组成的矢量 $\boldsymbol{x}$ 可写成：

$$\boldsymbol{x}=\left[\left(S_{\mathrm{p}}\right)_i,\left(S_{\mathrm{c}}\right)_i,\left(S_{\mathrm{h}}\right)_k,\left(R_{\mathrm{p}}\right)_i,\left(O_{\mathrm{v}}\right)_m,\left(W_{\mathrm{h}}\right)_k\right]\quad i=1,2,\cdots,N_{\mathrm{p}};k=1,2,\cdots,N_{\mathrm{h}};m=1,2,\cdots,N_{\mathrm{v}}$$

(5.2)

式中，R_{p} 为输油泵转速，r/min；O_{v} 为调节阀开度；N_{v} 为调节阀总数。

在上述决策变量中，输油泵开闭状态、变频器开闭状态和加热炉开闭状态属于离散变量，只能取有限的几个值（如 1 和 0），而输油泵转速、调节阀开度和加热炉功率属于连续变量，它们可以在一定的范围内连续变化。因此，原油管道运行优化问题是一个离散变量和连续变量并存的优化问题。

5.2.3　约束条件

原油管道的运行受实际设备配置情况、设备固有特性及安全运行的限制，其约束条件可写为

$$\begin{cases}\left(S_{\mathrm{p}}\right)_i\in\{0,1\},i=1,2,\cdots,N_{\mathrm{p}}\\\left(S_{\mathrm{c}}\right)_i\in\{0,1\},i=1,2,\cdots,N_{\mathrm{p}}\\\left(S_{\mathrm{h}}\right)_k\in\{0,1\},k=1,2,\cdots,N_{\mathrm{h}}\\\left(R_{\mathrm{p}}\right)_i\in\left[\left(R_{\min}\right)_i,\left(R_{\max}\right)_i\right],i=1,2,\cdots,N_{\mathrm{p}}\\\left(O_{\mathrm{v}}\right)_m\in(0,1],m=1,2,\cdots,N_{\mathrm{v}}\\\left(W_{\mathrm{h}}\right)_k\in\left[\left(W_{\mathrm{h,min}}\right)_k,\left(W_{\mathrm{h,max}}\right)_k\right],k=1,2,\cdots,N_{\mathrm{h}}\\\left(p_{\mathrm{l}}\right)_n\in\left[\left(p_{\mathrm{l,min}}\right)_n,\left(p_{\mathrm{l,max}}\right)_n\right],n=1,2,\cdots,N_{\mathrm{l}}\\T\in\left[T_{\min},T_{\max}\right]\end{cases}$$

(5.3)

式中，$R_{\min}$ 为输油泵最低工作转速，r/min；$R_{\max}$ 为输油泵最高工作转速，r/min；$W_{\mathrm{h,min}}$ 为加热炉最小运行功率，kW；$W_{\mathrm{h,max}}$ 为加热炉最大运行功率，kW；p_{l} 为管道中的运行压力，Pa；$p_{\mathrm{l,min}}$ 为管道最小允许运行压力，Pa；$p_{\mathrm{l,max}}$ 为管道最大允许运行压力，Pa；N_{l} 为管段的总数；T 为温度，℃；$T_{\min}$ 为管道最低允许输送油温，℃；$T_{\max}$ 为管道最高允许输送油温，℃。

式(5.3)中的前六个表达式主要用于界定决策变量的可变范围，每个决策变量都有其特定的取值范围，这些范围通常是根据设备自身的实际情况来确定的。值得注意的是，除调节阀所涉及的决策变量外，其他决策变量的取值变化往往会直接影响到管道运行的能耗。式(5.3)中的最后两个表达式则主要关注管道运行的安全性，只有管输压力和油温保持在合理范围内才可能保证原油管道运行的安全性。

5.2.4　模型的改进

从智能优化的角度出发，上述原油管道运行优化模型仍然存在着一定缺陷，该模型将运行方案考虑得过于理想，是一种认为完全满足输送要求的运行优化模型。智能优化由于随机的初始化操作，存在着寻优的第一步无法获得满足管道输送要求的运行方案的可能性，进而无法合理地继续寻优[8]。对此，笔者团队提出了一种原油管道水热力仿真与罚函数相结合的方法：首先利用原油管道水热力仿真来获得不满足输送条件的管段总长度；其次计算得到不满足输送条件管段总长度值占实际管段总长度的比例系数(图 5.1展示了原油管网结构中实际管段和不满足输送条件管段两类管段的长度)，用于评估运行方案的不安全程度；最后根据比例系数对罚因子进行加权，以此来改进优化模型的目标函数[5,8]，此时适用于智能优化的原油管道运行优化模型的目标函数可写为

$$\min f'(\boldsymbol{x}) = \min\left\{ f + F\frac{\sum\limits_{r=1}^{N_{\mathrm{u}}}(L_{\mathrm{u}})_r}{\sum\limits_{n=1}^{N_{\mathrm{l}}}(L_{\mathrm{l}})_n} \right\} \tag{5.4}$$

式中，$f'(\boldsymbol{x})$ 为改进后的目标函数；F 为罚函数，一般取一个极大值；r 为不满足输送条件的管段编号；N_{u} 为不满足输送条件的管段总数；L_{u} 为不满足输送条件的管段长度，km；n 为站间实际管段编号；N_{l} 为站间实际管段总数；L_{l} 为管道实际长度，km。

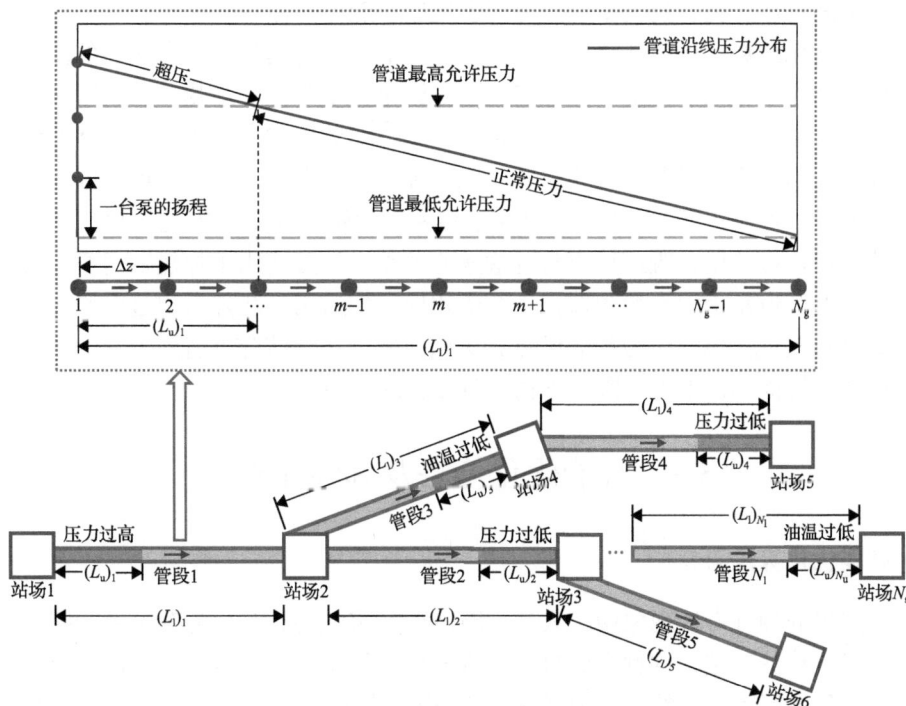

图 5.1　在原油管网结构中两类管段长度示意图

N_{g}-网格点数量

式(5.4)综合考虑了原油管道运行的能耗和不安全程度两个方面的因素,通过数学方法将其量化为具体的优化指标,其中能耗指标采用原油管道所有设备的运行能耗费用之和来表示,而不安全程度指标采用不满足输送条件的管段比例系数来表示。式(5.4)是从智能优化的角度专门设计的一个目标函数,它能够在不同的优化阶段动态地调整各项优化目标的主次关系。在初始优化阶段,当管道运行处于不安全状态时,式(5.4)中的第二项将起到主导作用。这是因为在这个阶段,模型的首要任务是确保原油管道运行的安全性。通过优化不安全程度指标,模型能够逐渐将不安全的运行方案过渡到安全的运行方案,从而确保原油管道满足输送要求。随着优化的深入进行,当管道运行逐渐趋于安全状态时,式(5.4)中的第一项将开始发挥主要作用。这时,模型的重点将转向寻求能耗最优的运行方案。通过优化电动机、变频器和加热炉等设备的能耗,模型能够在确保安全性的前提下,进一步降低原油管道的总体能耗,提高能源利用效率。值得注意的是,该优化目标无须显式地判断运行方案是否满足输送要求。这是因为当运行方案不满足输送要求时,不安全程度指标将自动增大,从而在目标函数中反映出这种不合理性。随着优化的进行,通过不断调整运行方案可以降低不安全程度指标,使其逐渐接近并达到合理的输送要求。当不安全程度指标的值为零时,表示当前的运行方案已经完全满足了合理的输送要求,即管道内的油温和压力均处于安全允许的范围之内。这种优化目标函数的设计不仅可以评估原油管道运行的安全性,而且还通过引入动态的惩罚机制,有效解决了智能优化由于随机初始化操作可能面临的合理运行方案缺失而无法寻优的问题。因此,由上述分析可知,能耗目标是原油管道运行优化的终极目标,而安全目标是原油管道运行优化的中间目标,只有当安全目标得到满足后,能耗目标才有意义。

由上述目标函数、决策变量和约束条件所构成的优化模型即为所构建的原油管道运行优化模型。该模型充分考虑了原油管道中输油泵、变频器、加热炉和调节阀等多种设备类型。如果管道沿线配有变频器和加热炉,则将变频器和加热炉的开闭状态看作决策变量处理;否则,将变频器设置为关的状态、加热炉总数设置为零即可。因此,所构建的优化模型是一种通用型优化模型,适用于多种原油管道类型,有/无变频器、有/无加热炉的原油管道均可适用,既适用于常温输送原油管道,又适用于加热输送原油管道,并且不管这两类管道是否配有变频器,这个优化模型均适用。此外,通过对原油管道运行优化模型进行改进,模型能与智能优化算法相匹配,二者结合可适用于管输设备较多的原油管道的运行优化,不再局限于管输设备较少的原油管道。

5.3　智能优化算法及其性能对比

5.3.1　智能优化算法简介

从自然界的种种奇妙现象中,人类不断汲取灵感,将其转化为解决复杂问题的有效工具。在优化算法领域,这种受到自然界现象启发的思想体现得尤为突出。众多学者从生物进化和群体行为等自然现象中汲取智慧,设计出了多种智能优化算法及其改进版本,包括具有代表性的遗传算法、粒子群算法、蚁群算法和差分进化算法等。其中,遗传算法便是深受达尔文生物进化论启发的产物，它模拟了生物在自然环境中的遗传和变异过程，通过选择、交叉和变异等操作，不断逼近问题的最优解[33]。而粒子群算法则借鉴了鸟群觅食时的迁徙和群聚行为，将每个解视为搜索空间中的一个"粒子"，通过粒子间的信息共享和协作，共同向最优解靠近[34]。蚁群算法则从蚂蚁觅食的行为中汲取灵感，蚂蚁在寻找食物的过程中，会释放一种称为信息素的化学物质，其他蚂蚁会跟随信息素的轨迹，从而找到食物来源。蚁群算法正是模拟了这种正反馈机制，通过不断更新信息素浓度，引导搜索过程向最优解收敛[35]。差分进化算法则融合了生物种群进化理论和数学中的差分思想，通过对种群中的个体进行差分操作，生成新的候选解，再通过选择机制保留优秀个体，从而实现种群的进化，进而完成对优化问题的求解[36]。这些智能优化算法虽然源于不同的自然界现象和数学理论，但都在解决复杂优化问题上展现出了强大的生命力。它们在众多工程领域得到了广泛应用和验证[37-40]，其中也包括原油管道运行优化问题。然而，值得注意的是，尽管这些算法在通用性上表现出色，但在针对原油管道运行优化这一特定问题时，却鲜有对其适应效果展开对比研究。对此，针对原油管道运行优化这一特定问题，有必要开展不同智能优化算法的对比研究，寻求更适于解决原油管道运行优化问题的优化算法。

5.3.2　自适应差分进化算法实施流程

智能优化算法的种类很多，这里仅给出其中一种具有代表性的自适应差分进化算法在解决原油管道运行优化问题上的实施流程[8]，其具体步骤如下。

(1)设定初始种群所属的遗传代数编号，将管道沿线的设备状态(输油泵、变频器及加热炉的开/闭状态、输油泵的转速、调节阀的开度和加热炉的功率)进行随机的初始化赋值，并设定自适应差分进化算法中缩放因子和交叉概率的初始值：

$$\begin{cases} G = 0 \\ x_{I,G}^J = \left[\left(x_{up}\right)^J - \left(x_{low}\right)^J \right]\mathrm{rand}(0,1) + \left(x_{low}\right)^J \\ F_{I,G} = 0.5 \\ C_{I,G} = 0.9 \end{cases} \tag{5.5}$$

式中，G 为遗传代数；x 为决策变量；I 为种群中个体的编号；J 为决策变量的编号；x_{up}、x_{low} 分别为决策变量的上限、下限；$\mathrm{rand}(0,1)$ 为按照均匀分布随机生成[0,1]之间的浮点数；F 为缩放因子；C 为交叉概率。

(2)根据生成的随机数大小判断当前种群是否沿用上一代种群的缩放因子，当前种群缩放因子的计算式为

$$F_{I,G+1} = \begin{cases} F_a + \left[\mathrm{rand}(0,1)\right]F_b, & \mathrm{rand}(0,1) < \eta_1 \\ F_{I,G}, & \mathrm{rand}(0,1) \geqslant \eta_1 \end{cases} \tag{5.6}$$

式中，F_a、F_b 及 η_1 均为缩放因子 F 的控制参数，分别取值为 0.1、0.9 及 0.1[41]。

（3）根据式（5.6）所获得的缩放因子，对上一代种群决策变量进行变异计算：

$$(x')^{J}_{I,G+1} = x^{J}_{R_1,G} + F_{I,G+1}\left(x^{J}_{R_2,G} - x^{J}_{R_3,G}\right) \tag{5.7}$$

式中，x'为经变异操作后的决策变量；R_1、R_2及R_3为随机的个体编号，且满足$R_1 \neq R_2 \neq R_3 \neq I$。

（4）交叉概率的计算与缩放因子类似，根据生成的随机数判断当前种群是否沿用上一代种群的交叉概率，当前种群交叉概率的计算式为

$$C_{I,G+1} = \begin{cases} \text{rand}(0,1), & \text{rand}(0,1) < \eta_2 \\ C_{I,G}, & \text{rand}(0,1) \geqslant \eta_2 \end{cases} \tag{5.8}$$

式中，η_2为交叉概率C的控制参数，其取值为0.1[41]。

（5）基于式（5.8）所获得的交叉概率，根据新生成的随机数判断试验变量是否选用交叉后的决策变量，其选用规则为

$$(x'')^{J}_{I,G+1} = \begin{cases} (x')^{J}_{I,G+1}, & \text{rand}(0,1) \leqslant C_{I,G+1} \text{ 或 } J = J_R \\ x^{J}_{I,G}, & \text{rand}(0,1) > C_{I,G+1} \text{ 且 } J \neq J_R \end{cases} \tag{5.9}$$

式中，x''为经交叉操作后的决策变量，或者被称为试验变量；J_R为随机选择需交叉的决策变量编号，其能够保证在每一个个体中至少有一个决策变量是由交叉操作而来。

（6）将优化模型的目标函数作为适应度函数，然后对比当前种群试验变量与上一代种群决策变量所对应的适应度函数值，并根据适应度函数值的相对大小关系，判断当前种群最终决策变量是否选用试验变量，其选用规则为

$$\left(x^1_{I,G+1}, x^2_{I,G+1}, \cdots, x^D_{I,G+1}\right) = \begin{cases} \left[(x'')^1_{I,G+1}, (x'')^2_{I,G+1}, \cdots, (x'')^D_{I,G+1}\right], \\ \text{fit}\left[(x'')^1_{I,G+1}, (x'')^2_{I,G+1}, \cdots, (x'')^D_{I,G+1}\right] < \text{fit}\left(x^1_{I,G}, x^2_{I,G}, \cdots, x^D_{I,G}\right) \\ \left(x^1_{I,G}, x^2_{I,G}, \cdots, x^D_{I,G}\right), \\ \text{fit}\left[(x'')^1_{I,G+1}, (x'')^2_{I,G+1}, \cdots, (x'')^D_{I,G+1}\right] \geqslant \text{fit}\left(x^1_{I,G}, x^2_{I,G}, \cdots, x^D_{I,G}\right) \end{cases} \tag{5.10}$$

式中，D为决策变量的总数；fit为适应度函数。

（7）被选择出来的个体作为下一代个体，所有的下一代个体构成了下一代种群，此时令$G=G+1$，重复步骤（2）～（6），直到遗传代数G到达所设定的最大遗传代数$G_{\max}$或者种群平均适应度$\text{fit}_{\text{average}}$等于最优适应度$\text{fit}_{\text{optimal}}$。

5.3.3　智能优化算法的性能对比

智能优化算法大多属于随机算法，寻优路径存在随机性，随机过程可能会影响优化方案的质量。因此，首先采用不同的随机数序列来检查优化结果的可靠性。利用计算机系统时间作为随机数种子，这样每次独立性试验均会生成不同的随机数序列，通过多次

独立性试验来检验优化结果的可靠性。此外，考虑动态规划算法是以往原油管道运行优化问题常用的一种传统优化算法，因此也将动态规划算法与智能优化算法获得的优化结果进行对比。不同优化算法性能对比测试所选用的管道为某一实际原油管道，该管道总长为 379km，共设有 5 座输油站，除末站外，每座输油站配备了 6 台输油泵和 1 个出站调节阀，其中部分输油泵还配备了变频器，该原油管道各站场与主要设备分布示意图如图 5.2 所示。

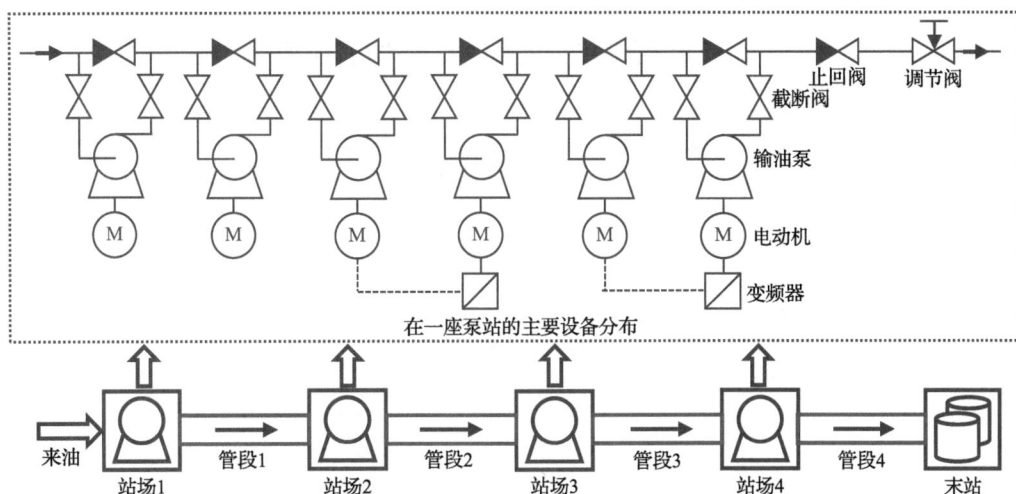

图 5.2　某原油管道各站场与主要设备分布示意图

　　二进制编码遗传算法、实数编码遗传算法、粒子群算法、蚁群算法和差分进化算法均是具有代表性的智能优化算法，这里对它们开展了 5 次独立性测试，并与动态规划算法优化结果进行了对比，对比结果如图 5.3 所示。

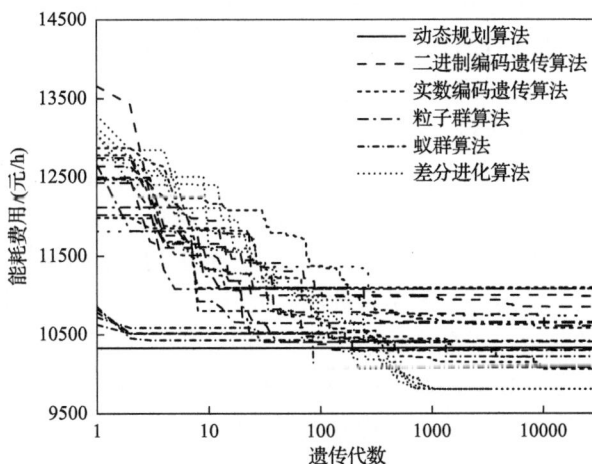

图 5.3　采用不同优化算法所获得的能耗费用优化结果

　　由图 5.3 可知，在多次独立性测试下，二进制编码遗传算法、实数编码遗传算法、粒子群算法和蚁群算法最终获得的能耗费用优化结果会随着独立性试验发生改变，并不稳定。而差分进化算法最终获得的能耗费用优化结果不会随着独立性试验发生改变，并且获得的最优能耗费用低于其他智能优化算法的能耗优化结果，也低于动态规划算法的能耗优化结果，说明优化获得的运行方案是一种更节能的运行方案。从优化结果稳定性及寻优能力的角度来看，差分进化算法比其他优化算法更具优势。另外，差分进化算法优化获得的运行方案所对应的每小时能耗费用为 9807.5 元，相比于现场实际能耗费用 10282.5 元，可节省能耗费用 4.6%，说明优化获得的运行方案比现场运行方案具有更好的经济性。

　　除了能耗费用之外，下面还给出了由差分进化算法获得最优运行方案所对应的管道沿线压力分布，如图 5.4 所示。

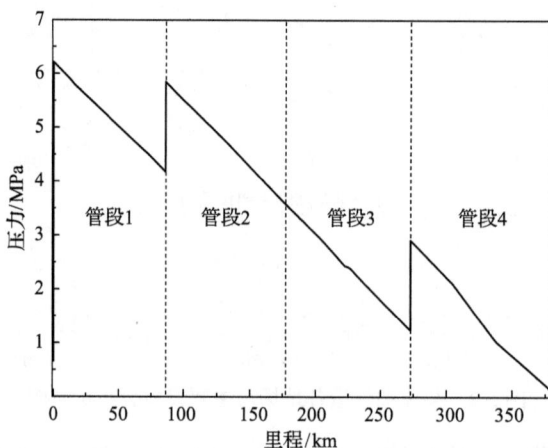

图 5.4　最优运行方案下的管道沿线压力分布

　　由图 5.4 可知，管道沿线的压力不超过管道承压极限 7MPa，也不低于最小允许压力 0.14MPa，并且各泵站的进站压力不低于最小允许压力 0.51MPa，故管道沿线不存在压力过高或过低的情况，满足原油管道安全输送要求。另外，第一座泵站进出口之间的压力变化较大，而第三座泵站进出口之间的压力变化为零。大的压力变化意味着在第一座泵站有较多的输油泵在运行，而没有压力变化则意味着在第三座泵站没有输油泵在运行。由于各地区工业用电的电价政策存在差异，该原油管道沿线四座泵站电价均不相同，四座泵站的电价分别为 0.6241 元/(kW·h)、0.7144 元/(kW·h)、0.7192 元/(kW·h)和 0.6601 元/(kW·h)。第一座泵站的电价最低，开最多的泵，而第三座泵站的电价最高，开最少的泵，这表明泵的运行匹配是合理的。此外，所有调节阀上的压降几乎等于零，整条原油管道终点的压力等于允许的最小压力 0.14MPa，这意味着泵提供的压头被完全消耗掉。因此，由差分进化算法获得的最优运行方案是合理的，上述分析较好地证实了差分进化算法是一种有效可靠的原油管道运行优化算法。

5.4　智能优化的高效计算

　　当原油管道站场较多、涉及的设备较多时，利用智能优化算法对原油管道进行优化时往往需要采用较大的种群数和遗传代数，此时智能优化过程计算效率低，耗时长。为了克服智能优化的效率瓶颈，本小节将从算法高效优化策略和并行计算的角度出发，介绍原油管道运行优化高效计算的耗时和加速情况，为原油管道的快速离线优化及在线优化提供一定参考。

5.4.1　算法高效优化策略

上一小节通过不同智能优化算法的多次独立性测试，发现差分进化算法在多种智能优化算法中展现出更为出色的优化性能。这里以差分进化算法为基础，结合 5.2 节所构建的原油管道运行优化模型，可得到基于差分进化算法的原油管道运行优化技术的实施流程，如图 5.5 所示。在图 5.5 所示的实施流程中，并不是所有流程都十分明晰。图 5.5 所示的流程中有两个问题需要重点关注：其一是如何处理越界的变异决策变量；其二是如何选择离散决策变量的变异算子，它们均属于算法层面的影响因素，影响着原油管道运行优化技术的优化效率[1]。下面将从变量越界处理和变异算子选择这两个算法层面上对高效优化策略进行介绍。

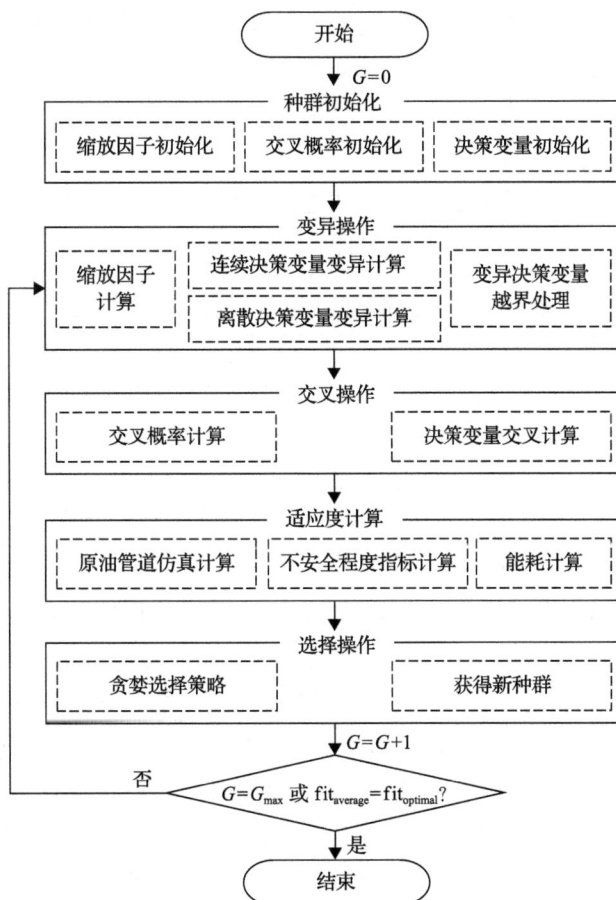

图 5.5　基于差分进化算法的原油管道运行优化技术的实施流程

1. 变量越界处理

在对决策变量进行变异操作的过程中,越界现象是一个常见的问题。目前主要有两种处理变量越界的方法:一种是使用决策变量的边界值来替代越界值[41,42],这种方法简单易行,但可能限制了搜索的多样性;另一种是在变量定义范围内生成一个随机数来替代越界值[43,44],这增加了搜索的随机性,但在搜索处于边界附近的最优值时可能寻优速度慢或者难以找到。通过研究发现,单独采用这两种方法在处理变量越界时,为了获得稳定的优化结果,通常需要较大的种群数量。而种群数量的增加会直接导致优化计算的耗时增加,进而降低优化效率。因此,针对原油管道运行优化的特定需求和优化算法的特点,本节对变量越界的处理方法进行了改进。结合了上述两种方法的优点,从保持种群多样性和提高寻优速度两个角度出发,对不同类型的变量采取了不同的处理策略。具体而言,对于加热炉功率和输油泵转速这类变量,如果它们的值超过了允许的最大值,将会在其定义范围内生成一个随机数来替代这个越界值,以增加搜索的多样性;但如果它们的值低于允许的最小值,则直接采用最小允许值来替代这个越界值,以保证搜索的效率。对于调节阀开度变量,如果其值超过了最大允许开度,将会直接采用这个最大允许值来替代越界值;而如果其值低于最小允许开度,同样会在其定义范围内生成一个随机数来替代这个越界值。这种改进的变量越界处理方法不仅可保持种群的多样性,还可提高寻优的速度和稳定性。改进后的变量越界处理方法及过去常见的两种变量越界处理方法的具体实施过程如表 5.1 所示。

表 5.1　三种变量越界处理方法的具体实施过程

变量越界处理方法	具体实施过程
边界值处理方法	越界变异决策变量采用决策变量的边界值代替
随机数处理方法	越界变异决策变量采用决策变量定义范围内的随机数代替
改进后的处理方法	越界变异决策变量一侧采用趋近于能耗更优的决策变量边界值代替,另一侧采用决策变量定义范围内的随机数代替

为了验证不同的变量越界处理方法对原油管道运行优化的影响,这里选择了一条具有分支结构的原油管道作为测试对象。该原油管道全长为 881km,共布置了 10 座输油站,包括 1 座首站、1 座主干道末站、2 座中间分输站、2 座分支管道末站和 4 座一般泵站。除 3 座末站外,7 座输油站均采用了多个大泵再加一个小泵的输油泵组合方式,并在出站处设置了调节阀,这种大小泵组合方式及调节阀的设置为原油管道的运行调节提供了一定的灵活性。此外,该原油管道采用了多种管道规格,主干道和两条分支管道所采用的管道规格均不相同,并且该原油管道空间跨度大,各地区工业用电的电价政策存在差异,使各站场用电的电价均不相同,各站场电价如表 5.2 所示。该多分支原油管道各站场与设备分布如图 5.6 所示。

表 5.2　某多分支原油管道各站场电价　　　　[单位：元/(kW·h)]

	站场						
	站场 1	站场 2	站场 3	站场 4	站场 5	站场 6	站场 7
电价	0.645	0.682	0.700	0.716	0.619	0.612	0.906

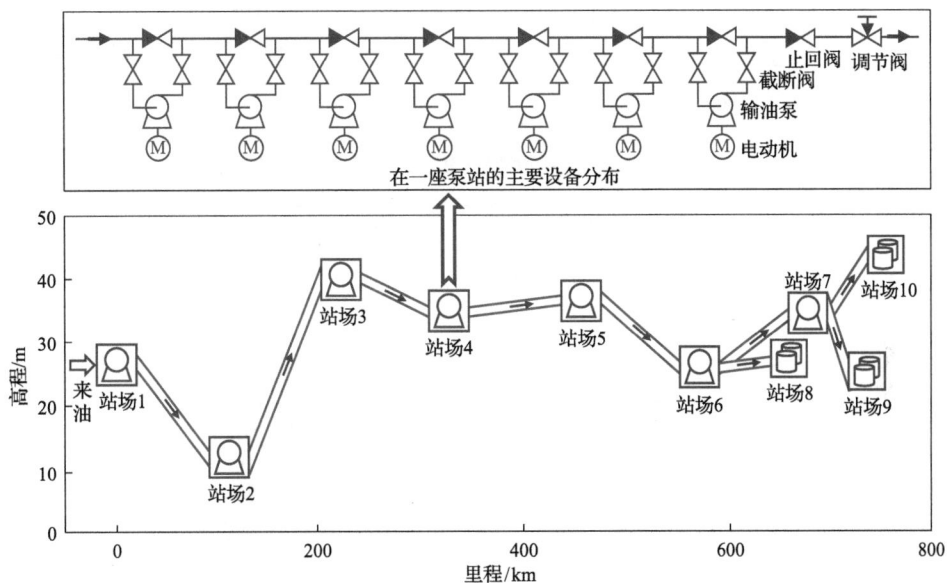

图 5.6　某多分支原油管道各站场与设备分布示意图

　　为了评估智能优化算法随机过程是否会对最终的优化结果产生不利的影响，这里同样采用了不同的随机数序列来测试并验证优化结果的可靠性。利用计算机的系统时间作为随机数生成的种子，以此来生成不同的随机数序列，从而进行多次独立性试验。这里针对改进后的决策变量越界处理方法采用了更为严格的独立性测试，同样的算法参数下独立性测试次数达到了 10 次，测试结果如图 5.7 所示(图中"最优"表示每一代种群中最优个体所应对的能耗费用，"平均"表示每一代种群中全部个体所对应的能耗费用的平均值)。

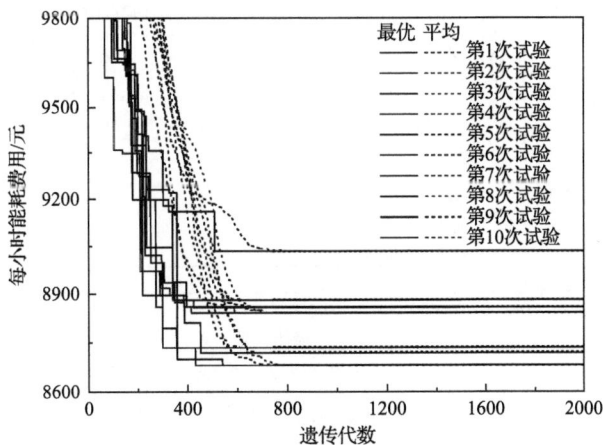

(a) 种群大小为100

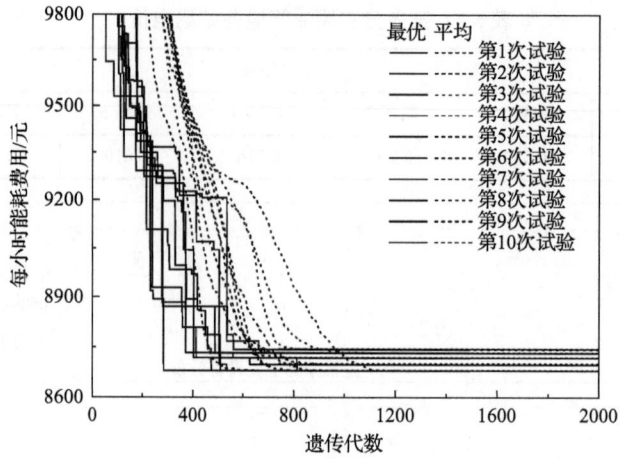

(b) 种群大小为200

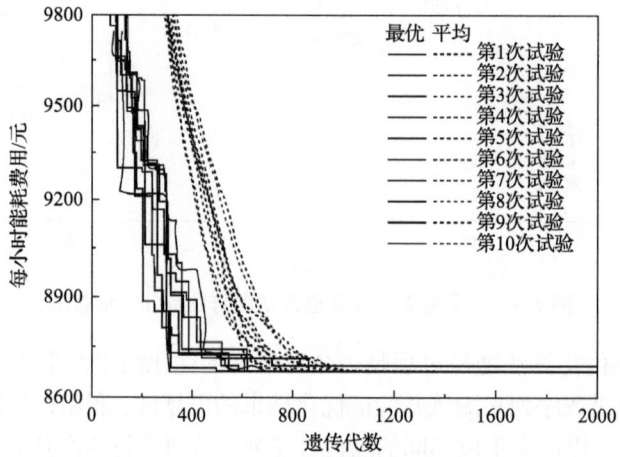

(c) 种群大小为300

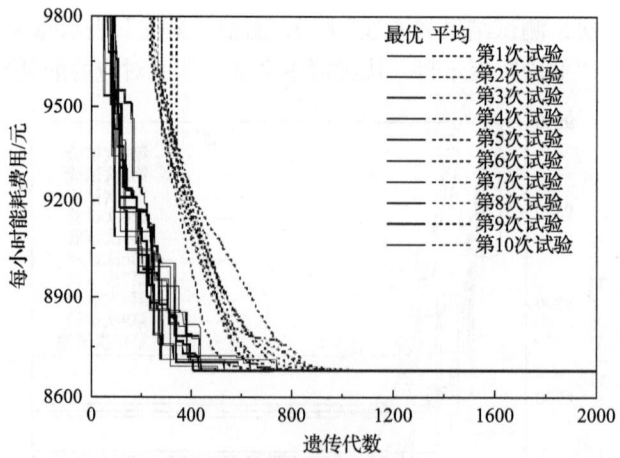

(d) 种群大小为400

图 5.7　不同种群大小下的能耗费用优化

对于差分进化算法而言，当平均能耗费用与最优能耗费用持平时，即意味着种群内的所有个体都达到了最优状态，算法已找不到进一步的优化空间。由图 5.7 可知，在多次独立性试验中，当种群规模小于 400 时，最终获得的优化结果呈现出不稳定性，多次试验得到的优化值有所不同。然而，当种群规模扩大到 400 时，最终获得的优化结果趋于稳定，多次试验都得到了相同的最优值。这表明，在种群大小为 400 的情况下，最终获得的优化结果是稳定可靠的。经过优化，最终获得的最优运行方案每小时的能耗费用为 8679.8 元。与现场实际运行的每小时能耗费用 9355.2 元相比，这一方案能够节省 7.2%的能耗费用。这一明显的节能效果充分证明了改进后的决策变量越界处理方法的有效性。

除了能耗费用之外，下面还给出了该多分支原油管道最优运行方案所对应的输油泵开启情况和管道沿线压力分布情况，分别如表 5.3 和图 5.8 所示。

表 5.3　多分支原油管道最优运行方案下输油泵开启的数量和类型

管道类型	主干道							第 1 条分支管道	第 2 条分支管道
站场	站场 1	站场 2	站场 3	站场 4	站场 5	站场 6	站场 7	站场 6	站场 7
开泵数量	3	1	0	1	2	1	0	0	0
开泵类型	大泵	小泵		小泵	大泵	大泵			

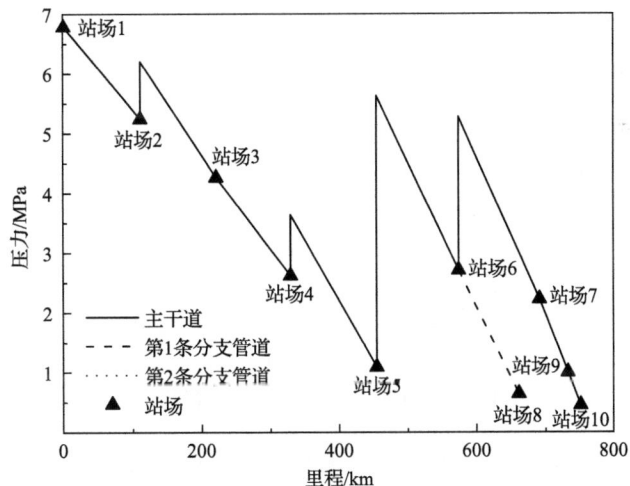

图 5.8　多分支原油管道在最优运行方案下的压力分布

结合设备状态和管道沿线压力分布，下面对该多分支原油管道最优运行方案做进一步深入分析。该原油管道首站进站压力为 0.72MPa，为确保输送动力，首站需要启动输油泵。考虑在前四座泵站中首站电价最为经济(表 5.2)，且管道的最高压力限制设定为 7.0MPa，因此首站在不超过压力上限的前提下，会提供尽可能高的压力，所以开启了三台大泵。站场 2 的电价相较于站场 3 和站场 4 更优惠，因此在开泵时会优先考虑站场 2。然而，站场 2 若开启大泵会导致超压，所以仅选择开启了一台小泵。尽管站场 3 的电价低于站场 4，但站场 3 的小泵效率(76%)低于站场 4 的小泵效率(83%)，因此，在优先级上,站场 4 的小泵开启会优先于站场 3。为了确保站场 5 的进站压力不会过低,站场 4 选择开启了一台小泵。鉴于站场 3 和站场 4 的电价高于下游的站场 5 和站场 6,所以站场 3 和站场 4 不会再额外开启其他泵。虽然站场 5 的电价略高于站场 6,但由于站场 5 的进站压力较低,需要开泵来维持输送动力。为了避免站场 6 的进站压力过低,并确保站场 8 不会有过多的剩余压力,站场 5 选择开启了两台大泵。站场 6 的进站剩余压力足以满足第 1 条分支管道的输送需求,因此站场 6 在第一条分支管道方向上无须开泵。然而,由于站场 6 至站场 7 之间的原油输送需求不能得到满足,站场 6 仍需开泵。为了确保站场 9 和站场 10 不会有过多的剩余压力,站场 6 仅选择开启一台泵。考虑到站场 7 的电价是最高的,并且站场 6 进站处已经具备了足够的剩余压力,因此在主干道和第 2 条分支管道上,站场 7 都没有开启泵。综上可知,该多分支原油管道的运行方案是合理的。

基于搭载 Intel(R) Core(TM) i7-1065G7@1.30GHz(睿频可达 3.90GHz)处理器的笔记本电脑,这里详细统计了使用改进后的决策变量越界处理方法在不同种群大小下的计算耗时,相关数据如图 5.9 所示。

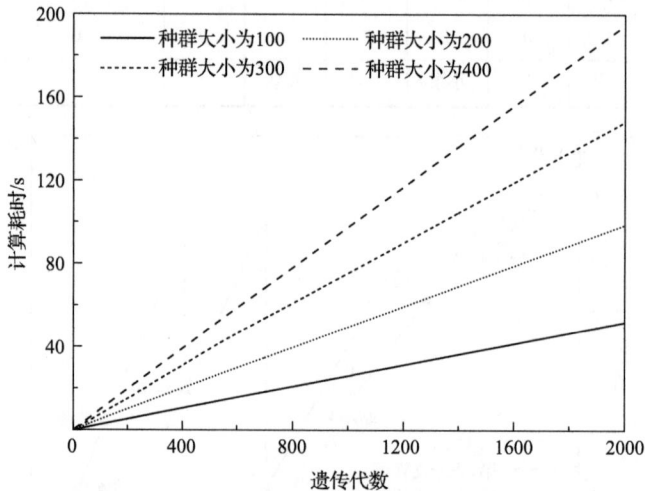

图 5.9　不同种群大小下的计算耗时

根据图 5.9 所展示的数据,可以清晰地看到计算耗时与遗传代数以及种群大小均呈现出正比关系。综合考察图 5.7 和图 5.9 可以得出结论:为了确保得到稳定可靠的优化结果,种群大小应至少达到 400。而在这种情况下,大约需要进行 1000 代的遗传代数(此时最优能耗与平均能耗相等),整个计算过程耗时约为 98s(这是在处理器开启睿频模式下的运行时间)。

以上所述的优化结果均源自改进后的决策变量越界处理方法。为了凸显这种方法的优势,下面也展示了采用其他两种常见的决策变量越界处理方式所得的优化结果及其计算耗时。图 5.10~图 5.13 展示了使用其他两种方法时,在不同种群规模下的能耗费用和所需计算时间。

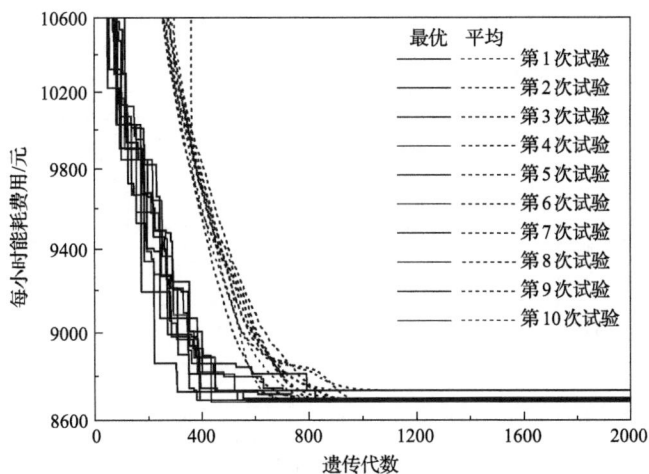

(a) 种群大小为400

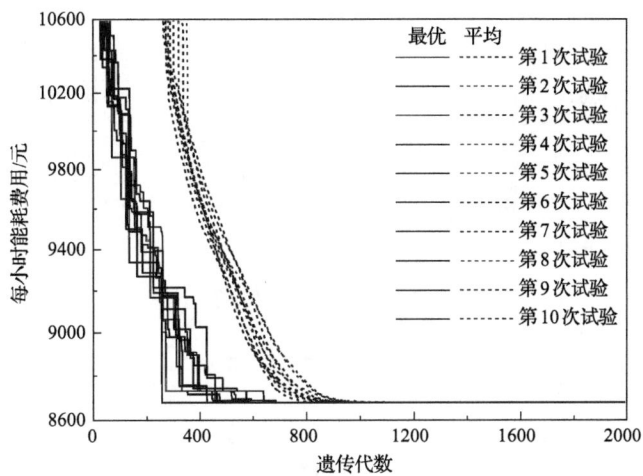

(b) 种群大小为1000

图 5.10　边界值处理方法下的能耗费用优化

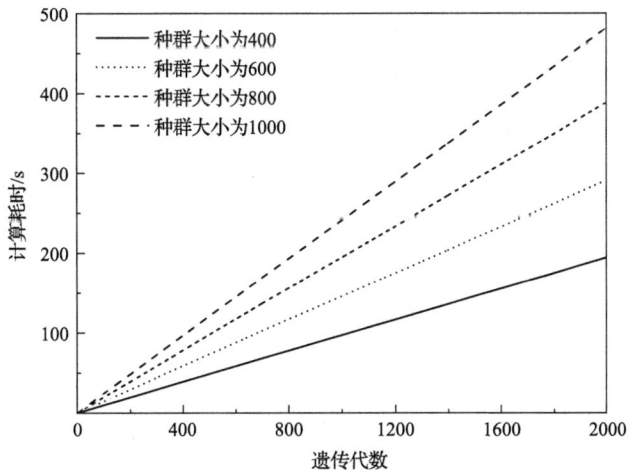

图 5.11　边界值处理方法下的计算耗时

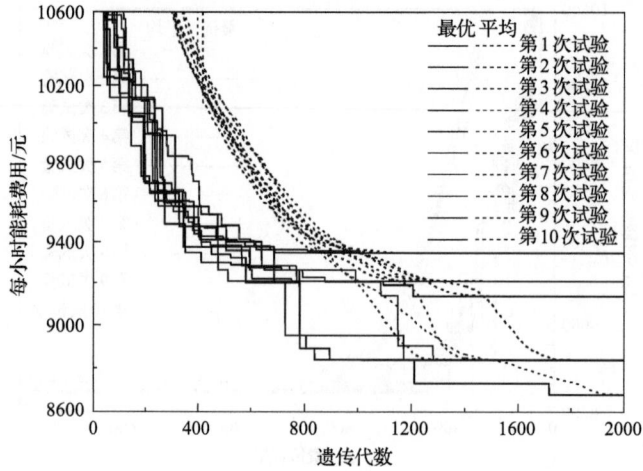

(a) 种群大小为400

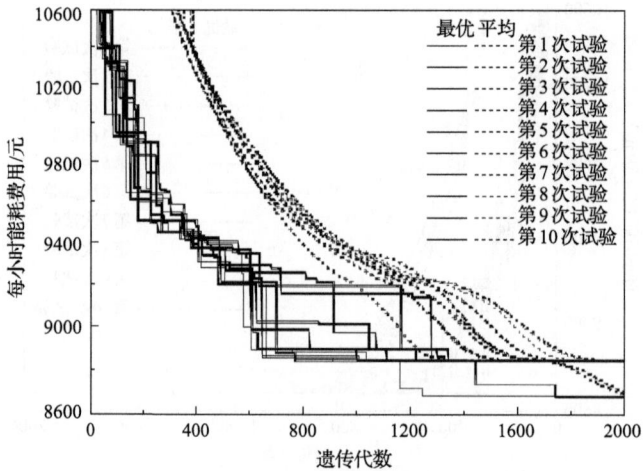

(b) 种群大小为1600

图 5.12　随机数处理方法下的能耗费用优化

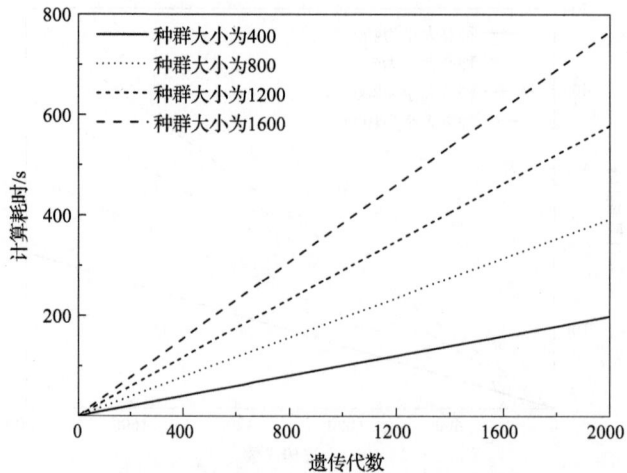

图 5.13　随机数处理方法下的计算耗时

由图 5.10～图 5.13 可知，当使用边界值处理方法时，只有当种群大小增加到 1000 时，才能获得稳定可靠的优化结果；而若采用随机数处理方法，即便种群规模扩大至 1600，优化结果的稳定性仍然无法得到保证。相比之下，改进后的决策变量越界处理方法展现出了明显的优势。该方法仅需 400 个种群个体，就能得到稳定可靠的最优解，而且相比于其他方法，计算耗时至少减少了五分之三。这一改进有效提升了达到稳定可靠最优解的优化效率。

2. 变异算子选择

差分进化算法是一种主要针对连续型变量设计的优化算法，然而，在原油管道运行优化模型中，需要优化的决策变量不仅包括连续型变量，如泵转速和阀门开度，还包含离散型变量，如设备的开闭状态。连续型变量对于差分进化算法来说处理起来相对简单，但离散型变量则需要特殊的处理方法。根据目前国内外差分进化算法的研究进展来看，针对离散变量部分的优化，主要存在三套解决思路：其一是将离散变量先看作连续变量进行变异操作，然后通过浮点数圆整的方法来获得离散变量[45]；其二是仿照连续变量变异算子的表达式形式，将变异算子中的四则运算转换为逻辑运算[46]；其三是仿照连续变量变异算子的思想重新构造新的变异算子，如无参数变异算子[47]，使之可完全适用于离散变量。这三套思路对应的变异算子如式(5.11)～式(5.13)所示：

$$(x')_{I,G+1}^{J} = \text{round}\left[x_{R_1,G}^{J} + F_{I,G+1}\left(x_{R_2,G}^{J} - x_{R_3,G}^{J} \right) \right] \tag{5.11}$$

式中，round 为四舍五入圆整函数。

$$(x')_{I,G+1}^{J} = x_{R_1,G}^{J} \odot \text{randi}\{0,1\} \otimes \left(x_{R_2,G}^{J} \oplus x_{R_3,G}^{J} \right) \tag{5.12}$$

式中，$\odot$ 为 "或" 逻辑运算符；$\otimes$ 为 "且" 逻辑运算符；$\oplus$ 为 "异或" 逻辑运算符；randi$\{0,1\}$ 为包括 0 和 1 两个离散点的随机生成函数。

$$(x')_{I,G+1}^{J} = x_{R_1,G}^{J} + (-1)^{x_{R_1,G}^{J}} \left| x_{R_2,G}^{J} - x_{R_3,G}^{J} \right| \tag{5.13}$$

这里同样以图 5.6 所示的某一多分支原油管道为例，分别采用浮点数圆整、逻辑运算和无参数变异算子的差分进化算法对该原油管道的运行方案进行优化，图 5.14 和图 5.15 分别展示了由不同变异算子优化获得的原油管道能耗费用和计算耗时随遗传代数的变化情况。

从图 5.14 中可以清晰地看到：当平均能耗费用达到最优能耗费用时，使用浮点数圆整变异算子的优化计算大约需要 1000 代就能完成，而使用逻辑运算变异算子和无参数变异算子则分别需要大约 3000 代和 9000 代。相比之下，浮点数圆整变异算子获得最优解的遗传代数小于其他两种变异算子。另外，由图 5.15 可知，在这三种变异算子下优化计算耗时与遗传代数的变化趋势几乎完全一致。这意味着不同变异算子下的优化计算耗时之比与所需的遗传代数之比大致相等。综合上述结果，可以得出如下结论：浮点数圆整变异算子在优化计算耗时上至少比其他两种变异算子缩短了三分之二。

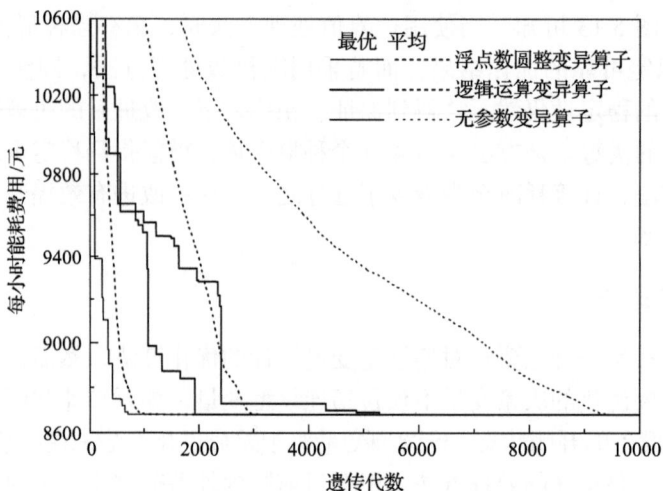

图 5.14　不同离散变量变异算子下的能耗费用优化

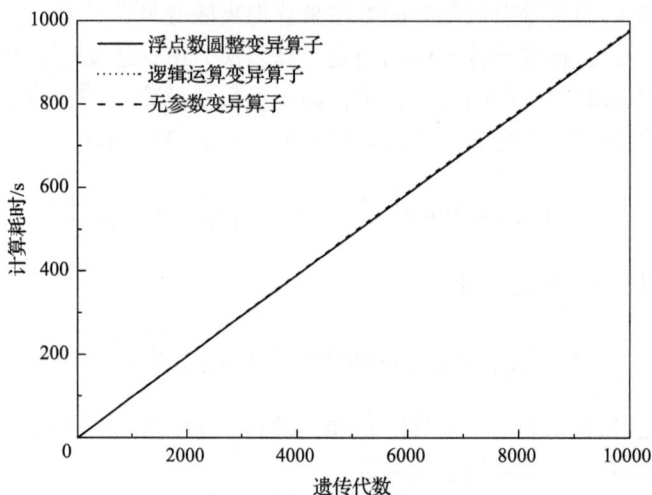

图 5.15　不同离散变量变异算子下的计算耗时

　　综上可知，改进后的变量越界处理方法及专为离散决策变量设计的浮点数圆整变异算子均在保证优化结果稳定可靠性的前提下有效缩短了优化计算耗时，前者使优化计算耗时至少缩短了 3/5，后者使优化计算耗时至少缩短了 2/3。从加速的角度来看，这两个算法层面上的高效优化策略总共可使原油管道运行优化的计算效率至少提升 6 倍。

5.4.2　智能优化的并行化

1. 并行优化策略

　　随着计算机科学和硬件配置的不断进步，多核处理器已经逐渐成为计算领域的主流配置。这种技术进步为我们提供了前所未有的计算能力，使得并行处理和多任务操作成为可能。然而，拥有强大的硬件资源并不意味着我们能够自动地、高效地利用它们。实际上，如何有效利用这些多核处理器资源，以减少优化计算时间，仍是一个值得深入研究和探讨的问题。

尽管多核处理器在理论上能够提供巨大的计算潜力，但实现这一潜力的关键在于如何合理地分配任务、管理线程及优化数据同步和通信。此外，还需要考虑软件架构、算法设计和编程模型等多个方面，以确保多核处理器能够发挥出最大的性能优势。因此，对于研究人员和开发人员来说，探索多核处理器的有效利用方法不仅是一个技术挑战，也是一个能够带来显著性能提升和能效改善的机会。深入研究并行编程技术、任务调度策略及处理器间的负载均衡等问题，可以更好地利用多核处理器资源，从而显著减少优化计算时间，提升整体计算效率。

智能优化算法具有天然的并行性特性[29]，这种特性使算法在处理复杂问题时能够显著提高计算效率。在原油管道运行优化中，充分利用智能优化算法的并行性对于提升计算效率至关重要。然而，实施并行计算并非易事，它涉及任务分配、数据通信和管理等多个方面的挑战[48]。

为了最大化提升并行计算的效果，可根据算法的计算流程设计不同的并行策略。一种策略是仅对计算量较大的适应度计算部分采用并行处理，而计算量相对较小的遗传操作部分则仍采用串行计算，减少线程管理和数据通信的开销；另一种策略则是将适应度计算和遗传操作都进行并行处理，增加计算任务的并行度。在实施并行计算时，选择合适的并行计算框架也非常重要。C++自带的流并行和 OpenMP 并行[49]是两种常见且易于实施的并行计算框架。这些框架为智能优化算法的并行化提供了便利的支持，使算法的并行实现变得更加简单和高效。基于上述考虑，这里提出了四种并行优化策略，包括"遗传操作串行–适应度 C++流并行""遗传操作串行–适应度 OpenMP 并行""遗传操作 C++流并行–适应度 C++流并行""遗传操作 OpenMP 并行–适应度 OpenMP 并行"。这些策略结合了不同的并行方法和计算框架，旨在最大限度地提高原油管道运行优化的计算效率。图 5.16 展示了结合并行计算框架的原油管道快速运行优化技术的实施流程。

下面将详细讨论这些并行优化策略的加速效果，以验证它们在实际应用中的有效性和性能提升情况。通过对比不同策略的计算耗时和加速效果，可选择出适用于原油管道运行优化问题最合适的并行优化策略，从而实现更高效的优化计算。

2. 并行优化加速效果

这里同样以图 5.6 所示的某一多分支原油管道为例，采用不同的并行优化策略对该原油管道的运行方案进行优化。图 5.17 展示了不同并行优化策略在不同计算机上的计算耗时和加速比。

下面对优化计算所使用的计算机及其处理器配置作如下说明。

(1) 笔记本电脑：搭载的是 Intel(R) Core(TM) i7-1065G7 处理器，基础频率为 1.30GHz，最高可睿频至 3.90GHz，该处理器是一款 4 核 8 线程的处理器。

(2) 台式电脑：搭载的是 Intel(R) Xeon(R) E5-1660 v4 处理器，主频为 3.20GHz，该处理器是一款 8 核 16 线程的处理器。

(3) 服务器：搭载的是 Intel(R) Xeon(R) Gold 6248 处理器，主频为 2.50GHz，该处理器是一款 20 核 40 线程的处理器。

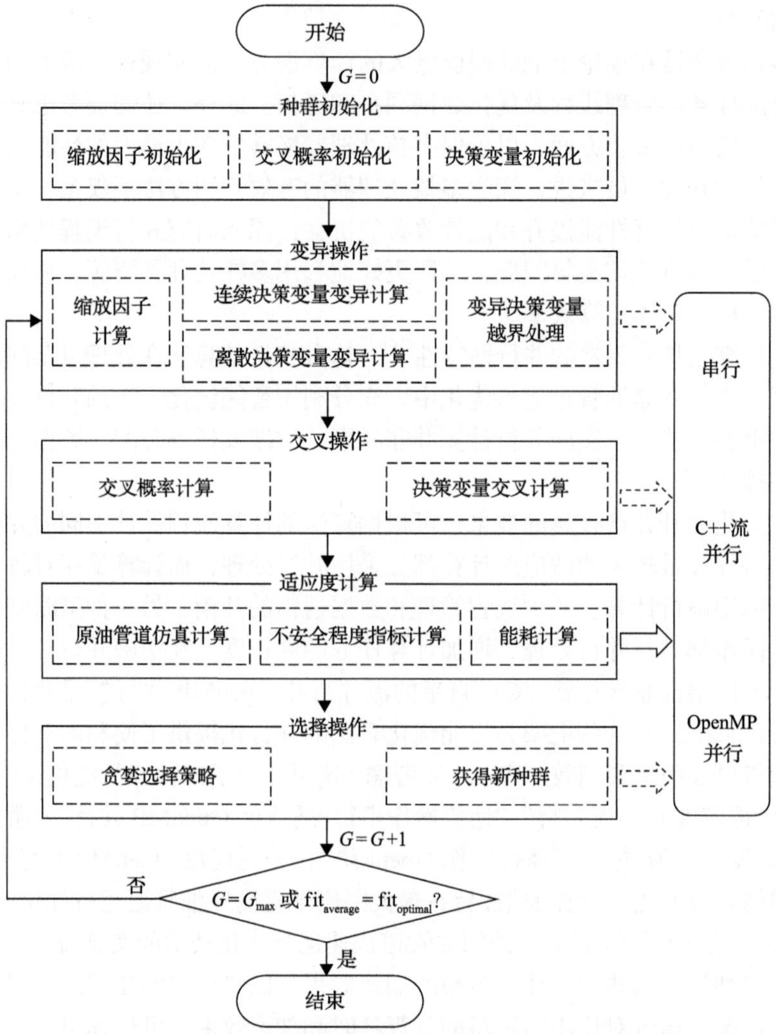

图 5.16　结合并行计算框架的原油管道快速运行优化技术的实施流程

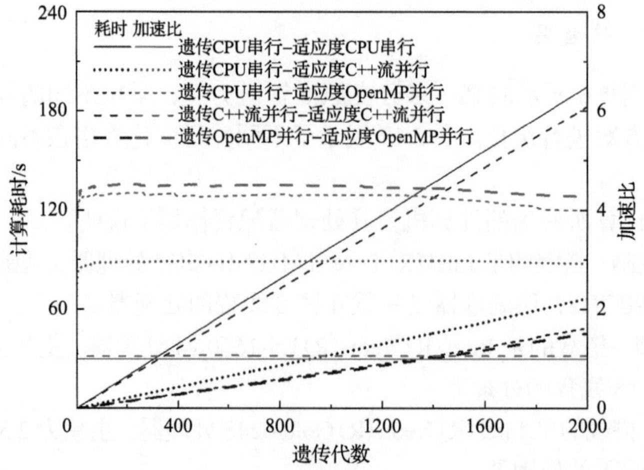

(a) 笔记本电脑

(b) 台式电脑

(c) 服务器

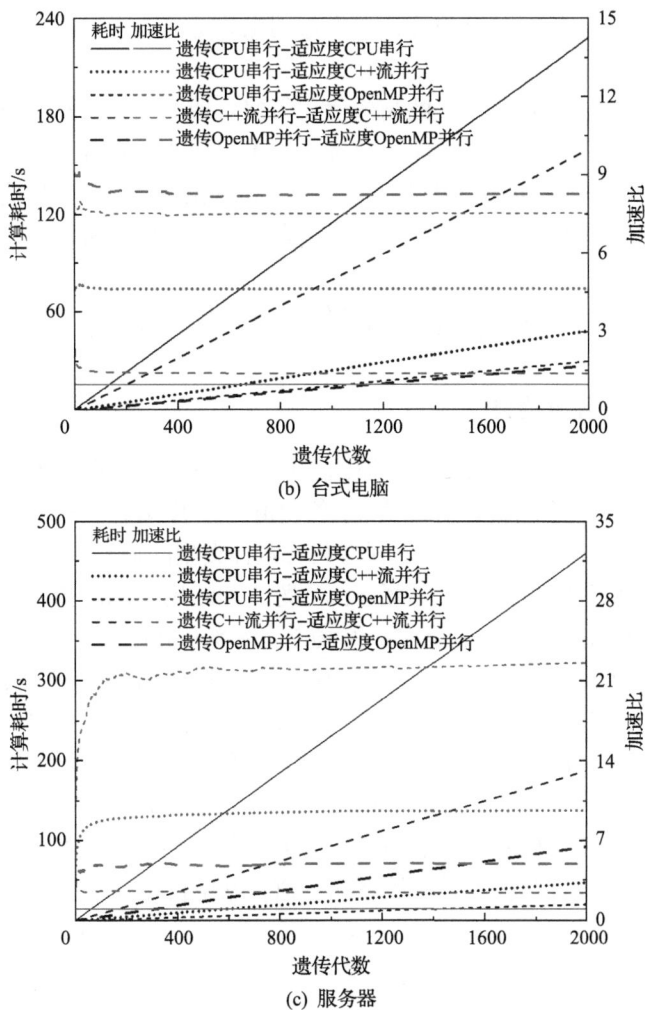

图 5.17　不同并行优化策略在不同计算机上的计算耗时和加速比

由图 5.17 可知，对于不同类型的计算机，各种并行优化策略均有效提升了优化计算的速度，但具体的加速效果却有所差异。在笔记本电脑和台式电脑上，加速效果的排序为："遗传操作 OpenMP 并行-适应度 OpenMP 并行"表现最佳，其次是"遗传操作串行-适应度 OpenMP 并行"，再次是"遗传操作串行-适应度 C++流并行"，最后是"遗传操作 C++流并行-适应度 C++流并行"。然而，在服务器上，"遗传操作 OpenMP 并行-适应度 OpenMP 并行"并未展现出最佳的加速效果，这意味着线程管理和通信消耗在较多线程的服务器上占用了较大一部分时间。

基于每台计算机上表现最佳的并行优化策略，可以观察到明显的加速效果：笔记本电脑的优化计算时间从 98s 降低到 22s，实现了 4.5 倍的加速比；台式电脑的优化计算时间则从 115s 降低到 14s，达到了 8.2 倍的加速比；而服务器上的优化计算时间更是从 220s 锐减至 10s，加速比高达 22 倍。值得注意的是，在不同计算机上进行的并行优化计算，最长耗时也未超过 30s，而最短耗时仅需 10s。这充分展示了并行优化策略在提升计算效率方面的巨大潜力。此外，可以预见，如果选用主频更高或者计算核数更多的服务器，优化计算耗时将会进一步下降。

由上述分析可知，算法层面上的高效优化策略可使原油管道运行优化的计算效率至少提高 6 倍，而这里的并行计算策略可使优化效率得到进一步提升，在服务器上优化效率可提高 21 倍。由于这两类高效计算策略是相互协同加速的关系，综合这两类高效计算策略可将原油管道运行优化的计算效率至少提高 120 倍，显著缩短了优化计算耗时。

5.5　快速智能优化技术的应用

5.5.1　加热输送原油管道概况

某加热输送管道输送的油品为重质原油，该重质原油的凝点为 5℃，在 20℃下的密度为 920kg/m³。该加热输送管道共包括 10 条管道、11 座站场、38 台输油泵、5 台变频器、12 台加热炉和 10 个调节阀。整条管道共有六种类型的输油泵和两种类型的加热炉。在 11 座站场中，站场 1、站场 4、站场 5、站场 7 和站场 9 均配置了加热炉，而其他站场没有配置加热炉；在站场 4、站场 5、站场 7、站场 9 和站场 10 均配置了 1 台变频驱动的输油泵和 3 台无变频驱动的输油泵，而在其他站(除末站)只有无变频驱动输油泵。此外，在不同的站场，输油泵和加热炉的相对位置并不完全相同。在站场 1 和站场 4 采用的是先炉后泵的工艺，加热炉位于输油泵的上游，这与图 5.18 所示的输油泵与加热炉的相对位置关系相同，而站场 5、站场 7 和站场 9 采用的是先泵后炉的工艺，加热炉位于输油泵的下游，这与图 5.17 所示的输油泵与加热炉的相对位置关系相反。此外，由于各地区工业用电的电价政策存在差异，该原油管道各站电价不完全相同，如表 5.4 所示。

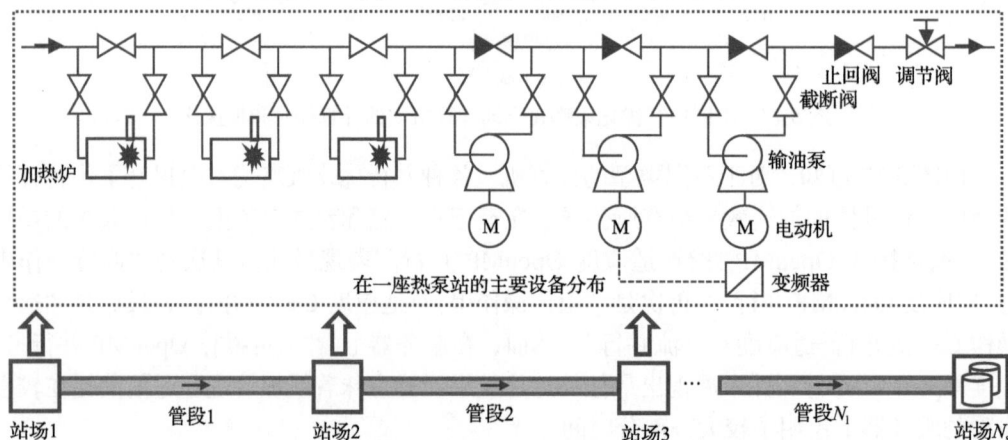

图 5.18　某加热输送原油管道各站场与设备分布示意图

表 5.4　某加热输送原油管道各站场电价　　　　[单位：元/(kW·h)]

站场 1	站场 2	站场 3	站场 4	站场 5	站场 6	站场 7	站场 8	站场 9	站场 10
0.533	0.592	0.558	0.555	0.539	0.633	0.569	0.629	0.640	0.640

5.5.2　加热输送原油管道运行优化分析

基于该加热输送原油管道的基础参数，采用融合了优化模型、智能优化算法及高效计算策略的原油管道快速智能优化技术对该加热输送原油管道的运行进行优化，可以快速智能地确定该管道的最优运行方案。表 5.5 展示了在实际和最优运行方案下加热炉与输油泵开启的数量及功率。图 5.19 展示了实际和最优运行方案下整条原油管道中的油温和压力分布。

表 5.5　在实际和最优运行方案下加热炉与输油泵开启的数量及功率

站场	加热炉				输油泵			
	开炉数量/台		功率/kW		开泵数量/台		功率/kW	
	实际	最优	实际	最优	实际	最优	实际	最优
站场 1	3	2	24000	13466	1	2	975	1521
站场 2					1	1	985	989
站场 3					1	2	978	1524
站场 4	2	2	12060	11249	2	2	1813	1817
站场 5	1	1	6740	3137	2	2	1366	1828
站场 6					1	1	543	980
站场 7	1	1	5000	3745	2	2	1520	1522
站场 8					1	1	968	969
站场 9	1	1	6580	5290	2	2	1429	1430
站场 10					1	1	613	715
总计	8	7	54380	36887	14	16	11190	13295

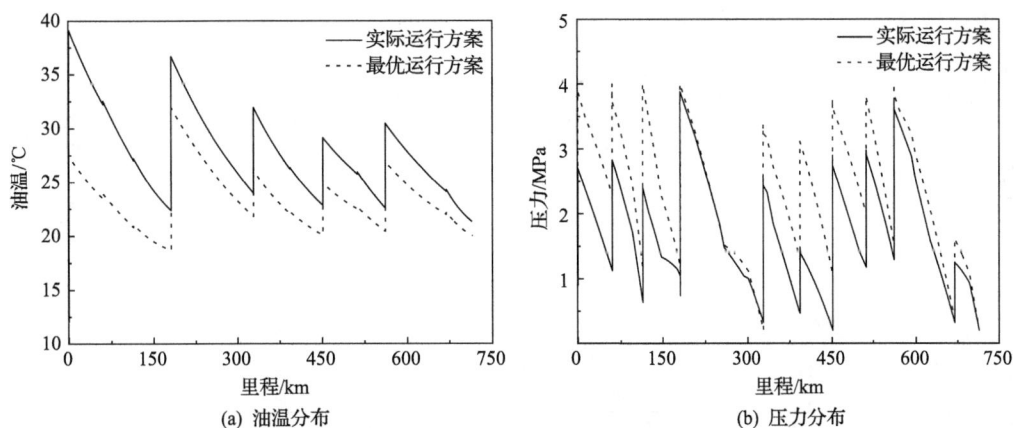

(a) 油温分布　　　　　(b) 压力分布

图 5.19　实际和最优运行方案下整条原油管道中的油温和压力分布

从表 5.5 中可以看出，与实际运行方案相比，最优运行方案下加热炉运行的总数和功率有所下降，而输油泵运行的总数和功率则有所增加。在图 5.19(a) 中，较大的温升主要是由站场加热炉加热引起的，而较小的温升则由输油泵的机械能损失和调节阀的节流引起。对比实际运行和最优运行方案两种运行方案下的油温分布可以发现，最优运行方案下的油温明显低于实际运行方案，表明最优运行方案下加热炉提供的总热量较小，这与表 5.5 中加热炉功率数据的变化趋势一致。在图 5.19(b) 中，大的压升是由输油泵提供的压头引起的，而小的局部压降是由加热炉和调节阀的局部阻力引起的。更确切地说，在两种运行方案下，站场 1、站场 4、站场 5、站场 7 和站场 9 的小局部压降是由加热炉的局部阻力引起的，在最优运行方案下的站场 2 和实际运行方案下的站场 3 和站场 8 的小局部压降是由调节阀的局部阻力引起的。由于站场 1 和站场 4 的加热炉位于输油泵的上游，并且站场 5、站场 7 和站场 9 的输油泵与加热炉的相对位置相反，在站场 1 和站场 4，加热炉的局部压降出现在压力分布曲线的低点，而在站场 5、站场 7 和站场 9，加热炉的局部压降出现在压力分布曲线的高点。对比两种运行方案下的压力分布可以发现，最优运行方案下的压力明显高于实际运行方案下的压力，表明最优运行方案下输油泵提供的总压头更大，这与表 5.5 中输油泵功率数据的变化趋势一致。由于最优运行方案下的油温较低，重油黏度较高，管道摩阻一般较高。然而，一些管道的压力分布情况也有例外，如管段 1 的后部和管道 4 的中部。这些例外是油温下降导致管内的流态从湍流转变为层流(层流和湍流之间的临界雷诺数是 2000，所对应的油温约为 26.3℃)，层流的摩阻有可能低于湍流的摩阻。

　　图 5.20 展示了实际和最优运行方案下整条原油管道的能耗及其费用。由图 5.20(a) 可知，管道最优运行方案的耗电量及其费用高于实际运行方案，而最优运行方案的燃料油消耗量及其费用低于实际运行方案。根据图 5.20(a) 中的数据，很难判断最优运行方案是否优于实际运行方案。然而，由图 5.20(b) 中的数据可知，在最优运行方案下原油管道的每小时总能耗费用为 19818 元，而在实际运行方案下每小时总能耗费用为 24367 元，因此总能耗费用降低了 18.7%，优化效果明显。此外，这种较好的优化效果也证实了原油管道快速智能优化技术的有效性。

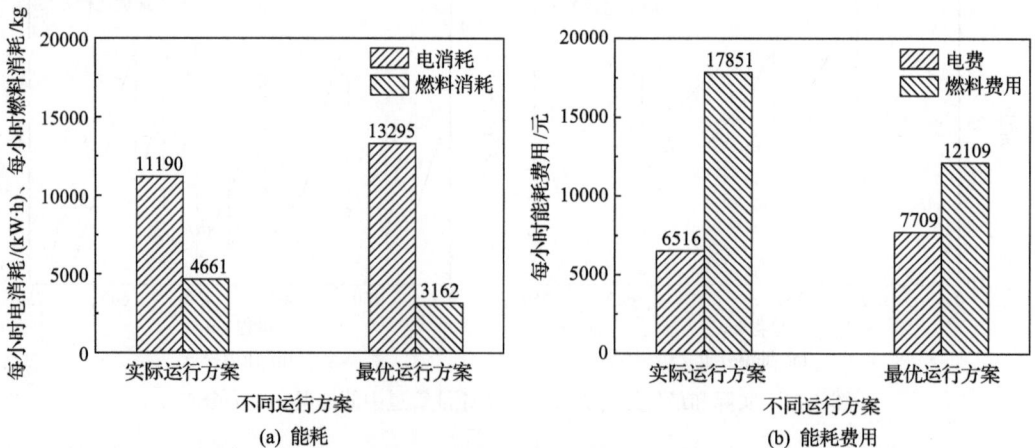

图 5.20　实际和最优运行方案下整条原油管道的能耗及其费用

5.5.3　燃料价格对最优运行方案的影响

近年来，受复杂国际形势的影响，原油价格发生着较大变化。图 5.21 展示了 2020 年 8 月 1 日至 2022 年 8 月 1 日的原油价格。

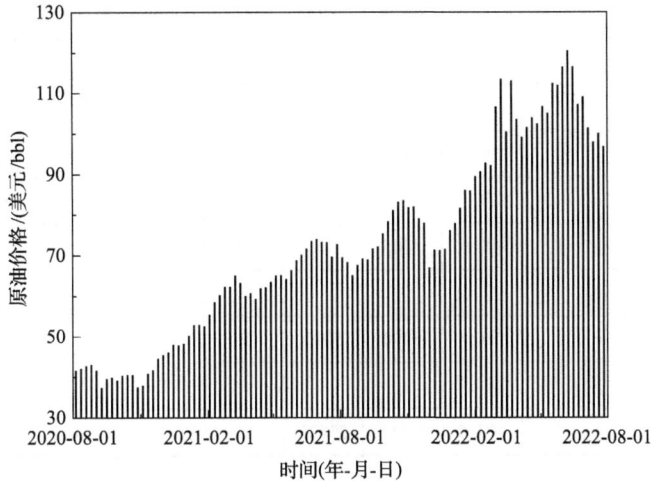

图 5.21　2020 年 8 月 1 日至 2022 年 8 月 1 日的原油价格

$1bbl=1.58987\times10^2dm^3$

由图 5.21 可知，在 2020 年 8 月 1 日至 2022 年 8 月 1 日，原油的最低价格接近 40 美元/bbl，最高价格约为 120 美元/bbl，中间价格约为 80 美元/bbl。基于不同的原油价格数据，下面将探究以原油作为加热炉燃料时燃料价格对最优运行方案的影响。

基于不同的燃料价格，采用原油管道快速智能优化技术可快速智能地确定加热输送原油管道的不同最优运行方案，其对应的加热炉和输油泵开启的数量与功率如表 5.6 所示，整条原油管道中的油温和压力分布如图 5.22 所示。由表 5.6 可知，最优运行方案因燃料价格的不同而变化，最优运行方案加热炉开启的总数和功率随着燃料价格的上涨而减少，而输油泵开启的总数量和功率则增加。从图 5.22 中可以看出，油温和压力分布也因燃料价格的不同而变化。总体而言，总温升随着燃料价格的上涨而减少，这意味着加热炉的总加热量减少，这与表 5.6 中加热炉功率数据的变化趋势一致。另外，总压升随着燃料价格的上涨而增加，这意味着输油泵的总压头增加，这与表 5.6 中输油泵功率数据的

表 5.6　基于不同燃料价格的最优运行方案下加热炉和输油泵开启的数量和功率

站场	加热炉						输油泵					
	开炉数量/台			功率/kW			开泵数量/台			功率/kW		
	最低燃料价格	中等燃料价格	最高燃料价格	最低燃料价格	中等燃料价格	最高燃料价格	最低燃料价格	中等燃料价格	最高燃料价格	最低燃料价格	中等燃料价格	最高燃料价格
站场 1	3	2	2	16757	13466	13466	1	2	2	977	1521	1521
站场 2							1	1	1	987	989	989

续表

站场	加热炉						输油泵					
	开炉数量/台			功率/kW			开泵数量/台			功率/kW		
	最低燃料价格	中等燃料价格	最高燃料价格	最低燃料价格	中等燃料价格	最高燃料价格	最低燃料价格	中等燃料价格	最高燃料价格	最低燃料价格	中等燃料价格	最高燃料价格
站场 3							2	2	2	1523	1524	1524
站场 4	2	2	2	10359	11249	11249	2	2	2	1817	1817	1817
站场 5	1	1	0	3976	3137	0	2	2	2	1480	1828	1828
站场 6							1	1	2	980	980	1525
站场 7	1	1	1	4598	3745	3888	2	2	2	1522	1522	1523
站场 8							1	1	2	969	969	1513
站场 9	1	1	1	5020	5290	5020	2	2	2	1281	1430	1430
站场 10							1	1	2	715	715	894
总计	8	7	6	40710	36887	33623	15	16	19	12251	13295	14562

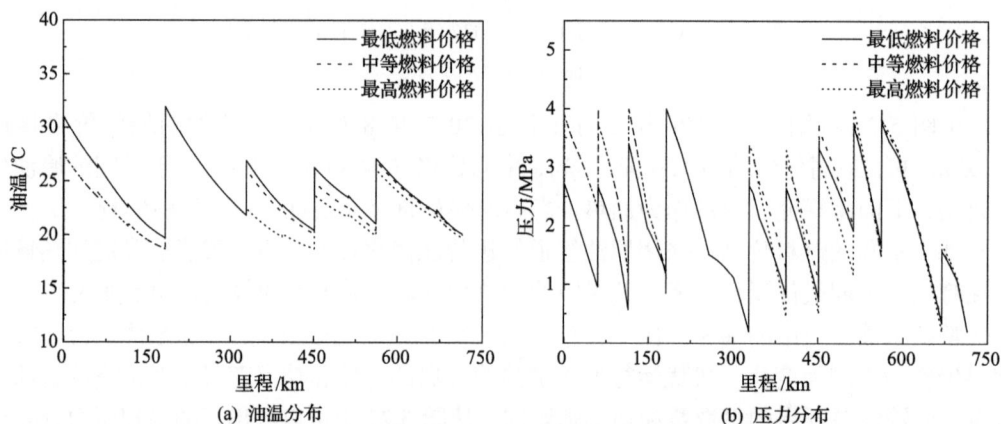

图 5.22　基于不同燃料价格的最优运行方案下整条原油管道的油温和压力分布

变化趋势一致。高的燃料价格促使在最优运行方案中打开更多的输油泵并增加输油泵的功率,同时关闭更多的加热炉并降低加热炉的功率。

　　基于不同的燃料价格,整条原油管道在最优运行方案下的能耗及其费用如图 5.23 所示。由图 5.23(a)可知,在最优运行方案下,燃料消耗量随着燃料价格的上涨而减少,而电消耗量增加。由图 5.23(b)可知,总能耗费用随着燃料价格的上涨而增加,其中燃料费用和电消耗费用都增加。因此,可以得出结论,在最优运行方案中,高的燃料价格促使降低燃料消耗量,但会增加电消耗量、电消耗费用、燃料费用和总能耗费用。

　　受燃料油价格变化的影响,加热输送原油管道的最优运行方案通常会有所不同。为了避免由于燃料价格波动的影响而频繁调整管输设备,建议设置能耗费用阈值,如 5%。如果实际运行方案和最优运行方案之间的能耗费用超过该阈值,则管道的实际运行方案

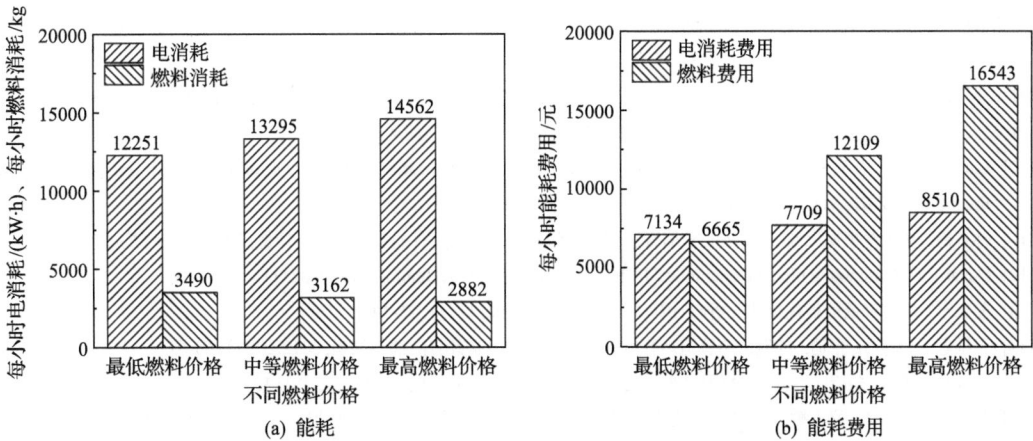

图 5.23　基于不同燃料价格的最优运行方案下整条原油管道的能耗及其费用

将调整为最优运行方案,否则保持实际运行方案不变。该建议可为原油管道运行方案的合理调整提供一定参考。

5.6　小　结

本章首先介绍了原油管道运行优化模型三大组成部分即目标函数、决策变量和约束条件,并结合原油管道水热力仿真和罚因子对优化模型进行了改进,使优化模型可与智能优化算法更好地相匹配,可满足不同原油管道类型的运行优化需求;其次对智能优化算法进行了介绍,并对比了多种智能优化算法与动态规划算法的优化性能;再次从算法高效优化策略和并行化的角度出发,介绍了原油管道运行优化高效计算的计算耗时及加速情况;最后将融合了优化模型、智能优化算法以及高效计算策略的原油管道快速智能优化技术应用到一条复杂的加热输送原油管道,该技术可快速智能地确定原油管道的最优运行方案,最优运行方案相比于现场方案可节省 18.7%的能耗费用,节能效果明显,并结合不同燃料价格下的优化结果,进一步探讨了燃料价格对加热输送原油管道最优运行方案的影响。

参 考 文 献

[1] 王军防, 曹旦夫, 矫捷, 等. 面向智慧原油管道建设的运行方案快速智能决策[J]. 交通运输工程学报, 2023, 23(5): 210-222.

[2] Yuan Q, Gao Y, Luo Y, et al. Study on the optimal operation scheme of a heated oil pipeline system under complex industrial conditions[J]. Energy, 2023, 272(19): 127139.

[3] 高松竹, 汪玉春, 许萍. 混合遗传算法在输油管道优化运行中的应用[J]. 油气储运, 2004, 23(7): 34-37.

[4] 寇杰, 李春辉, 孙奇, 等. 分时电价体制下原油管道运行优化研究[J]. 中国矿业, 2018, 27(6): 150-159.

[5] Yuan Q, Chen Z, Wang X, et al. Investigation and improvement of intelligent evolutionary algorithms for the energy cost optimization of an industry crude oil pipeline system[J]. Engineering Optimization, 2023, 55(5): 856-875.

[6] 吴长春, 严大凡. 热油管道稳态运行的两级递阶优化模型[J]. 石油学报, 1989, 10(3): 109-117.

[7] Bekibayev T, Zhapbasbayev U, Ramazanova G. Optimal regimes of heavy oil transportation through a heated pipeline[J]. Journal of Process Control, 2022, 115: 27-35.

[8] 王军防, 矫捷, 余红梅, 等. 基于群体智能优化的原油管道系统能耗优化方法[J]. 油气储运, 2022, 41(11): 1269-1276.

[9] 左丽丽, 曾春雷, 姜勇, 等. 长呼原油管道月度节能优化方案[J]. 油气储运, 2015, 34(5): 515-518.

[10] Liu E, Peng Y, Yi Y, et al. Research on the steady-state operation optimization technology of oil pipeline[J]. Energy Science & Engineering, 2020, 8(11): 4064-4081.

[11] 孙东艳. 基于模拟退火-蚁群算法的输油管道碳排放量优化研究[J]. 石油石化节能与计量, 2024, 14(3): 53-57.

[12] Gopal V N. Optimizing pipeline operations[J]. Journal of Petroleum Technology, 1980, 32(11): 2063-2067.

[13] 蒲家宁. 长输管道运行优化的分析与计算[J]. 油气储运, 1992, 11(1): 25-30.

[14] 张维志, 于清澄, 张迪. 等温输油管道运行方案优化方法及其应用[J]. 油气储运, 2012, 31(1): 65-67.

[15] 左永刚, 陈军, 杨静. 基于微粒群算法的管道运行优化研究[J]. 油气储运, 2008, 27(2): 12-15.

[16] 张天一, 成庆林, 黎志敏, 等. 基于动态规划法及相似理论的输油泵系统调配优化[J]. 西安石油大学学报(自然科学版), 2020, 35(3): 77-85.

[17] 吴长春, 严大凡. 热油管道优化运行软件包 HOPOPT 简介[J]. 油气储运, 1992, 11(2): 5-11.

[18] Zhou M, Zhang Y, Jin S. Dynamic optimization of heated oil pipeline operation using PSO-DE algorithm[J]. Measurement, 2015, 59: 344-351.

[19] 张增强, 畅忠民. 秦京输油管道优化运行研究[J]. 油气储运, 1998, 17(10): 9-10.

[20] 陈志敏. 日仪线和仪长双线能耗优化研究[D]. 北京: 北京石油化工学院, 2022.

[21] 杨毅. 加剂原油管道运行参数优化研究[J]. 油气储运, 2007, 26(11): 35-37.

[22] 张信荣, 李才, 苏仲勋. 油田老原油管道的节能技术[J]. 油气储运, 1999, 18(9): 57-59.

[23] Yong T R, Jefeerson J T. Shell pipeline calls it dynamic programming[J]. Oil & Gas Journal, 1961, 59(19): 8-12.

[24] 王勇勤, 杨明寿, 段复友, 等. 输油泵站并联泵运行的优化[J]. 油气储运, 1993, 12(3): 16-19.

[25] Khlebnikova E, Sundar K, Zlotnik A, et al. Optimal economic operation of liquid petroleum products pipeline systems[J]. AIChE Journal, 2021, 67(4): e17124.

[26] 吴明, 王金华, 刘建锋, 等. 长输热油管道运行方案的优化[J]. 辽宁石油化工大学学报, 2006, 26(1): 63-65.

[27] Li B, He M, Kang Y, et al. A hybrid meta-heuristic solution to operation optimization of hot oil pipeline[C]. IOP Conference Series: Materials Science and Engineering, Shanghai, 2019: 012031.

[28] 吕梦芸. 基于模拟退火-蚁群算法的原油管道顺序输送运行优化模型[J]. 油气储运, 2017, 36(10): 1154-1161.

[29] Dokeroglu T, Sevinc E, Kucukyilmaz T, et al. A survey on new generation metaheuristic algorithms[J]. Computers & Industrial Engineering, 2019, 137: 106040.

[30] 纪昌明, 马皓宇, 李传刚, 等. 基于可行域搜索映射的并行动态规划[J]. 水利学报, 2018, 49(6): 649-661.

[31] 蒋志强, 纪昌明, 孙平, 等. 多层嵌套动态规划并行算法在梯级水库优化调度中的应用[J]. 中国农村水利水电, 2014, 9: 70-75.

[32] 左丽丽, 戴材炜, 赵思睿, 等. 分枝定界法与内点法耦合的含环路输气管网运行优化[J]. 油气储运, 2023, 42(3): 343-351.

[33] Holland J H. Adaptation in Natural and Artificial Systems[M]. Ann Arbor: The University of Michigan Press, 1975.

[34] Kennedy J, Eberhart R. Particle swarm optimization[J]. Proceedings of IEEE International Conference on Neural Networks, 1995, 4: 1942-1948.

[35] Dorigo M, Maniezzo V, Colorni A. Ant system: optimization by a colony of cooperating agents[J]. IEEE Transactions on Cybernetics, 1996, 26(1): 29-41.

[36] Storn R, Price K. 1997. Differential evolution-a simple and efficient heuristic for global optimization over continuous spaces[J]. Journal of Global Optimization, 1997, 11(4): 341-359.

[37] Dhaliwal B S, Pattnaik S S. Performance comparison of bio-inspired optimization algorithms for sierpinski gasket fractal antenna design[J]. Neural Computing and Applications, 2016, 27(3): 585-592.

[38] Tsiatas G C, Charalampakis A E. Critical evaluation of metaheuristic algorithms for weight minimization of truss structures[J]. Frontiers in Built Environment, 2019, 5(113): 1-17.

[39] Nandi S, Reddy M J. Comparative performance evaluation of self-adaptive differential evolution with GA, SCE and DE algorithms for the automatic calibration of a computationally intensive distributed hydrological model[J]. H_2Open Journal, 2020, 3(1): 306-327.

[40] 王军防, 宇波, 李亚平, 等. 国产化液体管道云仿真软件 CloudLPS 的应用[J]. 油气储运, 2023, 42(12): 1419-1434.

[41] Brest J, Greiner S, Boskovic B, et al. Self-adapting control parameters in differential evolution: a comparative study on numerical benchmark problems[J]. IEEE Transactions on Evolutionary Computation, 2006, 10(6): 646-657.

[42] 袁庆, 杨洋, 侯昊, 等. 含蜡原油双结构参数模型参数回归的稳定性[J]. 油气储运, 2018, 37(3): 269-275.

[43] Yuan Q, Liu H, Li J, et al. Study on the parametric regression of a multiparameter thixotropic model for waxy crude oil[J]. Energy & Fuels, 2018, 32(4): 5020-5032.

[44] 郑帅, 王子涵, 赵浩然, 等. 基于差分进化算法的飞机油量传感器布局优化方法[J]. 航空学报, 2022, 43: 125809.

[45] Zou D, Gao L, Li S, et al. Solving 0-1 knapsack problem by a novel global harmony search algorithm[J]. Applied Soft Computing, 2011, 11(2): 1556-1564.

[46] He X, Han L. A novel binary differential evolution algorithm based on artificial immune system[C]. 2007 IEEE Congress on Evolutionary Computation, Singapore City, 2007: 2267-2272.

[47] 孔祥勇, 高立群, 欧阳海滨, 等. 无参数变异的二进制差分进化算法[J]. 东北大学学报(自然科学版), 2014, 35(4): 484-488.

[48] 王森, 马志鹏, 李善综, 等. 粗粒度并行自适应混合粒子群算法及其在梯级水库群优化调度中的应用[J]. 长江科学院院报, 2017, 34(7): 149-154.

[49] 吴静, 谢晓霞, 艾小锋, 等. 基于 OpenMP 的航迹融合并行优化方法[J]. 太赫兹科学与电子信息学报, 2024, 1: 1-8.

第6章 原油管道运行仿真软件开发

前面章节主要介绍了原油管道运行仿真与优化相关的技术方法，要想使其真正地在实际管道系统当中落地应用，还需要将上述研究成果进行集成开发，形成原油管道运行仿真软件。仿真软件的开发涉及多个学科的交叉融合，一方面需要对理论算法进行编码实现，另一方面也需要基于软件工程的相关经验，对软件的技术和功能架构、用户交互界面等元素进行设计实现。本章首先详细介绍原油管道运行仿真软件的设计和开发方法，随后将展示笔者团队开发的国产液体管道云仿真软件的关键特性和应用案例。

6.1 管道仿真软件现状

在油气管道输送仿真领域，国外的仿真技术经过半个多世纪的发展，已经形成了工业化的仿真软件产品，并广泛应用在全球各地的管道行业当中，对油气管网输送业务发展与管理水平提高发挥了重要作用。这些常见的管道仿真软件包括 SPS、VariSim、Pipeline Studio、K-Spice、LedaFlow 和 OLGA 等，其也都在国内得到一定程度的应用。

SPS 是由挪威船级社(DNV GL)研发的一种先进的管道瞬态水力热力建模工具，能够模拟单一流体、多批次流体或单相混合流体在管道中的动态流动，与此同时具备强大的在线仿真和分析功能，包括在线状态感知、泄漏检测、运行态势预测等功能，目前该软件已经在全球超过 500 家公司的管道业务中进行了应用。

VariSim 软件由英国 SSL 公司研发，可用于管道的详细稳态和瞬态过程分析，适用于任意单相流体的管道输送仿真，包括小型工厂管道、长输管线、区域供热网络等，同时也支持与基于 OPC[object linking and embedding(OLE) for process control]标准的数据采集系统对接，构建在线仿真器，并实现批次跟踪、泄漏检测等功能。

Pipeline Studio 由美国艾默生(Emerson)公司研发，是行业领先的管道设计和工程解决方案，目前，全球有 300 多家管道运营商和咨询工程公司使用 Pipeline Studio。该软件建模简单、界面友好、稳态计算便捷，但是不具备在线仿真功能。

K-Spice、LedaFlow 和 OLGA 软件是先进的多相流稳态及瞬态模拟器，能够模拟在管道中的油气水多相流动过程及油气井、设备中的多相流动状态。这三款软件主要应用于海上平台外输管道、陆上及海底集输管道，较少用于陆上长输管道。其中，OLGA 在诸多大型工程项目中得到了广泛应用和验证。

本章重点讨论单相原油管道的运行仿真和优化技术，因此主要对 SPS、VariSim 和 Pipeline Studio 软件进行功能对比，如表 6.1 所示。从表 6.1 中可以看出，整体来说，SPS 和 VariSim 的功能比 Pipeline Studio 更强大，而在线仿真方面 SPS 功能比 VariSim 更加全面。

表 6.1　国外原油管道仿真软件功能对比

功能点		SPS	VariSim	Pipeline Studio
稳态仿真		×	√	√
非稳态仿真		√	√	√
批次跟踪		√	√	√
逻辑控制		√	√	×
运行优化		×	√	×
第三方模型导入[地理信息系统(GIS)、外部模型等]		√	√	×
在线仿真	状态感知	√	×	×
	泄漏检测	√	√	×
	态势预测	√	√	×

国内的管道仿真技术研究起步于 20 世纪 80 年代初，目前在仿真模型与求解算法方面的研究已经取得了长足的进步和发展，但还未形成成熟可靠的商业仿真软件，在实际现场仍然普遍使用国外的仿真软件。尽管现有国外商业仿真软件技术成熟、应用广泛，但其在国内管道中应用时普遍存在着一些问题，主要包括以下几方面。

1) 软件适应性问题

国外商业软件普遍存在对非牛顿特性原油适应性差、非稳态热力仿真精度低等问题，往往难以完成对冷热油交替输送等复杂输送工艺的仿真。此外，在管道运行优化方面，通常没有现成可用的优化功能，需要利用其软件接口进行二次开发或者与其他优化软件对接，实现起来较为复杂且优化效率较低，不能满足国内大部分原油管道的运行优化需求。

2) 应用安全性问题

油气行业关系国民经济命脉，而使用国外商业软件存在着技术封锁、数据外泄等安全性问题，长期依赖国外商业软件不利于我国油气管道行业的长远安全稳定发展。

3) 使用成本问题

国外商业软件不仅采购价格较高，而且还包括其他相关费用，如培训、维护、升级和技术支持等隐性成本。

因此，亟须开发一款功能强大的国产化管道仿真软件，以满足我国特殊油品性质的管道仿真需求，而随着近年来国内管道输送仿真技术研究水平的成熟，以及互联网、高性能计算、人工智能等新兴技术的发展，已经具备了完整自主开发的技术基础。

6.2　仿真软件设计与开发

对油气管道仿真软件开发而言，不仅要求开发者具备相关的理论背景知识，也需要在此过程中遵循软件工程行业的实践经验，在相适应的技术体系和理论指导下进行开发。

本节中，笔者结合了在国产液体管道仿真软件中的开发经验，将仿真软件划分成软件平台和算法内核两个模块，前者主要用于实现可视化、用户交互、数据管理、引擎调度等相关功能，后者则是将前面章节所介绍的仿真模型和方法进行代码实现，同时完成与软件平台的接口交互。笔者接下来将着重对两个模块的设计思路及涉及的相关技术进行介绍。

6.2.1　软件平台的设计与开发

1. 软件架构设计

无论是对仿真软件还是对其他类型的软件来说，在实际开发之前的首要任务是对软件的体系架构进行设计。通常来说，从不同角度出发对软件架构可以有不同的定义。例如，从功能结构出发，软件架构可以按照功能层次进行分层设计，典型的如表现层、业务层、持久层和数据层等，而从网络结构的角度出发，软件架构又可以划分为单机桌面架构、C/S 架构及 B/S 架构。

1) 单机桌面架构

传统的油气管网仿真软件通常采用单机桌面架构，在此架构中，没有区分客户端和服务器，所有业务功能，包括仿真计算和数据管理，都集成在一个独立的桌面应用程序中，并且一个应用实体同一时刻只允许一个用户使用，当用户更换计算机时需要重新在目标计算机上安装应用软件并且拷贝原来的应用数据。

对桌面应用程序来说，其开发和部署通常非常依赖计算机操作系统环境，因此这种架构的软件在实际的安装过程中往往会遇到较多的环境问题，运行维护也比较困难，给软件的开发者带来额外的负担。

2) C/S 架构

C/S 架构全称是客户端/服务器(client-server)架构，对于典型的 C/S 架构软件来说，

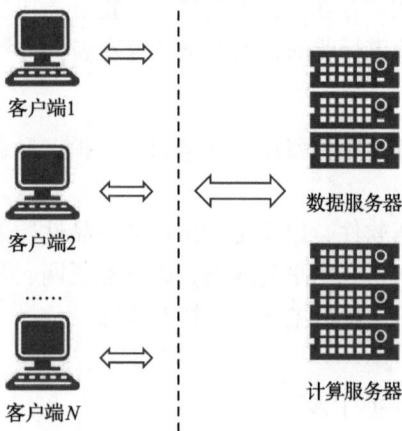

图 6.1　C/S 架构示意图

客户端主要负责完成与用户交互，如用户界面显示、数据输入、数据校验等，然后向服务器发送请求并接收返回结果，处理应用逻辑后展示在页面，而服务器则负责数据管理，如接收客户端的请求、执行数据库的查询和管理，并将数据提交给客户端。对于采用 C/S 架构的仿真软件来说，服务器还需要负责仿真引擎的调度和执行，通常在实际操作中会将服务器区分为数据服务器和计算服务器，这种区分可以是物理上的也可以是逻辑上的。C/S 架构下允许多个客户端同时访问服务器，同时相关数据也交由服务器进行管理，这样在用户更换计算机时只需重新安装客户端即可，不需要拷贝数据。图 6.1 展示了典型的两层 C/S 架

构示意。

3）B/S 架构

B/S 架构全称是浏览器/服务器（browser-server）架构，它实际上是在 C/S 架构的基础上发展而来的，可以说属于三层 C/S 架构，如图 6.2 所示。B/S 架构主要是利用了不断成熟的万维网（world wide web, WWW）浏览器技术，用通用浏览器就实现了原来需要复杂专用软件才能实现的强大功能，并节约了开发成本，是一种全新的软件系统构造技术。

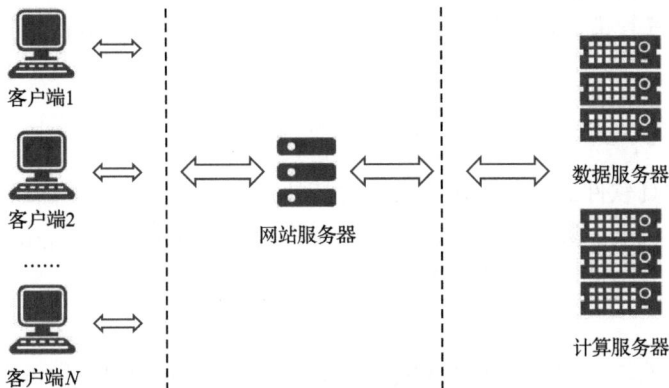

图 6.2　B/S 架构示意图

在 B/S 架构中，浏览器作为客户端，由于其轻量级特性，主要承担简化的事务逻辑，包括图形显示、图表渲染、数据输入等任务。从客户端发出的请求首先去了网站服务器，它扮演着信息传送的角色，网站服务器对浏览器不能处理的一些业务逻辑进行处理后会向数据服务器和计算服务器发送相关请求。数据服务器和计算服务器接收到请求后会执行相关处理，并将结果返回给网站服务器，再由网站服务器处理后返回给客户端。

表 6.2 对上述三种架构的优缺点进行了对比，可以看出，尽管单机桌面架构的数据

表 6.2　三种架构的优缺点对比

架构	优势	缺点
单机桌面架构	①数据安全性最高 ②不存在网络延迟问题	①难以扩展硬件以提升计算性能 ②软件安装、部署非常不灵活 ③更新、升级和维护非常困难 ④跨平台开发成本较高 ⑤无法多人协同使用
C/S 架构	①可以通过扩展服务器来提升计算性能 ②软件安装、部署较为灵活 ③可以满足多人同时使用的需求 ④数据安全性较 B/S 架构高，较单机架构低	①适用面窄，通常用于局域网中 ②维护成本高，发生一次升级，则所有客户端的程序都需要改变
B/S 架构	①可以通过扩展服务器来获取计算性能的提升 ②客户端无须安装，有 Web 浏览器即可，比 C/S 架构更加灵活 ③可以满足多人同时使用的需求 ④可以随时更新版本，而无须用户重新下载	①在跨浏览器表现上，B/S 架构适应性不强 ②在性能和安全性上需要花费较高的设计成本

安全性最好，但是牺牲了软件的灵活性，由此导致其在开发、部署和维护环节成本与难度都显著提升，很难满足当前管网企业数字化和智能化的建设需求，因此对于现在新的仿真软件的开发，笔者并不建议基于此架构展开。

近年来，随着云计算相关技术的快速发展，越来越多的软件陆续从桌面端或者 C/S 架构向 B/S 架构发展，如 Office Web、AutoCAD Web、CFD 仿真器 SimScale、电路仿真模拟器 CircuitLab 等。对于基于 B/S 架构开发的软件来说，可以利用一些跨平台的构建工具(如 Electron)去兼容部分桌面应用或者 C/S 应用的场景需求，从而具备更好的适用性。因此对于油气管道仿真软件的开发，也应该借鉴当下主流的软件开发思路，采用 B/S 架构。

2. 开发技术栈

油气管道仿真软件的功能模块主要包含拓扑建模、参数编辑、图表渲染、前后端通信、引擎封装和调度、数据管理等模块，笔者将选取拓扑建模、图表渲染及引擎封装和调度三大模块，介绍常用的开源技术栈。

1) 拓扑建模

拓扑建模是油气管网仿真软件的核心功能之一，主要向用户提供可视化的建模环境，用户可通过将不同类型元件在拓扑图中进行创建、拖拽和连接，实现对实际管网拓扑的数字建模。目前，面向 Web 开发的主流拓扑编辑组件包括 mxGraph[1]和 AntV X6[2]，下面分别对其进行简要介绍。

(1) mxGraph

mxGraph 是一个强大的开源 JavaScript 库，专用于在网页上绘制和操作交互式图形、流程图和网络图，如图 6.3 所示。它提供了丰富的 API，可以方便创建复杂的图表和图形，并支持拖拽、缩放、撤销重做等功能。通过与超文本标记语言(HTML)、层叠样式表(CSS)和其他 JavaScript 框架的结合，mxGraph 能够实现高性能、可定制的图表解决方案，广泛应用于数据可视化、业务流程管理和各种图形编辑器中。

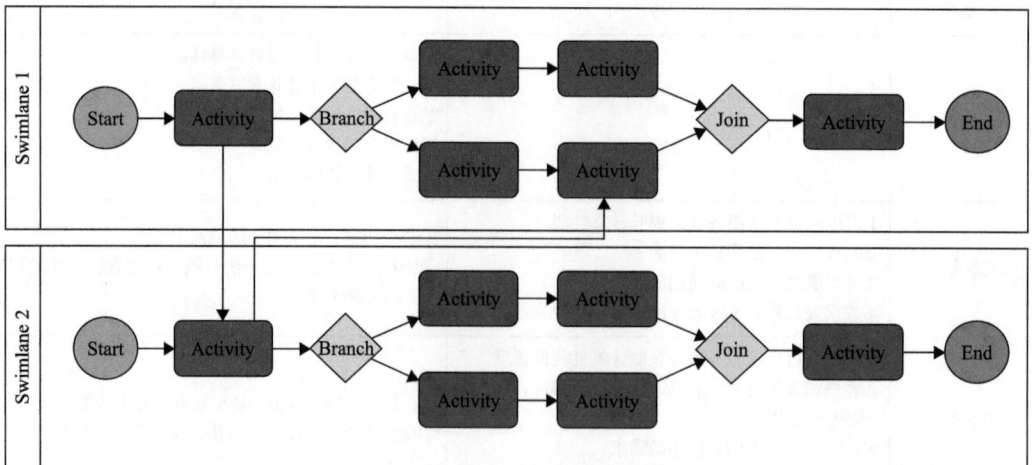

图 6.3　mxGraph 的图形可视化

（2）AntV X6

AntV X6 是由国内蚂蚁科技集团股份有限公司开发的图编辑引擎，提供了一系列开箱即用的交互组件且具备简单易用的节点定制能力，如图 6.4 所示。提供了图编辑场景的常用扩展，如小地图、网格系统、对齐线、框选、撤销/重做等，内置了图编辑场景的常规交互和设计，如群组、链接桩、节点缩放、旋转、连线交互，并提供了基于 HTML 和 React 低成本节点定制能力。使用 AntV X6 我们可以快速搭建有向无环图（DAG）、实体关系图、流程图等应用。

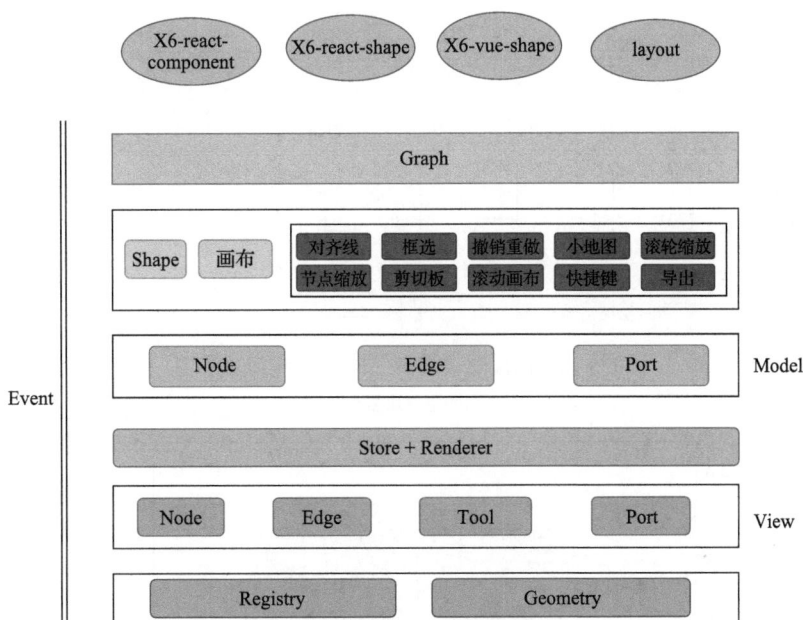

图 6.4　AntV X6 的架构

2）图表渲染

仿真软件的图表渲染主要是指对仿真结果数据的可视化呈现，如趋势图、水力坡降图等，同时支持动态刷新和用户交互。目前在 Web 开发中，广泛使用的图表库包括 Echarts[3]、Plotly[4]等，下面简单地对其进行介绍。

（1）Echarts

ECharts 是一个使用 JavaScript 实现的开源可视化库，可以流畅地在 PC 和移动设备上运行，兼容当前绝大部分浏览器（IE9/10/11、Chrome、Firefox、Safari 等），底层依赖矢量图形库 ZRender，提供直观、交互丰富、可高度个性化定制的数据可视化图表，如图 6.5 所示。

（2）Plotly

Plotly 是一个非常强大的开源数据可视化框架，它通过构建基于 HTML 的交互式图表来显示信息，可创建各种形式的精美图表。Plotly 本身是一个生态非常复杂的绘图工具，它对很多编程语言提供接口，包括 JavaScript 和 Python 等。交互式和美观易用是 Plotly 最大的优势，相比于其他绘图库，Plotly 的上手难度小、学习成本低。利用 Plotly 绘制的图表效果如图 6.6 所示。

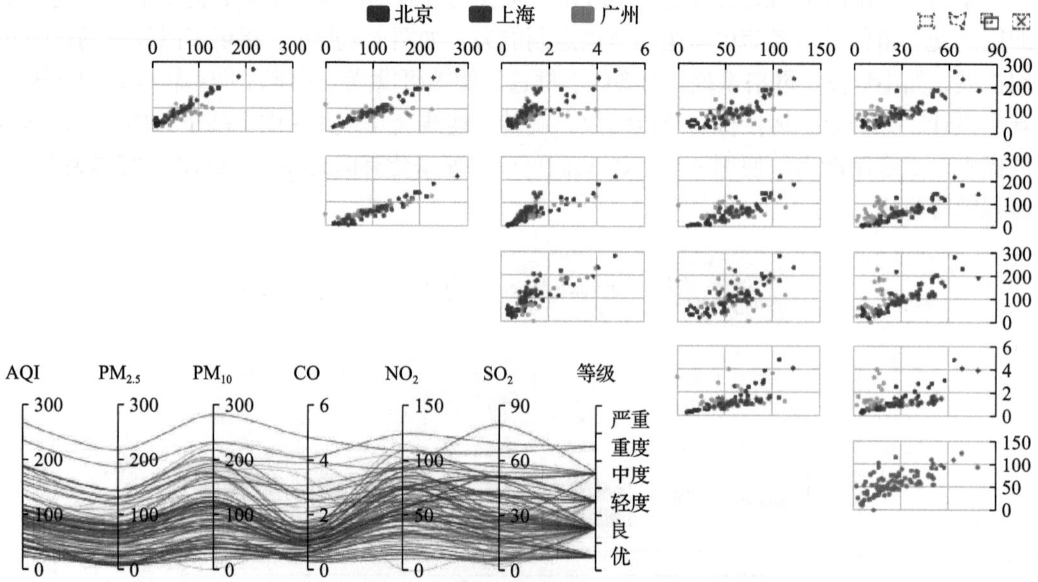

图 6.5　Echarts 图表效果(扫封底二维码见彩图)

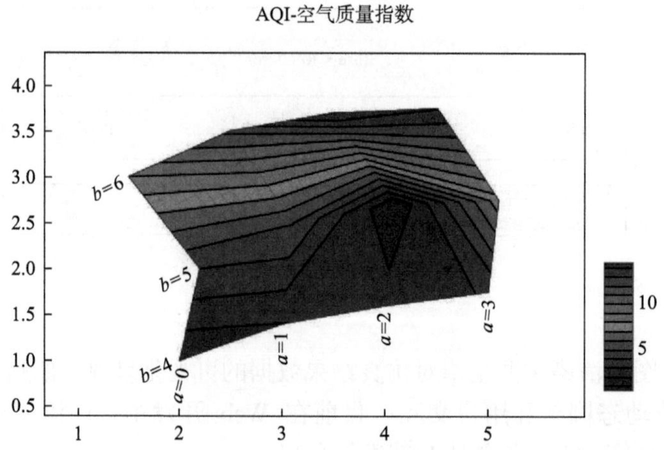

图 6.6　利用 Plotly 绘制的图表效果(扫封底二维码见彩图)

3) 引擎封装和调度

基于 B/S 架构的仿真软件平台允许多个用户同时进行仿真计算,有必要对仿真引擎的任务调度机制进行设计。仿真引擎的调度需要确保计算资源的合理利用,以及各个引擎的运行环境独立且互不干扰。目前,在 Web 开发中,可以利用 Docker 虚拟容器技术对引擎进行封装,然后通过 Celery 任务调度工具在计算服务器上实现任务调度和负载均衡。

(1) Docker 虚拟化

虚拟化技术通俗地讲就是将物理资源转变为逻辑上可以管理的资源,以打破物理结构间的壁垒,计算元件运行在虚拟的基础上而不是真实的基础上,可以扩大硬件的容量,简化软件的重新配置过程。主流的虚拟化技术包括 KVM、Xen、VMware、Docker 等,其中 Docker 因为其轻量化的特点得到了非常广泛的使用。利用 Docker 技术封装应用引擎，可以允许各仿真内核程序在相互独立的空间内运行而互不影响，从而显著提高计算机的工作效率。同时，它允许开发者将他们的应用及依赖包打包到一个可移植的镜像中，然后发布到常用的 Linux 或 Windows 机器上，实现软件的跨平台使用。

（2）Celery 任务调度

Celery 是一个异步任务调度工具，由消息中间件（message broker），任务执行单元（worker）和任务执行结果存储（task result store）三部分组成。其中，消息中间件可以方便地和第三方提供的消息中间件（RabbitMQ、Redis 等）集成，任务执行单元可并发地运行在分布式的系统节点中，任务结果存储支持多种不同的存储方式（AMQP、Redis等）。

6.2.2　算法内核的设计与开发

在学术研究中，程序的编制往往针对所研究的某一类具体问题甚至是特殊的算例，因此程序的通用性和扩展性通常较差。在实际开发商用软件时，需要借助一些成熟的软件设计模式，在算法的基础上进一步研发通用的计算程序框架。此外，由于商用软件面向的实际问题更加复杂，往往多种环节相互耦合、相互影响，如水击工况、混油工况、泄漏工况、清管工况等都可能在同一时刻发生在管网当中，因此在建立和组织计算模型时，其模型的表达形式、计算方法应该足够抽象和通用，否则会严重影响程序的扩展性。相比于软件平台，算法内核更加复杂，即便从功能结构的角度出发，第一时间也很难将组成模块划分得合理，需要在不停地开发迭代中逐渐完善设计。笔者在本小节中主要总结在算法内核开发中常用的设计模式，并结合统一建模语言（UML）类图进行举例说明。

1. 常用编程范式和设计模式

编程范式一词初看比较晦涩，但是如果提到"面向对象"编程相信有不少读者都接触过，其实面向对象即编程范式的一种，除了面向对象以外，还有函数式编程、面向过程编程、元编程等范式。目前在一般软件开发中使用最多的就是面向对象编程，但是对算法内核开发这种性能敏感的场景来说，单纯依赖面向对象编程可能会导致一定程度的性能损失，需要开发者在面向对象的基础上，灵活引入函数式、元编程等其他编程范式对程序进行优化，由于这部分内容比较偏底层代码，本书不作展开讨论。

所谓设计模式，即 Design Patterns，是指在软件设计中，被反复使用的一种代码设计经验。使用设计模式的目的是可重用代码，提高代码的可扩展性和可维护性。基于面向对象的设计模式一共有 23 种[5]，这里举例简单说明工厂模式和单例模式的原理。

1）工厂模式

工厂模式属于创建型模式，该模式在创建对象时不会对客户端暴露创建逻辑，并且是通过使用一个共同的接口来指向新创建的对象。以仿真中用到的各种工艺设备模型为例，利用工厂模式可以通过统一接口实现不同元件对象的创建，从而可以将每种设备模型的创建逻辑封装起来，使得模型创建模块与其他模块的耦合度降低，方便代码维护、新模型添加等操作。

2）单例模式

单例模式也属于创建型模式，这种模式涉及一个单一的类，该类负责创建自己的对象，同时确保只有单个对象被创建。这个类提供了一种访问其唯一的对象的方式，可以直接访问，不需要实例化该类的对象。单例模式的算法内核可以应用在线程池、数据库访问等各种全局对象当中，确保对这些资源型对象的统一管理。

2. 算法内核的设计实现

以液体管道仿真算法内核为例，其程序模块组成如图 6.7 所示。

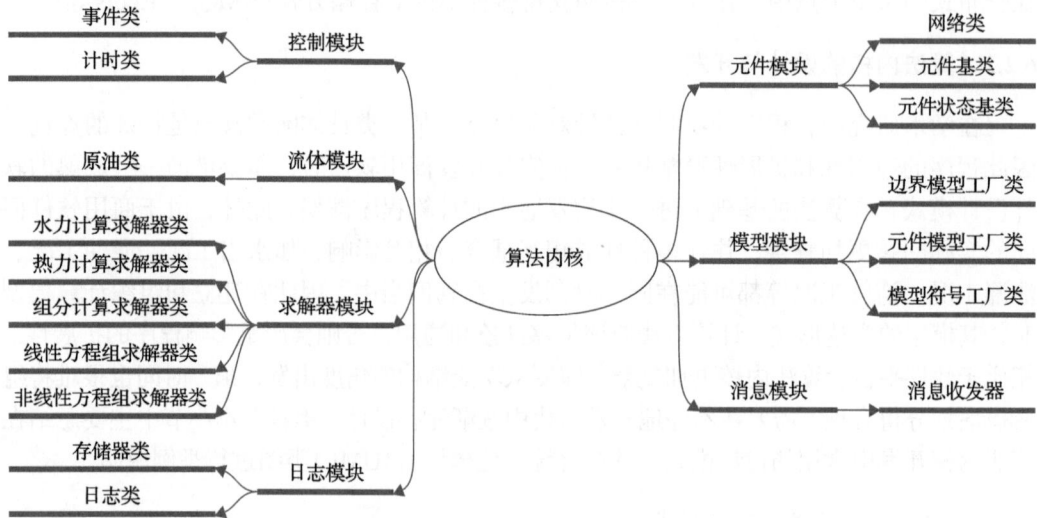

图 6.7　算法内核的模块组成

下面分别介绍上述各模块的作用和意义。

1）控制模块

控制模块主要负责管理用户录入的各类事件，并根据计算的推进在事件对应的时间点进行触发，修改元件的状态或者更新边界条件，同时外部可以访问控制模块获取当前的时间及时间步长等信息。控制模块中主要有事件类和计时类两种。

2）元件模块

元件模块主要负责管理管网中各类元件及其连接关系，同时保存它们的当前状态，这些信息外部都可以进行访问获得。元件模块中主要有网络类、元件基类和元件状态基类，管道、各类阀门和泵等实际元件及其状态类都是由后面两种基类派生而成，图 6.8 就是元件类的派生关系视图。

3）流体模块

流体模块主要用于管理原油的组分信息，并向外提供原油物性和一些物性导数的计算方法，如密度、黏度、比热容及密度对温度和压力的导数等，同时也向外部提供修改和访问油品组分信息的方法。

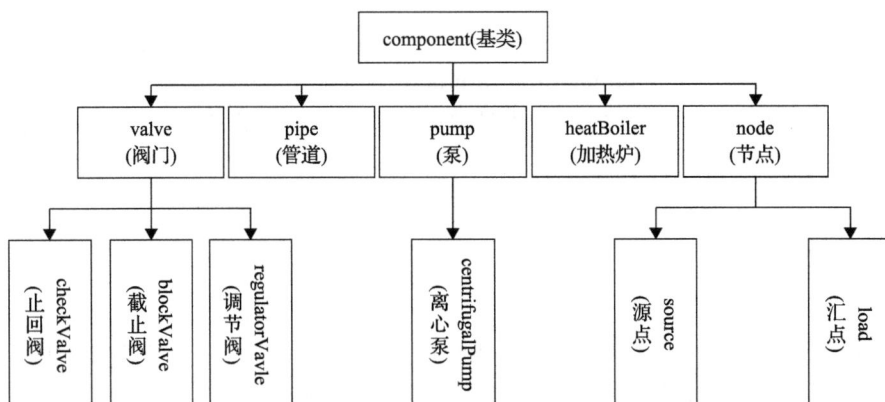

图 6.8　元件类的派生关系视图

4) 模型模块

模型模块主要包含了两种模型, 分别是边界模型和元件模型, 前者即边界条件, 后者则是元件的内部模型方程, 如管道的差分方程组及泵的特性方程等。两种模型类都采用了抽象工厂模式进行设计, 外部通过访问这些模型工厂可以获得不同类型元件的模型方程。此外, 模型模块中还有用于生成各模型中变量符号的符号工厂, 方便后续求解器对方程进行解析和识别。

5) 求解器模块

求解器模块中主要包含水力计算求解器类、热力计算求解器类、组分计算求解器类, 外部可以通过传入边界信息及管网拓扑状态来调用这三类求解器, 此外这些求解器在求解过程中还会进一步调用针对方程组求解的线性方程组求解器类和非线性方程组求解器类。

6) 消息模块

消息模块主要负责和前端的通信, 包括接收前端的算例文件及将计算结果发送返回给前端进行图表渲染。

7) 日志模块

日志模块用于打印输出程序的运行状态, 以及收集程序中的错误、警告等相关信息, 并将这些信息输出至消息模块进行下一步处理。

6.3　国产液体管道云仿真软件介绍

一款好的软件产品, 需要在技术性能、经济指标、界面美观、操作易用和可维护性等方面做到统筹兼顾、协调一致。对于工业仿真软件而言, 应在计算准确、快速的基础上, 尽量满足界面简洁、交互方便、计算高效、易于复制迁移的属性, 进而使得产品能够灵活应用于各种生产工况, 切实解决工业生产中的实际问题。基于此研发理念和软件产品设计的基本需求，笔者带领团队开发了一款简洁易用、准确高效的国产化液体管道云仿真软件(cloud-based liquid pipeline simulator，简称 CloudLPS)产品，本节将对该软件的特色、功能和与商业软件的对比情况进行介绍，欢迎相关从业人员使用本软件，并提出宝贵意见。

6.3.1　软件特色与功能

1. 云计算架构

CloudLPS 基于 B/S 云计算架构，采用开放式的应用集成框架，如图 6.9 所示。服务框架包含高度解耦的表现层、应用层和计算层，从而实现建模仿真过程中仿真算例数据、算法应用及计算资源的分离。上述架构使用户可在本地浏览器内构建仿真算例，执行仿真时则会将算例文件自动上传至云端服务器进行计算，从而有效利用云端的计算资源，在计算过程中还可以实时将最新的仿真结果数据发送至本地浏览器窗口显示。用户在使用本软件时可开箱即用，无须手动进行本地化安装或者更新，从而有助于实现对软件发售版本的统一管理，降低软件运维成本。

2. 拓扑建模

CloudLPS 在 mxGraph 开源框架的基础上，结合油气管网仿真计算的需求进行二次开发，实现了拓扑建模功能，软件整体的工作台如图 6.10 所示。基于可视化的拓扑建模环境，用户可通过连接模型元件间的端口建立起管网拓扑结构，并根据需要在参数面板录入各元件模型参数和全局计算参数，从而快速建立与物理系统相映射的数字化仿真模型。CloudLPS 的拓扑建模环境允许用户对元件图标进行旋转、缩放、对齐、排列等操作，还可自主对连接线的颜色和样式进行调整，并在拓扑图中添加文字备注等。此外，软件提供了新手向导、在线帮助文档等实用功能，让用户能够快速上手软件的建模操作过程，仅需几步就可快速搭建仿真算例。

尽管原油管道涉及的设备类型及型号种类繁多，但可根据其作用原理进行分类，形成通用化并尽可能精准的数学模型。CloudLPS 提供了 10 种设备元件模型、4 种仪表元件模型及 12 种控制元件模型，见表 6.3。为提高识别度，我们根据行业绘图标准[6]，并融合仿真软件的界面设计美学，精心设计了如图 6.11 所示的一系列直观的元件图标。

3. 多场景混合仿真

原油管道输送过程中在同一时刻可能存在着多种运行场景。例如，采用 PID 控制的冷热油交替输送管道在阀门关闭后发生水击并持续停输的工况下就包含了多种运行场景，掌握这种复杂混合场景下的管道水力热力运行特性对于保障输油管道的安全运营具有十分重要的价值。CloudLPS 能够支持包括冷热油交替输送、PID 控制输送、各种工况混合输送、正反输送、批次跟踪、水击和停输再启动在内的各种复杂场景及其混合场景的管道仿真，如图 6.12 所示。

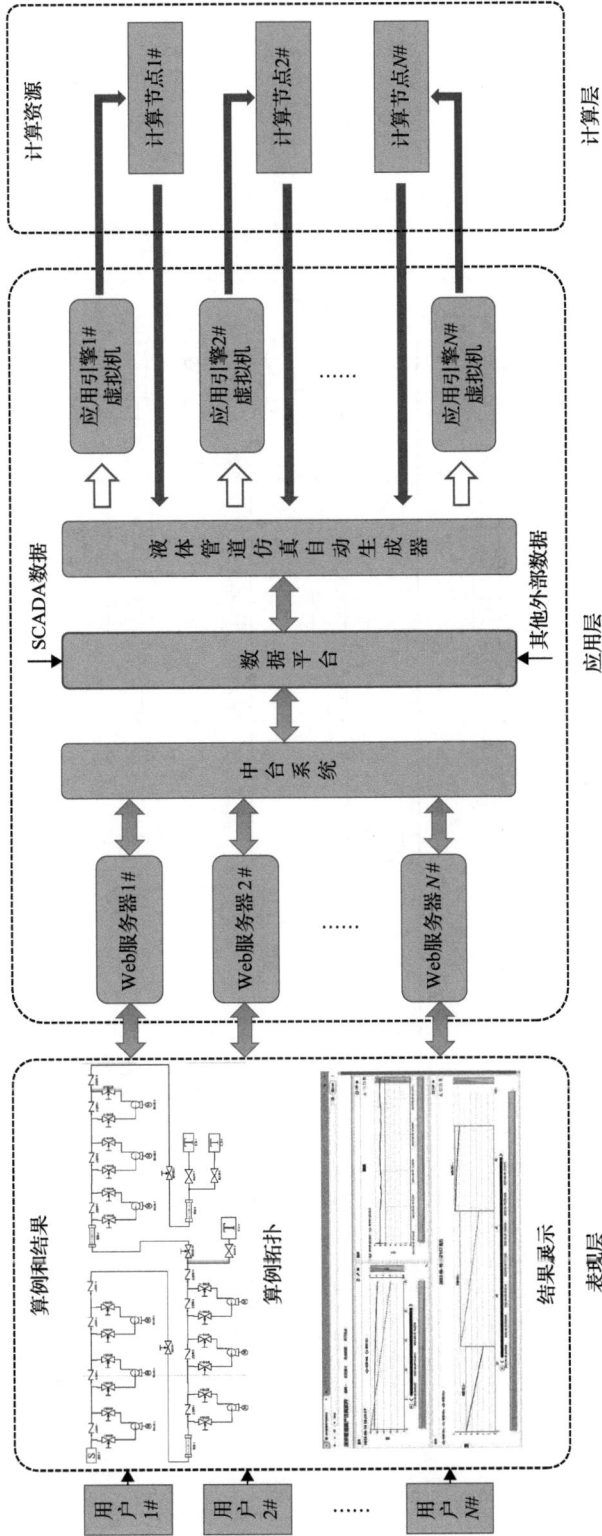

图6.9　B/S云计算架构

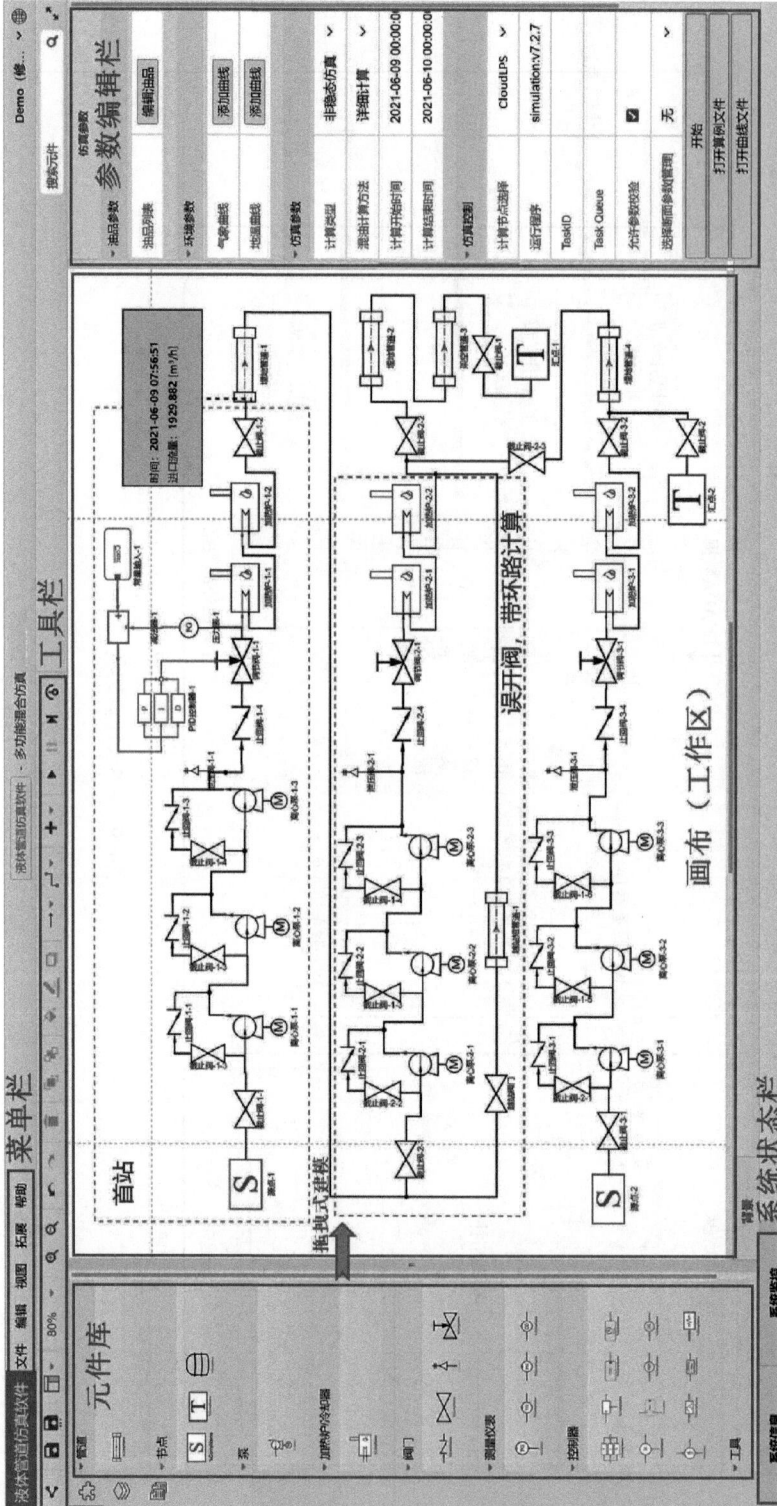

图6.10 软件工作台

表 6.3　CloudLPS 内嵌元件类型

分类	元件	表征实际设备
管道	管道	任意管径、截面等参数的埋地或悬空管道
节点	源点、汇点、罐	任意类型的油罐，或者整个油库
泵	离心泵	任意类型的输油泵
加热炉	加热炉	任意型号的加热炉
阀门	止回阀、截止阀、泄压阀、调节阀	球阀、蝶阀、闸阀等任意类型的阀门
测量仪表	压力表、温度表、流量表、浓度表	
控制器	PID 控制器、减法器、乘法器、除法器、常量输入、时间输入、最大最小比较器、符号函数、绝对值函数、延时器、极值记录器、示波器	

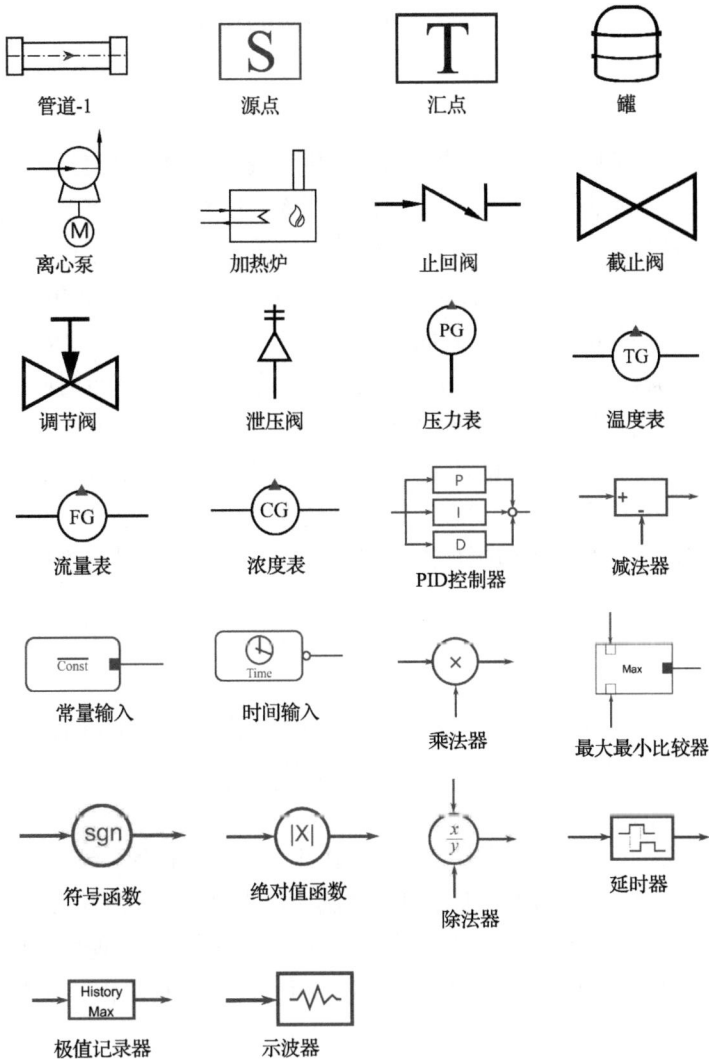

图 6.11　元件图标

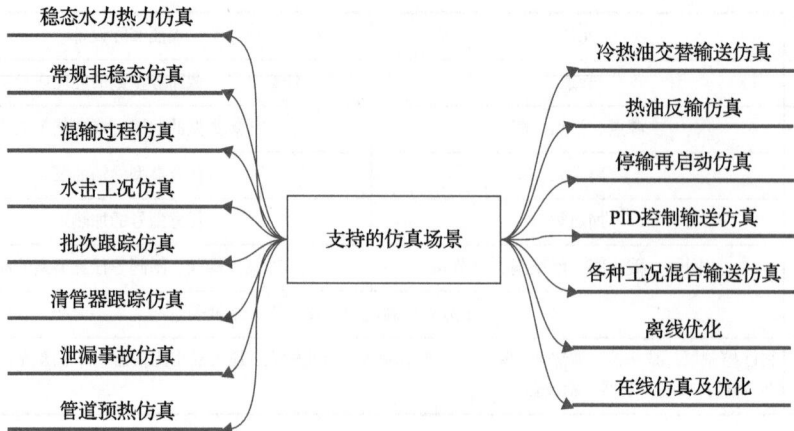

图 6.12　CloudLPS 支持的仿真场景

4. 数据可视化

CloudLPS 基于 ECharts 等开源图表库，提供直观、生动、可交互、可个性化定制的数据可视化图表，包括曲线图、饼状图、柱状图等。这些图表具有拖拽重计算、数据视图、值域漫游等特性，大大增强了用户体验感，赋予了用户对数据进行挖掘、整合的能力。相比于传统仿真软件的可视化，CloudLPS 的可视化更加直观和清晰。仿真计算的结果可通过三种方式实时渲染在用户界面当中，即趋势图、数据块与仪表板，如图 6.13 所示。趋势图在系统状态栏处显示，用于刻画设备状态量随里程或者时间的变化，方便用户观察状态量的变化趋势。数据块创建在绘图区中并与元件相关联，用户可以针对重点关注的设备元件创建数据块，它将以参数列表的形式展示目标元件的状态量并实时更新，从而方便用户快速掌握系统运行状态。仪表板允许用户自定义整合不同元件的仿真结果数据并进行集成显示，其中也包括可以对多根管道的仿真结果进行拼接从而绘制出水力坡降图、温降图等。

5. 算例管理

在 CloudLPS 平台中，用户可以在工作台界面和用户中心的算例空间界面执行新建/打开/保存/删除算例等相关的操作，如图 6.14 (a) 所示。值得一提的是，在执行打开算例的操作时平台还提供了即时显示的算例缩略图以帮助用户快速甄别是否为目标算例，如图 6.14 (b) 所示。除了上述的基础功能以外，软件还提供了算例分组、算例分享等功能。其中：算例分组功能可以让用户通过创建算例文件夹来对不同的仿真算例进行分组分类管理；算例分享功能允许用户将算例公开分享给其他用户，其他用户可以在此基础上进行二次修改，从而实现了多用户协同建模。相比传统仿真软件，在算例管理方面，CloudLPS 的功能更加友好和强大。

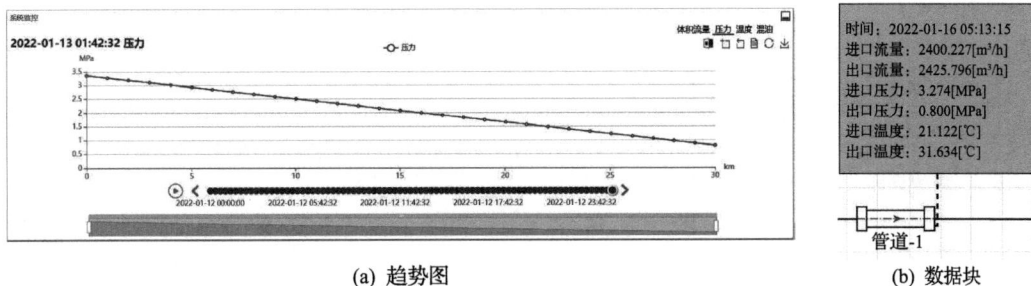

(a) 趋势图　　　　　　　　　　　　　　　　　　　(b) 数据块

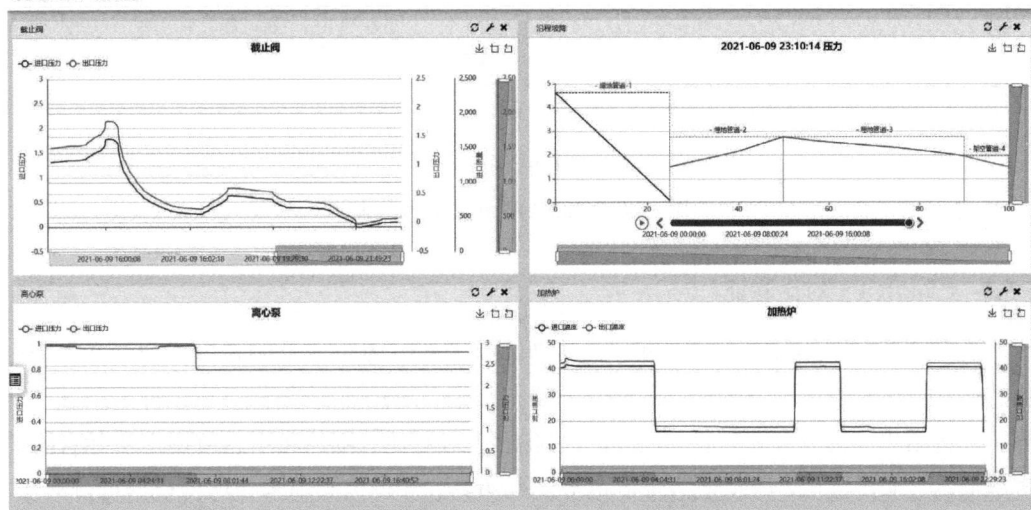

(c) 仪表板

图 6.13　CloudLPS 中数据可视化手段

(a) 算例空间

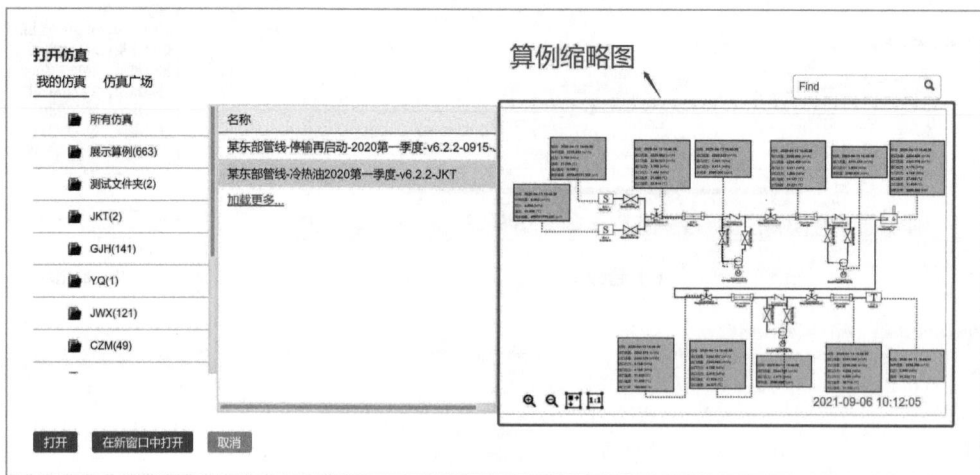

(b) 打开仿真界面

图 6.14　CloudLPS 仿真算例管理

6.3.2　CloudLPS 对比验证

为了验证 CloudLPS 仿真结果的准确性与可靠性，在本小节中首先分别对常温管道稳态输送、热输管道稳态输送、常温管道瞬态水击、冷热油交替输送[7,8]多种工况进行计算，并将结果与国外商业软件 SPS 和 TLNET 进行对比；随后将平台应用于实际管线的常温输送、加热输送、冷热油交替输送等工况仿真，并将仿真结果与现场数据进行对比。所有的对比验证结果都表明，CloudLPS 平台具备良好的计算精度，并且更适用于国内复杂的原油物性和输送工艺。

1. 与商业软件对比

1) 工况 1：常温管道稳态输送

常温管道中输送的流体多为牛顿流体，但也可能为非牛顿流体，在此将三款软件分别输送两种不同性质流体下的管道仿真结果进行对比。

管道输送牛顿流体算例的仿真基础参数如下。

(1) 管道长 70km，管道规格为 $\Phi515.2\text{mm}\times7.6\text{mm}$。

(2) 输送油品的密度、比热容和黏度分别为 900kg/m^3、2.2kJ/(kg·℃) 和 0.02Pa·s。

(3) 考虑两种边界条件情况，管道上下游均采用压力边界，分别为 3MPa 和 0.25MPa；管道上游采用流量边界，为 $900\text{m}^3/\text{h}$；管道下游采用压力边界，为 0.25MPa。

基于上述仿真基础参数，采用 TLNET、SPS 和 CloudLPS 分别进行仿真计算，得到的稳态流量和压降如表 6.4 所示。

由表 6.4 可知，CloudLPS 与 TLNET、SPS 仿真得到的稳态流量和稳态压降相对偏差均在 1%以内，说明 CloudLPS 稳态水力仿真精度与其他两款软件相当。

表 6.4 三款仿真软件流量和压降对比

软件名称	管道上下游均采用压力边界		管道上游采用流量边界、下游采用压力边界	
	流量/(m³/h)	相对偏差/%	压降/MPa	相对偏差/%
TLNET	955.1	0.08	2.471	−0.72
SPS	956.1	0.19	2.478	−0.44
CloudLPS	954.3	—	2.489	—

管道输送非牛顿流体算例的仿真基础参数如下。

(1)管道长 50km，管道规格为 $\varPhi$420mm×10mm。

(2)输送油品的密度和比热容分别为 808.9kg/m³ 和 2.2kJ/(kg·℃)，在某一温度下黏度与剪切率的关系如表 6.5 所示。

(3)管道上下游分别采用流量和压力边界，其数值分别为 346.76m³/h 和 0.5MPa。

表 6.5 油品在不同剪切率下的黏度

	剪切率					
	5s⁻¹	10s⁻¹	15s⁻¹	20s⁻¹	25s⁻¹	30s⁻¹
黏度/(Pa·s)	0.3141	0.2453	0.2122	0.1915	0.1768	0.1657

基于上述仿真基础参数，采用 TLNET、SPS 和 CloudLPS 分别进行仿真计算，可得到稳态压降。此外，根据《输油管道工程设计规范》(GB 50253—2014)推荐的幂律流体摩阻计算公式[9]同样可得到管道稳态压降。将三款软件的仿真结果与幂律流体摩阻计算公式的计算结果进行对比，结果如表 6.6 所示。

表 6.6 三款软件仿真结果与规范公式计算结果对比

软件名称	压降/MPa	相对偏差/%
TLNET	1.902	8.38
SPS	1.624	−7.46
CloudLPS	1.756	0.06
规范推荐公式	1.755	—

由表 6.6 可知，TLNET、SPS 与规范推荐公式获得的压降之间的偏差相对较大，而 CloudLPS 表现出最小的压降仿真偏差，其偏差仅为 0.06%，说明 CloudLPS 仿真结果更符合我国《输油管道工程设计规范》(GB 50253—2014)。

2)工况 2：热输管道稳态输送

本算例的仿真基础参数如下。

(1)管道长 70km，管道规格为 $\varPhi$515.2mm×7.6mm，埋深 1m。

（2）钢管层厚度为 7.6mm，导热系数为 48W/(m·℃)；防腐层厚度为 2mm，导热系数为 0.15W/(m·℃)；保温层厚度为 20mm，导热系数为 0.04W/(m·℃)。

（3）土壤导热系数为 1.5W/(m·℃)，1m 埋深处温度为 5℃。

（4）输送油品的密度为 900kg/m³，比热容为 2.2kJ/(kg·℃)，黏度与油温之间满足关系式 $\mu=0.02\exp[-0.027\times(T-20)]$(Pa·s)。

（5）管道上游采用压力边界，为 5MPa；管道下游采用两种流量边界，分别为 600m³/h 和 1200m³/h。

基于上述仿真基础参数，采用 TLNET、SPS 和 CloudLPS 分别进行仿真计算，可得到稳态温降。此外，结合列宾宗温降公式[10,11]被广泛应用于热输管道温降计算，在行业内深受认可。因此将三款软件仿真结果与列宾宗温降公式计算结果进行对比，结果如表 6.7 所示。

表 6.7　三款软件仿真结果与列宾宗温降公式计算结果对比

软件名称	管输流量为 600m³/h		管输流量为 1200m³/h	
	温降/℃	相对偏差/%	温降/℃	相对偏差/%
TLNET	11.30	−0.88	4.800	−1.84
SPS	11.14	−2.28	4.900	0.20
CloudLPS	11.43	0.26	4.895	0.10
列宾宗温降公式	11.40	—	4.890	—

由表 6.7 可知，两种管输流量下，CloudLPS、TLNET、SPS 与列宾宗温降公式获得的温降之间的相对偏差均小于 3%，其中，CloudLPS 表现出最低的温降仿真偏差，其偏差仅为 0.26% 和 0.10%，说明 CloudLPS 具有较高的稳态热力仿真精度。

3）工况 3：常温管道瞬态水击

本算例的仿真基础参数如下。

（1）管线共有 2 条管段，其长度分别为 80km 和 70km，规格均为 $\Phi520$mm×10mm。

（2）输送油品的密度、比热容和黏度分别为 900kg/m³、2.2kJ/(kg·℃) 和 0.045Pa·s。

（3）管线上下游均采用压力边界，分别为 5MPa 和 1MPa。

（4）2 条管段之间设有 1 个调节阀，该调节阀在短时间内由全开变为全关状态以产生水击[12]。

基于上述仿真基础参数，采用 TLNET、SPS 和 CloudLPS 分别进行水击工况仿真计算，得到的调节阀上下游压力随时间的变化情况如图 6.15 所示。

由图 6.15 可知，三款软件的压力变化曲线相互吻合良好，调节阀上下游压力出现波峰和波谷的时间及相应的压力值基本相同，这说明了 CloudLPS 非稳态水力仿真精度与其他两款软件相当。

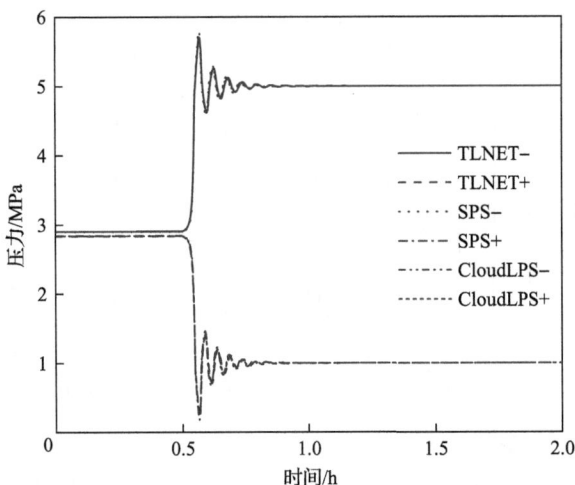

图 6.15　管线发生水击后全线压力变化情况

"+"表示调节阀下游压力；"–"表示调节阀上游压力

4)工况 4：冷热油交替输送

本算例的仿真基础参数如下。

(1)管道长 30km，管道规格为 Φ664mm×7mm，埋深 1.5m。

(2)钢管层厚度为 7mm，密度为 7850kg/m³，导热系数为 48W/(m·℃)，比热容为 480J/(kg·℃)；防腐层厚度为 7mm，密度为 1100kg/m³，导热系数为 0.15W/(m·℃)，比热容为 1670J/(kg·℃)。

(3)土壤密度为 1700kg/m³，导热系数为 1.5W/(m·℃)，比热容为 1010J/(kg·℃)，1.5m 埋深处温度为 11.7℃。

(4)管道交替输送进口油和国产油，两种油品的来油温度分别为 20℃和 40℃，每个油品批次输送时间分 24h 和 72h 两种情况。

(5)进口油和国产油的密度与温度分别满足关系式 $\rho=872.6-(1.825-1.315\times10^{-3}\times872.6)\times(T-20)$ (kg/m³) 和 $\rho=931.7-(1.825-1.315\times10^{-3}\times931.7)\times(T-20)$ (kg/m³)，两种油品的比热容分别为 2.1kJ/(kg·℃) 和 2.2kJ/(kg·℃)，黏温关系如表 6.8 所示。

(6)管道上下游分别采用流量和压力边界，分别为 2000m³/h 和 0.8MPa。

表 6.8　两种油品在不同温度下的黏度　　　　　　　(单位：Pa·s)

	温度					
	15℃	20℃	25℃	30℃	35℃	40℃
进口油黏度	0.0345	0.0266	0.0202	0.0156	0.0134	0.0115
国产油黏度	3.7409	1.7224	0.9438	0.5773	0.3810	0.2658

基于上述仿真基础参数，采用 TLNET、SPS 和 CloudLPS 分别进行冷热油交替输送仿真计算，可得到两种批次输送时间下管道末端油温随时间的变化情况，如图 6.16 所示。

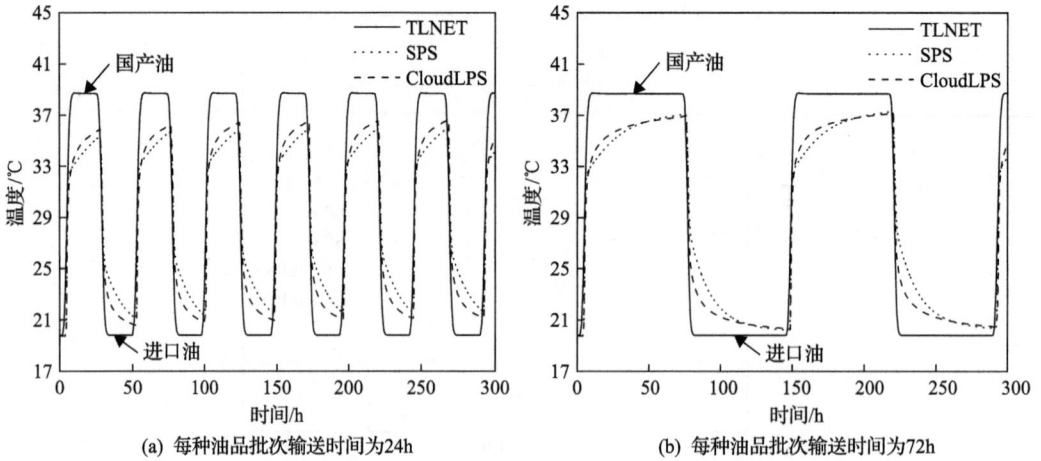

(a) 每种油品批次输送时间为24h　　　　　(b) 每种油品批次输送时间为72h

图 6.16　不同输送时间下管道末端油温随时间的变化情况

由图 6.16 可知，在批次输送时间较短时，由三款软件仿真获得的管道终点油温存在较为明显的差距；当每种油品批次输送时间从 24h 变为 72h 时，三款软件得到的油温差距缩小，其中 CloudLPS 与 SPS 之间的油温较快地趋于一致。对于这三款软件的热力仿真而言，TLNET 几乎没有考虑土壤的蓄放热效应，管道末端的油温主要由土壤热阻决定，在单一热阻影响下管道末端处进口油和国产油的温度几乎不随时间发生变化；SPS 根据热阻相等的原则将管道周围的土壤等效为一个包裹在管道外侧的圆筒，通过具有轴对称特点的圆筒导热来简化土壤传热，一定程度上可以通过圆筒非稳态传热来考虑土壤的蓄放热效应，但该方法实际上只能等效热阻大小，并不能等效管道埋地敷设条件下土壤蓄放热过程，在土壤热阻和土壤蓄放热效应双重影响下管道末端进口油和国产油的温度会随时间发生变化，但土壤蓄放热过程并不真实，因此并不能保证油温变化趋势完全合理；CloudLPS 考虑了管道真实埋地敷设条件，引入管道热力影响区的概念将土壤半无穷大区域简化为一个有限的矩形区域[13-15]，通过管道真实敷设条件下矩形区域内土壤非稳态传热来考虑土壤的蓄放热效应，这种方法考虑得更符合实际，土壤蓄放热效应能够更真实地影响油温变化趋势。

由于三款软件考虑的土壤热阻大小几乎相等(前面三款软件稳态热力仿真比对已证实了这一点)，可以预期，随着批次输送时间的进一步增加，由三款软件获得的油温将最终趋于一致。这是由于随着批次输送时间的延长，管道输送过程逐渐由非稳态趋向于稳态，在接近稳态时管道和土壤之间的传热过程由土壤热阻主导，土壤的蓄放热效应不再明显，几乎不再对土壤传热过程产生影响，进而不再影响管内油温变化。

2. 与现场数据对比

1)工况 1：多级分支常温输送

某掺混原油常温输送多级分支管线全长 881km，包括一条主干道和两条分支管道，沿线共设有 10 座输油站，包含首站 1 座、中间分输站 2 座、主干道末站 1 座、分支管道末站 2 座、一般泵站 4 座，该管线的拓扑结构如图 6.17 所示。

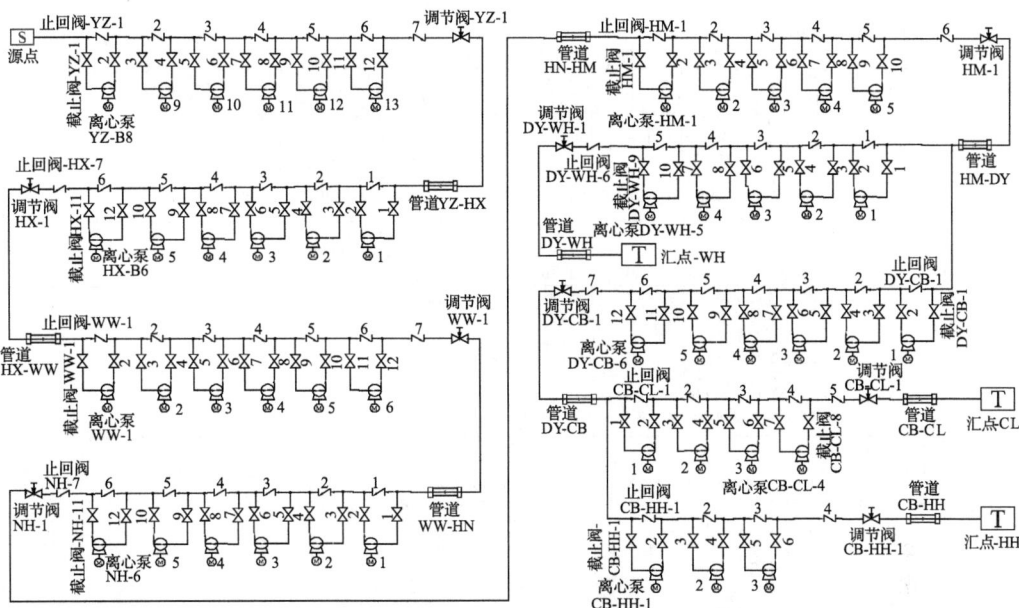

图 6.17　某多级分支常温输送管线仿真案例拓扑结构图

基于该常温输送管线仿真基础参数，采用 CloudLPS 进行稳态仿真计算，可得到该管线各季度的总压降仿真结果，并将其与管线实际压降数据进行对比，如图 6.18 所示。

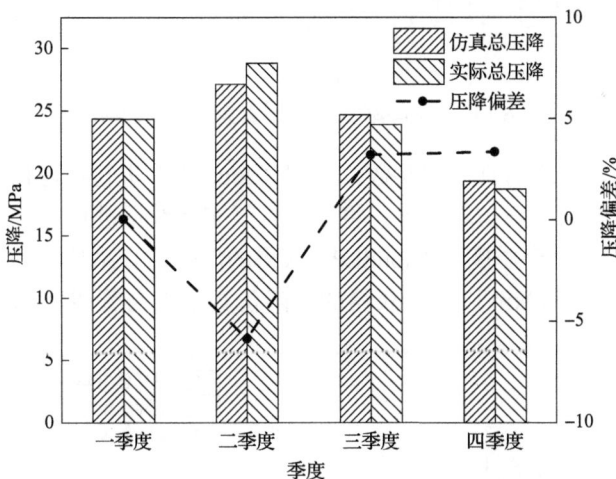

图 6.18　某多级分支常温输送管线压降仿真结果与现场数据对比

由图 6.18 可知，每个季度下 CloudLPS 获得的压降仿真结果与管线实际压降数据之间的相对偏差均在±6%以内，可满足实际工程计算的精度要求，这从现场数据验证角度说明了 CloudLPS 具有较高的稳态水力仿真精度。

2) 工况 2：加热输送

某重质国产原油加热输送管线全长 154.4km，中间设有两个注入点，沿线共设有 5 座输油站，包含热泵站 2 座、泵站 2 座、末站 1 座，该管线的拓扑结构如图 6.19 所示。

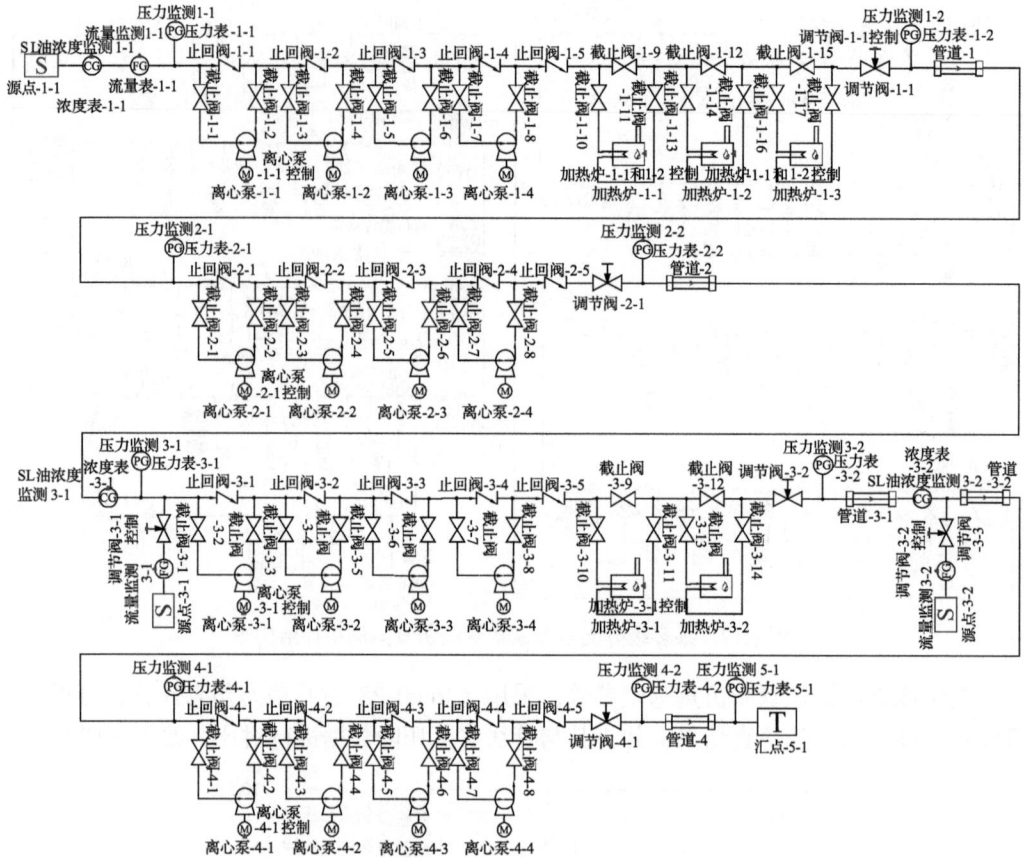

图 6.19　某加热输送管线仿真案例拓扑结构图

基于该加热输送管线仿真基础参数，采用 CloudLPS 进行稳态仿真计算，可得到该管线四个季度的温降和压降仿真结果，将其与管线实际数据进行对比，如图 6.20 所示。

由图 6.20 可知，每个季度下 CloudLPS 获得的温降仿真结果与管线实际温降数据之间的偏差均在 ±1.5℃/100km 以内，获得的压降仿真结果与管线实际压降数据之间的相

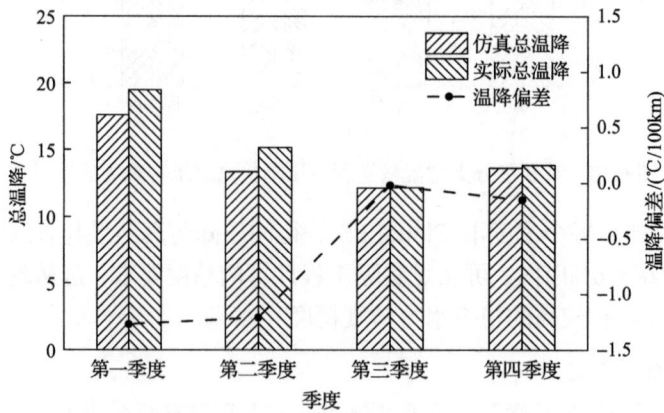

(a) 总温降

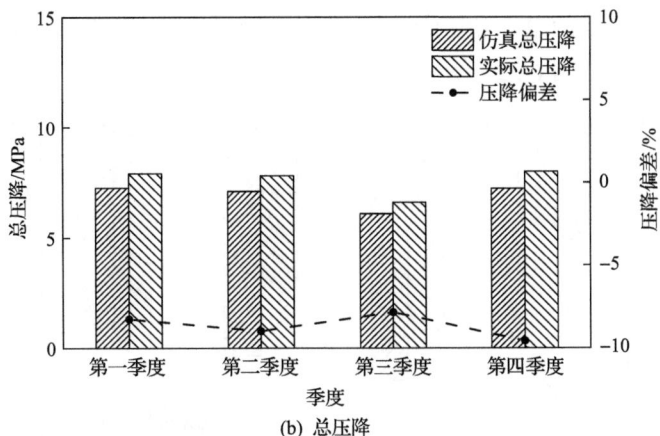

(b) 总压降

图 6.20　某加热输送管线仿真结果与现场数据对比

对偏差均在 ±10% 以内,这从现场数据验证角度较好地说明了 CloudLPS 具有较高的稳态热力和水力仿真精度。

3) 工况 3:冷热油交替输送

某两条并行敷设的原油管线,一条管线常温输送轻质进口原油,另外一条管线加热输送重质国产原油。由于第一条管线老化,轻质进口原油转入第二条管线与重质原油进行冷热油交替输送[16]。工况 2 介绍的加热输送管道即这里提到的第二条管线,后期的输送工艺由加热输送转变为冷热油交替输送,其拓扑图见图 6.19。

基于该冷热油交替输送管线仿真基础参数,采用 CloudLPS 进行非稳态仿真计算,可得到该管线冷热油交替输送过程中温度和压力的变化情况。图 6.21 展示了温度和压力变化最为剧烈的管道 1 的仿真结果与实际数据对比情况。

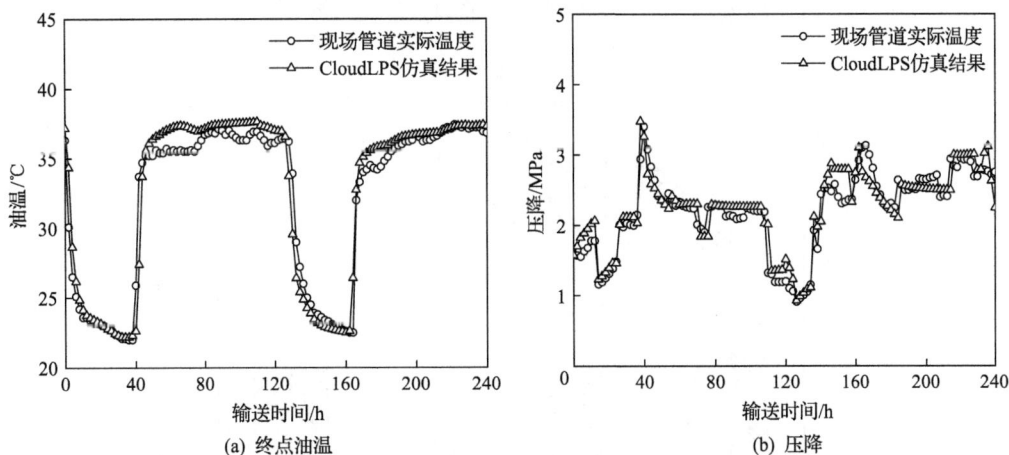

(a) 终点油温

(b) 压降

图 6.21　管道 1 仿真结果与实际数据对比

由图 6.21 可知,CloudLPS 获得的冷热油交替输送仿真结果与实际数据趋势一致、吻合较好。为整体定量评估 CloudLPS 冷热油交替输送仿真偏差,分别统计各季度冷油和热油输送过程中全线的温降和压降数据，并将统计结果平均值与 CloudLPS 的仿真结果平均值进行对比，如图 6.22 所示。

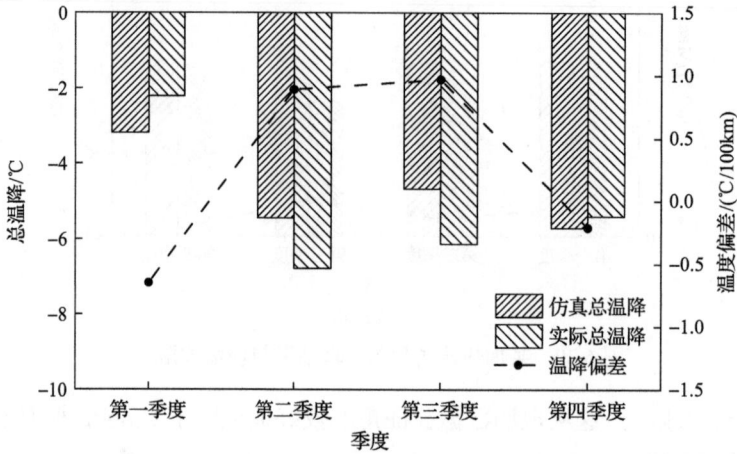

(a) 冷油总温降

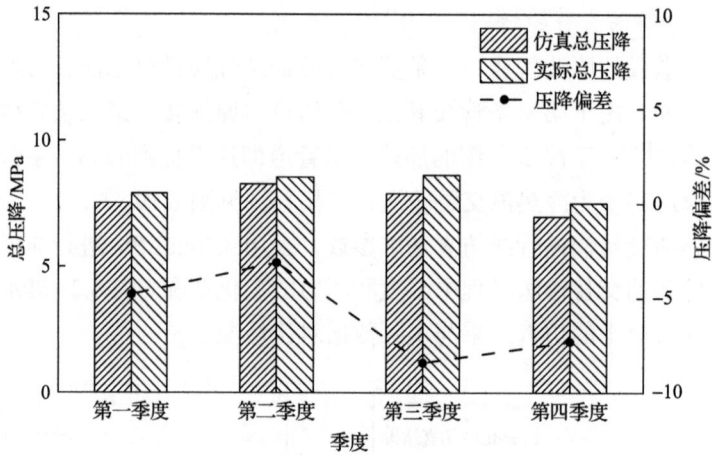

(b) 冷油总压降

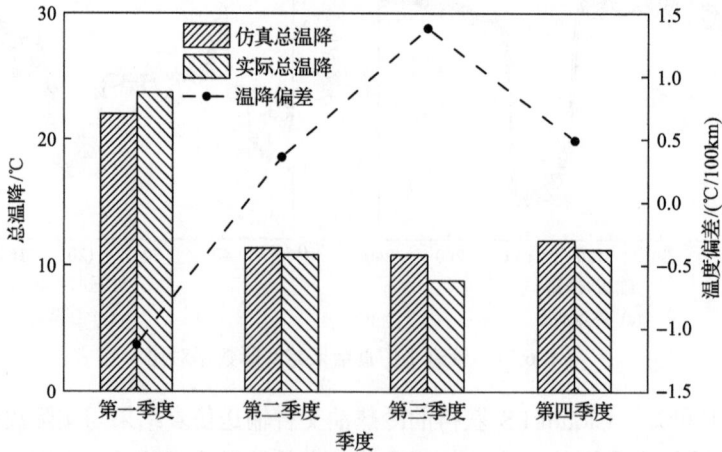

(c) 热油总温降

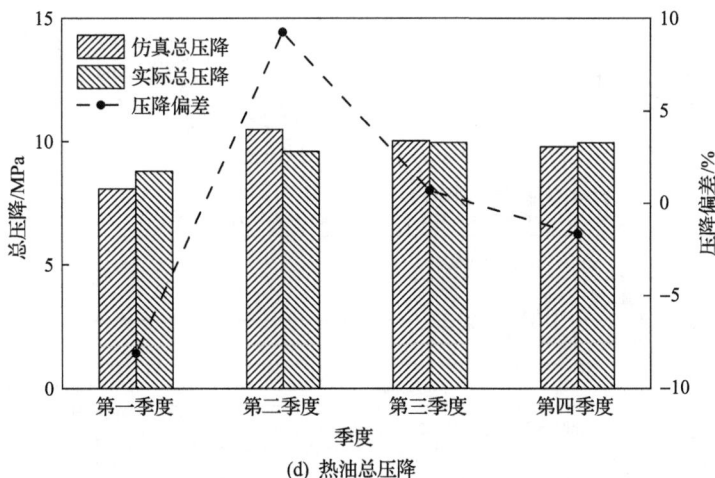

(d) 热油总压降

图 6.22　某冷热油交替输送管线仿真结果与现场数据对比

由图 6.22 可知，每个季度下 CloudLPS 获得的两种油品温降和压降仿真结果与管线实际数据之间的偏差均分别在±1.5℃/100km 和±10%以内，可满足实际工程计算的精度需求，这从现场数据验证角度说明了 CloudLPS 具有较高的非稳态热力和水力仿真精度。

6.3.3　CloudLPS 特色功能案例

本节从现场管线实际业务出发，分别以站场压力控制、常温管线能耗优化、热输管线能耗优化[8,17,18]为例介绍 CloudLPS 可视化控制逻辑搭建和能耗优化两大特色功能。

1. 站场压力控制

某轻质进口油常温输送原油管线全长 796km，沿线共设有 6 座输油站，其中仅有 3 座输油站设有输油泵，该管线的拓扑结构如图 6.23 所示。

为了使原油管线运行时站场进站不欠压、出站不超压，往往需要添加相应的控制逻辑来达到站场压力控制的目的。CloudLPS 参考了 Simulink、Dymola 等知名仿真软件的控制逻辑建模方法，通过将不同的基础控制元器件在可视化的拓扑建模环境中进行连接和组合，从而实现复杂控制逻辑的构建。如图 6.24 所示，通过组合常量输入、减法器、乘法器、符号函数、最大最小比较器这些控制元件搭建了 3 个控制逻辑块，这 3 个逻辑块分别获得进站压力大于 3MPa、进站压力小于 1MPa 和出站压力大于 8MPa 时的偏差信号，它们再搭配常量输入、减法器、除法器、最大最小比较器和 PID 控制器这些控制元件形成一个站场压力控制逻辑。由于搭建的整个控制逻辑是可视化的，用户可直接查看整个控制逻辑中不同信号传递和转换的细节，方便用户调试控制逻辑和分析控制过程。

图 6.24 展示的控制逻辑能够通过调节站场调节阀的开度使进站压力保持在 1～3MPa 范围内、出站压力不超过 8MPa。当站场的进站压力超过 3MPa 时，图 6.24 中的逻辑块 1 将进站压力值与设定的 3MPa 压力值作比较，差值信号通过逻辑块 1 处理后，最后输出至 PID 控制器，将其作为 PID 控制器的正值输入偏差信号，通过 PID 控制器转换后输出正值控制信号，使调节阀开度增加，从而逐渐降低进站压力使其不超过 3MPa；当站场

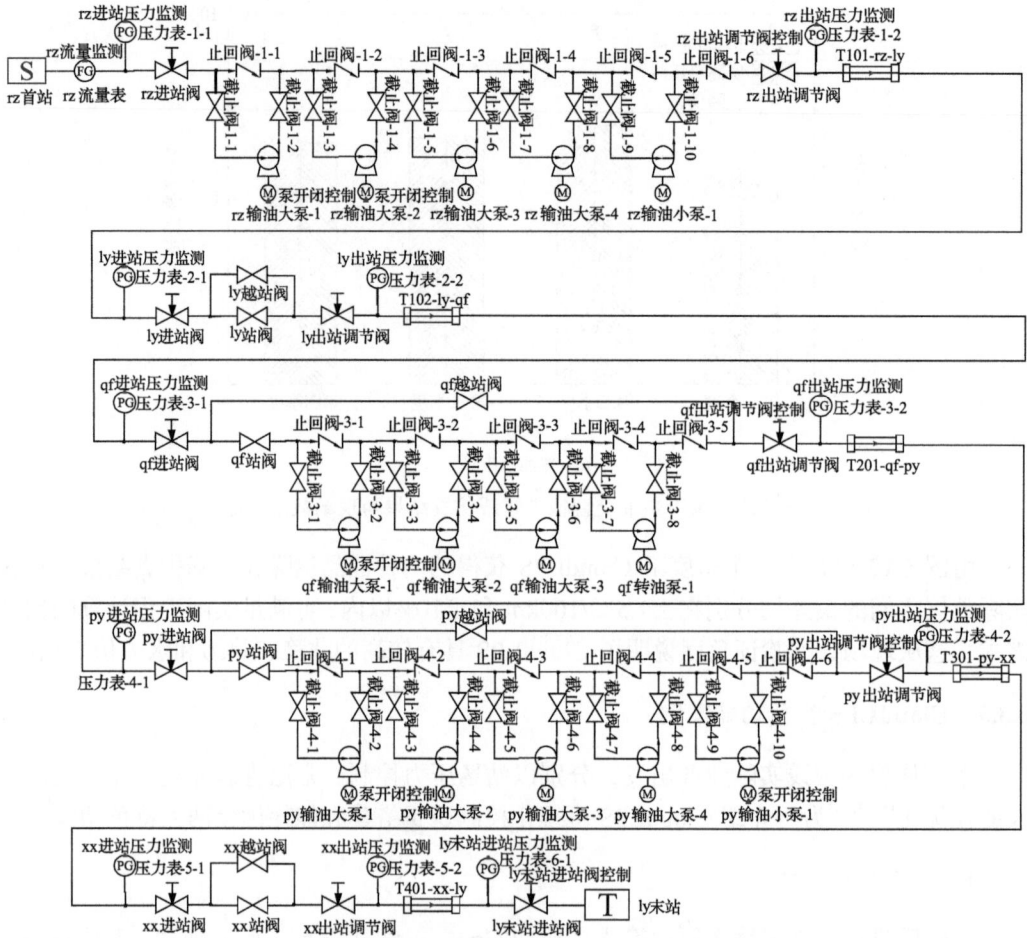

图 6.23　某常温输送管线压力控制案例拓扑结构图

的进站压力低于 1MPa 时，图 6.24 中的逻辑块 2 将进站压力值与设定的 1MPa 压力值作比较，差值信号经过上述类似的信号传递和转换过程后传入 PID 控制器，通过 PID 控制器转换后输出负值控制信号，使调节阀开度降低，从而逐渐增加进站压力使其不低于 1MPa；当站场出站压力超过 8MPa 时，图 6.24 中的逻辑块 3 对差值信号的作用与逻辑块 1 类似，最后通过降低调节阀的开度从而降低出站压力使其不超过 8MPa。

图 6.25 展示了上述控制逻辑在站场进站压力过低时的作用效果。由图 6.25 可知，当进站压力过低时，在站场压力控制逻辑的作用下，调节阀的开度逐渐降低，因此进站压力逐渐增加，使其不低于 1MPa，最终满足管线运行要求。

2. 常温管线能耗优化

某轻质进口原油常温输送管线全长 379km，沿线共设有 5 座输油站，包括泵站 4 座、末站 1 座，每座泵站均设有 6 台型号相同的输油泵和 1 个出站调节阀，并且每座泵站都设有变频器用于输油泵转速调节，该管线的拓扑结构如图 6.26 所示。该管线首站进站压力为 0.7MPa，沿线共有 4 条管段，最大允许承压均为 5MPa，各泵站的进站压力不得低于 0.5MPa，末站的进站压力不得低于 0.1MPa。由于各地区工业用电的电价政策存在差异，该管线各泵站电价均不相同，按照电价由高到低排序这四座泵站依次为泵站 1、泵站 3、泵站 2、泵站 4。

基于该常温输送管线基础参数，采用 CloudLPS 进行能耗优化计算，可得到该管线能耗优化后的阀门开度和输油泵转速。能耗优化前后所有调节阀开度均为 100%，没有额外的节流损失，优化前后泵转速组合情况如表 6.9 所示。优化后管线压力分布与优化前的对比情况如图 6.27 所示。

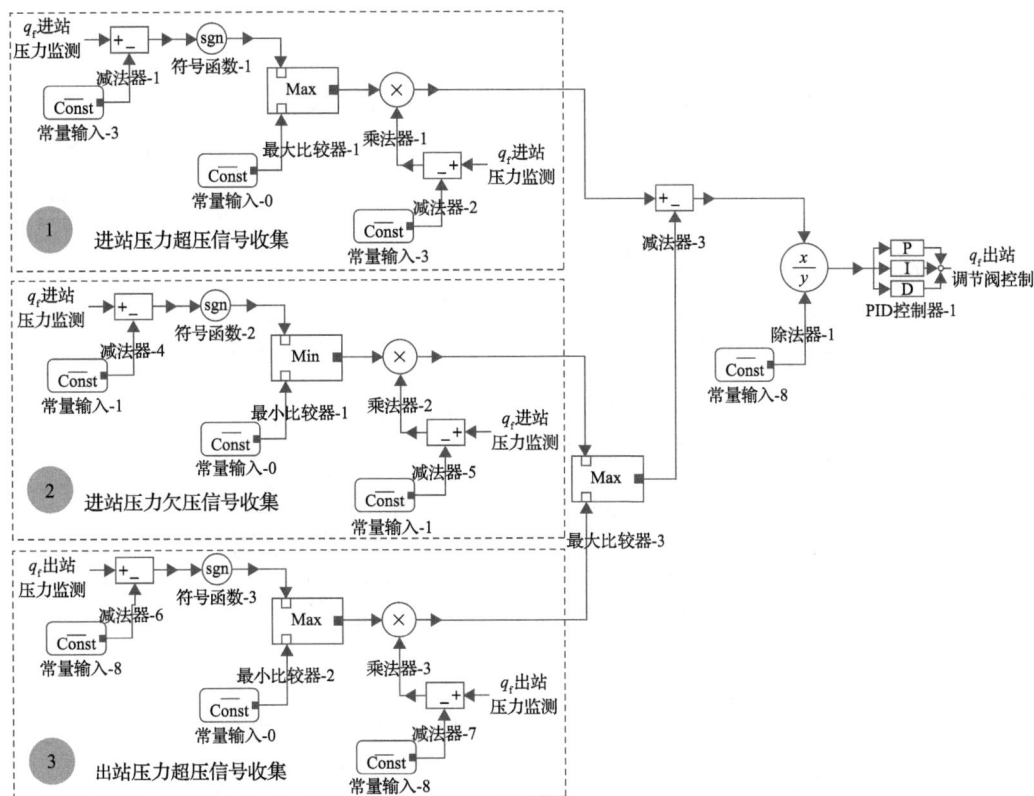

图 6.24　站场压力控制逻辑图

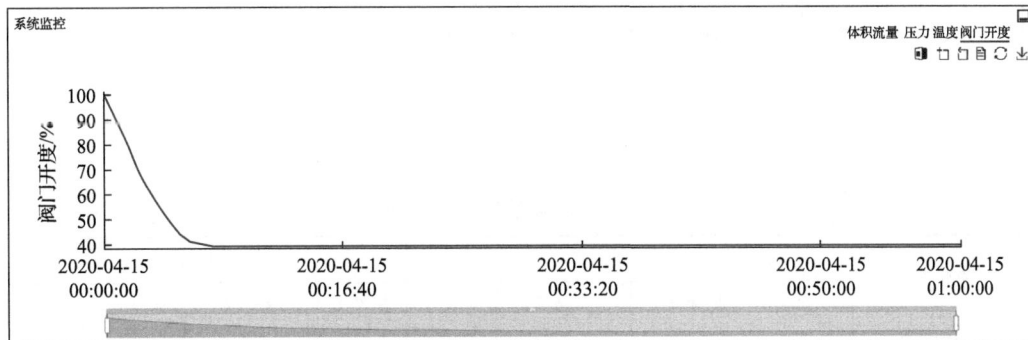

(a) 阀门开度变化

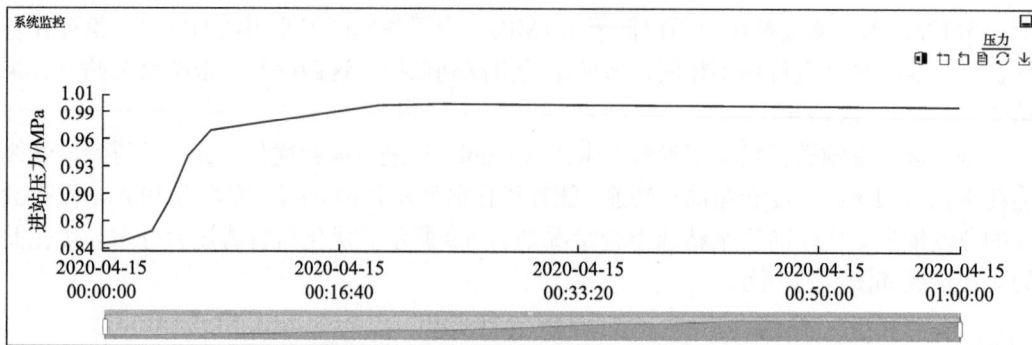

(b) 进站压力变化

图 6.25　调节阀开度和进站压力变化曲线

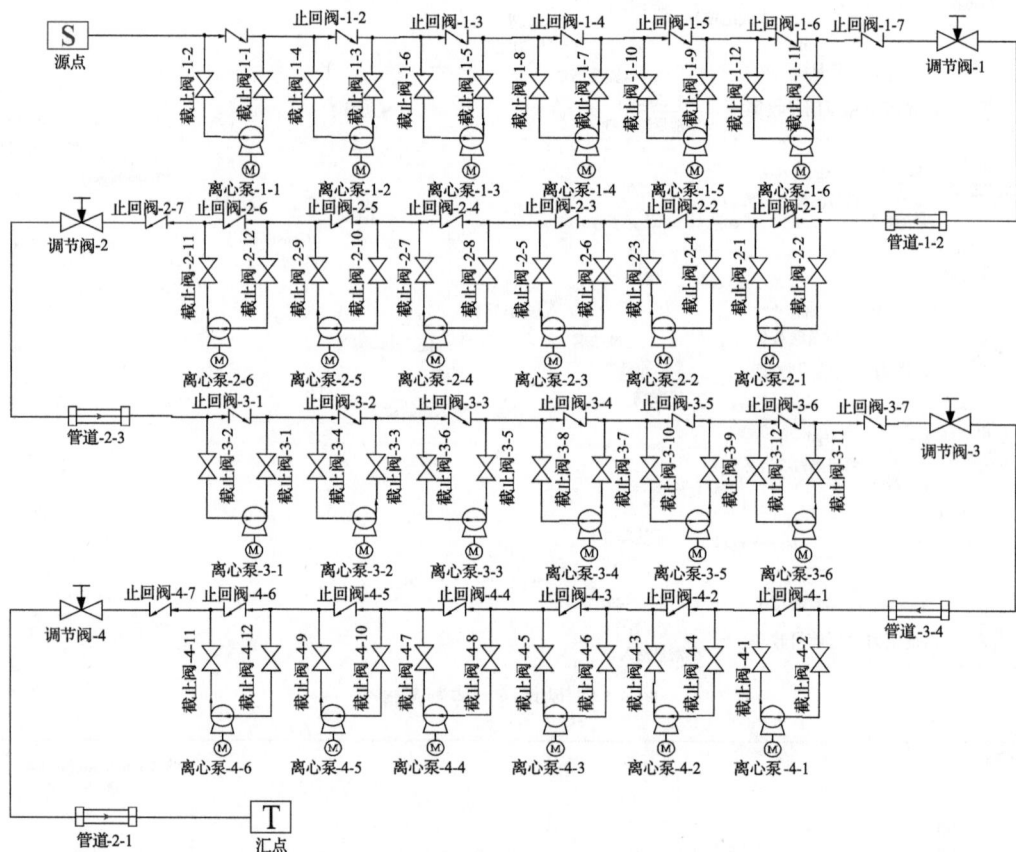

图 6.26　某常温输送管线能耗优化案例拓扑结构图

表 6.9　优化前后的泵状态

泵状态	优化前				优化后			
	泵站 1	泵站 2	泵站 3	泵站 4	泵站 1	泵站 2	泵站 3	泵站 4
开泵台数	2	1	2	0	1	2	1	1
泵转速/(r/min)	1490, 1490	1490	1490, 1250	0	1490	1490, 1490	1242	1490

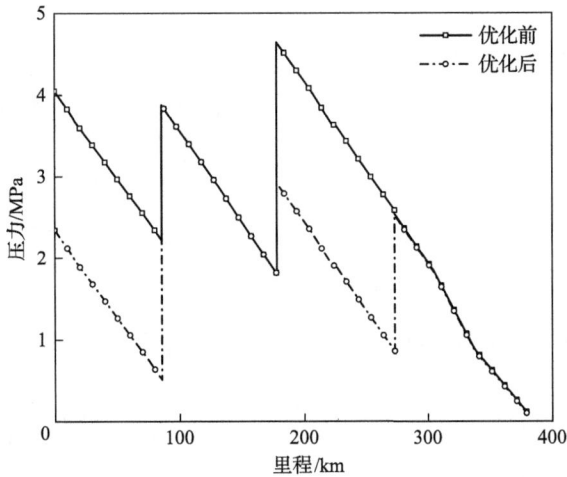

图 6.27 常温输送管线能耗优化前后压力分布

由表 6.9 可知,相比于优化前的泵运行方案,优化后的方案中泵站 1 和泵站 3 各少开了 1 台泵,而泵站 2 和泵站 4 则多开了 1 台泵。因此,图 6.27 中优化后泵站 1 和泵站 3 处压升较优化前更小,泵站 2 和泵站 4 处压升较优化前更大。由于泵站 2 和泵站 4 的电价低于泵站 1 和泵站 3 的电价,优化后的方案显然更优。能耗优化后管线运行的总能耗费用为 8914 元/h,相比于现场能耗费用 9541 元/h 可节省 6.6%。

现对优化后的运行方案进行合理性分析:由于泵站 1 进站压力为 0.7MPa,要使油品过泵站 1 后不欠压,泵站 1 必须开泵,但泵站 1 处电价最高,并不适合多开泵,因此泵站 1 只开一台泵是合理的。考虑到泵站 2 的进站压力已接近最低允许压力 0.5MPa,不合适变频(变频会带来额外功耗),因此泵站 1 只开一台额定转速下的输油泵是最优的。泵站 4 处的电价最低,从电价的角度来看泵站 4 适合多开泵,但由于泵站 4 接近末站,多开泵反而会引起压力浪费。因此,泵站 4 开一台额定功率下的输油泵是最优的,多开会引起压力的浪费,少开或变频则没有充分利用好电价最低这一优势。与泵站 3 相比,泵站 2 电价更低,因此泵站 2 适合多开泵,并且尽量不变频;充分发挥泵站 2 比泵站 3 电价低的优势,因此泵站 2 开两台额定功率输油泵、泵站 3 开一台变频输油泵是合理的。

3. 热输管线能耗优化

某掺混原油加热输送管线全长 235km,沿线共设有 11 座输油站,包括热泵站 2 座、热站 8 座、末站 1 座,该管线的拓扑结构如图 6.28 所示。该管线首站进站压力和温度分别为 0.17MPa 和 51℃,沿线共有 10 条管段,最大允许承压均为 3.0MPa,各输油站的进站不允许出现负压,其中末站的进站压力不得低于 0.3MPa。油品输送温度不得超过 70℃且不得低于 32℃。该管线各个输油站的电价按统一的固定电价处理。

基于该热输管线基础参数,采用 CloudLPS 进行能耗优化计算,可得到该管线能耗优化后的加热炉和输油泵的最优运行状态。能耗优化前后加热炉和输油泵的功率如图 6.29 所示,相应的油温和压力分布如图 6.30 所示。

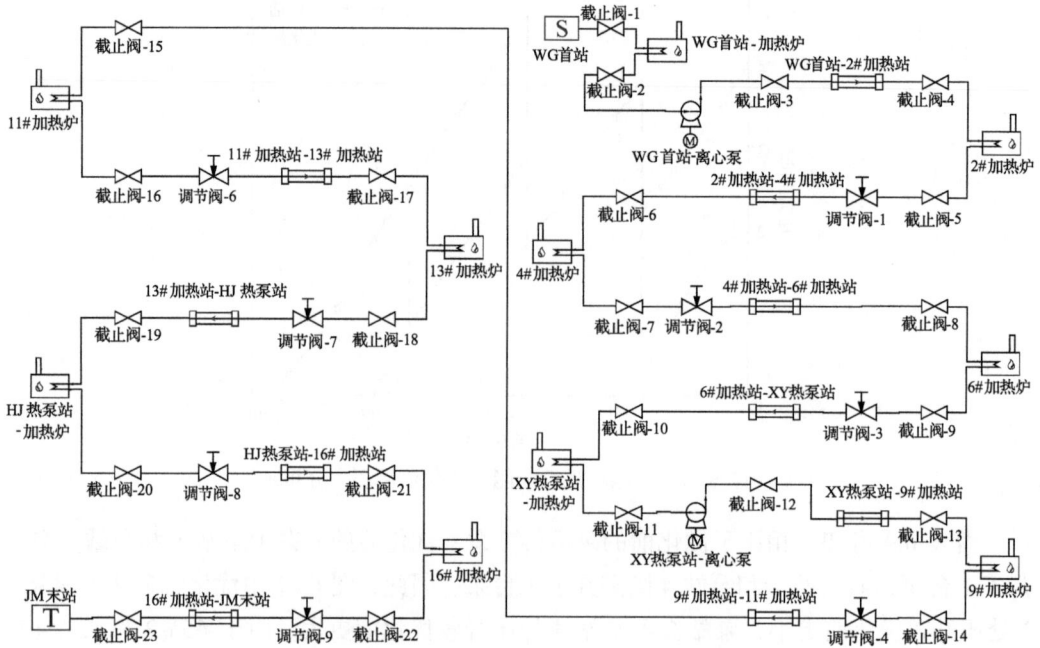

图 6.28　某热输管线能耗优化案例拓扑结构图

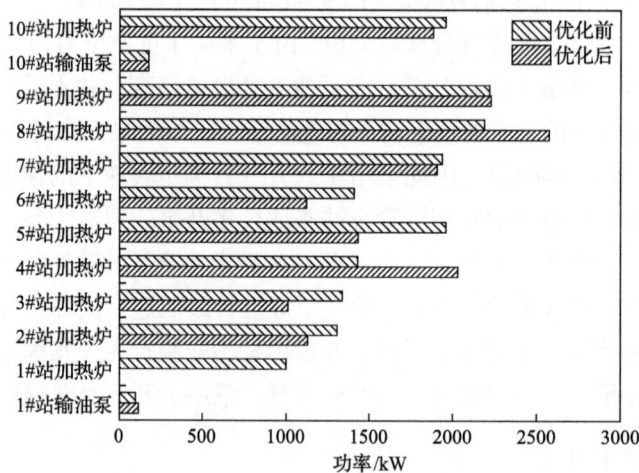

图 6.29　能耗优化前后加热炉和输油泵的功率

由图 6.29 可知，优化后的方案中首站加热炉可不用开启，其余各站加热炉的功率相比于优化前的功率并没有统一的变化规律。在加热炉和输油泵最优功率组合下能耗优化后管线运行的总能耗费用为 11985 元/h，相比于现场能耗费用 13060 元/h，可节省 8.2%。由图 6.30 可知，优化后的管线沿程油温相比于优化前有所下降，这是加热炉总功率减小引起的，另外，油温的下降使油品黏度上升，进而使摩阻增加，因此需要输油泵提供更高的压力来补偿摩阻损失，进而使油品能够顺利输送至管线末端。

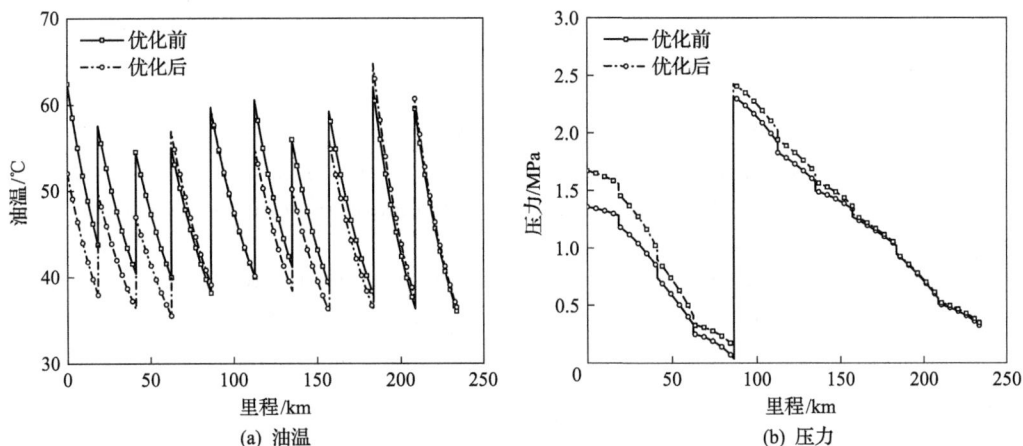

图 6.30　热输管线能耗优化前后油温和压力分布

6.4　小　　结

本章系统介绍了自主研发的国产液体管道云仿真软件（CloudLPS），软件集成 10 类设备模型和 12 种控制元件，基于前面章节所提出的仿真方法，可精确模拟冷热油交替、瞬态水击、停输再启动等混合场景。通过多个应用案例及与商业软件、现场数据的对比，表明 CloudLPS 具有强大的水热力仿真、逻辑控制以及能耗优化能力，应用前景广阔。随着与我国管网业务的深度融合和软件持续的升级迭代，CloudLPS 有望实现原油管道仿真领域的国产化替代，为保障国家能源安全作出贡献。

参 考 文 献

[1] JGraph Ltd.. mxGraph User Manual – JavaScript Client[EB/OL]. [2022-07-05]. jgraph.github.io/mxgraph/docs/manual.html.

[2] 蚂蚁金融服务集团. X6 图编辑引擎 ｜AntV[EB/OL]. [2022-07-05]. https://x6.antv.vision/zh.

[3] ECHARTS. The APACHE Software Foundation. Apache ECharts[EB/OL]. [2022-07-05]. https://echarts.apache.org/zh/index.html.

[4] Plotly. Plotly: The front end for ML and data science models[EB/OL]. [2022-07-05]. plotly.com.

[5] Gamma E. 设计模式: 可复用面向对象软件的基础[M]. 加马, 李英军, 译. 北京: 机械工业出版社, 2000.

[6] 国家能源局. 石油天然气工程制图标准: SY/T 0003—2021[S]. 北京: 石油工业出版社.

[7] 王军防, 宇波, 李亚平, 等. 国产化液体管道云仿真软件 CloudLPS 的研发[J]. 油气储运, 2023, 42(11): 1275-1290.

[8] 王军防, 宇波, 李亚平, 等. 国产化液体管道云仿真软件 CloudLPS 的应用[J]. 油气储运, 2023, 42(12): 1419-1434.

[9] 中华人民共和国住房和城乡建设部. 输油管道工程设计规范: GB 50253—2014[S]. 北京: 中国计划出版社, 2014.

[10] 阿卡帕金, 克里沃舍因, 尤芬. 原油和油品管道的热力与水力计算[M]. 罗塘湖, 译. 北京: 石油工业出版社, 1986.

[11] Yuan Q, Luo Y Y, Shi T, et al. Investigation into the heat transfer models for the hot crude oil transportation in a long-buried pipeline[J]. Energy Science & Engineering, 2023, 11(6): 2169-2184.

[12] Afshar M, Rohani M. Water hammer simulation by implicit method of characteristic[J]. International Journal of Pressure Vessels and Piping, 2008, 85(12): 851-859.

[13] 吴国忠, 庞丽萍, 卢丽冰, 等. 埋地输油管道热力计算数值求解结果分析[J]. 油气田地面工程, 2001, 20(2): 1-2.

[14] 崔秀国, 张劲军. 埋地热油管道稳定运行条件下热力影响区的确定[J]. 石油大学学报(自然科学版), 2004, 28(2): 75-78.

[15] Yu B, Yu G J, Cao Z Z, et al. Fast calculation of the soil temperature field around a buried oil pipeline using a body-fitted coordinates-based pod-galerkin reduced-order model[J]. Numerical Heat Transfer Part A: Applications, 2013, 63 (10): 776-794.

[16] 蔡磊, 袁庆, 余红梅, 等. 东临复线停输再启动研究[J]. 北京石油化工学院学报, 2018, 26 (4): 29-33.

[17] Priyanka E B, Krishnamurthy K, Maheswari C. Remote monitoring and control of pressure and flow in oil pipelines transport system using PLC based controller[C]. 2016 Online International Conference on Green Engineering and Technologies, Coimbatore, 2016: 1-6.

[18] Yuan Q, Chen Z M, Wang X R, et al. Investigation and improvement of intelligent evolutionary algorithms for the energy cost optimization of an industry crude oil pipeline system[J]. Engineering Optimization, 2022, 55 (5): 856-875.

第7章 浮顶油罐流动和传热仿真研究

浮顶油罐水热力过程涉及罐内原油自然对流、罐顶浮舱内的空气自然对流、罐体导热、保温层和防腐层导热、土壤导热、太阳辐射、罐外壁强制对流及不同对象间的耦合传热等。这些流动和传热过程导致原油温度在储存过程中发生变化，且原油的流动性随着油温降低而变差，甚至出现胶凝，威胁油罐的运行安全。本章在现有研究的基础上，主要介绍浮顶油罐水热力过程涉及的物理模型、数学模型、定解条件、计算区域网格划分、控制方程离散及流固耦合传热求解方法；进一步地，研究含蜡原油复杂的流动、传热规律以及油罐维温能耗和安全储油方案。

7.1 研究概况

原油储罐温度场及温降规律计算方法主要包括理论方法、纯导热模拟方法和精细化模拟方法，下面对这几种方法进行简要介绍。

对于理论方法，通常假设罐内油温均匀分布，采用牛顿冷却公式建立罐内油品与环境的换热公式[1-3]，其关键在于确定罐顶、罐壁及罐底和环境之间的总传热系数。采用这种方法计算罐内油品的温降或温升十分简单，计算效率高。但是罐顶、罐底和罐壁的传热系数计算采用经验公式，计算精度有限。

部分研究忽略了油罐内原油流动，采用纯导热模型描述罐内油品的温度变化[4-9]。对于罐内油品与外界环境之间的换热，通过总传热系数法考虑[6]。另外，部分学者[8]则认为罐内的流动过程不能完全忽略，采用当量导热系数，将自然对流和析蜡相变对传热的影响纳入导热方程。该方法无须求解流场，可采用较为稀疏的网格求解纯导热过程，计算效率较高。然而，原油油罐尺寸非常大，在温差驱动下易形成自然对流，在很小的流动速度下可引发强烈的湍流(大型浮顶油罐罐内油品自然对流的瑞利数 Ra 在 $10^{14}\sim10^{16}$ 数量级)。因此，将复杂的湍流流动过程简化为导热过程进行计算，与油罐内部油品实际的对流传热过程存在较大差异，计算精度较低。

精细化模拟方法充分考虑油罐内原油的对流传热及其与环境的耦合传热，是近年来研究罐内油品传热规律的主要方法[10-13]。对于罐内油品流动过程，部分学者[14-17]基于层流模型进行研究，该模型在大尺度原油油罐模拟中存在误差。对此，文献[12]和[13]采用大涡模拟方法对罐内油品因自然对流而形成的湍流过程进行计算，充分考虑了环境温度、罐壁保温层、太阳辐射和油品物性等因素的影响，实现了油罐温度场变化规律的精细化仿真。考虑大涡模拟方法对网格计算的要求较高，部分学者采用更适用于工程问题的 k-ε 模型求解湍流过程[18]，并研究了油罐温度场和温降变化规律。这些精细化模拟方法还可用于油罐加热温升规律研究[19-21]。

基于上述计算方法，众多学者分析了油罐类型、储油液位高度、油品物性、太阳辐射、风速等因素对油罐温降规律的影响。

浮顶油罐浮顶类型可分为单盘式和双盘式[22]。单盘式浮顶为一层金属薄板,其导热系数较大,使其成了保温油罐的主要散热区域。双盘式浮顶有上、下两层盖板,顶板和底板间的空气层起到较好的隔热作用,可以减少罐内油品通过浮顶向环境散失热量。研究表明,对于 10 万 m³ 的油罐,当储液高度为 18.0m 时,初始油温分别为 50℃、30℃和20℃的单盘油罐在 70d 内的温降幅度比双盘油罐的温降幅度大 12.8℃、9.4℃和 6.2℃[23]。因此,目前新建的大型保温原油油罐多采用双盘式设计。

油罐液位高度随油品的装卸发生变化,对油品温降规律产生较大影响。通常情况下,随着储存液位的降低,单位体积原油所对应的换热面积增大,温度变化速率增大[12,24]。以储油高度为 18m 和 6m 的 10 万 m³ 油罐为例,初始油温为 50℃、30℃和 20℃的双盘油罐在 70d 内的温降幅度相差 6.8℃、3.4℃和 3.8℃[12]。因此,在满足日常安全管理和生产需要的前提下,可适当提高储油高度,减少维温成本。此外,类似于油罐高度变化,原油温度变化速率也会随油罐体积的减小而增大[25]。

对于不同种类的原油,密度和热容通常差异不大,但黏度和含蜡量通常相差较大。油品黏度越大,自然对流速度越小,与罐壁的对流换热系数越小,温降速率减缓。但研究表明,对于初始温度为 40℃的 10 万 m³ 的双盘油罐,不同黏度油品储存 10d 后的平均油温差异小于 1.0℃[17]。温差小的原因在于:10 万 m³ 双盘油罐温降过程的换热热阻主要取决于浮顶内的空气层、罐壁保温层及土壤的热阻;大型油罐内高黏度油品的格拉晓夫数 Gr 有所下降,但湍流强度依旧较大,对换热的影响较小[12]。随着油罐尺寸的减小,湍流强度大幅度降低,黏度变化对油罐温度变化速率的影响增大。研究表明,对于直径为 5.7m、初始油温为 42℃的油罐,不同黏度油品在 60h 内的温降差异为 2.2℃[25]。对于含蜡原油,含蜡量越大,温降过程析蜡潜热越大,同时产生的更多蜡晶会削弱流动强度,使温降速率降低[26]。研究表明,10d 内 10 万 m³ 双盘式浮顶油罐含蜡原油的平均温降大小差异超过 1.5℃。

在太阳辐射作用下,罐体表面温度升高,并将热量传递到油品内部。研究表明,双盘式浮顶油罐罐顶在太阳辐射作用下,其温度高于核心区域 1.5℃[27]。在平均温度方面,初始油温为 12℃的 10 万 m³ 的双盘式浮顶油罐,考虑太阳辐射储油 55d 后的平均油温比不考虑太阳辐射高约 1℃[27]。

对于单盘式浮顶油罐,罐顶没有保温措施,其热阻主要取决于空气与罐顶的对流换热系数。风速越大,温降速率越大。对于双盘式浮顶油罐,罐顶空气层的隔热作用较强,且罐壁保温层的导热热阻约为对流换热热阻的百倍[12],风速对油罐的温降基本没有影响。

综上所述,国内外学者已经充分探讨了不同因素影响下的浮顶油罐温降规律,本章对此不再过多介绍。我国所产的原油普遍具有高含蜡的特点,含蜡原油在温降过程中存在析蜡相变,释放相变潜热,同时蜡晶结构的形成会导致原油表现出非牛顿性,进而影响自然对流传热过程。对此,笔者团队在现有精细化仿真方法的基础上,进一步考虑原油温降过程的析蜡相变、流变性变化等因素,构建了更加全面的原油油罐温度场及温降规律数值仿真方法[28],并利用该方法研究了含蜡原油流动、传热规律及油罐维温能耗和经济安全储油方案。本章将对此进行详细介绍。

7.2　浮顶油罐内原油流动传热过程物理模型

7.2.1　常见的浮顶油罐及其简化模型

浮顶油罐是指油面上覆盖着一个可以随油面自由升降的盘状浮顶的金属油罐。浮顶通过浮舱浮力作用漂浮在罐内原油上方，不存在油蒸气空间，较大程度上减少了油品蒸发损耗，同时对油田和油库的防火与环境保护等具有积极的作用。因此浮顶油罐广泛用于油田、炼厂及储备油库中。根据浮盘类型，浮顶油罐主要可以分为单盘式浮顶油罐和双盘式浮顶油罐，如图 7.1 所示。单盘式浮顶的周边是环形浮船，中间是单层钢板，钢板与浮船之间用角钢连接。单盘板近似于薄膜形状，极易产生变形，且整体平衡性很难控制，容易在浮顶上形成积水，造成腐蚀、偏沉、卡盘或者沉顶等事故。但其耗钢量少、造价低，因此在一定程度上得到了应用。双盘式浮顶有上、下两层盖板，盖板之间用边缘环板、径向隔板及环向隔板分割成若干密封且互不相通的舱室，虽然双盘式浮顶耗钢量多，结构复杂，造价较高，但是其顶板和底板间的空气层起到了较好的隔热作用，可以减少罐内油品通过浮顶向环境散失热量，且双盘式浮顶结构稳定性好，顶部平整，不易积水，安全性较好，因此大型浮顶油罐一般采用双盘式浮顶。

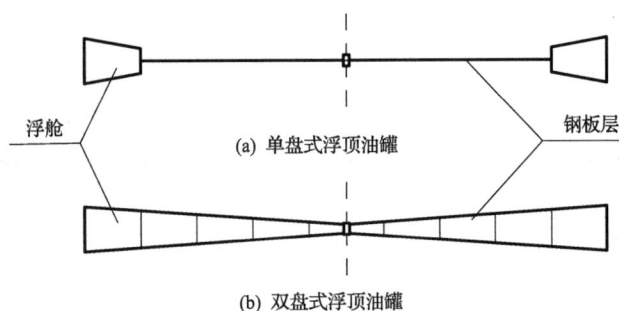

图 7.1　浮顶结构示意图

图 7.2 展示了双盘式浮顶油罐换热系统示意图。从图 7.2 中可以看出，双盘式浮顶油罐换热系统主要包括罐体部分、罐内原油、罐底部无限大的土壤层及罐外大气等。罐内所储存的油品与外界环境的热交换途径主要有三种：①通过罐壁(保温层)与外界环境换热；②通过罐底与土壤换热；③通过罐顶浮盘与大气环境换热。影响上述换热过程换热量的因素很多，如太阳辐射、风速、罐底土壤的物性参数、环境温度、所储存油品的物理性质、初始储存温度、罐壁是否存在保温层及保温层厚度等。

直接对图 7.2 所示的三维浮顶油罐换热系统进行求解，计算量大，不符合工程需求。因此，在保证计算精度满足实际工程需要的前提下，通常对上述热交换过程进行如下简化。

(1)假设罐内油品温度沿周向是均匀分布的，将三维圆柱坐标下的换热问题转化为二维轴对称圆柱坐标下的换热问题。根据此假设建立的二维圆柱坐标系下大型浮顶油罐换热物理模型如图 7.3 所示，该物理模型包括两部分：油罐部分和罐底土壤。其中油罐部分又包含罐顶空气层和钢板层(对于单盘式浮顶油罐，罐顶只有钢板层)、罐底钢板层、罐壁钢板层和保温层及罐内原油。

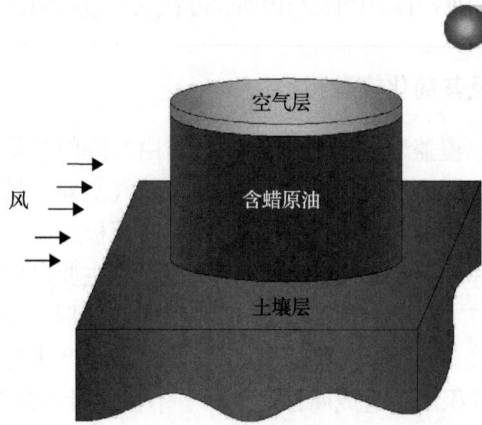

图 7.2 双盘式浮顶油罐换热系统示意图

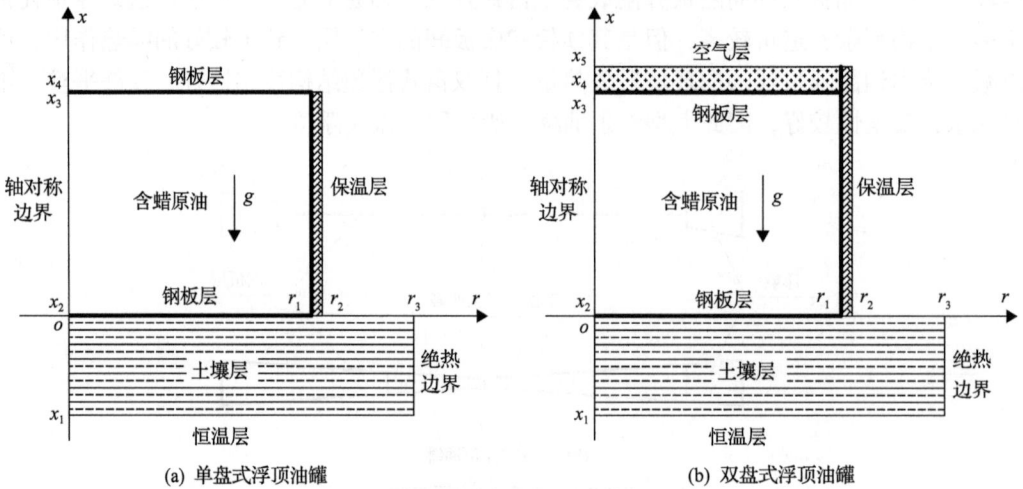

(a) 单盘式浮顶油罐　　　　(b) 双盘式浮顶油罐

图 7.3 大型浮顶油罐换热物理模型示意图

x-轴向坐标；x_1-土壤恒温层距离地表深度；x_2-地表位置；x_3-钢板层内侧距离地表高度；x_4-钢板层外侧距离地表高度；x_5-双盘式浮顶外侧距离地表高度；r-径向坐标；r_1-罐内壁径向位置；r_2-罐外壁径向位置；r_3-土壤计算区域外侧径向位置

（2）将罐底土壤假定为各向同性的均匀介质，且罐内原油对罐底土壤温度场的影响有限。距油罐底部较近的区域，土壤的温度场受油品温度的影响较大，远离油罐底部的区域，土壤的温度场基本不受影响。因此，仿照热油管道热力影响区的概念[29]，提出了油罐热力影响区的概念，该区域径向距离罐外侧 10m，罐底一定深度位置处为恒温层，距离地面 10m，其温度不随环境发生变化。

7.2.2 浮顶油罐内原油流动和传热物理模型

我国开采的油品多为含蜡原油，其凝点较高，采用大型油罐储存，存在胶凝风险，存储要求较高。从传热角度考虑，含蜡原油所包含的传热过程更加复杂，且包含高黏原油及品质较好的低黏、低凝原油在罐内储存的传热过程，因此本小节以含蜡原油为例，分析浮顶油罐温降过程的油品状态、换热方式和流态的变化。

初始时刻油温较高，含蜡原油以纯液态形式存在。当油温降低到含蜡原油析蜡点 T_w（含蜡原油中开始有蜡晶析出时的温度）以下时，含蜡原油中处于溶解状态的蜡晶逐渐析出，形成了以含蜡原油为载体，以蜡晶为悬浮物的固液分散体系。随着油温进一步降低，固液分散体系中蜡晶分数逐渐增大。当油温高于或等于含蜡原油反常点 T_a（牛顿流体与非牛顿流体的转变温度）时，含蜡原油表现出牛顿流体特性，即含蜡原油的黏度仅与油温有关。而当油温降低到含蜡原油反常点 T_a 以下时，含蜡原油开始表现出非牛顿流体特性，即含蜡原油的黏度将同时受到油温和剪切率的影响。当油温降低到含蜡原油显触点 T_t（含蜡原油显现触变性的最高温度）以下时，含蜡原油中析出的蜡晶开始相互交联，形成三维网状的蜡晶多孔介质结构，并对包裹在其孔隙中的含蜡原油产生束缚[29]。当油温降低到凝点 T_g 以下时，油品发生胶凝，难以发生流动，造成生产事故。不同温度下含蜡原油的形态和流变性总结如表 7.1 所示。

表 7.1　温降过程中含蜡原油的形态和流变性变化

	油温				
	$T \geqslant T_w$	$T_w > T \geqslant T_a$	$T_a > T \geqslant T_t$	$T_t > T \geqslant T_g$	$T < T_g$
形态	纯液态含蜡原油	固液分散体系	固液分散体系	蜡晶多孔介质	胶凝
流变性	牛顿流体	牛顿流体	非牛顿流体	非牛顿流体	类固体

根据前面对温降过程中含蜡原油形态和流变性变化情况的描述（图 7.4），可将浮顶油罐内含蜡原油温降过程划分为 5 个阶段：纯液态含蜡原油自然对流阶段[图 7.4(a)]；纯

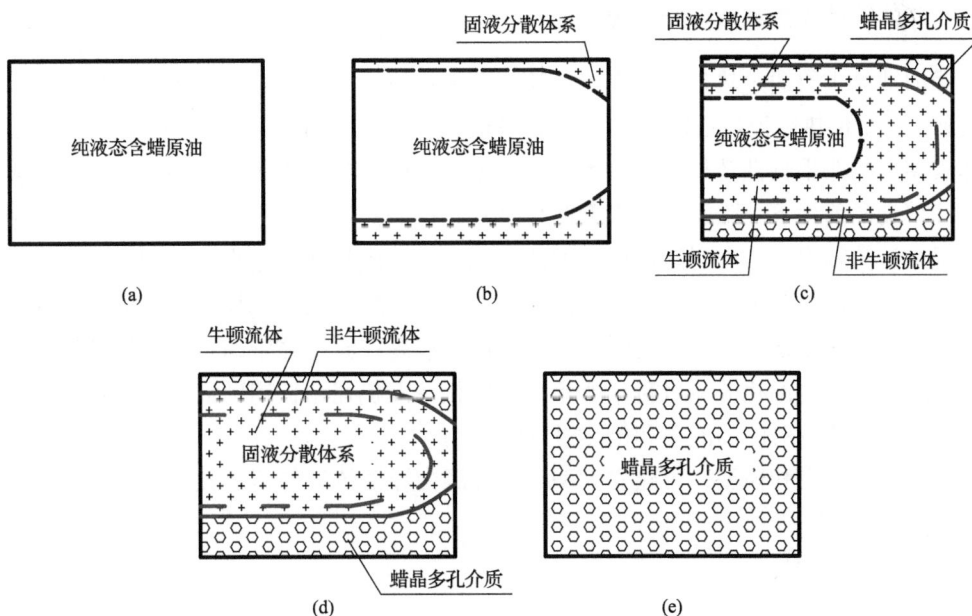

图 7.4　罐内含蜡原油温降阶段

液态-固液分散体系自然对流阶段[图 7.4(b)]；纯液态-固液分散体系自然对流和蜡晶多孔介质耦合传热阶段[图 7.4(c)]；固液分散体系自然对流和蜡晶多孔介质耦合传热阶段[图 7.4(d)]；蜡晶多孔介质传热阶段[图 7.4(e)][30]。其中短虚线和实线分别代表相变界面(油温为析蜡点 T_w 的等温线)和胶凝界面(油温为显触点 T_t 的等温线)，长虚线代表流变性转换界面(油温为反常点 T_a 的等温线)。

罐内油品自然对流阶段，自然对流的强度可以用瑞利数 Ra 来判定，其表达式为

$$Ra = \frac{g\beta\Delta T L^3 \rho}{\mu\alpha} \tag{7.1}$$

式中，g 为重力加速度，m/s^2；L 为流动的特征长度，m；μ 为流体的动力黏度，$Pa\cdot s$；α 为热扩散率，$\alpha = \lambda/(\rho c_p)$，$m^2/s$；$\rho$ 为流体密度，kg/m^3；β 为热膨胀系数，$℃^{-1}$；ΔT 为温差，$℃$。

一般情况下，当瑞利数 $Ra \leqslant 10^8$ 时，流动处于层流状态；当 $10^8 < Ra < 10^{10}$，流动处于由层流向湍流转捩的状态；当瑞利数 $Ra \geqslant 10^{10}$ 时，流动则处于湍流状态。由式(7.1)估算可知，当大型浮顶油罐罐内油品为牛顿流体时，其自然对流的瑞利数 Ra 在 $10^{14} \sim 10^{16}$ 数量级，流动处于湍流状态。随着油温降低，原油从牛顿流体转变为非牛顿流体，并依次进入过渡状态和层流状态。

7.3　浮顶油罐内原油流动传热过程数学模型及定解条件

7.3.1　原油流动传热基本控制方程

罐内油品主要通过热传导、自然对流、辐射换热三种方式通过罐体与外界环境发生热交换。这个传热过程是复杂的非稳态流固耦合传热过程，还需要考虑油品温度降低之后流体表现出的非牛顿性及析蜡相变潜热。为了实现原油流动传热过程的数值模拟仿真，在保证精度的前提下，除了物理模型简化之外，还需对流体进行适当假设来降低实施难度，提高计算效率。本书对罐内原油的流体状态、性质和换热过程进行如下假设：①含蜡原油为不可压缩流体；②含蜡原油的定压热容、热膨胀系数和导热系数恒定；③忽略黏性耗散；④采用达西定律描述蜡晶多孔介质对包裹在其孔隙中的含蜡原油产生束缚；⑤析蜡过程只和油温相关，且析蜡所释放出的相变潜热完全被周围油品所吸收；⑥采用湍流模型描述湍流对油品流动和传热过程的影响[28]。

基于上述假设和模型，可建立大型浮顶油罐内原油流动与传热数学模型，其控制方程如下。

(1)连续性方程：

$$\frac{\partial\rho}{\partial t} + \frac{\partial(\rho u_x)}{\partial x} + \frac{1}{r}\frac{\partial(r\rho u_r)}{\partial r} = 0 \tag{7.2}$$

(2)动量方程：

$$
\begin{aligned}
&\frac{\partial(\rho u_x)}{\partial t}+\frac{\partial(\rho u_x u_x)}{\partial x}+\frac{1}{r}\frac{\partial(r\rho u_r u_x)}{\partial r}\\
&=-\frac{\partial p}{\partial x}+\frac{\partial}{\partial x}\left[(\mu+\mu_t)\frac{\partial u_x}{\partial x}\right]+\frac{1}{r}\frac{\partial}{\partial r}\left[r(\mu+\mu_t)\frac{\partial u_x}{\partial r}\right]+\frac{\partial}{\partial x}\left[(\mu+\mu_t)\frac{\partial u_x}{\partial x}\right]\\
&+\frac{1}{r}\frac{\partial}{\partial r}\left[r(\mu+\mu_t)\frac{\partial u_r}{\partial x}\right]+\rho g\beta(T-T_m)-\rho g+s_x
\end{aligned}
\tag{7.3}
$$

$$
\begin{aligned}
&\frac{\partial(\rho u_r)}{\partial t}+\frac{\partial(\rho u_x u_r)}{\partial x}+\frac{1}{r}\frac{\partial(r\rho u_r u_r)}{\partial r}\\
&=-\frac{\partial p}{\partial r}+\frac{\partial}{\partial x}\left[(\mu+\mu_t)\frac{\partial u_r}{\partial x}\right]+\frac{1}{r}\frac{\partial}{\partial r}\left[r(\mu+\mu_t)\frac{\partial u_r}{\partial r}\right]+\frac{\partial}{\partial x}\left[(\mu+\mu_t)\frac{\partial u_x}{\partial r}\right]\\
&+\frac{1}{r}\frac{\partial}{\partial r}\left[r(\mu+\mu_t)\frac{\partial u_r}{\partial r}\right]-\frac{2(\mu+\mu_t)u_r}{r^2}+s_r
\end{aligned}
\tag{7.4}
$$

(3)能量方程：

$$
\frac{\partial(\rho c_p T)}{\partial t}+\frac{\partial(\rho c_p u_x T)}{\partial x}+\frac{1}{r}\frac{\partial(r\rho c_p u_r T)}{\partial r}=\frac{\partial}{\partial x}\left[\left(\lambda+\frac{c_p\mu_t}{Pr_t}\right)\frac{\partial T}{\partial x}\right]+\frac{1}{r}\frac{\partial}{\partial r}\left[r\left(\lambda+\frac{c_p\mu_t}{Pr_t}\right)\frac{\partial T}{\partial r}\right]+s_h
\tag{7.5}
$$

式(7.2)～式(7.5)中，u_x、u_r分别为油罐高度方向与径向的速度分量，m/s；p 为压力，Pa；T 为温度，℃；T_m 为参考温度，℃；Pr_t 为湍流普朗特数；s_x 和 s_r 分别为油罐高度方向与径向的达西源项，描述了析蜡相变过程中含蜡原油与蜡晶多孔介质之间的作用力，kg/(m²·s²)；s_h 为析蜡相变潜热，W/m³；μ_t 为湍流黏性系数，Pa·s。关于流体的非牛顿性，析蜡相变和湍流相关参数计算说明如下。

1)非牛顿流体模型

当温度降低且低于反常点时，含蜡原油表现出非牛顿流体特性，假定其流动特性符合幂律流体特征，可采用幂律方程描述含蜡原油的非牛顿性，其表观黏度 μ_a 由式(7.6)计算：

$$
\mu_a=K\dot{\gamma}^{n-1}
\tag{7.6}
$$

式中，K 和 n 分别为含蜡原油的稠度系数和流动特性指数，这二者均与油温相关，由实验数据拟合得到；$\dot{\gamma}$ 为剪切率，二维圆柱坐标系中 $\dot{\gamma}$ 由式(7.7)计算[31]。

$$
\dot{\gamma}=\left\{2\left[\left(\frac{\partial u_x}{\partial x}\right)^2+\left(\frac{u_r}{r}\right)^2+\left(\frac{\partial u_r}{\partial r}\right)^2\right]+\left(\frac{\partial u_x}{\partial r}+\frac{\partial u_r}{\partial x}\right)^2\right\}^{0.5}
\tag{7.7}
$$

2) 析蜡模型

当温度低于析蜡点 T_w，蜡晶析出，并相互聚结成网状多孔结构，限制液态油品流动的同时释放相变潜热。可通过在动量方程和能量方程中加入源项的方式来考虑蜡晶析出对流动和传热的影响。

流动方面，当含蜡原油以纯液态形式存在时，蜡晶并没有析出，动量方程中由于蜡晶结构所导致的源项为 0；当油温在析蜡点 T_w 和显触点 T_t 之间时，含蜡原油以固液分散体系形式存在，此时析出的蜡晶漂浮在含蜡原油中，随含蜡原油一起流动，二者之间没有相对运动，相关源项也为 0；当油温降低到显触点 T_t 以下时，析出的蜡晶相互交联，形成蜡晶多孔介质结构。此时，蜡晶多孔介质开始对包裹在其孔隙中的含蜡原油产生束缚，析蜡和结晶过程十分复杂。原油在多孔蜡晶结构内的流动符合达西定律[32]，通过在动量方程中加入达西源项的方式描述这种多孔蜡晶结构的束缚作用，如式(7.8)所示：

$$s_u = -\frac{\mu_0}{K_p}(u - u_s) = -\frac{1}{K_d}(u - u_s) \tag{7.8}$$

式中，s_u 为达西源项矢量；u 和 u_s 分别为含蜡原油和蜡晶的速度，当油温高于或等于显触点 T_t 时，u_s 等于 u，而当油温低于显触点 T_t 时，u_s 为 0；μ_0 为参考温度下含蜡原油的动力黏度；K_p 和 K_d 分别为蜡晶多孔介质的渗透率和有效渗透率，单位分别为 m² 和 m³·s/kg，由蜡晶多孔介质结构特性和孔隙度共同决定。K_d 表示在一定驱动力下，含蜡原油通过蜡晶多孔介质的难易程度，可由 Kozeny-Carman 公式计算[32]。

$$K_d = K_0 \frac{(1 - g_s)^3}{g_s^2} \tag{7.9}$$

式中，K_0 为蜡晶多孔介质渗透率常数；g_s 为析蜡分数，可由差示扫描量热法(DSC)实验确定。

含蜡原油析蜡相变过程中会释放相变潜热，这部分能量完全被周围液体吸收，在数学模型中通过能量方程的内热源项 s_h 考虑相变潜热，如式(7.10)所示：

$$s_h = -\frac{\partial(\rho \Delta H)}{\partial t} \tag{7.10}$$

式中，ΔH 为相变潜热。假设含蜡原油未析出蜡晶时候的总潜热为 H_z，采用 $\Delta H = (1 - g_s) \cdot H_z$ 描述当前油品所具有的相变潜热总量。

3) 湍流模型

雷诺时均是目前工程领域使用最广泛的湍流模型。对于油罐内原油流动过程一般采用 k-ε 模型描述[18]，其具体表达式如下：

$$\frac{\partial(\rho k)}{\partial t} + \frac{\partial(\rho \langle u_x \rangle k)}{\partial x} + \frac{1}{r}\frac{\partial(r\rho\langle u_r \rangle k)}{\partial r} = \frac{\partial}{\partial x}\left[\left(\mu + \frac{\mu_t}{\sigma_k}\right)\frac{\partial k}{\partial x}\right] + \frac{1}{r}\frac{\partial}{\partial r}\left[r\left(\mu + \frac{\mu_t}{\sigma_k}\right)\frac{\partial k}{\partial r}\right] + P_k - \rho\varepsilon \tag{7.11}$$

$$\frac{\partial(\rho\varepsilon)}{\partial t}+\frac{\partial(\rho\langle u_x\rangle\varepsilon)}{\partial x}+\frac{1}{r}\frac{\partial(r\rho\langle u_r\rangle\varepsilon)}{\partial r}=\frac{\partial}{\partial x}\left[\left(\mu+\frac{\mu_t}{\sigma_\varepsilon}\right)\frac{\partial\varepsilon}{\partial x}\right]+\frac{1}{r}\frac{\partial}{\partial r}\left[r\left(\mu+\frac{\mu_t}{\sigma_\varepsilon}\right)\frac{\partial\varepsilon}{\partial r}\right]$$
$$+\left(C_1 P_k-C_2\rho\varepsilon\right)\frac{\varepsilon}{k} \qquad (7.12)$$

$$\mu_{\mathrm{t}}=\rho C_\mu\frac{k^2}{\varepsilon} \qquad (7.13)$$

式中，k 为湍动能；ε 为湍动能耗散率；σ_k 为湍流动能 k 的湍流普朗特数；σ_ε 为湍流耗散率 ε 的湍流普朗特数；$\langle\cdot\rangle$ 为时均变量；P_k 为由平均速度梯度引起的湍动能生成项。方程中参数取值分别为：$C_\mu=0.09$、$C_1=1.44$、$C_2=1.92$、$C_3=\tanh\left(|u_x|/|u_r|\right)$、$Pr_{\mathrm{t}}=0.9$、$\sigma_k=1.0$ 和 $\sigma_\varepsilon=1.3$。

7.3.2　边界条件与初始条件

大型浮顶油罐罐内油品和外界环境的热交换过程是一个非稳态传热过程，它的控制方程是一个抛物线形方程，因此其求解需要给定初始条件和边界条件。对于大型油罐，速度边界条件均取为无滑移边界条件。温度边界条件方面，如图 7.3 所示，油罐底部土壤在纵深 $x_1=10\mathrm{m}$ 处为恒温层，为第一类边界条件；在油罐中心线处，物理模型关于中心线对称，温度梯度为零；在远离油罐的径向土壤处温度受油罐影响较小，可以忽略不计，该处温度梯度也为零；油罐侧面地表、油罐罐壁及油罐顶部浮盘均与空气发生对流换热，同时还需考虑太阳辐射作用，为第三类边界条件。具体边界条件的数学表达式如下[33]所述。

(1) 当 $x=x_1$，$0\leqslant r\leqslant r_3$（土壤恒温层）时：

$$T=10{}^{\circ}\!\mathrm{C} \qquad (7.14)$$

(2) 当 $r=0$，$x_1\leqslant x\leqslant x_5$（油罐对称轴）时：

$$\frac{\partial T}{\partial r}=0 \qquad (7.15)$$

(3) 当 $r=r_3$，$-x_1\leqslant x\leqslant 0$（右侧土壤）时：

$$\frac{\partial T}{\partial r}=0 \qquad (7.16)$$

(4) 当 $x=0$，$r_2\leqslant r\leqslant r_3$（地面）时：

$$\lambda_{\mathrm{s}}\frac{\partial T_{\mathrm{s}}}{\partial x}=h_{\mathrm{s}}(T_{\mathrm{f}}-T_{\mathrm{s}})+q_{\mathrm{s}} \qquad (7.17)$$

(5) 当 $x=x_5$，$0\leqslant r\leqslant r_2$（罐顶）时：

$$\lambda_{\mathrm{a}}\frac{\partial T_{\mathrm{a}}}{\partial x}=h_{\mathrm{a}}(T_{\mathrm{f}}-T_{\mathrm{a}})+q_{\mathrm{a}} \qquad (7.18)$$

(6) 当 $r = r_2$，$0 \leqslant x \leqslant x_5$（罐体侧壁）时：

$$\lambda_i \frac{\partial T_i}{\partial r} = h_i (T_f - T_i) + q_i \tag{7.19}$$

式中，λ_s、λ_a 及 λ_i 分别为土壤、空气以及保温层的导热系数，W/(m·℃)；h_s、h_a 及 h_i 分别为地表、罐顶、罐侧壁与空气进行热交换的对流换热系数，W/(m²·℃)；T_f 为大气温度，℃；x_5 为油罐储油液位，m；q_s、q_a 及 q_i 分别为太阳对地表、罐顶、罐侧壁辐射所产生的热流密度，W/m²。太阳辐射对大型油罐温度场分布的影响较大，不可以忽略，下面详细介绍太阳辐射强度的计算方法。

太阳辐射一部分直接到达地面，称为太阳直接辐射；另一部分被大气中的分子、微尘、水汽等吸收、散射和反射。散射的太阳辐射一部分到达地面，称为太阳散射辐射。罐体获得的太阳辐射能量为两者之和。

1. 太阳直接辐射

对于某一给定日期且朝向赤道方向倾斜放置的壁面，其从太阳获得的直接辐射强度为

$$E_0 = E_{sc} P_1^m \cdot \cos\theta_1 / (r_{se} / r_0)^2 = E_{sc} P_1^m \cdot \cos\theta_1 / E_R \tag{7.20}$$

或，

$$E_0 = E_{sc} \frac{\sin h_\Theta}{\sin h_\Theta + \dfrac{1-P_1}{P_1}} \cdot \frac{\cos\theta_1}{(r_{se}/r_0)^2} = E_{sc} \frac{\sin h_\Theta}{\sin h_\Theta + \dfrac{1-P_1}{P_1}} \cdot \frac{\cos\theta_1}{E_R} \tag{7.21}$$

式中，E_{sc} 为太阳常数，世界气象组织推荐值为 1367W/m²；r_{se} 为日地距离，km；r_0 为日地平均距离，km；E_R 为到达地球表面的太阳辐射能量，W/m²；m 为大气质量，$m=1/\sin h$；P_1 为大气透明度系数，指透过一个大气质量的透射辐射与入射辐射之比，一般取值为 0.53~0.85；h_Θ 为太阳高度角；θ_1 为入射角，指太阳光线与壁面法线之间的夹角，对于水平表面，入射角 θ_1 即太阳高度角的余角，$\theta_1 = 90° - h_\Theta$。对于位于纬度为 φ 且朝向赤道方向与地面夹角为 β_0 的倾斜放置壁面，入射角为

$$\cos\theta_1 = \sin\delta\sin(\varphi-\beta_0) + \cos\delta\cos(\varphi-\beta_0)\cos\tau \tag{7.22}$$

式中，δ 为太阳赤纬角；τ 为太阳时角，$\tau = (S_\Theta - 12) \times 15°$，$S_\Theta = S_d + E_t / 60$，$S_d = S + \{F - [120° - (JD + JF / 60)] \times 4\} / 60$，其中 S 为时，F 为分，JD 为经度，JF 为经分，E_t 为时差。120°是北京时间的标准经度，乘以 4 可将角度转化成时间，即每度相当于 4min。

2. 太阳散射辐射

太阳散射辐射计算方法为

$$E_{d,\beta} = \frac{1}{2} \frac{E_{sc}}{(r_{se}/r_0)^2}(1+\cos\beta_0) = \frac{1}{2} \frac{E_{sc}}{E_R}(1+\cos\beta_0) \tag{7.23}$$

根据太阳直接辐射和散射辐射可得总辐射量为

$$E = E_0 + E_{d,\beta_0} \tag{7.24}$$

式中，E_0 为太阳直接辐射量。

根据式 (7.20)～式 (7.24)，即可计算出由太阳辐射产生的热流密度 q_s、q_a 及 q_i。其中，太阳辐射强度计算涉及的日地距离、太阳赤纬角、时差、太阳高度角和太阳方位角计算方法如下。

1) 到达地球表面的太阳辐射能量

到达地球表面的太阳辐射能量与日地距离的平方成反比，即 $E_R = (r_{se}/r_0)^2$，其中 E_R 的计算表达式为

$$E_R = 1.000423 + 0.032359\sin\theta + 0.000086\sin 2\theta - 0.008349\cos\theta + 0.000115\cos 2\theta \tag{7.25}$$

式中，r_0 为日地平均距离，又称天文单位，1 天文单位 $=1.496 \times 10^8\text{km}$；$\theta$ 为日角，$\theta = 2\pi t/365.2422$，$t = N - N_0$，N 为积日 (日期在一年里的顺序号)，$N_0 = 79.6764 + 0.2422 \times (\text{年份} - 1985) - \text{Int}[(\text{年份} - 1985)/4]$。

2) 太阳赤纬角 δ

日地中心的连线与赤道面间的夹角称为太阳赤纬角 δ。太阳赤纬角 δ 每时每刻均处在变化之中，在春分和秋分时刻等于 0，在夏至和冬至时刻出现极值，分别为 $\pm 23.442°$，其具体计算表达式为

$$\delta = 0.3723 + 23.2567\sin\theta + 0.1149\sin 2\theta - 0.1712\sin 3\theta$$
$$- 0.758\cos\theta + 0.3656\cos 2\theta + 0.0201\cos 3\theta \tag{7.26}$$

3) 时差 E_t

地球自转一周所花的时间就是一个真太阳日，把它进行细分所得出的时间为真太阳时。平太阳日为一种均匀不变的时间单位，与之相对应的为平太阳时，真太阳时与平太阳时之间的差值即时差 E_t，其计算表达式为

$$E_t = 0.0028 - 1.9857\sin\theta + 9.9059\sin 2\theta - 7.0924\cos\theta - 0.6882\cos 2\theta \tag{7.27}$$

4) 太阳高度角 $h_\odot$

对于地球上的某个地点，太阳高度角 $h_\odot$ 是指太阳光的入射方向和地平面之间的夹角，其计算表达式为

$$\sin h_\odot = \sin\delta\sin\varphi + \cos\delta\cos\varphi\cos\tau \tag{7.28}$$

5) 太阳方位角 α

太阳光线在地平面上的投影与当地子午线的夹角称为太阳方位角 α，其可以近似地看作是竖立在地面上的直线在阳光下的阴影与正南方的夹角。

$$\cos\alpha = (\sin h_\odot\sin\varphi - \sin\delta)/(\cos h_\odot\cos\varphi) \tag{7.29}$$

初始条件是非稳态油罐温度场变化模拟的基础。初始时刻罐顶空气层和钢板层、罐

壁钢板层和保温层、罐底钢板层及罐内原油的温度均可设置为平均油温 T_0。假设初始时刻地表温度为该时刻的气温，不同深度处的土壤温度由土壤恒温层和地表温度线性插值得到。此外，标准 k-ε 模型的初值计算直接关系到标准 k-ε 模型计算过程能否持续进行及计算结果是否具有物理意义。目前，众多学者提出多种确定标准 k-ε 模型初值的方法。为了得到精度较高的初值，可基于大涡模拟方法计算结果计算标准 k-ε 模型的初值。具体步骤：①采用大涡模拟方法对浮顶油罐内含蜡原油的温度场、流场等进行一段时间的计算；②采用式(7.30)～式(7.33)计算湍动能 k 和湍动能耗散率 ε 的初值；③以大涡模拟方法得到的压力、速度、温度、湍动能 k 和湍动能耗散率 ε 为初值开始进行标准 k-ε 模型计算。

$$l_{\mathrm{ref}} = 0.03 \times \frac{D}{2} \tag{7.30}$$

$$u_{\mathrm{ref}} = 0.1\sqrt{g\beta\Delta T(D/2)} \tag{7.31}$$

$$k_{\mathrm{init}} = \left(0.01 \times u_{\mathrm{ref}}\right)^2 \tag{7.32}$$

$$\varepsilon_{\mathrm{init}} = \frac{c_\mu^{3/4} k_{\mathrm{init}}^{3/2}}{l_{\mathrm{ref}}} \tag{7.33}$$

式中，D 为 10 万 m³ 浮顶油罐内径；l_{ref} 和 u_{ref} 分别为参考长度和参考速度；c_μ 为模型参数，其值为 0.09；k_{init} 和 $\varepsilon_{\mathrm{init}}$ 分别为初始时刻的湍动能和湍动能耗散率。

7.4　计算区域和控制方程离散

7.4.1　计算区域离散

油罐温度场计算区域较大，且不同区域流动和换热的变化强度不同，采用非均分网格对计算区域进行离散，在罐壁、浮顶及罐底油品与土壤交界处等温度变化剧烈的区域采用较密的网格，在油罐油品的核心区及离油品较远的罐底土壤均采用较稀疏的网格，对整个大型浮顶油罐及油罐正下方的土壤热力影响区进行一体化离散，整个计算区域的网格划分如图 7.5 所示。

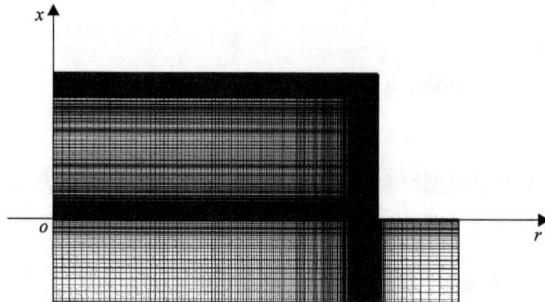

图 7.5　网格划分示意图

7.4.2　控制方程离散

浮顶油罐内原油温降过程通用控制方程如式(7.34)所示：

$$\frac{\partial(\rho\phi)}{\partial t}+\frac{\partial(\rho u_x\phi)}{\partial x}+\frac{1}{r}\frac{\partial(\rho r u_r\phi)}{\partial r}=\frac{\partial}{\partial x}\left(\Gamma\frac{\partial\phi}{\partial x}\right)+\frac{1}{r}\frac{\partial}{\partial r}\left(r\Gamma\frac{\partial\phi}{\partial r}\right)+s \tag{7.34}$$

式中，Γ 为通用扩散系数；ϕ 为通用变量；s 为源项。方程(7.34)左边第一项为非稳态项，第二项和第三项为对流项，方程(7.34)右边第一项和第二项为扩散项，最后一项为源项。下面分别对非稳态项、对流项、扩散项和源项进行离散。

1) 非稳态项离散

$$\int_{m-1}^{m}\int_{s}^{n}\int_{w}^{e}\left[\frac{\partial(\rho\phi)}{\partial t}\right]r\mathrm{d}r\mathrm{d}x\mathrm{d}t=\left[(\rho\phi)_P^m-(\rho\phi)_P^{m-1}\right]r_P\Delta r\Delta x \tag{7.35}$$

式中，e、w、n、s 分别表示控制容积东、西、北、南界面；P 表示控制容积上的控制点；m 和 $m-1$ 分别为当前时层和上一时层。

2) 对流项离散

$$\int_{m-1}^{m}\int_{s}^{n}\int_{w}^{e}\left[\frac{\partial(\rho u_x\phi)}{\partial x}+\frac{1}{r}\frac{\partial(r\rho u_r\phi)}{\partial r}\right]r\mathrm{d}r\mathrm{d}x\mathrm{d}t$$

$$=\left[(\rho u_x\phi)_e^m-(\rho u_x\phi)_w^m\right]r_P\Delta r\Delta t+\left[(r\rho u_r\phi)_n^m-(r\rho u_r\phi)_s^m\right]\Delta x\Delta t \tag{7.36}$$

$$=\left(F_e^m\phi_e^m-F_w^m\phi_w^m\right)\Delta t+\left(F_n^m\phi_n^m-F_s^m\phi_s^m\right)\Delta t$$

式中，F_e、F_w、F_n 和 F_s 均为控制容积界面流量，其计算式分别为 $F_e=\left(\rho r_P\Delta r\right)u_{x,e}$、$F_w=\left(\rho r_P\Delta r\right)u_{x,w}$、$F_n=\left(\rho r_n\Delta x\right)u_{r,n}$、$F_s=\left(\rho r_s\Delta x\right)u_{r,s}$。采用延迟修正方法处理对流项，对流项离散的最终表达式为

$$\int_{m-1}^{m}\int_{s}^{n}\int_{w}^{e}\left[\frac{\partial(\rho u_x\phi)}{\partial x}+\frac{1}{r}\frac{\partial(r\rho u_r\phi)}{\partial r}\right]r\mathrm{d}r\mathrm{d}x\mathrm{d}t$$

$$=\left\{\begin{array}{l}\max\left(F_e^m,0\right)\left[\phi_P^m+\left(\phi_e^{m+}-\phi_P^m\right)\right]-\max\left(-F_e^m,0\right)\left[\phi_E^m+\left(\phi_e^{m-}-\phi_E^m\right)\right]\\-\max\left(F_w^m,0\right)\left[\phi_W^m+\left(\phi_w^{m+}-\phi_W^m\right)\right]+\max\left(-F_w^m,0\right)\left[\phi_P^m+\left(\phi_w^{m-}-\phi_P^m\right)\right]\end{array}\right\}\Delta t \tag{7.37}$$

$$+\left\{\begin{array}{l}\max\left(F_n^m,0\right)\left[\phi_P^m+\left(\phi_n^{m+}-\phi_P^m\right)\right]-\max\left(-F_n^m,0\right)\left[\phi_N^m+\left(\phi_n^{m-}-\phi_N^m\right)\right]\\-\max\left(F_s^m,0\right)\left[\phi_S^m+\left(\phi_s^{m+}-\phi_S^m\right)\right]+\max\left(-F_s^m,0\right)\left[\phi_P^m+\left(\phi_s^{m-}-\phi_P^m\right)\right]\end{array}\right\}\Delta t$$

式(7.35)~式(7.37)中，e、w、n、s 和 E、W、N、S 的位置关系及二维圆柱坐标系网格系统如图 7.6 所示。式(7.37)中的 ϕ_e^{m+} 和 ϕ_e^{m-} 为界面处的高阶格式，一般采用高阶有界格式计算，具体可参考《数值传热学实训——NHT/CFD 原理与应用》(第二版)[34]。

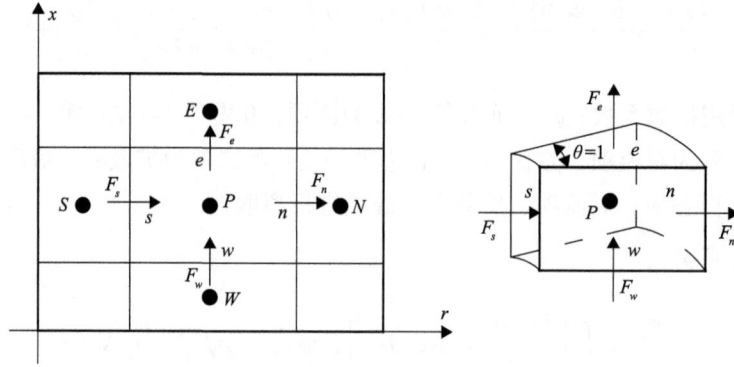

图 7.6 二维圆柱坐标系网格系统

3) 扩散项离散

$$\int_{m-1}^{m}\int_{s}^{n}\int_{w}^{e}\left[\frac{\partial}{\partial x}\left(\Gamma\frac{\partial\phi}{\partial x}\right)+\frac{1}{r}\frac{\partial}{\partial r}\left(r\Gamma\frac{\partial\phi}{\partial r}\right)\right]r\mathrm{d}r\mathrm{d}x\mathrm{d}t$$

$$=\left(\Gamma\frac{\partial\phi^m}{\partial x}\right)\Bigg|_w^e r_p\Delta r\Delta t+\left(r\Gamma\frac{\partial\phi^m}{\partial r}\right)\Bigg|_s^n\Delta x\Delta t \tag{7.38}$$

$$=\left[\Gamma_e\frac{\phi_E^m-\phi_P^m}{(\delta x)_e}-\Gamma_w\frac{\phi_P^m-\phi_W^m}{(\delta x)_w}\right]r_P\Delta r\Delta t+\left[r_n\Gamma_n\frac{\phi_N^m-\phi_P^m}{(\delta r)_e}-r_s\Gamma_s\frac{\phi_P^m-\phi_S^m}{(\delta r)_s}\right]\Delta x\Delta t$$

4) 源项离散

通用控制方程的源项是指除了非稳态项、对流项和扩散项以外的所有项。浮顶油罐流动与传热问题主要包括动量方程中的压力梯度项($\frac{\partial p}{\partial x}$ 和 $\frac{\partial p}{\partial r}$)、浮升力项 $\left[\rho g\beta(T-T_c)\right]$、附加项 $\left\{\frac{\partial}{\partial x}\left[(\mu+\mu_t)\frac{\partial u_x}{\partial x}\right]+\frac{1}{r}\frac{\partial}{\partial r}\left[r(\mu+\mu_t)\frac{\partial u_r}{\partial x}\right]\right.$ 和 $\frac{\partial}{\partial x}\left[(\mu+\mu_t)\frac{\partial u_x}{\partial r}\right]+\frac{1}{r}\frac{\partial}{\partial r}\left[r(\mu+\mu_t)\frac{\partial u_r}{\partial r}\right]-\frac{2(\mu+\mu_t)v}{r^2}\right\}$、达西源项 $\left[\frac{1}{K_d}(u_x-u_{x,s})\right.$ 和 $\left.\frac{1}{K_d}(u_r-u_{r,s})\right]$ 及能量方程中的析蜡相变潜热项 $\left[\frac{\partial(\rho\Delta H)}{\partial t}\right]$。本书推荐采用源项线性化方法处理，如式(7.39)所示：

$$s=s_c+s_P\cdot\phi \tag{7.39}$$

式中，s 为源项；s_c 为常数项；s_P 为待求变量系数。

析蜡相变潜热项的离散过程如式(7.40)所示：

$$\int_{m-1}^{m}\int_{s}^{n}\int_{w}^{e}\frac{\partial(\rho\Delta H)}{\partial t}\cdot r\mathrm{d}r\mathrm{d}x\mathrm{d}t=\left[\rho(\Delta H)_{P}^{m}-\rho(\Delta H)_{P}^{m-1}\right]\cdot r_{P}\Delta r\Delta x \tag{7.40}$$

式中，当前时层$(\Delta H)_{P}^{m}$的计算是相变计算的关键，本书中采用如下方法进行计算：

$$(\Delta H)^{n}=\begin{cases}L,\ T\geqslant T_{\mathrm{w}}\\ (\Delta H)^{n-1}+\alpha\cdot c_{p}\left\{T^{n-1}-f^{-1}\left[(\Delta H)^{n-1}\right]\right\},\ T<T_{\mathrm{w}}\end{cases} \tag{7.41}$$

式中，n 和 $n-1$ 分别为当前迭代步和上一迭代步；α 为亚松弛因子，取 0.2；ΔH 和 L 分别为含蜡原油的析蜡相变潜热和总潜热；$f^{-1}[(\Delta H)]$ 为相变潜热的反函数，即油温 T。

　　将离散的非稳态项、对流项、扩散项及源项表达式代入控制方程并整理，可以得到基于结构化网格的通用控制方程离散形式为

$$a_{P}^{m}\phi_{P}^{m}=a_{E}^{m}\phi_{E}^{m}+a_{W}^{m}\phi_{W}^{m}+a_{N}^{m}\phi_{N}^{m}+a_{S}^{m}\phi_{S}^{m}+b_{P}^{m} \tag{7.42}$$

式中，

$$a_{E}^{m}=\frac{\lambda_{e}r_{p}\Delta r}{(\delta x)_{e}}+\max(-F_{e},0)$$

$$a_{W}^{m}=\frac{\lambda_{w}r_{p}\Delta r}{(\delta x)_{w}}+\max(F_{w},0)$$

$$a_{N}^{m}=\frac{\lambda_{n}r_{n}\Delta x}{(\delta r)_{n}}+\max(-F_{n},0)$$

$$a_{S}^{m}=\frac{\lambda_{s}r_{s}\Delta x}{(\delta x)_{s}}+\max(F_{s},0)$$

$$a_{P}^{m}=a_{E}^{m}+a_{W}^{m}+a_{N}^{m}+a_{S}^{m}+\rho\frac{r_{p}\Delta x\Delta r}{\Delta t}-s_{P}\cdot r_{p}\Delta x\Delta r$$

$$b_{P}^{m}=\rho\frac{r_{p}\Delta x\Delta r}{\Delta t}\phi_{P}^{m-1}+s_{c}\cdot r_{p}\Delta x\Delta r$$
$$-\left[\begin{array}{l}\max(F_{e}^{m},0)(\phi_{e}^{m+}-\phi_{P}^{m})-\max(-F_{e}^{m},0)(\phi_{e}^{m-}-\phi_{E}^{m})\\ -\max(F_{w}^{m},0)(\phi_{w}^{m+}-\phi_{W}^{m})+\max(-F_{w}^{m},0)(\phi_{w}^{m-}-\phi_{P}^{m})\end{array}\right]$$
$$-\left[\begin{array}{l}\max(F_{n}^{m},0)(\phi_{n}^{m+}-\phi_{P}^{m})-\max(-F_{n}^{m},0)(\phi_{n}^{m-}-\phi_{N}^{m})\\ -\max(F_{s}^{m},0)(\phi_{s}^{m+}-\phi_{S}^{m})+\max(-F_{s}^{m},0)(\phi_{s}^{m-}-\phi_{P}^{m})\end{array}\right]$$

7.5　浮顶油罐温度场求解方法

浮顶油罐温度场计算涉及液体(原油)、气体(空气层)、固体(钢板层与保温层)和土壤。为了提高计算效率,建议采用流固耦合方法进行一体化求解。将固体当作黏度为无穷大的流体,这样就将流固耦合问题转变成变物性问题,从而实现浮顶油罐的一体化求解,并最终提高了计算速度和精度。图 7.7 为基于压力修正的求解算法流程,流场和温度场交替求解。

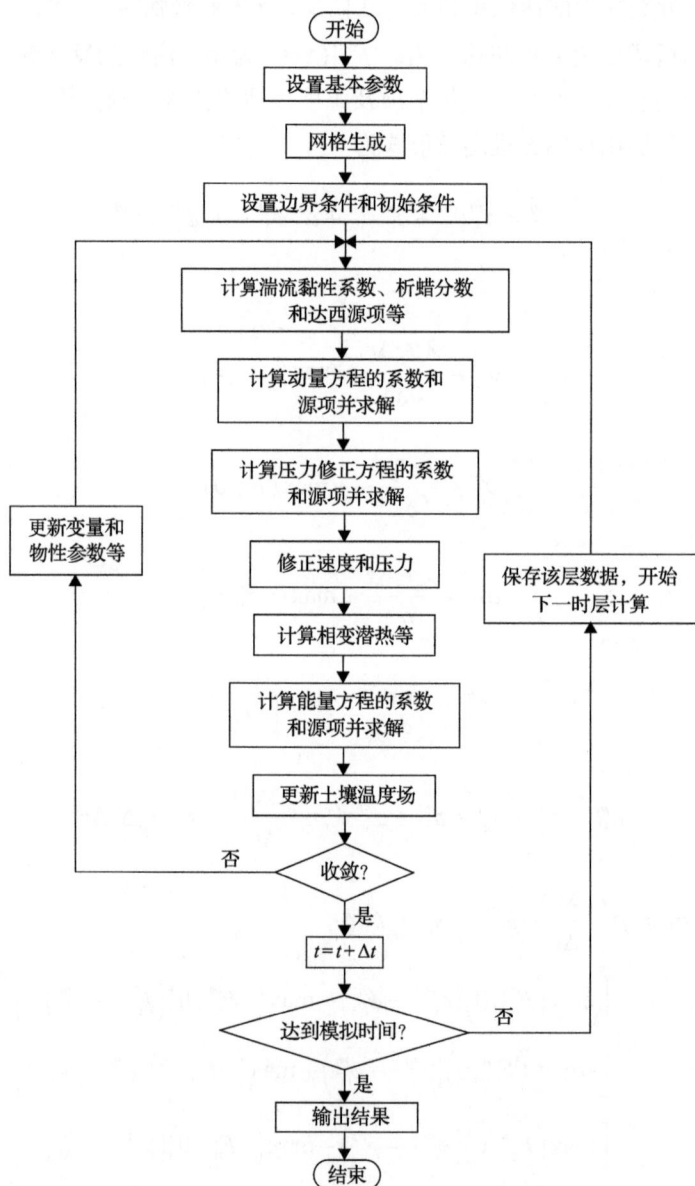

图 7.7　浮顶油罐流动与传热过程求解流程图

7.6　双盘式浮顶油罐内含蜡原油传热规律

原油温度和流动状态是油品采用油罐储存关注的核心,本节对 10 万 m^3 的双盘式浮顶油罐内含蜡原油储存中的流动与传热规律进行分析。模拟参数说明如下:浮顶油罐半径为 40.0m,钢板导热系数为 42.0W/(m·℃),罐外壁对流换热系数为 22.7W/(m^2·℃)。罐内含蜡原油初始油温为 30℃,析蜡点、反常点和显触点分别为 27℃、25℃ 和 23℃。析蜡潜热为 $2.18×10^5$J/kg。罐内含蜡原油的密度、定压比热容、导热系数和体积膨胀系数分别为 856.0kg/m^3、2250J/(kg·℃)、0.115W/(m·℃) 和 $7.91×10^{-4}$℃$^{-1}$。含蜡原油的黏度由式(7.43)计算:

$$\mu = \begin{cases} 0.058e^{-0.0371T}, & T \geqslant T_w \\ \dfrac{0.058e^{-0.0371T}}{1-g_s}, & T_w > T \geqslant T_a \\ \mu_a, & T < T_a \end{cases} \tag{7.43}$$

式中,$\mu_a = K\dot{\gamma}^{n-1}$。稠度系数 K 和流动特性指数 n 分别由式(7.44)和式(7.45)计算,T_a 为含蜡原油的反常点。

$$K = 176.4424 \cdot e^{-0.354T} \tag{7.44}$$

$$n = \begin{cases} 1, & T \geqslant T_a \\ -0.012(T-T_a)^2 + 1.0, & T < T_a \end{cases} \tag{7.45}$$

对含蜡原油进行 DSC 实验,得到析蜡分数 g_s 与油温 T 的关系如式(7.46)所示:

$$g_s = \begin{cases} 0, & T \geqslant T_w \\ \dfrac{5(T_w - T)}{9}\%, & T < T_w \end{cases} \tag{7.46}$$

基于上述参数,开展油罐温度场变化规律研究。图 7.8 为代表性时刻的温度场分布,罐内含蜡原油的传热过程经历了两个阶段:温降阶段[图 7.8(a)~(e)]和温升阶段[图 7.8(f)]。具体分析可知,温降初期,罐内油温为 30℃,外界气温仅为 1℃,热量通过罐顶空气层、罐底土壤层和罐壁保温层传入外界大气,造成罐内油温降低。在这一过程中,罐内含蜡原油依次经历纯液态[图 7.8(a)和(b)]和固液分散[图 7.8(c)和(d)]两个阶段。当油温降低到含蜡原油显触点以下时,蜡晶多孔介质结构开始形成,罐内含蜡原油逐渐胶凝,如图 7.8(e)所示。随后,外界气温高于罐内油温,而且在太阳辐射作用下,热量从外界大气传入油罐,加热融化罐内含蜡原油。值得指出的是,热量是沿着罐壁钢板层传入油罐的,因此油罐右上部的蜡晶率先融化。随着融化过程的进行,融化界面向左下部扩展。当储存 249d 后,罐内油温回升到 25℃ 左右,含蜡原油完全融化。此时,热量依旧是从外界大气传入罐内,油罐处于上热下冷的稳定状态,如图 7.8(f)所示。此外，10 万 m³ 双盘式浮顶油罐内含蜡原油湍流自然对流瑞利数 Ra 高达 10^{15} 量级，在如此强烈的湍流搅动下，罐内油温近似均匀，核心区近似为整个油罐区域，如图 7.8 所示。

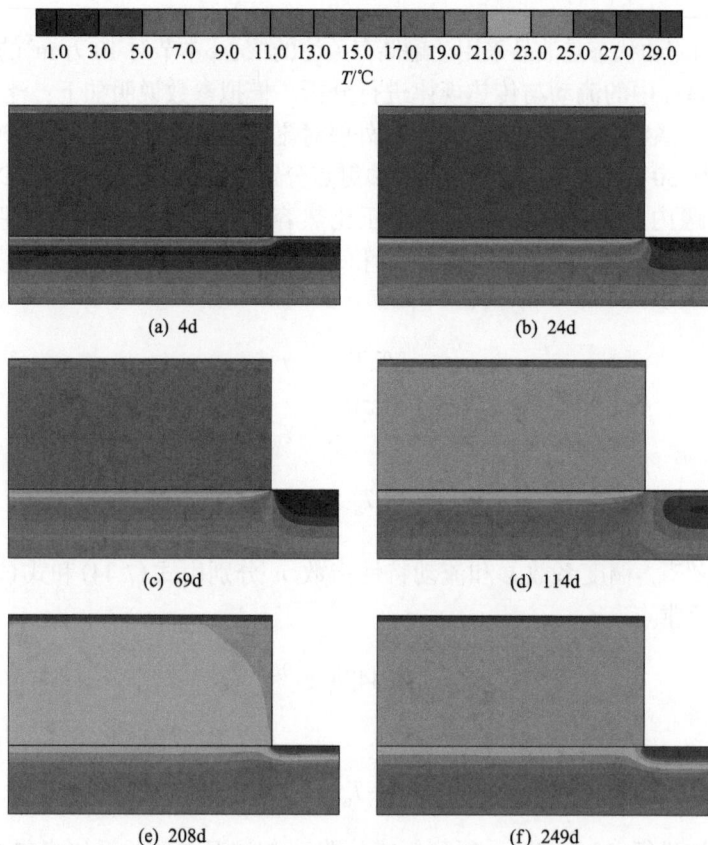

(a) 4d

(b) 24d

(c) 69d

(d) 114d

(e) 208d

(f) 249d

图 7.8　10 万 m³ 的双盘式浮顶油罐温度场分布(扫封底二维码见彩图)

　　为了更加直观地了解罐内含蜡原油和罐顶空气层的流动与传热情况，本节对储存 112d 的罐内含蜡原油和罐顶空气层的温度场与流场进行分析，结果如图 7.9 和图 7.10 所示。当罐内含蜡原油未完全胶凝时，油罐内含蜡原油的温差很小，不超过 0.01℃。同时，

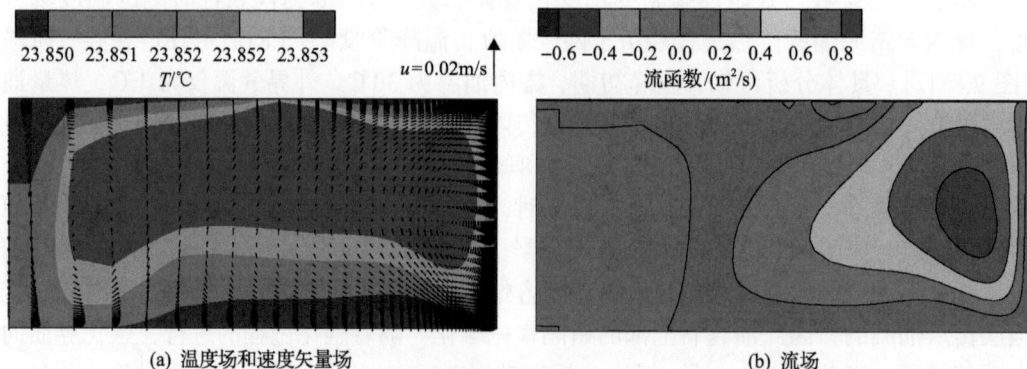

(a) 温度场和速度矢量场

(b) 流场

图 7.9　储存 112d 罐内含蜡原油温度场和流场分布(扫封底二维码见彩图)

(a) 温度场和速度矢量场

(b) 流场

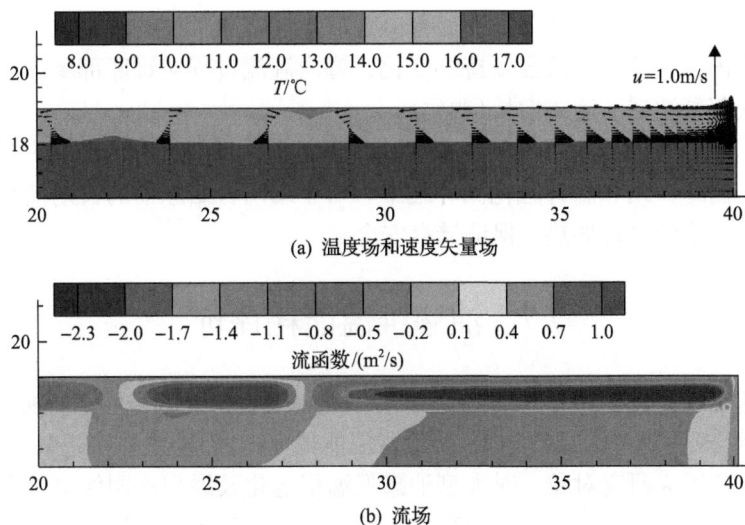

图 7.10　储存 112d 罐顶空气层温度场和流场分布(扫封底二维码见彩图)

罐内含蜡原油的流速较小，最大流速约为 0.01m/s，如图 7.9(a)所示，远小于罐顶空气层的最大流速(约 0.5m/s)，如图 7.10(a)所示。尽管流速较小，在其作用下，罐内原油温度场倾向于均匀分布。罐顶方面，结合图 7.10 可以看出，罐顶空气层中旋涡数量较少，尺寸和强度较大。在这些旋涡的影响下，油罐左上方油温相对较低。

由于罐体漏热，在浮升力的作用下，冷油沉积到罐底，罐底易形成凝油层。假设温降之前，罐底部没有凝油层。图 7.11 给出了 10 万 m³ 双盘式浮顶油罐内 $r=34.9$m 位置处罐底部凝油层的增长情况。从图 7.11 中可以看出，当储存时间小于 190d 时，罐内油温较高，而且湍流非常剧烈，罐底没有凝油出现。随着罐内油温的降低，罐底部含蜡原油中悬浮的蜡晶开始聚结，形成蜡晶多孔介质结构。同时，罐内含蜡原油黏度会随着油温的降低而增大，严重削弱罐内含蜡原油的自然对流。在二者的共同作用下，当储存时间超过 190d 后，罐底部出现了凝油层，且凝油层在短时间内快速增长到 18.0m。当传热过

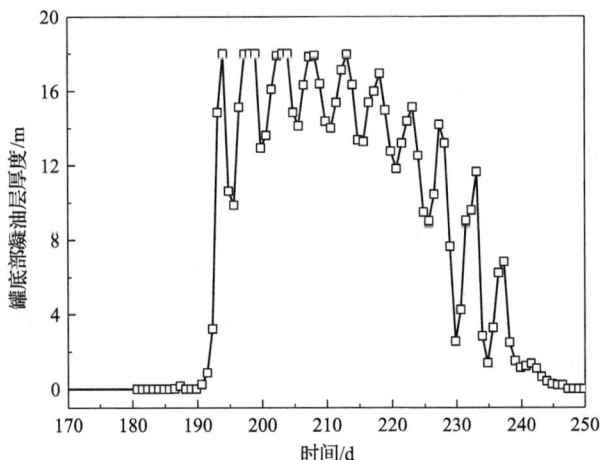

图 7.11　10 万 m³ 的双盘式浮顶油罐内 $r=34.9$ m 位置处罐底部凝油层变化规律

程反转后，随着储存时间的增加，罐底部凝油层缓慢融化。由于罐外大气温度时刻处于变化之中，罐内含蜡原油湍流强度持续变化，罐内湍流过程对罐底部凝油层产生冲刷作用，造成罐底部凝油层波动式增长(融化)。

上述 10 万 m^3 双盘式浮顶油罐内含蜡原油储存 249 天的传热规律表明，含蜡原油长期储存将处于温降析蜡和温升融化循环之中。对于罐内含蜡原油的长期储存，需在危险时刻对罐内含蜡原油进行加热，保证储存安全。

7.7　油罐维温能耗评价

我国早期建设了较多 2 万 m^3 的单盘式浮顶油罐，罐顶区域与环境的换热量大，且这些油罐使用年限长，罐壁保温层老化，导致保温能耗变高。因此，本节以某中转站 2 万 m^3 的单盘式浮顶油罐为研究对象，对大型油罐保温层老化及罐顶涂刷保温涂料条件下的维温能耗进行评价，在保证安全生产运行的前提下，可提高经济效益。

7.7.1　油罐维温方式及成本

目标油品整个冬季需要维温，维温温度为 38℃，采用罐底蒸汽盘管循环伴热，蒸汽锅炉出炉压力为 0.3MPa，出炉温度为 180℃，冷凝罐压力为 0.2MPa，冷凝水为 40℃。过热蒸汽和冷凝水所对应的焓分别为 2818.6kJ/kg 和 167.8kJ/kg。蒸汽维温所需的蒸汽量计算式为

$$M=\frac{Q\tau}{i_{蒸汽}-i_{水}} \tag{7.47}$$

$$Q=\frac{\pi D^2}{4}H\rho c_p\delta T \tag{7.48}$$

式中，M 为蒸汽消耗量，kg；τ 为维温时间，s；$i_{蒸汽}$ 为蒸汽的热焓，kJ/kg；$i_{水}$ 为冷凝水的热焓，kJ/kg；Q 为单位时间内油罐散失到周围介质中的热量，kW；D 为油罐直径，m；H 为液位高度，m；ρ 为油品密度，kg/m^3；c_p 为油品定压比热容，J/(kg·℃)，可取 2100J/(kg·℃)；δT 为温降速率，℃/s。

采用加热炉对蒸汽进行加热，燃料成本为

$$S=\frac{M(i_{蒸汽}-i_{水})}{\eta h_{L}}a_{燃料} \tag{7.49}$$

式中，S 为燃料费用，元；h_{L} 为燃料热值，kJ/kg 或 kJ/Nm^3；η 为加热炉效率；$a_{燃料}$ 为燃料价格，元/kg 或 元/Nm^3。

7.7.2　罐壁保温层经济性评价

罐壁保温材料通常为岩棉，导热系数约为 0.04W/(m·K)。假设老化过程中岩棉的导热系

数依次增加到 0.11W/(m·K)，且不同位置处的老化情况相同。模拟参数设置如下：初始油温
与维温温度(38℃)相同，模拟时间为3d，液位高度取最高安全液位高度14.0m。

如图 7.12 所示，目标油罐是一个单盘式中转油罐，罐顶无保温层，罐内油品温度在短
时间内迅速降低，且由于罐壁的热阻远高于罐顶，罐壁保温层老化带来的影响较小。根据
图 7.12 的温降过程可计算 38℃维温温度下的温降速率。中转站采用天然气锅炉对蒸汽进
行加热，根据温降速率可获得对应的维温蒸汽量和燃气成本，具体结果如表 7.2 所示。

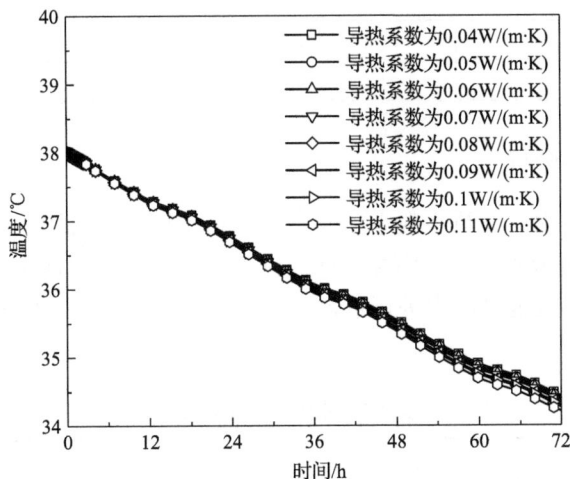

图 7.12　冬季不同罐壁保温层老化情况下的温降规律

表 7.2　冬季不同罐壁保温层老化情况下维温所需蒸汽量和燃气成本

罐壁保温层导热系数 /[W/(m·K)]	维温时间 /d	温降速率 /(℃/d)	蒸汽量 /(t/d)	天然气消耗量 /(Nm³/d)	维温成本 /(元/d)
0.04	90.0	1.24	14.83	1299.23	3248.08
0.05	90.0	1.25	14.99	1313.95	3284.87
0.06	90.0	1.26	15.16	1328.66	3321.66
0.07	90.0	1.27	15.27	1338.12	3345.31
0.08	90.0	1.28	15.40	1349.69	3374.22
0.09	90.0	1.30	15.55	1362.30	3405.75
0.1	90.0	1.31	15.69	1374.92	3437.29
0.11	90.0	1.33	15.89	1392.78	3481.96

从表 7.2 可以看出，不同罐壁保温层老化情况下冬季中转站 2 万 m³ 的油罐每日消耗
天然气量为 1299.23~1392.78Nm³，对应维温成本为 3248.08~3481.96 元/d，维温能耗和
成本较高。随着油罐罐壁保温层的老化，蒸汽消耗量和燃气成本略有上升。以保温层导
热系数 0.04W/(m·K) 为基准，可计算其他导热系数下带来的额外经济损失，见表 7.3。

从表 7.3 可以看出，随着罐壁保温层的老化，每日维温能耗和成本增大。其中，
保温层导热系数为 0.11W/(m·K) 时，额外燃气成本为 233.9 元/d，每年的经济损失约
为 2.10 万元。因此，需根据维温方案和保温层的维修成本，对保温层的使用年限进行评
估，以提高企业的经济效益。

表 7.3　油罐罐壁保温层老化导致的额外经济损失

导热系数/[W/(m·K)]	冬季单日额外损失/(元/d)	冬季总额外损失/(元/季)
0.05	36.8	3311.1
0.06	73.6	6622.3
0.07	97.2	8750.9
0.08	126.1	11352.5
0.09	157.7	14190.6
0.10	189.2	17028.7
0.11	233.9	21049.4

7.7.3　保温涂料节能分析

保温涂料具有防水、导热系数小、使用寿命长的特点，可用于大型单盘式油罐罐顶保温。基于表 7.4 所示的油罐平面和立面涂刷成本，本小节对保温涂料的保温效果及涂刷后减少的能耗和蒸汽维温成本进行定量评价。保温涂料厚度为 0.0015～0.0029m，其他模拟条件与 7.7.2 节一致。

表 7.4　油罐涂刷涂料成本

材料成本		人工成本
平面/[元/(mm·m²)]	曲面/[元/(mm·m²)]	/[元/(遍·m²)]
143.72	155.70	2.00

罐顶涂刷保温材料后热阻增大，如图 7.13 所示，温降速率大幅度降低，且随着保温涂料厚度从 0.0015m 增加到 0.0029m，温降速率进一步减小。

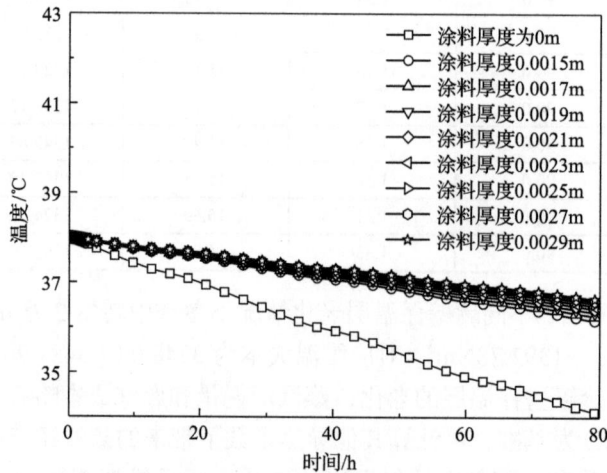

图 7.13　不同罐顶保温涂料厚度条件下的温降规律

中转站 2 万 m³ 单盘油罐的维温温度为 38℃，罐顶涂刷保温涂料之后的温降速率、维温蒸汽量和燃气成本如表 7.5 所示。罐顶涂刷保温涂料之后维温能耗大大降低，维温费用从 3248.80 元/d 减小到 1064.30～1453.23 元/d。罐顶涂刷保温涂料后，中转站 2 万 m³ 的单盘油罐每年可节省 737.37～897.12t 蒸汽，维温成本减少 16.15 万～19.65 万元，大大降低了中转站的能耗和维温成本，如表 7.6 所示。

罐顶保温涂料可大幅度降低维温费用，但也导致了额外的涂料及涂刷人工成本。如表 7.7 所示，2 万 m³ 的单盘油罐罐顶涂刷保温涂料的成本在 30.09 万～57.88 万元。保温

表 7.5 不同罐顶保温涂料厚度条件下维温所需蒸汽量和维温成本

罐顶保温涂料厚度 /m	维温时间 /d	维温温度 /℃	温降速率 /(℃/d)	蒸汽量 /(t/d)	天然气消耗量 /(Nm³/d)	维温成本 /(元/d)
0	90	38	1.24	14.83	1299.23	3248.80
0.0015	90	38	0.55	6.63	581.29	1453.23
0.0017	90	38	0.52	6.26	548.71	1371.76
0.0019	90	38	0.50	5.95	521.37	1303.44
0.0021	90	38	0.47	5.67	497.20	1242.99
0.0023	90	38	0.45	5.43	476.18	1190.44
0.0025	90	38	0.44	5.22	457.25	1143.13
0.0027	90	38	0.42	5.03	440.44	1101.09
0.0029	90	38	0.40	4.86	425.72	1064.30

表 7.6 不同罐顶保温涂料厚度条件下节约的蒸汽和维温成本

罐顶保温涂料厚度 /m	冬季减少蒸汽量 /(t/季)	冬季天然气消耗减少量 /(Nm³/季)	节约维温成本 /(元/季)
0	0	0	0
0.0015	737.37	64614.69	161536.77
0.0017	770.76	67547.34	168868.62
0.0019	798.84	70007.13	175017.87
0.0021	823.68	72182.97	180457.65
0.0023	845.28	74075.04	185187.78
0.0025	864.72	75777.93	189445.05
0.0027	882.00	77291.64	193229.19
0.0029	897.12	78616.08	196540.29

表 7.7 不同罐顶保温涂料厚度条件下的涂刷成本

罐顶保温涂料厚度/m	涂刷面积/m²	原料成本/万元	涂刷次数	人工费用/万元	总投入/万元
0.0015	1256.00	27.08	12	3.01	30.09
0.0017	1256.00	30.69	13	3.27	33.96
0.0019	1256.00	34.30	15	3.77	38.07
0.0021	1256.00	37.91	16	4.02	41.93
0.0023	1256.00	41.52	18	4.52	46.04
0.0025	1256.00	45.13	19	4.77	49.90
0.0027	1256.00	48.74	20	5.02	53.76
0.0029	1256.00	52.35	22	5.53	57.88

涂料的使用年限一般为 10 年，对比涂料成本和 10 年内所节约的蒸汽成本，可得到总体的投资收益。如表 7.8 所示，中转站油罐只在冬季维温，罐顶涂刷保温涂料 10 年带来的经济效益在 131.45 万～139.54 万元。其中，涂刷厚度为 0.0025m 时经济效益最高，为 139.54 万元。因此，对于早期建设且需维温的单盘式浮顶油罐，可考虑在罐顶涂刷保温涂料来提高维温油罐运行的经济性。

表 7.8　不同罐顶保温涂料厚度条件下的 10 年收益

罐顶保温涂料厚度/m	总投入/万元	冬季节约蒸汽成本/万元	总体经济效益/万元
0.0015	30.09	161.54	131.45
0.0017	33.95	168.87	134.92
0.0019	38.07	175.02	136.95
0.0021	41.93	180.46	138.53
0.0023	46.04	185.19	139.15
0.0025	49.90	189.45	139.54
0.0027	53.76	193.23	139.47
0.0029	57.88	196.54	138.66

7.8　安全储油方案研究

本节同样以中转站 2 万 m^3 的单盘浮顶油罐为研究对象，探究易凝或高黏原油在不同季节的安全储油方案。目标油品的进站温度为 42℃，仅冬季需要维温，维温温度为 38℃，正常运转周期为 3d，需确定该油罐在无维温条件下的安全存储时间和冬季维温所需的蒸汽量。

7.8.1　冬季运行方案

冬季，初始油温为 42℃的 2 万 m^3 的单盘浮顶油罐在不同液位高度下的温降过程如图 7.14 所示。

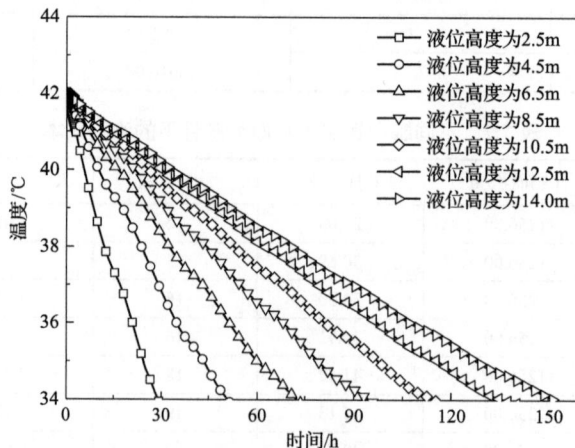

图 7.14　冬季不同液位高度下的温降规律

以 38℃为维温温度，可计算无维温情况下目标油品从初始温度降到维温温度的时间，即安全储存时间。如表 7.9 所示，安全储存时间随着液位高度的升高而增加。低液位时(2.5m 和 4.5m)，冬季油罐的安全储存时间小于 1d。随着液位高度的升高，安全储存时间不断增加，但液位高度为安全高度 14.0m 时，安全储存时间依旧小于 3d 的正常运转周期，无法保证油罐安全运行，需采取一定的维温措施。

表 7.9　冬季不同液位高度下从初始油温 42℃下降至 38℃的安全储存时间

液位高度/m	安全储存时间/d
2.5	0.5
4.5	0.9
6.5	1.3
8.5	1.8
10.5	2.2
12.5	2.6
14.0	2.9

冬季目标油罐在不同液位下的蒸汽维温方案如表 7.10 所示，维温所需蒸汽量在 13.07～15.20t/d。低液位下温降速率较大(液位高度为 2.5m 时对应的温降速率达 6.10℃/d)，导致低液位时油罐所需的维温蒸汽与高液位时的维温蒸汽量相差不大。因此，从油罐安全、经济运行的角度考虑，在不影响站库运行的情况下油罐应尽量保持在较高液位。

表 7.10　冬季不同液位高度下维温所需蒸汽量

液位高度/m	温降速率/(℃/d)	所需蒸汽量/(t/d)
2.5	6.10	13.07
4.5	3.63	14.01
6.5	2.62	14.57
8.5	2.00	14.56
10.5	1.66	14.96
12.5	1.41	15.12
14.0	1.27	15.20

7.8.2　其他季节运行方案

除冬季外，目标油罐在其他季节不维温。目标油罐所在地春、秋季节环境温度差异不大，因此认为这两个季节的温降规律相同，下面以春季为代表进行说明。

春季和夏季目标油罐油品的平均温降速率及安全储存时间如表 7.11 所示。夏季温降速率较小，油品安全储存时间较长，低液位时(2.5m)安全储存时间为 16d，高液位时安全储存时间达 30d 以上，可以满足生产需要，无须维温。与夏季相比，春季安全储存时间较短，低液位时(2.5m)温降速率达 3.64℃/d，安全储存时间仅为 1d 左右；高液位时(12.5m)安全储存时间在 5d 以上。因此，春、秋季节，尽量将储油高度保持在一个较高水平或避免长时间低液位运行，以满足油罐安全运行要求。

表 7.11 春、夏季从初始油温 42℃下降至 38℃的安全储存时间

液位高度/m	春季		夏季	
	温降速率/(℃/d)	安全储存时间/d	温降速率/(℃/d)	安全储存时间/d
2.5	3.64	1.1	0.25	16
4.5	1.97	2.0	0.15	26
6.5	1.36	2.9	0.14	>30
8.5	1.04	3.8	0.14	>30
10.5	0.92	4.3	0.14	>30
12.5	0.76	5.2	0.14	>30
14.0	0.66	6.0	0.14	>30

7.9 小 结

本章根据浮顶油罐内含蜡原油不同传热阶段的传热机理，建立了含蜡原油浮顶油罐温度场数值仿真模型，并给出了定解条件、离散过程和求解流程。进一步地，采用该模型研究了含蜡原油储罐的传热和凝油层增长规律，并评估了罐壁保温层老化和单盘油罐浮顶涂刷保温涂料对温降规律的影响。最后，给出了中转站单盘浮顶油罐的安全储存天数。研究成果可为浮顶油罐的安全、经济运行提供参考。

参 考 文 献

[1] 龙明主，秦宝祥，陈世一. 拱顶油罐顶部传热系数的计算及影响因素分析[J]. 石油化工高等学校学报，1999，12(2)：73-77.

[2] 王明吉，张勇，曹文. 立式浮顶原油储罐温降规律[J]. 油气田地面工程，2005，24(12)：2.

[3] 侯磊，白宇恒，黄维秋. 浮顶罐内原油温降计算方法研究[J]. 科技通报，2010(1)：6.

[4] 曹勤方. 水下砼储油罐温度场数值模拟与温度效应分析[D]. 大连：大连理工大学，2000.

[5] 张丽娜，陈保东. 油罐温度场的数值求解[J]. 管道技术与设备，2003(4)：3.

[6] 蒋季洪，王睿，石俊峰，等. 原油库温降规律研究[J]. 管道技术与设备，2009(5)：4.

[7] 施雯，邱源海. 储油罐温度分布模拟研究[J]. 广东石油化工学院学报，2013(1)：3.

[8] 张四毛. 大型浮顶罐储油温降模型研究[D]. 北京：中国石油大学(北京)，2004.

[9] 黄达海，尤旭升. 地中式混凝土油罐的数值模拟[J]. 北京航空航天大学学报，2005，31(2)：187-191.

[10] 赵志明. 大庆北油库浮顶储油罐非稳态传热问题的数值计算[D]. 大庆：大庆石油学院，2009.

[11] 郭晓峰. 基于 Fluent 软件的储油温降计算研究[D]. 大连：大连海事大学，2012.

[12] 李旺. 大型浮顶油罐温度场数值模拟方法及规律研究[D]. 北京：中国石油大学(北京)，2013.

[13] 王情愿. 双盘式浮顶油罐的温度场数值模拟研究[D]. 北京：中国石油大学(北京)，2012.

[14] Oliveski R D C, Macagnan M H, Copetti J B, et al. Natural convection in a tank of oil: experimental validation of a numerical

code with prescribed boundary condition[J]. Experimental Thermal and Fluid Science, 2005, 29(6): 671-680.

[15] Oliveski R D C. Correlation for the cooling process of vertical storage tanks under natural convection for high Prandtl number[J]. International Journal of Heat and Mass Transfer, 2013, 57(1): 292-298.

[16] Rodríguez I, Castro J, Pérez-Segarra C D, et al. Unsteady numerical simulation of the cooling process of vertical storage tanks under laminar natural convection[J]. International Journal of Thermal Sciences, 2009, 48(4): 701-721.

[17] Zhao J, Liu J Y, Dong H, et al. Effect of physical properties on the heat transfer characteristics of waxy crude oil during its static cooling process[J]. International Journal of Heat and Mass Transfer, 2019, 137: 242-262.

[18] Sun W, Liu Y D, Li M Y, et al. Study on heat flow transfer characteristics and main influencing factors of waxy crude oil tank during storage heating process under dynamic thermal conditions[J]. Energy, 2023, 269(15): 127001.

[19] Sun W, Cheng Q L, Zheng A B, et al. Heat flow coupling characteristics analysis and heating effect evaluation study of crude oil in the storage tank different structure coil heating processes[J]. International Journal of Heat and Mass Transfer, 2018, 127: 89-101.

[20] Zhao J, Liu J Y, Dong H, et al. Numerical investigation on the flow and heat transfer characteristics of waxy crude oil during the tubular heating[J]. International Journal of Heat and Mass Transfer, 2020, 161: 120239.

[21] Lei M Y, Zhao J, Wang H T, et al. Effect of mechanical stirring on heat transfer and flow of crude oil in storage tanks under different heating methods[J]. Case Studies in Thermal Engineering, 2024, 58: 104382.

[22] Wang M, Zhang X Y, Shao Q Q, et al. Temperature drop and gelatinization characteristics of waxy crude oil in 1000m³ single and double-plate floating roof oil tanks during storage[J]. International Journal of Heat and Mass Transfer, 2019, 136: 457-469.

[23] Li W, Shao Q Q, Liang J, et al. Numerical study on oil temperature field during long storage in large floating roof tank[J]. International Journal of Heat and Mass Transfer, 2019, 130: 175-186.

[24] Zhao J, Liu J Y, Qu D J, et al. Effect of geometry of tank on the thermal characteristics of waxy crude oil during its static cooling[J]. Case Studies in Thermal Engineering, 2020, 22: 100737.

[25] Zhao J, Liu Y, Wei L X, et al. Transient cooling of waxy crude oil in a floating roof tank[J]. Journal of Applied Mathematics, 2014(1): 482026.

[26] Wang M, Zhang X Y, Yu G J, et al. Numerical study on the temperature drop characteristics of waxy crude oil in a double-plate floating roof oil tank[J]. Applied Thermal Engineering, 2017, 124: 560-570.

[27] 李旺, 王情愿, 李瑞龙, 等. 大型浮顶油罐温度场数值模拟[J]. 化工学报, 2011(S1): 5.

[28] 王敏. 含蜡原油油罐内复杂传热规律的数值计算研究[D]. 北京: 中国石油大学(北京), 2017.

[29] 杨筱蘅. 输油管道设计与管理[M]. 东营: 中国石油大学出版社, 2006.

[30] 禹国军. 含蜡原油管道停输温降的数值计算方法及规律研究[D]. 北京: 中国石油大学(北京), 2015.

[31] 袁世伟. 幂律非牛顿流体流动的数值计算与实验研究[D]. 上海: 华东理工大学, 2014.

[32] Bennon W D, Incropera F P. A continuum model for momentum, heat and species transport in binary solid-liquid phase change systems-I. Model formulation[J]. International Journal of Heat and Mass Transfer, 1987, 30(10): 2161-2170.

[33] 王炳忠. 第一讲太阳能中天文参数的计算[J]. 太阳能, 1999, 2: 8-10.

[34] 宇波, 李敬法, 孙东亮, 等. 数值传热学实训——NHT/CFD 原理与应用[M]. 2 版. 北京: 科学出版社, 2024.